教養講座

環境政策と環境法体系

社団法人 産業環境管理協会
Japan Environmental Management Association for Industry

刊行にあたって

「環境の世紀」21世紀に入って早や4年になる．温室効果ガス削減を目指す京都議定書は，アメリカの離脱やロシアの慎重な対応もあり，未だに発効には至っていないが，オゾン層破壊対策の実行，途上国を含む排出権取引，クリーン開発メカニズムの具体化など，地球温暖化防止を目指す国際的取組みは一歩ずつ着実に前進している．

我が国でも1990年代後半以降，環境関連で多くの法律が制定・施行された．廃棄物問題に対応した家電リサイクル法，建設リサイクル法，食品リサイクル法，自動車リサイクル法等一連のリサイクル関連法ならびにその基本的な方針を定めた環境基本計画，循環型社会形成推進基本法等である．

また，特定化学物質の管理強化のためのPRTR法，フロン回収破壊法，PCB特別措置法，さらには土壌汚染対策法等が相次ぎ制定された．

今や，「循環型経済社会」形成の必然性は国民ひとり一人に確実に浸透しはじめており，生活様式，行動パターンをも変えつつあるといって過言ではあるまい．

本書「環境政策と環境法体系」は，第1部で我が国の環境政策の歴史をひもとき，環境行政組織，環境政策全体を解説しているのをはじめ，第2部では環境法体系，第3部ではその他の環境保全手法等わが国の環境政策と環境法体系全般を解説している．また，第4部では主要国の環境政策と環境法体系について，各専門家の方に健筆をふるって頂いた．

本書は2002年10月当協会の創立40周年を記念して発刊された「環境ハンドブック（監修：茅陽一東京大学名誉教授，編集委員長：石谷久慶応義塾大学教授）の第6部「環境政策と環境法体系」を独立させたものであるが，同書刊行後の法改正ならびに新しく制定された法律等を追加し，最新のものとした．

本書が法学部学生のみならず，工学系を含めた多くの他部門の学生あるいは社会人にとって，有用な解説書として活用されることを願うものである．

本書発行にあたっては，明治大学法学部松村弓彦教授に執筆，監修頂いたのをはじめ，多くの専門家の方々に協力を頂いた．ここに深く謝意を表する次第である．

2004年1月

社団法人産業環境管理協会
会長　　南　　直哉

「環境政策と環境法体系」執筆者名簿

(敬称略，五十音順)

監　　修：松村弓彦　明治大学法学部

磯田　尚子	福岡工業大学	社会環境学部
井上　秀典	明星大学	経済学部
大久保規子	甲南大学	法学部
小幡　雅男	参議院環境委員会	調査室
加藤　峰夫	横浜国立大学	経済学部
北村　和生	立命館大学	法学部
倉阪　秀史	千葉大学	法経学部
櫻井　次郎	名古屋大学大学院	国際開発研究科
下川　環	明治大学	法学部
下村　英嗣	広島修道大学	人間環境学部
髙村ゆかり	静岡大学	人文学部
浜野　昌弘	(社)産業環境管理協会	
廣瀬　美佳	都留文科大学	文学部
蓑輪　靖博	九州産業大学	商学部
村上　友理	東京海上リスクコンサルティング(株)	リスクコンサルティング室
柳　憲一郎	明海大学	不動産学部
渡邉　理絵	ドイツ Wuppertal 気候・環境・エネルギー政策研究所	

目　　次

序章　　　　　　　　　　　　　　　　　　　　　松村　弓彦　　1

第 1 部　環境政策　　　　　　　　　　　　　　　　　　　　7

§1　環境政策の歴史　　　　　　　　　　　　　　　　　　8
1　公害対策基本法以前　　　　　　　　　　　　倉阪　秀史　　8
2　公害対策基本法の制定　　　　　　　　　　　　〃　　　　11
3　公害国会　　　　　　　　　　　　　　　　　　〃　　　　13
4　環境庁の設置　　　　　　　　　　　　　　　　〃　　　　14
5　環境基本法の制定まで　　　　　　　　　　　　〃　　　　17
6　環境基本法制定後の環境政策の進展　　　　　　〃　　　　19
7　環境政策関連年表(環境庁設置後)　　　　　　浜野　昌弘　　21

§2　環境行政組織　　　　　　　　　　　　　　　　　　　24
1　国の環境行政組織体系　　　　　　　　　　　村上　友理　　24
2　環境省　　　　　　　　　　　　　　　　　　　〃　　　　25
3　経済産業省　　　　　　　　　　　　　　　　　〃　　　　26
4　農林水産省　　　　　　　　　　　　　　　　　〃　　　　27
5　国土交通省　　　　　　　　　　　　　　　　　〃　　　　27
6　地方公共団体との役割分担　　　　　　　　　　〃　　　　28

§3　環境政策事例　　　　　　　　　　　　　　　　　　　29
1　気候変動防止　　　　　　　　　　　　　　　下村　英嗣　　29
2　地球温暖化対策推進大綱　　　　　　　　　　　〃　　　　31
3　自動車排ガス　　　　　　　　　　　　　　　　〃　　　　33
4　水循環　　　　　　　　　　　　　　　　　　大久保規子　　36
5　土壌保全　　　　　　　　　　　　　　　　　柳　憲一郎　　38
6　化学物質　　　　　　　　　　　　　　　　　　〃　　　　42
7　物質循環　　　　　　　　　　　　　　　　　　〃　　　　44

第2部　環境法体系　47

§1　環境法の体系　48
1. 体系図とその要点　下村　英嗣　48
2. 環境保全手法　〃　50
3. 法律と条例　〃　51

§2　環境基本法　52
1. 環境基本法　加藤　峰夫　52
2. 環境基本計画　〃　53
3. 環境基準　〃　56
4. 公害防止計画　〃　56
5. 予防原則　〃　57
6. 汚染者負担原則　〃　58
7. パートナーシップの原則　〃　59
8. 環境保全意欲増進・環境教育推進法　小幡　雅男　60

§3　総論的環境法　62
1. 環境影響評価法　柳　憲一郎　62
2. 情報公開法　下川　環　67
3. 特定工場における公害防止組織の整備に関する法律　下村　英嗣　70
4. 公害防止事業費事業者負担法　〃　71
5. 公害紛争処理法　〃　72
6. 公害健康被害補償法　〃　73
7. 省エネルギー法　〃　74
8. 工場立地法　〃　75
9. RPS法　〃　77

§4　部門法　79
1. 大気汚染防止関連法　蓑輪　靖博　79
2. 温暖化防止関連法　〃　81
3. オゾン層保護法　〃　82
4. 水質汚濁防止関連法　大久保規子　85
5. 海洋汚染防止関連法　蓑輪　靖博　87

6	土壌汚染関連法	廣瀬　美佳	89
7	騒音規制法	〃	93
8	振動規制法	〃	94
9	悪臭防止法	廣瀬　美佳	95
10	工業用水法・建築物用地下水採取規制法	〃	96
11	化審法	〃	97
12	PRTR法	〃	99

§5　循環型社会関連法 ……………………………………101

1	法制度の体系	柳　憲一郎	101
2	循環型社会形成基本法	〃	102
3	リサイクル法	〃	104
4	容器包装リサイクル法	〃	105
5	家電リサイクル法	〃	106
6	建設リサイクル法	〃	108
7	食品リサイクル法	〃	109
8	自動車リサイクル法	〃	110
9	パソコンリサイクル省令	小幡　雅男	111
10	グリーン購入法	柳　憲一郎	112
11	廃棄物処理法	〃	113
12	特定産業廃棄物に起因する支障の除去等に関する特別措置法	小幡　雅男	114
13	バーゼル法	〃	115
14	用語解説	柳　憲一郎	117

§6　自然保護関連法 ……………………………………118

1	自然保護関連の法制度の概要	加藤　峰夫	118
2	国際条約の国内法化	〃	126
3	用語解説	〃	127

§7　国際的取組への日本の対応 ……………………………………130

1	酸性雨	井上　秀典	130
2	気候変動	〃	131
3	生物多様性	〃	133
4	廃棄物・化学物質	〃	136
5	砂漠化	〃	137
6	南極	〃	137

第3部　その他の環境保全手法 ………………………… 139

§1　誘導的手法 …………………………………………… 139
1　誘導的手法概説　　　　　　　　　　　　　大久保規子　140
2　環境税制　　　　　　　　　　　　　　　　　　〃　　142
3　税以外の誘導的手法　　　　　　　　　　　　　〃　　145

§2　自主的手法 …………………………………………… 149
1　環境協定　　　　　　　　　　　　　　　　渡邉　理絵　150
2　公害防止協定　　　　　　　　　　　　　　　　〃　　151
3　環境管理・監査システム　　　　　　　　　　　〃　　152

第4部　主要国の環境政策と環境法体系 ……………… 155

§1　米国 …………………………………………………… 156
1　環境政策　　　　　　　　　　　　　　　　村上　友理　156
2　環境法の体系　　　　　　　　　　　　　　　　〃　　160

§2　EU ……………………………………………………… 164
1　環境政策　　　　　　　　　　　　　　　　高村ゆかり　164
2　環境法の体系　　　　　　　　　　　　　　　　〃　　172

§3　英国 …………………………………………………… 178
1　環境政策　　　　　　　　　　　　　　　　柳　憲一郎　178
2　環境法の体系　　　　　　　　　　　　　　　　〃　　180

§4　フランス ……………………………………………… 183
1　環境政策　　　　　　　　　　　　　　　　北村　和生　183
2　環境法の体系　　　　　　　　　　　　　　　　〃　　187

§5　ドイツ ………………………………………………… 191
1　環境政策　　　　　　　　　　　　　　　　大久保規子　191
2　環境法の体系　　　　　　　　　　　　　　　　〃　　195

§6 オランダ …………………………………………………………………… 199
    1 環境政策 　　　　　　　　　　　　　　　　　　　　磯田　尚子　199
    2 環境法の体系 　　　　　　　　　　　　　　　　　　　　〃　　　203

§7 中国 ……………………………………………………………………… 207
    1 環境政策 　　　　　　　　　　　　　　　　　　　　櫻井　次郎　207
    2 環境法の法体系 　　　　　　　　　　　　　　　　　　　〃　　　211

資料編 ……………………………………………………………………… 217
    1．国際的取組み年表　218
    2．環境関連主要国際機関の見取り図　221
    3．自動車 NOx・PM 法の概要　222
    4．自動車 NOx・PM 法の体系図　223
    5．現行エネルギー対策及び今後の省エネルギー対策の概要　224
    6．工場及び事業所から排出される大気汚染物質に対する規制方式とその概要　225
    7．フロン回収破壊法のシステム　226
    8．水環境の保全　227
    9．土壌汚染対策法の概要　229
  10．騒音規制法の体系　230
  11．振動規制法の体系　231
  12．悪臭防止法の体系　232
  13．新たな化学物質の審査・規制制度の概要　233
  14．個別法・個別施策の実行に向けたスケジュール　234
  15．資源の有効利用に対する取組み進捗度の指標例　235
  16．省エネ・リサイクル支援法のスキーム　236
  17．使用済み自動車の再資源化等に関する法律の概念図　237
  18．新・生物多様性国家戦略　238
  19．グリーン購入法における特定調達品目毎の反響配慮の特性　240
  20．自然再生推進法の概要　241
  21．自然再生推進法の仕組み　242
  22．ISO 14001 審査登録件数推移　243
  23．ISO 14001 審査登録状況　243

略語表　247

索引　251

序　章

　近年の環境法政策は，より高い水準の環境の質を次世代に引き継ぐことを目指す．すなわち，初期の環境政策の目標は人の健康に対する危険の未然防止に置かれたが，1970年前後の時期から，人為的活動に伴う天然資源と自然資源の無限定な消費を抑制し，これを次世代に引き継ぐべきことが意識され，生態系，景観などを含む広義の環境の保全が指向されるようになった．このような変革は，単に環境政策のみで達成できるわけではなく，国家機関，地方自治体，経済界，市民を含むすべての行動主体の意識と経済・社会構造の変革を必要とする．
　このような政策理念を実現するうえで，原因者負担原則，予防原則，協調原則の諸原則に則った政策措置がはかられる．
　原因者負担原則は公的負担原則と対立する概念で，環境負荷の予防と原状回復に原因者が法的責任を負うべきであるとする考え方であり，その結果，経済学的にみれば，環境負荷の予防と原状回復費用の内部化をもたらす．もっとも，原因者負担原則はいくつかの点で限界が内在することも事実で，原因者負担原則を適用できない場合には，受益者負担，所有者負担などの形で負担を原因者以外の者に分配し，あるいは公的負担ないしは被害者負担に到らざるを得ない．しかし，近年は，公的負担・被害者負担を最小化するために，原因者負担原則の限界を克服するための法制度の導入が顕著である．第一に，原因者負担原則は原因者が判明しなければ適用できないために，たとえば，排出物質，廃棄物，汚染土壌などの情報管理システムの構築などによって原因者不明の事例を最小化する制度的手当てが模索されている．第二に，原因者の負担能力不足によって原因者負担原則の適用が妨げられる場合を最小化するために，各種責任履行担保の制度化が浸透しつつある．この制度は，我が国では充分とはいえないが，先進諸国では，たとえば，施設規制，業者規制，行為規制に関連して，予め責任保険，銀行保証などの形式による責任履行担保を義務づける制度が拡充されつつある（ドイツにおける Sicherheitsleistung, Deckungsvorsorge, オランダにおける financiële

zeckerheidなど）．この制度は原因者負担原則の徹底をはかるだけでなく，金融市場原理を活用した環境汚染予防機能を高く評価されている．第三に，社会連帯あるいは集団的原因者負担の考え方を基礎として，厳密には原因者と評価できない者の負担を求める制度も少なくない．たとえば，土壌・地下水汚染の分野では，過去における立法の遅れなどの理由で，従来は違法と評価されなかった過去の負の遺産に対して，汚染に対する法的責任とは切り離した形で，しかし，それが過去の経済活動の負の遺産にほかならないことを認識したうえで，経済界全体が自主的にあるいは税，基金拠出などの形で費用負担に参加する制度はこの例である．このような事例は，前記のような原因者負担原則を徹底する制度が存在しなければ公正とはいえず，合意形成が容易でない．これらの論点は，この原則の周辺課題として検討に値する．

　予防原則は，ヒトあるいは環境に対するリスクについて疑いがある場合には，その時点における科学水準ではそのリスクについて確実性が低いとしても，政策決定，立法などに際してそのリスクの発生抑制，予防を図る観点から行動する権限と責務があるとする考え方である．"アジェンダ（Agenda）21"の第15原則「環境を保全するために，各国は予防措置をその能力に応じて広く適用しなければならない．重大または不可逆的な損害が発生するおそれがある場合には，科学的確実性が完全とはいえないことが環境劣化防止のための費用対効果の大きい措置を遅らせる理由とされてはならない」が，予防原則を宣言した例としてしばしば引用される．環境法・政策の分野では，科学の側から確実な情報を提供されるケースはむしろ少なく，大なり小なり不確定性を伴うことは不可避であるが，化学物質，遺伝子操作生物の解放型利用，原子力などの先端科学の分野では，ことさらこのような配慮が求められる傾向にある．もっとも，予防原則については，現時点では，国際法上の慣習法として位置づけられていると解されているわけでもないし，その定義について共通認識が確立しているわけではない．とくに，定義については，発生抑制，未然防止の考え方と峻別した予防原則を想定する立場と，ドイツのように両者を明確に区別せずに一体化された政策上の意思決定原則とする立場があり，我が国は，従来は後者の立場に近かったと考えられる．EUの考え方には，J. Snowの例のように疫病（コレラ）発病の機序，病原菌は未解明ながら，特定の井戸水と罹患との間の疫学的因果関係は証明されたと評価される事例から，WTOにおけるホルモン牛事件

のようにリスクの疑いを示す科学的証拠はないが安全性を断定できる証拠もないという事例までを予防原則で説明しようとする点，あるいはEU裁判所がBSE事件を未然防止原則で説明する点などに，概念の不確定性が残されている．さらに，抑々，その時点における科学的証拠が示すリスクを確実と評価するか不確実と評価するかは，所詮は評価上の割り切りに過ぎず，その際の判断基準は科学，刑事訴訟，民事訴訟，環境保全政策などの意思決定の場によって，あるいはリスクの質，量によって画一ではないと考えられる．このような論点が残されているので，我が国で予防原則の定義，適用条件，適用範囲などをどのように位置づけるかは議論を要するが，いずれの立場に立つにせよ，環境立法，環境政策上の意思決定に際しては，疑われるリスクの質と量によっては，科学的には確実と評価できない段階でも，リスクの発生抑制，予防に向けた行動を考慮すべきであるとする範囲では，認識が共有されていると考えてよい．

協調原則は，国，地方自治体，経済界，市民などの各々の行動主体が，お互いに対立構造ではなく，情報と知識・経験を共有しつつ，相互の合意形成を基調として環境保全を図る方向性を示す．我が国では地方自治体と特定事業場との間の公害防止協定について多年の経験を蓄積しているが，近年，欧州では，国あるいは地方自治体と経済界団体との間の合意形成（環境協定など）の手法が活用されている．規制的手法の限界を克服するための一つの試みであるが，対策措置の選択に弾力性が高い，したがって費用対効果が大きい対策措置の選択が可能である点で，市場原理を活用できる利点がある．このような合意形成を可能とするには，一面では，政府の側に交渉力とこれを可能とする情報の共有を必要とし，他面で，合意ベースの環境保全措置の水準，履行あるいは透明性を確保するための制度の整備が不可欠であるが，克服すべき課題はあるにせよ，とくに，環境保全措置とそのための技術開発とを同時進行させなければならないような先端分野では，有効な手法と考えられる．

これら伝統的な三原則に加えて，近年では，持続性原則，統合性原則，自己責任原則などの新たな指導原理の重要性も認識されている．とくに，統合性原則は，大気，水質，土壌という各環境媒体間の統合（総体としての環境），原料採掘から製品廃棄物循環に到るライフサイクルの統合，施設設置・操業段階から操業停止後までの環境配慮の統合，環境以外の全政策分野における環境配慮という政策間統合を，ともに視野

に入れたもので，最善技術適用原則と連動する．イギリスの「過大な費用を伴わない実用可能な最善技術(BATNEEC)」，ドイツの「技術水準(Stand der Technik)」，オランダの「合理的に達成可能な環境負荷最低化原則(ALARA原則)」，EUの最善技術(BAT)などはいずれも本質的な差はないと考えられるのでオランダのALARA原則(As Low As Reasonably Achievable Principle)を例にとると，環境負荷を伴うおそれがある施設の設置，改築，操業を認可制とし，認可条件として最善技術の適用を求めるとともに，認可条件を定期的に再検討し，認可取消ないしは認可条件の変更による最善技術の陳腐化を回避する方法(最新化原則)が制度化されている．また，自己責任原則は，原因者負担原則と境を接する概念であるが，環境保全に関する責任は法規制によって生じるのではなく，事業活動，市民生活に内在する責任であるとする考え方であり，近年の欧州における化学物質戦略，とくに，製造・輸入などに際して事業者側にリスク評価責任を課す考え方，遺伝子操作技術・生物の利用に際して同じく事業者側にリスク評価責任を課す考え方，あるいは土壌保全法施行前の土壌汚染について汚染者に責任を課す制度などは，この原則の発現例と見ることができる．

　このような環境法の原則の発展とあわせて，経済活動と環境問題の国際化の必然的帰結としてもたらされた環境法と環境政策の国際化によって，我が国の環境法と環境政策も大きな変革を求められている．顕著な事例を以下に示す．

　第一に，環境法体系の問題として，法典化指向がみられる．方法論としては，環境法の基幹的部分を一体化するもの，全法体系の一体化を目指すものの二つがある．前者の例としてオランダでは，環境計画，環境影響評価，施設許認可，財政的手法などについて法典化し，大気，表層水，地下水，海洋，土壌，騒音などに関する環境保全を個別部門法に委ねていることがあげられる．一方，ドイツは後者を目指し，現時点では実現の見通しは立っていないものの，1990年以降2度にわたって環境法典草案が公表されている．いずれの方向を目指すにせよ，法典化は，環境法を統一的理念のもとで体系化する以外に，法制度を平易かつ簡明にする点で大きな意義がある．我が国ではこのような方向性は，現時点では認識されていないが，環境問題とその解決に向けた取組みを市民参加型で推進するうえで，法制度の平易・簡明性は不可欠の要素と考えなければならない．

第二に，保護法益の問題として，人の健康・生命および生活環境に限らず，生態系，生物多様性，自然資源などを含むより広義の環境の保全を目指すべきことは必然的要請となっている．このような意味での環境は，本来，私的権利の対象とはいえず，公共財としてその価値を評価すべきものであるが，一方で，リスクベースの目標設定に加えて，最善技術の導入を目指し，他方で，その侵襲に対して原因者に公法上および私法上の責任を課す方向が国際的合意になりつつある．有害廃棄物越境移動に伴って生じる環境損害修復費用の負担責任に関する条約，EU環境責任制度提案などはこの方向をめざす例である．

　第三に，政策手法の問題として，従来中核的地位を承認されてきた規制的手法に限界が認識され，新しい政策手法の導入と規制的手法の役割の変革が求められている．とくに，環境保全と環境保全技術の開発を同時進行させなければならない先端分野において，この傾向が著しい．規制的手法の限界を克服するために，経済界あるいは不特定多数の発生源による自発的な環境保全努力にインセンテイヴを付与し，費用対効果が高く，かつ，弾力的な方法選択を可能とする政策手法，例えば，間接規制的手法，環境協定などの自主的手法，情報的手法の重要性が認識されている．現実の場では，これらの政策手法が単独で利用されるよりは，幾つかの政策手法のポリシー・ミックスの形式が採られることが多い．たとえば，経済的手法と自主的手法との組合わせは気候変動防止，省エネ部門などで利用されつつあるし，自主的手法と規制的手法の組合せも物質循環，気候変動防止部門で大きな役割を果たしつつある．これらの政策手法を導入する場合には，その具体的な場における実効性についての事前予測と事後評価が不可欠である．また，中・長期的目標を設定してその達成をはかる計画策定の中でこれらの手法の組合せを模索する傾向も顕著であるが，このような政策目標設定とその達成状況の監視について計画的取組みを可能とするためには，ドイツ環境統計法あるいはオランダ排出登録制度に例を見るような系統的な情報収集・管理システムの構築が不可欠となる．規制的手法は，これらの新手法を支援し，その実効性を確保する役割を，新たに果たし得るものでなければならない．

　第四に，環境政策の実体的側面では統合化傾向が顕著である．この統合化政策の内容は，前記の如く，多様であるが，とくに，ライフサイクル統合との関連では，従来型の施設規制，排出規制のみに依存するのでなく，製品規制，工程規制などの手法を加え，さらにはライフサイクル

全体を通じて環境リスクの最小化,資源・エネルギー利用の最適化などをはかる方向をめざす.

　第五に,手続的側面では Due process と透明性の保障が不可避であり,これを制度的に保障することによって,後日の紛争を未然防止する機能を期待できる.事業レベルの環境影響評価制度のほか,立法,政策決定,計画段階の環境配慮を制度化すること(EU 計画アセス指令はこの例である),これらの手続きに際して市民参加と,これらの手続きに対する配慮を欠く場合における救済を制度的に保障することは,先進諸国における環境法の一貫した方向とみてよい.透明性の保障の観点では,リスク・コミュニケーションの制度化と環境情報公開請求権の保障が表裏の関係にある.我が国でも情報公開法制定と地方自治体の情報公開条例によって,機密保持などを理由とする例外はあるにせよ,行政保有情報の公開が制度的に保障されたが,今後は,情報保有者の情報管理の自由との調整を踏まえたうえで,企業保有情報の公開が検討課題となると予想される.PRTR(Pollutant Release and Transfer Register,環境汚染物質排出・移動登録)法は画期的な意義を認め得るものであるが,限界もある.比較法の観点では,ドイツの例をみると,環境情報公開法が,狭い範囲ながら,一定の企業や個人保有の環境情報の公開を明記し,解釈論上,適用対象を拡大する努力がなされているし,さらには,少数説ながら,EMAS(Eco-Management and Audit Scheme,環境マネジメントシステム)参加の対外効果として情報公開義務を導こうとする解釈論上の努力も模索されている.EMAS にせよ,ISO-14000 シリーズにせよ,自主的環境管理の質のほか透明性の向上を目的とする点に解釈論上の手がかりがない訳ではなく,議論の深化が期待される.

　本書は「環境ハンドブック」第 6 部「環境政策と環境法体系」で執筆頂いた 17 名に同書刊行後の法改正などを加筆,補筆頂き,最新化したものである.法学部学生のみならず,それ以外の学生あるいは社会人がわが国の環境法と環境法政策が当面している重要課題について,基本的な認識を得ることができるような書をめざし,中堅・新進の研究者に分担執筆をお願いした.執筆をお引き受け頂いた中には,公害を経験せず,経済活動の現場を知らない者も少なくないが,いずれも,将来,環境法を学問として体系化する役割を担った精鋭であり,それだけに最新・最高レベルの議論を踏まえた内容にまとめて頂くことができた.紙面を借りて感謝申しあげる次第である.

第1部 環境政策

　環境政策の歴史，環境行政組織，我が国の環境政策の三項目について概要を示す．
　我が国は，工業立国政策の結果として世界最高レベルの国民所得水準をもたらし得たが，環境保全に向けた法政策的対応が伴わなかったために，経済成長の歪みとして，水質，大気などにかかわる著しい環境汚染と，これに伴う健康被害事象を経験した．このことは謙虚に反省しなければならない．このような経験としての公害は我が国における環境法・政策研究の原点ともいうべきものである．このような経過から，我が国の環境法・政策はヒトの健康・生命に対する影響の予防に焦点をあててきたが，その結果，生態系を含む広義の環境を保護法益とする考え方に立ち遅れがみられる．現代史における立場と経済構造の点で我が国と類似するドイツにおいて，すでに1970年代初頭の時期に環境保護の必要性が議論され，やがて立法的にも，行政的にも定着したのと比較すると，我が国では，環境基本法が制定された現在でも，この点に関する法制度上の配慮は不十分といわなければならないが，それでも，諸々の国際環境条約あるいはOECD勧告などの外圧を契機として，たとえば2003年化審法改正など，この点に対する配慮が進行しつつある点は評価してよい．さらに，これまでは受け身の立場にあることが多かった環境条約締結過程において，指導的な役割を担おうとする姿勢がみられるようになったことも評価してよい．
　環境政策の歴史の項では，公害対策基本法の制定と環境庁設置などの制度的対応，その後の同法から環境基本法への脱皮を中心とする我が国における環境政策の歴史を論述する．このような環境法・政策の変革は，国民生活水準に伴う市民の環境の質に対する認識の変化と環境問題あるいはこれに対する取組みの量的，質的変化に対応するものである．環境法政策の国際化等々の要因が背景にあるが，とくに，環境汚染・負荷の質的変化も無視できない．かつて我が国が経験した環境汚染，たとえば，降下ばいじん量 100 t/月，SO_2 濃度 0.5 ppm/H の年間出現頻度5%などの，現在では想像もつかないような高濃度のそれは，すでに解消されているが，これに代わって現在では，より微量の化学物質あるいは遺伝子操作生物のリスク，それも科学的不確定性を伴うリスクを視野に置く必要を生じている．また，かつての高濃度汚染の時代には大企業を中心とする規制によって高効率の対策が可能であったが，たとえば，気候変動防止などの分野では，中小企業における環境保全の底上げを必要としているし，一般市民が汚染原因者の一翼を担う側面も生じている．さらには，環境問題に体する取組みが，かつての局地的，地域的対応では足りず，国際的規模，地球規模のそれを求められるに到っている．このような環境負荷の量的あるいは質的変化がわが国の環境法・政策におよぼした軌道を素描する．

環境行政組織の項では，環境省，経済産業省，農水省，国土交通省の環境保全担当行政組織の現状と，中央官庁と地方自治体との環境保全に向けた役割分担について概要を示す．もとより，環境保全は，環境省の役割のみにとどまるわけではなく，我が国の各部門の政策全体の中に環境配慮を統合することが求められる．

　我が国の環境政策の項では，将来世代に対する責任を考えるうえでとくに重要な環境政策上の課題のうち，気候変動防止，自動車排ガス，水循環，土壌汚染，化学物質，物質循環の6項目について，政策の方向を示す．このうち，土壌汚染については土壌汚染対策法の施行をみているし，化学物質部門では，ヒトの健康以外に生態系を含む環境を保護法益とし，事業者責任を基調とする既存物質を含めたリスク審査が化学物質戦略の国際的動向となっているところ，我が国でも2003年化審法改正によってその一部は取り込まれることとなった．また，ディーゼル自動車を中核とする排ガス対策も漸く強化されようとしているが，その成果はなお数年を待たなければならない状況にある．物質循環部門でも，自動車リサイクル法制定，家庭用パソコンの自主的なリサイクル制度の立ち上げなど，近年，社会・経済構造の循環型化に向けた政策がはかられ，成果をあげつつあるが，いわゆる拡大生産者責任の導入のありさまは充分とはいえず，商品生産者の企画・設計・製造段階での循環配慮をより高度化するシステムが必要とされている．その一方で，とくに，気候変動防止部門では，京都議定書批准後の国内実施のあり方が模索の段階にある．今後数10年数百年を見越した長期的展望の中での対応が求められることになる．

§1　環境政策の歴史

1　公害対策基本法以前

　江戸時代にはすでに，水質の悪化，煙害，悪臭などの発生した事例が数多く存在することがわかっており，自然保護の分野においても，鳥獣の保護，森林資源の保全といった観点から広く施策が講じられていた．

　明治時代にはいると，政府は農業よりも鉱業を重視する傾向をより強め，足尾銅山の鉱害問題をはじめとする大規模な鉱害問題が発生した．また，ばい煙問題など工場による環境問題も各地で起こった．さらに江戸時代の鳥獣保護政策や森林保全政策は，明治維新とともに瓦解し，森林が乱伐されたため大型の鳥獣の生息数が激減した．

　大正時代，工業の重工業化とその動力源としての石炭の使用は，ばい煙による汚染をしだいに著しくし，住工混在型の立地は工場からの汚水による水質悪化問題なども拡大した．

　戦時下において自然への圧力も急増し，森林は過剰に伐採された．戦後，新憲法のもとで工業生産を重視する開発政策が進展したが，国の法体系において環境保全面の考慮という観点は希薄であった．経済の成長にともない各地で公害被害が顕在化するようになり，昭和30年代にようやく国レベルでの公害防止対策が検討されることとなる．ただし，公害対策は経済成長を重視する意見に押され，なかなか進捗しなかった．

① 江戸時代から明治時代

　狭隘な国土において稠密な人間活動が行われている我が国では，古くから環境問題が発生し，これに対処するための政策が行われてきた．

　江戸時代にはすでに，鉱山開発，新田開発，

水車の設置，塩田開発，石炭の採掘，石材の切出し，かわらの製造，廃棄物の処理などに伴い，水質の悪化，煙害，悪臭などが発生し，対策が講じられた事例が数多く存在することがわかっている[1]．また，自然保護の分野においても，鳥獣の保護，森林資源の保全といった観点から広く施策が講じられていた．

明治時代にはいると封建体制が崩壊し，封建体制下の環境保全システムも瓦解することとなった．とくに，明治時代になり，政府が農業よりも鉱業を重視する傾向をより強めるにつれて，鉱業の被害者の運動は激化せざるを得なくなり，明治10年代後半から明治30年代にかけての足尾銅山の鉱害問題をはじめとし，別子銅山，小坂鉱山，日立鉱山などにおいて社会紛争化する大規模な鉱害問題が発生した．また，殖産興業の掛け声とともに工業生産が重視され，各地に工場が立地されるとともに，ばい煙問題をはじめとして，工場による環境問題も各地で起こるようになった．ばい煙問題については，大阪府のほか地方条例による対応が開始されたが，国レベルの対応は効果的になされなかった[2],[3]．

江戸時代に機能していた鳥獣保護政策は，明治維新とともに瓦解し，国産の村田銃の生産開始と余暇としての狩猟の大衆化に伴い，わが国の鳥獣はかつてない受難期を迎えることとなった．タンチョウ，マナヅル，コウノトリ，トキなどの大型の鳥類やエゾシカやニホンオオカミなどは，この時期に生息数が激減した．

森林については，1869年の版籍奉還により旧藩の領有地がすべて国有地となり，政府は歳入の増加と開墾の促進のために，これを積極的に払い下げる方針をとった．このため，江戸時代には，各藩において保全されていた森林が乱伐される結果となった．また，廃仏思想の広がりとともに社寺林の伐採も進んだ．

② 大正時代から第二次世界大戦

日露戦争（1904〜1905年）後，わが国の工業はしだいに重工業化していき，その動力源としての石炭の使用はばい煙による汚染をしだいに著しくしていった．この時期の大気汚染問題としては深川の浅野セメント降灰事件が有名である[4],[5]．また，住工混在型の立地は，工場からの汚水による水質悪化問題なども拡大した．典型例としては，岐阜市近郊の荒田川廃水事件をあげることができる[6]．この時期の公害問題については十分な対応は行われずに，国家総動員法（1939年）下における戦時体制のなかに埋没していくこととなる．

自然保護の分野では，天然記念物制度の開始（1919年），国立公園法の成立（1931年）など，この時期に貴重な自然を守るための制度が開始された．ただし，戦時下において自然への圧力も急増した．森林は過剰に伐採され，戦前（昭和9〜12年）と比較し，1950年には，わが国の森林は，蓄積量にして針葉樹の4％，広葉樹の10.2％，合計では7％が失われた[7]．森林の荒廃は自然災害を急増させたほか野生生物へも影響し，たとえば松に好んで巣をつくるコウノトリは，このころの松根油の生産などによる松の乱伐によって，その数を大幅に減らした[8]．

③ 戦後の復興期

戦後，新憲法のもとで工業生産を重視する開発政策が進展したが，国の法体系において環境保全面の考慮という観点は希薄であった．公害対策が先行したのは，やはり地方公共団体においてであった．1949年に東京都公害防止条例が制定され，各地に同様の条例が制定されるようになった[9]．また，戦時中の乱伐による森林の荒廃は，各地において自然災害を引き起こし，治山治水政策の充実が課題となった．このための造林政策は，スギやヒノキといった生産

単価の高い針葉樹に偏ったものとなり，後に花粉症の発生などを招くこととなった．また，土木工事を中心とした治山・治水政策は，コンクリートによる三面張りの河川に代表されるように，自然破壊を伴うものであった．

④ 高度成長期

昭和30年代にはいって各地で公害被害が顕在化するようになり，ようやく国レベルでの公害防止対策が検討されることとなる．ただし，公害対策は，経済成長を重視する意見に押され，なかなか進捗しなかった．厚生省は，1955年に"生活環境汚染防止基準法案要綱"を，2年後にはその修正案を関係省庁に提示したが，反対意見が多く立法作業は中止される．

1958年には，東京都の江戸川区の本州製紙の汚水による漁業被害に怒った漁民が工場に打ち入ったことをきっかけに，"公共用水域の水質の保全に関する法律"および"工場排水等の規制に関する法律"が制定された．これらのいわゆる水質二法は，水質保全法において一定の水域について排水基準を設定し，工場排水規制法などの10法律においてその基準を遵守させる仕組みであった．しかし，問題が発生した水域を規制対象水域に指定していくという"後追い行政"であったうえに，重金属を規制対象としておらず，水俣病の拡大などを防止する効果をもたなかった[10),11)]．

熊本水俣病は，チッソ水俣工場が生産能力を大幅に増強した1953年以降に患者が認められるようになった．当初はその原因がわからず，水俣工場からの水銀の排出は1966年まで続くこととなった．また，新潟水俣病は1964年に患者が認められ，1965年にその存在が公表された．

大気汚染被害も深刻化した．1955年に海軍燃料廠跡が民間に払い下げられて建設された四日市石油化学コンビナートは，1960年から本格的に稼働し，翌年から早くも四日市喘息とよばれる喘息患者が現れた[12)]．1962年に"ばい煙の排出の規制等に関する法律"が制定されたが，汚染が発生している地域に限定して後追い的に施策を講ずる仕組みは，水質二法と同じであった[13)]．

この時期には，公害規制よりも，公害防止のための施設整備を国が積極的に進めるべきとの論調が産業界中心に起こり，下水道法の制定(1958年)，廃棄物処理施設の整備促進のための生活環境施設整備緊急措置法の制定(1963年)，公害防止施設の建設譲渡や低利融資を行う公害防止事業団法の制定(1965年)などの措置が講じられた．

文　　献

1) 安藤精一：近世公害史の研究，吉川弘文館 (1992)
2) 神岡浪子：ジュリスト臨時増刊，特集公害－実態・対策・法的課題，pp. 8～13，有斐閣 (1970)
3) 河合義和：2)に同じ，pp. 392～401
4) 山崎俊雄：2)に同じ，pp. 18～22.
5) 山崎俊雄（神岡浪子編）：資料近代日本の公害，pp. 306～353，新人物往来社 (1971)
6) 竹内宏一：2)に同じ，pp. 27～31
7) 三好三千信：日本の森林資源問題，p. 17，古今書院 (1953)
8) 沼田　真編：自然保護ハンドブック，p. 70 (1976)
9) 神岡浪子：2)に同じ p. 13
10) 環境庁水質保全局監修：逐条解説水質汚濁防止法　第1章，pp. 3～19，中央法規出版 (1996)
11) 山中正美（政治科学研究会編）：新・日本の公害，p. 303，ビデオ出版 (1973)
12) 武藤和夫：2)に同じ，pp. 49～52
13) 環境庁大気保全局監修：逐条解説大気汚染防止法，pp. 4, 5，ぎょうせい (1984)

2 公害対策基本法の制定

　昭和30年代の公害対策によっても公害被害は沈静化することなく，公害反対運動はさらに活発となった．1967年から1969年にかけて，新潟水俣病，四日市公害，イタイイタイ病，熊本水俣病についてそれぞれ訴訟が提起されるに至った．

　このような状況を踏まえて，公害対策にかかる基本法の制定が必要と考えられるようになった．これまでの公害対策は，対症療法的な応急的な対策にとどまっていたうえに，公害発生源の責任，国，地方公共団体の責務の明確化などの基本原則が明確ではなかったとの反省がなされたのである．そして，1967年に，公害対策基本法が制定された．しかし，通商産業省などの意見によって，法律の目的に「経済の発展との調和を図りつつ」といういわゆる「調和条項」が加えられることとなった．

　公害対策基本法の制定の後，政府はようやく水俣病，イタイイタイ病の原因を工場廃水であると認定し，救済のための制度化を行った．

　また，公害対策基本法の制定をきっかけとして公害関係法律の整備が進み，大気汚染防止法，騒音規制法などが制定された．

(1) 沈静化しない公害被害

　昭和30年代の公害対策は対処療法的なものであり，相互に有機的関連がなかったうえ，規制措置も後追い的なものに終始した．公害被害は沈静化することなく，公害反対運動はさらに活発となった．

　1965年には新潟水俣病の発生が顕在化した．熊本水俣病を発生させたチッソ水俣工場と同じアセトアルデヒド（酢酸・塩化ビニルの中間原料）を生産する昭和電工鹿瀬工場が排出したメチル水銀が，阿賀野川下流域を汚染したのである．同じ生産工程から同じ形の公害が発生することを防止できなかったことは，国の施策にも大きな衝撃を与えた．

　河川のなかでも京浜，京阪神，名古屋などの大都市圏を流れる河川の水質は著しく悪化し，悪臭の発生限界である BOD 10 ppm をはるかに超える河川が多かった[1]．また，1965年には，富士市の田子の浦港のしゅんせつ作業中に硫化水素が発生するという事件も発生した．

　大気汚染も深刻化した．川崎，四日市，北九州などでは，1967年ころをピークとして非常に高濃度の汚染状況が続いた．また，尼崎，和歌山，海南，川口，鳩ヶ谷，宇部，大牟田，大分などにも汚染が拡大した[1]．1964年には，四日市喘息による最初の死者が確認されており，その後も患者の自殺や病死が続いた．

　公害問題が激化するにつれて各地で公害反対運動も活発化した．1963年に東駿河地区が工業整備特別地域に指定され，同地域に石油化学コンビナート建設計画が策定されたが，同年から翌年にかけて，三島・沼津・清水の2市1町にコンビナート建設反対運動が起こり，最終的に計画がとんざすることとなった．また，同じ1963年には，煙の町として有名だった北九州市の婦人学級で最初の公害学習が始まった[2],[3]．

(2) 四大公害訴訟の提起

　新潟水俣病の被害者は，当時なおその責任の所在が明確にされていなかった熊本水俣病の事例を他山の石として，裁判で責任の所在を明らかにすることとし，1967年4月に，損害賠償請求訴訟を提起した．新潟水俣病訴訟は他の公害被害者の運動に大きな影響を与え，同年9月に四日市公害訴訟，翌年3月にイタイイタイ病事件訴訟，1969年6月に熊本水俣病訴訟が起こされた．

③ 公害対策基本法の制定

このような動きは，公害防止政策を推し進める力となった．厚生省は，1964年に公害課，1965年には公害審議会をそれぞれ設置し，公害に関する基本的施策のあり方の検討を開始した．また，1964年には総理府に公害対策推進連絡会議が設置され，騒音，自動車排ガスなど対策が講じられていない分野を中心とした検討が開始された．立法府においても，1965年に衆参両院に産業公害対策特別委員会が設置された．

この結果，これまでの公害対策は，対症療法的な応急的な対策にとどまっていたうえに，公害発生源の責任，国，地方公共団体の責務の明確化などの基本原則が明確ではなかったとの反省に立って，公害対策基本法の制定が必要と考えられるようになった．

公害対策基本法においてはじめて"公害"に定義が与えられることとなったが，対象とする公害の範囲をどのように考えるかについては，大きな論点となった．1966年の公害審議会答申では，一般に公害とよばれている現象のなかから，"公法上の対策が必要であり，かつ可能なものであって，行政上の公害という共通の概念によって同一の原則のもとに処理されることが望ましいもの"を選ぶべきとし，大気汚染，水質汚濁，騒音，振動および悪臭の5種類を公害とすべきとした．法案では，地方公共団体から要望の強かった地盤沈下をこれに加えた6種類となった．

また，公害対策基本法の厚生省試案では，健康と福祉の保持の経済的利益追求に対する優先の規定，"維持されるべき環境上の条件に関する基準"としての環境基準の規定などが盛り込まれていた．しかし，通商産業省などの意見によって，法案では目的に"経済の発展との調和を図りつつ"といういわゆる"調和条項"が規定され，環境基準は"維持されることが望ましい環境上の条件に関する基準"として，その設定にあたり"産業間の相互協和をはかるよう考慮しなけらばならない"ものとされた．目的における調和条項は国会論議の中心となり，衆議院において，国民の健康の保護には調和条項を適用しないよう修正され，1967年に公害対策基本法が成立した[4]．

④ 公害病の認定と救済

公害対策基本法の制定の後，国として各種公害病を正式に認定して，その救済をはかろうという動きがようやくみられるようになった．

1968年5月には，厚生省が，イタイイタイ病の原因について，三井金属神岡鉱業所の事業活動に伴って排出されたカドミウムが主原因である旨の公式見解を発表した．また，同年9月には，水俣病の原因物質がメチル水銀化合物であり，チッソ水俣工場と昭和電工鹿瀬工場の廃水が原因であるとの政府統一見解が公表された．

被害者救済の取組みは公害防止の取組みと同様に地方公共団体の条例による対応が先んじていた．1965年には，四日市市が公害被害者に対して医療費支給を開始した．1969年には，"公害に係る健康被害の救済に関する特別措置法"（救済法）が制定され，公害健康被害者に対する医療費などの支給制度が国として導入された．ただし，救済法による地域指定を待たずに地方公共団体の制度で医療費支給を行う例は，救済法の制定後もみられることとなる．

⑤ 公害対策基本法を受けた公害関係法律の制定

公害対策基本法の制定をきっかけとして，公害関係法律の整備が進んだ．"航空機騒音の障害防止のための防衛施設周辺の整備等に関する法律"（1966年）および"公共用飛行場周辺における航空機騒音による障害の防止等に関する法

律"(1967年),"大気汚染防止法"(1968年),"騒音規制法"(1968年),"公害紛争処理法"(1970年)などが制定された.

このうち大気汚染防止法は,従来のばい煙等規制法に比較して,規制対象物質に自動車排出ガスを追加するとともに,規制対象地域の指定要件を緩和し,硫黄酸化物のK値規制,自動車排ガスの許容限度の設定などの新しい規制方法を導入するものであった.

文　献
1) 環境庁:環境庁10年史, p.42, ぎょうせい (1982)
2) 西岡昭夫:ジュリスト臨時増刊, 特集公害—実態・対策・法的課題, pp.117〜121, 有斐閣 (1970)
3) 今村千枝子:同上書, pp.130〜134
4) 蔵田直躬, 橋本道夫:公害対策基本法の解説, 新日本法規出版 (1972)

3　公害国会

① 1970年における危機的状況

公害対策基本法や,水質二法,大気汚染防止法などの制定にもかかわらず,公害問題は,広域化,多様化し,深刻になっていった. 1970年は,新たな公害問題が一挙に顕在化した年となった.利根川水系の水道でのにおい水騒ぎ(1月),富山県黒部市におけるカドミウム汚染事件(5月),新宿区柳町における自動車排ガスによる鉛汚染事件(5月),田子の浦港のヘドロ問題の表面化(7月),杉並区立正高校における光化学スモッグ事件(7月)と,次々に公害問題が顕在化した[1].公害問題は政府の最重要課題となり,政府は佐藤総理(当時)を本部長とする中央公害対策本部を7月に設置し,対策の検討にはいった. 11月の臨時国会(第64回国会)は,公害国会とよばれ, 14本の公害関係法律が可決された.

② 公害国会で可決された法律の内容

公害国会において可決された法律は,後述に掲げるとおりである.

公害対策基本法の制定時に,論議の的となったいわゆる"調和条項"はこのとき削除され,生活環境優先の考え方が明確となった.このほか,公害対策基本法の一部を改正する法律は,公害の定義に土壌汚染を追加し,水質汚濁の範囲を拡大(水質以外の水の状態または水底の底質が悪化することを含める)するとともに,事業者の責務の明確化,土壌汚染の環境基準の追加などを行った*.

また,このときに,ばい煙等規制法が大気汚染防止法になり,水質二法が統合されて水質汚濁防止法が制定された.このことにより,特定の地域のみではなく,全国に排出基準が適用されることとなるとともに,排出基準を遵守しない者に行政が命令をかけてからその違反者に罰則を適用する方法ではなく,直接罰則を適用する方法(直罰制)を適用することとなった.また,地方公共団体における規制基準の上乗せも認めることとした.これらは,ようやく実効性のある公害法規が成立したことを意味するものであった.

さらに,新たな公害法規として,"公害防止事業費事業者負担法","海洋汚染防止法","人の健康に係る公害犯罪の処罰に関する法律"(公害罪法),"農用地の土壌の汚染防止等に関する

---

* なお,公害国会の後,環境庁の発足前に成立した法律としては,"公害の防止に関する事業に係る国の財政上の特別措置に関する法律"(1971年),"悪臭防止法"(同年),"特定工場における公害防止組織の整備に関する法律"(同年,公害管理者法)がある.

法律"が制定された．公害防止事業費事業者負担法は，一定の公害防止事業についてその事業費の一部について原因者から徴収するための仕組みを規定した．海洋汚染防止法は，船舶の油による海水の汚濁の防止に関する法律を廃止し，船舶及び海洋施設から海洋に油及び廃棄物を排出することを原則として禁止するものである．公害罪法は，事業活動に伴って人の健康を害する有害物質を排出し，公衆の生命又は身体に危険を生じさせることを刑事犯的な犯罪とした．農用地の土壌の汚染防止等に関する法律は，農用地の土壌が特定の有害物質に汚染されている地域を農用地土壌汚染対策地域に指定し，対策計画に従い，対策事業を進めるとともに，特別地区での食用作物の作付けの制限などを規定した．

また，その他の重要法律として，"廃棄物の処理及び清掃に関する法律"の制定があげられる．これは，廃棄物を一般廃棄物と産業廃棄物に区分し，一般廃棄物については市町村の清掃事業を中心とする過去の処理体系を維持する一方，産業廃棄物については事業者がみずからの責任において処理することとし，産業廃棄物の収集・運搬・処分基準，都道府県の産業廃棄物処理計画などを定めるものであった．

文　献
1) NHK社会部編：日本公害地図, pp.27〜68, 203〜222, 日本放送出版 (1971)

3 成立した法律の一覧表

	法 律 名 称
1	公害対策基本法（一部改正）
2	道路交通法（一部改正）
3	騒音規制法（一部改正）
4	廃棄物の処理及び清掃に関する法律
5	下水道法（一部改正）
6	公害防止事業費事業者負担法
7	海洋汚染防止法
8	人の健康に係る公害犯罪の処罰に関する法律
9	農薬取締法（一部改正）
10	農用地の土壌の汚染防止等に関する法律
11	水質汚濁防止法
12	大気汚染防止法（一部改正）
13	自然公園法（一部改正）
14	毒物及び劇物取締法（一部改正）

4 環境庁の設置

公害対策本部は，短期間のうちに公害関係法規の整備を行うなど，一定の成果をあげたものの，公害規制の権限も各省庁に分散したままだった．公害対策を推進していくためにはこれらの権限を一元化し，常設の行政機関が必要であるという認識が広がった．このため，1971年7月1日に環境庁が発足した．

このとき，公害の防止に関する基幹的な法律の施行権限が一元化された．また，農林省から鳥獣保護行政が，厚生省から自然公園行政が移管され，自然保護局が設置され，環境庁は自然保護行政もつかさどることとなった．

四大公害訴訟は，1971年から1973年にかけていずれも原告側の勝訴判決がだされることとなった．ここにいたって，人の生命や健康は企業の経済的利益に優先されるべきとの考え方がようやく認められることとなった．また，1972年には環境庁の手によって，汚染被害の加害者が過失の有無にかかわらず損害賠償の責任を負うべきであるという無過失損害賠償責任の規定

が，大気汚染防止法と水質汚濁防止法に盛り込まれた．

環境庁の発足後，硫黄酸化物の総量規制，窒素酸化物対策の開始など，公害規制の強化・拡大が精力的に行われた．また，自然保護行政の体系化が試みられたが，これは不十分なものに終わった．

① 環境庁の設置

公害対策本部は，短期間のうちに公害関係法規の整備を行うなど，一定の成果をあげたものの，公害規制の権限も各省庁に分散したままであった．たとえば，工場・事業所の排ガス規制は通商産業省と厚生省の共管であり，自動車の排ガス規制・騒音規制は運輸省，水質規制基準の設定は経済企画庁，工場・事業所の排水規制は大蔵省・厚生省・農林省・通産省・運輸省といった状況であった[1]．公害対策を推進していくためには，これらの権限を一元化し，常設の行政機関が必要であるという認識が広がった．このため，1971年度予算編成にあたり佐藤内閣総理大臣の裁断によって環境庁の設置が決まった．1971年に環境庁設置法が成立し，同年7月1日に環境庁が発足した．

このとき，公害の防止に関する基幹的な法律の施行権限が一元化された．また，農林省から鳥獣保護行政が，厚生省から自然公園行政が移管されたことによって環境庁に，自然保護局が設置され，環境庁は自然保護行政もつかさどることとなった．環境庁発足後の事務の移管としては，鳥獣保護区特別保護地区や国立・国定公園の特別保護地区などに生息する特定動植物に係る天然記念物の保護行政が，1974年に文化庁から環境庁に一元化された事例などがあるが，ごくわずかである．発足時に，廃棄物行政も厚生省から環境庁に移管する案があったが，建設省の下水道行政が移管されなかったことに影響を受けて，廃棄物行政は移管されないままに終わった．

② 四大公害訴訟の決着

四大公害訴訟は，1971年から1973年にかけていずれも原告側の勝訴判決がだされることとなった．具体的には，イタイイタイ病事件一審（富山地裁1971年6月30日判決），同二審（名古屋高裁金沢支部1972年8月9日判決），新潟水俣病事件（新潟地裁1971年9月29日判決），四日市公害事件（津地裁四日市支部1972年7月24日判決），熊本水俣病事件（熊本地裁1973年3月20日判決）が，それぞれ企業の損害賠償責任を認め，被告側企業はその判決を受け入れることとなった．四日市公害判決では，"人の生命・身体に危険のあることを知りうる汚染物質の排出にあたっては，企業は，経済性を度外視して，世界最高の技術・知識を動員して防止措置を講ずるべきである"としており，ここにいたって，人の生命や健康は企業の経済的利益に優先されるべきとの考え方がようやく認められることとなった．

③ 無過失損害賠償責任の成文化

公害対策本部においては，汚染被害の加害者が過失の有無にかかわらず損害賠償の責任を負うべきであるという考え方のもとに，無過失損害賠償責任の規定を公害対策基本法に盛り込もうとしていたが，結局，具体的な成案を得ることはできなかった．この作業は環境庁に引き継がれ，1972年に大気汚染防止法と水質汚濁防止法の一部改正により，無過失責任に係る条項が加えられた．

④ 公害規制の強化・拡大

環境庁の発足後，公害規制の強化・拡大が精力的に行われた．

● 硫黄酸化物対策

大気汚染の分野においては，当初は，とく

に，硫黄酸化物対策に重点がおかれた．"わが国の大気汚染の歴史は亜硫酸ガスによる汚染の歴史である[2]"といわれていたように，硫黄酸化物対策が大気汚染対策の中心と考えられていたのである．

硫黄酸化物対策としては，既述のように1968年に，濃度規制から個々の排出源の排出量を抑えるためにいっそう効果的なK値規制に移行したが，この規制は，1968年の第一次規制から1976年の第八次規制までほぼ毎年規制が強化された．また，K値規制のみでは，多くの排出源が集中する大工業地域などでの広域的な汚染に対応することが困難であったため，1974年に，大気汚染防止法を改正し，総量規制を導入した．これは，地域全体の許容総排出量に基づき，個々の排出源に対する排出基準を定める方式である．このような規制強化によって，硫黄酸化物汚染は着実に改善することとなった．

● 窒素酸化物対策

一方，モータリゼーションの進展とともに新しい形の大気汚染として注目を集めた窒素酸化物汚染については，1965年代後半から本格的な取組みが開始されることとなった．1973年には，二酸化窒素および光化学オキシダントに係る環境基準が定められ，工場に対する排出規制が開始された．窒素酸化物の排出源としては，自動車排ガスの寄与も大きいところであるが，1972年に米国のマスキー法(1970年大気清浄法)に定める規制と同程度の規制を行う方針が定められた．

● 水質汚濁対策

水質保全の分野においても環境庁の設置以来，規制対象施設と物質の拡大が精力的に行われた．とくに，1971年に魚介類のPCB汚染問題が，1973年に有明海周辺での水俣病発生の疑いがそれぞれ顕在化したことを受けて，1974年に水銀に関する環境基準と排出基準の強化，1975年にPCBに関する環境基準と排出基準の設定が行われた．

● 化学物質管理の開始

また，PCB問題を契機として，1973年に"化学物質の審査及び製造等の規制に関する法律"が制定された．ただし，このいわゆる化審法については，新規の化学物質の製造規制を中心としているという理由で，通産省と厚生省が中心となって行政を行うこととされた．当時は，排出口における規制(エンド・オブ・パイプ)型の行政が中心であり，物の設計・製造の管理という源流対策が環境行政の範ちゅうであるという認識が希薄であった．

⑤ 自然保護行政の体系化の試みと挫折

環境庁発足後，自然保護行政の体系化が試みられた．

従来の自然保護関係法律は，自然公園法が風景の保護を行うように多様な自然の一部分をとらえて保護する法律であった．このため，自然環境を総体として保全する法律が必要とされ，1972年には自然環境保全法が制定された．自然環境保全法では，国が自然環境保全に関する基本方針を定めるとともに，自然環境保全地域の保全のための措置が設けられた．しかしながら，同法の立案の際，建設省の都市計画行政において従来から講じられてきた都市域の自然環境の保全についての施策との調整が問題となり，結局，都市計画区域内の自然環境の保全は建設省が別法を定めて所管することとなった．これが1973年に制定された都市緑地保全法である．このように，自然保護行政の体系化はその当初から不十分なものとなった．

文　献

1) 野村正幸：ジュリスト臨時増刊，特集公害―実態・対策・法的課題, pp. 228〜234, 有斐閣 (1970)

2) 宮本憲一：1)に同じ, p. 34

5 環境基本法の制定まで

1973年の第一次石油危機に伴う景気の後退によって，環境行政への関心は急速に薄くなり，昭和50年代の環境行政は停滞期を迎えた．
このように停滞する環境行政を動かしたのは外からの圧力であった．まず，絶滅のおそれのある野生動植物の国内での流通規制を設けていなかったため，希少野生動植物が国内ペットショップなどで販売され，国際的に非難されることとなった．このため，1987年に，"絶滅のおそれのある野生動植物の譲渡の規制等に関する法律"が制定された．翌年には，オゾン層保護議定書の履行のためオゾン層保護法が制定されるとともに，地球温暖化に関する国際的な取組みも本格化した．1992年の国連環境開発会議（地球サミット）は，各種の国際的な取組みを進展させるのみならず，我が国の国内行政にも大きな刺激を与えるものとなった．
国内的には，自動車排ガス，生活排水などに起因する都市・生活型公害への対応が残されていた．二酸化窒素の大気中濃度は改善されず，改正された環境基準も達成できなかった．閉鎖性水域での富栄養化の問題も十分対応されなかった．
地球サミットによって起こった"波"を国内的な行政に定着させるという意図と，公害と自然保護という垣根を外し，規制的手法以外の各種の手法を環境政策の基本的な施策として位置づける新しい基本法が必要であるという認識が結合して，1993年に環境基本法が制定された．

① 停滞する昭和50年代の環境行政

1973年の第一次石油危機は，成長の一途をたどっていた日本経済に多大な影響を与えた．これに伴い環境行政への関心は急速に薄くなり，産業界を中心に環境保全より景気の回復を優先して政策を行うべきであるという声が強まっていった．
1978年には二酸化窒素の環境基準が改正された．1973年に告示された二酸化窒素の環境基準は，1時間値の1日平均値が0.02 ppm以下であることとされていたが，この改正により，0.04 ppmから0.06 ppmまでのゾーン内またはそれ以下であることとなった．
また，1975年に中央公害対策審議会に諮問を行って以来，再三，法制化を試みてきた環境影響評価制度は，発電所を対象事業から除外するなどの調整を行ったうえ，1981年にようやく法案を国会に提出するに至ったが，訴訟の多発などをおそれる産業界側と骨抜き法案には同意できないとする野党側の双方から理解を得ることができず，1983年の衆議院の解散に伴って廃案となった．1984年には，国会への再提出も見送られ，環境影響評価制度は閣議決定による行政指導で実施されることとなった．

② 地球環境問題への取組みの開始

停滞する環境行政を動かしたのは外からの圧力であった．
我が国は，1973年に採択されたワシントン条約（絶滅のおそれのある野生動植物の種の国際取引に関する条約：CITES）を1980年に批准したが，批准に際して多くの留保品目を設けていたうえに，国内の流通規制を設けていなかった．このため，不法に輸入された希少野生動植物がペットショップなどで販売され，1984年のワシントン条約アジアセミナーにおいて日本非難決議が採択されるに至った．このため1987年に，"絶滅のおそれのある野生動植物の譲渡の規制等に関する法律"（ワシントン条約国内法）が制定された．
また，1987年に採択されたオゾン層を破壊する物質に関するモントリオール議定書を履行するため，1988年に，"特定物質の規制等によ

るオゾン層の保護に関する法律"(オゾン層保護法)を制定した．

さらに，1988年には，UNEP(国連環境計画)とWMO(世界気象機関)の共催により気候変動に関する政府間パネル(IPCC)が設置され，地球温暖化に関する国際的な取組みも本格化した．

このような国際的な動きは我が国の政策を動かすこととなった．1988年の環境白書ははじめて地球環境問題に焦点をあてたものとなった．1989年には，地球環境問題に関する関係閣僚連絡会議が発足した．

③ 地球サミットの開催

1992年には，ブラジルのリオデジャネイロにおいて，国連環境開発会議(UNCED：地球サミット)が開催された．地球サミットは国連に加盟しているほぼすべての国，約180か国が参加し，そのうち約100か国は元首または首相が出席するという人類史上かつてないハイレベルかつ大規模な会議となった．地球サミットでは，温暖化防止のための気候変動枠組み条約，生物多様性条約への署名が開始されるとともに，環境と開発に関するリオデジャネイロ宣言，アジェンダ21，森林原則声明が合意された．

地球サミットの開催は，温暖化の防止，森林の保全，砂漠化の防止などの国際的な取決めを進展させるのみならず，ISO(国際標準化機構)における環境管理に関する国際規格の制定に係る取組み，OECDにおけるPRTR(環境汚染物質排出・移動登録)についての取組みなど，各種の国際的な取組みを進展させることとなった．また，我が国の国内行政にとっても地球サミットの開催を契機とした環境問題への関心の高まりは，環境基本法の制定という大きな成果につながることとなった．

④ 都市・生活型公害への対応

国内的には，自動車排ガス，生活排水などに起因する都市・生活型公害への対応が残されていた．

昭和40年代後半から度重なる規制強化が行われた結果，硫黄酸化物の大気中濃度は確実に低減し，二酸化硫黄の環境基準はほぼ全国的に達成されるに至った．しかし，二酸化窒素の環境基準については，達成目標年次である1985年が到来しても達成されなかった．規制措置によって工場などの固定発生源からの窒素酸化物の排出量，自動車排ガス中の窒素酸化物の排出量が減少したにもかかわらず，自動車台数の急激な増加などによってその効果が相殺されたためである．このため，1992年には，大都市周辺の地域について，自動車から排出される窒素酸化物の総量を抑制するための法律が制定された．

水質汚濁の分野では，カドミウムなど健康被害を引き起こすおそれのある物質に係る環境基準(健康項目)の達成状況は良好であった．一方，富栄養化をもたらす有機物質の排出などに係る環境基準(生活環境項目)の達成状況は芳しくなかった．とくに，生活排水が流入する湖沼，内湾，内海などの閉鎖性水域や都市内の中小河川の水質改善が課題となった．このような生活排水による水質汚濁に対応するため，1990年に水質汚濁防止法が改正され，同法に生活排水対策が盛り込まれた．ただし，現在に至っても閉鎖性水域における富栄養化の状況は改善されておらず，生活環境項目の環境基準の達成状況は4割程度のまま横ばいとなっている(1999年度まで)．

⑤ 環境基本法の制定

地球サミットを契機として起こった環境問題への関心の高まりは，環境行政にとって，格好の追い風を起こすこととなった．

従来，環境行政は，公害対策基本法と自然環境保全法という二つの"基本法"にそって実施されてきたが，地球環境問題，廃棄物減量化・リ

サイクルの促進に関する課題など，公害と自然保護に分類して対応することが適当ではない問題が顕在化した．また，都市・生活型公害，廃棄物の量の増大，地球の温暖化を招く二酸化炭素の排出など，通常の経済活動に起因する微少な環境負荷が集積して発生する問題は，従来の基本法が念頭においていた規制的措置だけでは十分に対応できなかった．このため，規制的措置以外の措置を拡充する必要があった．

地球サミットによって起こった"波"を国内的な行政に定着させるという意図と，公害と自然保護という垣根を外し，計画的手法，経済的手法，自発的活動の促進策など，規制的手法以外の各種の手法を環境政策の基本的な施策として位置づける新しい基本法が必要であるという認識が結合して，1993年に環境基本法が制定された．

6 環境基本法制定後の環境政策の進展

環境基本法に環境影響評価の推進に関する条文が盛り込まれたことをきっかけとして，1997年に環境影響評価法が成立した．

また，水道の水源の水質を保全するための法制化，大気汚染防止法の規制対象の拡大が行われるとともに，土壌汚染・地下水汚染対策が進展するなど，各種規制措置の強化が行われた．いわゆる環境ホルモンに対する関心も高まり，化学物質の管理についても強化されることとなった．

さらに，容器包装リサイクル法の制定，家電リサイクル法の制定を経て，2000年に循環型社会形成推進基本法など関係6法律が成立するなど，循環型社会に向けての取組みが進展した．

国際的な取組みにおける日本政府のイニシアティブも従前に比べれば強化され，1997年には，京都において気候変動に関する国際連合枠組み条約に対する京都議定書が採択された．

このように環境行政は，環境基本法の制定の後も活発に展開している．2001年には，従来，厚生省が所管してきた廃棄物行政を取り込んだ形で環境省が創設された．

① 環境アセスメント法の成立

環境基本法には，第20条として環境影響評価の推進に関する条文が盛り込まれていたが，環境影響評価制度を法制化するか否かについては明らかにされていなかった．同法の国会審議の際にこの点が争点の一つとなり，当時の宮澤総理大臣が関係省庁一体となって2年間の調査研究を行い，その結果を踏まえて法制化を含め現行制度の見直しを検討する旨の答弁を行った．これを踏まえて行われた調査研究の結果，OECD（経済協力開発機構）諸国のなかで日本だけが行政指導によって環境影響評価制度を実施している事実が明らかになった．この結果を受けて，1997年に環境影響評価法が成立した．

なお，同年には，環境保護に関する南極条約議定書を履行するために，南極地域における活動について環境影響評価を行うことなどを内容とした南極地域の環境の保護に関する法律も制定されている．

② 規制的措置の拡充

1994年には，水道の水源の水質を保全するため，"水道原水水質保全事業の実施の促進に関する法律"および"特定水道利水障害の防止のための水道水源水域の水質の保全に関する特別措置法"の二つの法律が制定された．

1995年には，大気汚染防止法が改正され自動車燃料の品質に関する規制が導入されるとともに，悪臭防止法が改正され人の嗅覚を活用した臭気指数規制が導入された．

1996年には，大気汚染防止法の改正により，ベンゼンなどの有害大気汚染物質対策についての規定が導入されるとともに，二輪車に関する

排ガス規制および建物の解体などに伴うアスベスト飛散に対する規制が導入された．

③ 土壌汚染・地下水汚染対策

土壌汚染については農用地以外の土壌汚染対策が立ち遅れていたが，1991年にようやく土壌汚染の環境基準が定められ，市街地土壌汚染対策が進められつつあり，2002年に土壌汚染対策法が制定された．また，地下水汚染については，1989年に水質汚濁防止法を改正し，地下水汚染を防止するための規制を導入し，1996年には，さらに同法を改正し，都道府県知事が地下水汚染の原因者に対して改善命令をだすことが可能となった．1997年には，地下水の水質汚濁に係る環境基準が定められ，その汚染の状況が徐々に顕在化してきている．

④ "環境ホルモン"問題の顕在化と化学物質の管理の強化

1997年に出版された"奪われし未来"（原書Our Stolen Futureの出版は1996年）は，化学物質によって内分泌系の障害が引き起こされ，精子の減少，胎児への影響などの可能性があることを指摘するものであった．従来の化学物質の管理は，発がん性をはじめとする健康への直接的な被害に注目して行われてきたが，このいわゆる"環境ホルモン"（内分泌系かく乱物質，エンドクリン）の問題は，化学物質に関してこれまで見過ごされてきた危険性があることを顕在化させ，内分泌系のかく乱という観点を含めて化学物質の管理を強化すべきことを認識させることとなった．

一方，廃棄物の焼却炉の周辺におけるダイオキシン汚染についても社会的な関心を集めることとなった．

これらを受けて，1999年には，"特定化学物質の環境への排出量の把握等及び管理の改善の促進に関する法律"（PRTR法）と，ダイオキシン類対策特別措置法が制定された．

⑤ 循環型社会に向けての取組みの進展

1991年の再生資源の利用の促進に関する法律の制定と廃棄物処理法の改正以来，リサイクルに関する関心が高まり，再生資源の分別回収が進んだが，再生資源需要を上回る量の再生資源が回収されるなどの問題が生じた．また，諸外国においては，製造などを行う事業者が容器包装廃棄物の回収リサイクルの責任を負う法制度が現れるに至った．このような状況において，一般廃棄物の主要な部分を占める容器包装廃棄物の分別回収および再資源化を促進するため，1995年に，"容器包装に係る分別収集及び再商品化の促進等に関する法律"（容器包装リサイクル法）が成立した．また，1998年には，"家電製品のリサイクルを進めるために特定家庭用機器再商品化法"（家電リサイクル法）が制定された．

さらに，2000年には，"循環型社会形成推進基本法"，"建設工事に係る資材の再資源化等に関する法律"（建設リサイクル法），"食品循環資源の再生利用等の促進に関する法律"（食品リサイクル法），"国等による環境物品等の調達の推進等に関する法律"（グリーン購入法），"廃棄物処理法"の一部改正，再生資源の利用の促進に関する法律の改正がそれぞれ成立し，循環型社会元年とよばれるようになった．

⑥ 地球温暖化対策の進展

これまでの環境に関する国際条約については，日本がその策定にあたって主導的な立場を果たしてきたものはなかった．しかし，地球温暖化の防止に関し温室効果ガスの具体的な削減目標を定める議定書については，日本で開催する気候変動枠組み条約第3回締約国会議（COP 3）で定められることとなり，1997年12月に，京都において気候変動に関する国際連合枠組み条約に対する京都議定書が採択されるに

至った(2002年批准).

京都議定書においては，二酸化炭素をはじめとする温室効果ガスを2008年から2012年までの目標期間に，1990年(代替フロン類については1995年)に比べ先進国全体で少なくとも5%削減することとし，先進国について国ごとの目標値が法的拘束力を有する形で定められた．日本は6%，米国は7%，EUは8%という目標値であり，今後，この目標の達成に向けて具体的な取組みが強化されることが必要となる．

目標達成の第一歩として，1998年に，地球温暖化対策の推進に関する法律が制定された．

また，"省エネルギーの強化のためエネルギーの使用の合理化に関する法律"の一部改正が行われた．

7 環境省の創設

これまで振り返ってきたように，環境行政は環境基本法の制定の後も活発に展開している．1998年には中央省庁等改革基本法において環境庁の環境省への昇格が規定され，1999年に環境省設置法が制定された．この結果，従来，厚生省が所管してきた廃棄物行政を取り込んだ形で2001年1月に環境省が創設された．

7 環境政策関連年表(環境庁設置後)

■表7-1 環境政策関連年表(環境庁設置後)

西暦 (年号)	月.日	国 内 政 策	世相・海外動向など
1971 (昭46)	7.1	環境庁発足	ラムサール条約(とくに水鳥の生息地として国際的に重要な湿地に関する条約)署名(1980年批准) 新潟水俣病事件判決(新潟地裁)
1972 (昭47)	6.22	"自然環境保全法"制定 大気汚染防止法と水質汚濁防止法一部改正(無過失損害賠償責任条項追加)	四日市公害事件判決(津地裁四日市支部) 国連人間環境会議(ストックホルム会議) ロンドン条約 世界遺産条約
1973 (昭48)	9.1 10.2 10.5 10.16 12.6	"都市緑地保全法"制定 "瀬戸内海環境保全臨時措置法"制定 公害健康被害補償等に関する法律制定 "化学物質の審査及び製造等の規制に関する法律(化審法)"制定 ガソリン乗用車の排ガス規制基準環境庁告示	国連環境計画(UNEP)設立 ワシントン条約(絶滅のおそれのある野生動植物の種の国際取引に関する条約：CITES)採択 熊本水俣病事件一審判決(熊本地裁) 第一次石油危機 海洋汚染防止策(マルポール条約)
1974 (昭49)	3.15 6.1 9.30	国立公害研究所発足 "大気汚染防止法"改正(硫黄酸化物総量規制導入) 水銀に関する環境基準と排出基準強化	
1975	2.3	水質汚濁に係わる環境基準改正(PCB追加)	ロメ協定(ECとアフリカ・カリブ海・太平洋46カ国が締結した開発協力の枠組み)
1976 (昭51)	6.10 12.	"振動規制法"制定 ガソリン自動車の排ガス規制基準告示(改正)	

■表 7-1 （つづき）

西暦 (年号)	月.日	国 内 政 策	世相・海外動向など
1978 (昭53)	4.20 6.13 7.11	"特定空港周辺航空機騒音対策特別措置法"制定 "瀬戸内海環境保全特別措置法"など改正(COD総量規制の導入) 窒素酸化物の環境基準の改正	マルポール 73/78 条約 第二次石油危機
1979 (昭54)	5.8	"瀬戸内海環境保全特別措置法"施行令改正(リンおよびその化合物規制)	ボン条約(移動性野生生物の種の保全に関する条約)
1980 (昭55)	5.30 8.23	"石油代替エネルギーの開発及び導入促進に関する法律"制定 ワシントン条約(絶滅のおそれのある野生動植物の種の国際取引に関する条約：CITES)批准	酸性降下物法(米国,全国酸性降下物調査計画=NAPAPを開始)
1984	7.27	"湖沼水質保全特別措置法"制定	
1985			ウィーン条約(オゾン層保護)採択
1986	5.7	化審法改正	
1987 (昭62)	6.2	"絶滅のおそれのある野生動植物の譲渡の規制等に関する法律(ワシントン条約国内法)"制定	オゾン層を破壊する物質に関するモントリオール議定書採択
1988 (昭63)	5.20 12.27	"特定物質の規制等によるオゾン層の保護に関する法律(オゾン層保護法)"制定 オゾン層の保護のためのウィーン条約批准	気候変動に関する政府間パネル(IPCC)設置[UNEP(国際環境計画)とWMO(世界気象機関)の共催]
1989 (平1)	5. 6.28	地球環境問題に関する関係閣僚連絡会議発足 "大気汚染防止法"改正(アスベスト規制) "水質汚濁防止法"改正(有害物質地下浸透禁止)	バーゼル条約(有害廃棄物の越境移動及びその処分の規制に関するバーゼル条約)採択 アルシュサミット(初の環境サミット)
1990 (平2)	6.22 6.27	"水質汚濁防止法"など改正(生活排水対策など) "スパイクタイヤの粉じんの発生防止に関する法律"公布	OPRC条約(石油汚染に対する準備・対応・協力に関する国際条約)
1991 (平3)	4.26 9. 10.14	"再生資源の利用の促進に関する法律(リサイクル法)"制定 土壌汚染の環境基準制定 "廃棄物の処理及び清掃に関する法律(廃棄物処理法)"改正	経団連地球環境憲章公表
1992 (平4)	6.3 6.5 12.16	"自動車から排出される窒素酸化物の特定地域における総量の削減等に関する特別措置法(自動車NO$_x$法)"制定 "絶滅のおそれのある野生動物の種の保存に関する法律"制定 特定有害廃棄物等の輸出入等の規制に関する法律制定	国連環境開発会議(UNCED：地球サミット)開催
1993 (平5)	11.19 12.16	"環境基本法"制定 "特定有害廃棄物等の輸出入等の規制に関する法律"施行	持続可能な開発委員会(CSD)設立
1994 (平6)	3.4 12.16	"水道原水水質保全事業の実施の促進に関する法律(水質保全事業促進法)"制定 "特定水道利水障害の防止のための水道水源水域の水質の保全に関する特別措置法(水道水源法)"制定 環境基本計画	オスロ議定書(SO$_2$排出量の国別削減目標設定) 気候変動に関する国際連合枠組み条約発効
1995 (平7)	4.21 6.16	"悪臭防止法"改正(人の臭覚を用いた悪臭の測定方法による「臭気指数」を用いた規制基準の導入等) "大気汚染防止法"改正(自動車燃料品質規制) "容器包装に係る分別収集及び再商品化の促進等に関する法律(容器包装リサイクル法)"制定	COP1(気候変動枠組み条約第1回締約国会議：ベルリン)

■表7-1 (つづき)

西暦 (年号)	月.日	国 内 政 策	世相・海外動向など
1996 (平8)	5.9 6.5	"大気汚染防止法"改正(ベンゼンなど有害大気汚染対策) "水質汚濁防止法"改正(地下水の浄化措置命令制度及び油事故時の措置命令制度の導入)	ISO 14001 発効 COP2：ジュネーブ
1997 (平9)	3.13 5.20 6.9	地下水の水質汚濁に係る環境基準制定 "南極地域の環境の保護に関する法律(南極環境保護法)"制定 "環境影響評価法"制定	経団連：「環境自主行動計画」を発表 気候変動枠組条約第3回締約国会議(COP3)：京都議定書採択
1998 (平10)	6.5 10.9	"特定家庭用機器再商品化法(家電リサイクル法)"制定 "地球温暖化対策の推進に関する法律(地球温暖化対策推進法)"制定	東アジア酸性雨モニタリングネットワーク(EANET)第1回政府間会合 COP4：ブエノスアイレス
1999 (平11)	7.12 7.13	"ダイオキシン類対策特別措置法"制定(2000年1月15日施行) "特定化学物質の環境への排出量の把握等及び管理の改善の促進に関する法律(PRTR法)"制定	COP5：ボン
2000 (平12)	5.31 6.2 6.7 12.22	"建設工事に係る資材の再資源化等に関する法律(建設リサイクル法)"制定 "食品循環資源の再生利用等の促進に関する法律(食品リサイクル法)"制定 "国等による環境物品等の調達の推進等に関する法律(グリーン購入法)"制定 "循環型社会形成推進基本法"制定 "廃棄物の処理及び清掃に関する法律(廃棄物処理法)"改正(廃棄物の適正処理のための規制強化) "資源の有効な利用の促進に関する法律(資源有効利用促進法)"制定(再生資源の利用の促進に関する法律改正) 新環境基本計画	尼崎大気汚染訴訟第一審判決(道路供用差止) カタルヘナ議定書(生物安全＝バイオセイフティに関する議定書) バイーア宣告 COP6：ハーグ
2001 (平13)	1.6 6.22 7.15	環境省発足 "特定製品に係るフロン類の回収及び破壊の実施の確保等に関する法律(フロン回収破壊法)"制定 "ポリ塩化ビフェニル廃棄物の適正な処理の推進に関する特別措置法(PCB特別措置法)"施行	ストックホルム条約(POPs＝残留性有機汚染物質の製造・使用の廃絶・削減等に関する条約) COP6再開会合：ボン COP7：マラケッシュ
2002 (平14)	3.19 5.22 7.12	地球温暖化対策推進大綱 土壌汚染対策法制定(29日公布) 使用済自動車の再資源化等に関する法律	持続可能な開発に関する世界首脳会議(環境開発サミット) COP8：デリー
2003 (平15)	3 4 5.28 6.18 7.25 10.1	循環型社会形成推進基本計画 電気事業者による新エネルギー等の利用に関する特別措置法(RPS法) 化学物質審査及び製造等の規制に関する法律(化審法)の一部改正 特定産業廃棄物に起因する支障の除去等に関する特別措置法 環境の保全のための意欲の増進及び環境教育の推進に関する法律(環境保全意欲促進・環境教育推進法) パソコンリサイクル施行	 COP9：ミラノ

§2 環境行政組織

1 国の環境行政組織体系

表1-1, 図1-1に示す.

■表1-1 国の環境行政組織体系[1]

内閣府	"科学技術創造立国"の実現を目指した科学技術政策を担う
総合科学技術会議	各省より一段高い立場から,総合的・基本的な科学技術政策の企画立案および総合調整を行う
原子力委員会	原子力の研究,開発および利用に関する国の施策を計画的に遂行し,原子力行政の民主的運営をはかる
原子力安全委員会	原子力の研究,開発および利用に関する事項のうち安全の確保に関する事項について企画し,審議し,および決定する
総務省	行政管理,行政評価,地方行政などを推進
公害等調整委員会	公害紛争処理の迅速・適正な処理をはかる 鉱業,採石業または砂利採取業と一般公益などとの調整をはかる
文部科学省	環境教育 文化財保護 放射性物質のモニタリング
厚生労働省	労働安全衛生 安心な水道の確保
農林水産省	環境に配慮した食料・農業・農村政策 森林の機能を生かす林政 水産業の持続的な発展をはかる
経済産業省	地球温暖化対策 循環型社会の構築 化学物質対策 環境ビジネスの振興
国土交通省	都市計画・土地利用対策 運輸・交通関係の環境保全 海洋汚染の防止 河川環境の保全
環境省(図1.2.1-1参照)	政府の環境政策の全体像を企画立案 もっぱら環境保全を目的とする事務事業は環境省が単独で担当 目的・機能の一部に環境保全を含む事務・事業は他省庁と共同で担当 その他の行政分野については,環境保全の観点から必要に応じて他省庁に勧告を行う

文　献
1) 環境省パンフレット, 21世紀環境の世紀を迎えて (2001)

環境省が一元的に担当	環境省が他の府省と共同で担当	環境省が環境保全の視点から勧告などにより関与
政府全体の環境政策の企画立案をはじめ，環境庁が行ってきた仕事を引き継ぐことに加え，廃棄物・リサイクル対策を一元的に行うことになる	環境保全を目的として併せもっている施策について，環境省は，政府全体の環境政策を企画立案する観点からこれらの分野の基準，方針，計画づくりや規制措置などを担当する。これに基づいて各府省がそれぞれの施策を実施していくことになる	環境保全を目的としていないものでも，環境に影響を及ぼす施策はたくさんある。こうしたものに対し，環境への影響の面から問題があれば，責任をもって対処する

政府全体の環境政策の企画立案・推進 環境基本計画，公害防止計画 廃棄物対策，有害廃棄物の輸出入規制 大気汚染，水質汚濁などの公害を防止するための規制，監視測定 自然環境の保護・整備，野生動植物の種の保存 公害健康被害の補償 など	化学物質の審査・PRTR・製造規制 リサイクル 公害防止のための施設整備 工場立地の規制 放射性物質の監視測定 地球温暖化対策，オゾン層破壊，海洋汚染の防止 森林・緑地の保全 河川・湖沼・海岸の保全 環境影響評価

■図1-1　政府全体の環境保全対策と環境省の仕事[1]

2 環境省

　環境省の組織は，4局1官房体制に廃棄物・リサイクル対策部，環境保健部，および水環境部の3部を加えた局部編成をとっている（図1.2.2-1）。それぞれの役割は以下のとおりである。

（2001年1月発足時）
1官房，4局，3部，4審議官，27課，1参事官 環境大臣──副大臣──大臣政務官 ├─環境事務次官 ├─大臣官房 │　├─審議官(4) │　└─廃棄物・リサイクル対策部 ├─総合環境政策局 │　└─環境保健部 ├─地球環境局 ├─環境管理局 │　└─水環境部 └─自然環境局 〈施設等機関〉 国立水俣病総合研究センター 国立環境研究所（2001年4月独立行政法人化）
2001年1月に新たに設置された特色ある組織
地球温暖化対策課：地球温暖化対策に専門的に取り組む 環境経済課：環境税，環境報告書，環境会計，グリーン購入など環境と経済の統合に取り組む 産業廃棄物課：産業廃棄物対策 適正処理推進室：不法投棄対策
環境省の規模
定員1 131人（2001年1月発足時） 予算約2 622億円（2003年度予算）

■図1-2　環境省の組織の骨格[1]

1) 大臣官房

　政策評価，広報活動，環境情報の収集を行うなど，環境省の機能を最大限に発揮させる．
　廃棄物・リサイクル対策部：生活環境の保全および資源の有効利用の観点から，廃棄物などの発生抑制，循環資源のリユース・リサイクルおよび適正処分を推進する．

2) 総合環境政策局

　環境の保全に関する基本的な政策の企画，立案および推進，政府全体の環境保全に関する事務の総合調整を行う．
　保健環境部：公害被害者救済，および化学物質による環境汚染によって生じる人の健康

や生態系に対する影響を未然に防止する観点から総合的施策を行う．

③ 地球環境局

地球温暖化防止，オゾン層保護など地球環境保全に関し，みずから施策を行いつつ政府全体の政策を推進する．

④ 環境管理局

大気汚染，騒音，振動，悪臭などの公害問題を担当する．

水環境部："健全な水循環"の確保，水質汚濁の防止，地下水の保全，ダイオキシン類などによる土壌汚染などに取り組む．

⑤ 自然環境局

自然環境を適切に保全するとともに，さまざまな自然との触合いの場の整備を進める．

文　献
1) 環境省パンフレット，21世紀環境の世紀を迎えて，pp.5, 6 (2001)

3 経済産業省

経済産業省では，循環型社会形成推進基本法に基づき，効率的な循環型経済システムの構築を目指すとともに，地球温暖化問題やダイオキシン・環境ホルモンなど化学物質問題に対する総合的な対策を行う．こうした環境問題への対応予算は，2000年度予算額45億円から2001年度予算案93億円へと拡大している．

① 産業技術環境局環境政策課：総合的な環境政策の企画・立案

経済産業省の所掌事務に係る，以下のような環境政策を担当する．

a．産業公害の防止対策の促進に関する総合的な政策の企画および立案ならびに推進
b．環境の保全に関する事務の総括
c．環境と調和のとれた事業活動の促進に関する総合的な政策の企画および立案ならびに推進
d．地球環境保全に関する対策および産業廃棄物対策の企画立案ならびに推進，環境に係る諸法の施行

② 産業技術環境局リサイクル推進課：循環型社会の構築

a．循環型社会推進関連法の効果的な実施
b．資源有効利用促進法，容器包装リサイクル法，家電リサイクル法の円滑な施行
c．使用済み自動車のリサイクル
d．28品目，18業種について1990年に策定された品目別・業種別廃棄物処理・リサイクルガイドラインの改定およびフォローアップ

③ 製造産業局化学物質管理課：化学物質対策

内分泌かく乱物質(環境ホルモン)対策，ダイオキシン類の排出削減対策，PCB対策といった化学物質管理対策の推進を担当する．

④ 産業技術環境局環境調和産業推進室：環境ビジネスの振興

環境関連産業の市場規模は今後ますます拡大することが予想されている．地球環境問題に対処し，持続可能な経済社会を構築するうえで，産業分野は重要な役割を担っており，環境関連産業の成長が期待される．経済産業省は次のような環境産業振興策を推進している．

a．"ステークホルダー重視による環境レポーティングガイドライン"(2001年6月発行)：環境報告書は，企業活動にかかわる環境情報の公開とコミュニケーションの手段として現在多くの企業が発行している．その環境報告書作成のための手引書である本ガイドラインは，利害関係者(ステークホルダー)をグループごとにまとめ，各グ

ループごとの関心事項に従って，環境報告書に掲載すべき項目と内容に重み付けをしているところに特徴がある．

b．ゼロエミッション構想[*1]推進のためのエコタウン事業：エコタウン事業は，環境省と連携して1997年から実施している新たな環境まちづくり計画である．地方公共団体により作成された推進プラン（エコタウンプラン）が承認を受けると，補助金によるリサイクル関係施設整備への補助，環境産業のためのマーケティング事業への助成など，それぞれの地域の特性に応じて総合的・多面的な支援が受けられる．

4 農林水産省

農林水産省は，農林水産業の持続的な発展のため食料の安定供給の確保，農林水産業の多面的機能の発揮，および農山漁村の振興をその施策の大きな柱としている．農林水産業は，食料の生産以外にも，国土を守る，水源を確保する，自然環境を守る，美しい景観を作りだすなど多面的な機能をもっており，その機能が十分に発揮されるよう積極的な施策の展開が期待されている．

① 大臣官房企画評価課（環境対策室）

環境企画班，地球環境班，および公害対策班に分かれ，それぞれ，環境政策全般の企画，地球環境の保全，公害防止の基本的な政策の企画などに取り組んでいる．

② 農村振興局

農林水産業が有する食料供給機能や多面的機能を十分に発揮し，農林水産業が持続的に発展していくため，そのもととなる農山漁村や中山間地域について生産条件および生活環境の整備を行い，豊かで住みよい地域づくりを目指す．また，"美しい日本のむらづくり"事業やグリーンツーリズム[*2]などを通じて農村振興に取組んでいる．

③ 林野庁

国土面積の約7割を占める森林は，国土の保全，水資源の涵養，地球温暖化の防止など，その多様な公益的機能が注目されている．林野庁は，森林の適正な管理，林業・木材産業の振興を通して，森林を守り育てる施策を行う．

④ 水産庁

水産庁は，水産業の持続的発展および水産物の安定供給のため，大切な水資源を守り育てることで水産資源の持続的な利用を目指している．

5 国土交通省

国土交通省は，2002年度の重点施策として，低公害車の開発・普及，建設廃材の発生抑制・リサイクルの推進，シックハウス対策などを掲げている．環境に係る施策を担当する主な部局は次のとおり．

① 都市・地域整備局

環境共生都市（エコシティー）[*3]の実現を目指したまちづくり，都市公園の整備，琵琶湖の総合的保全，下水道の整備などを行う．

[*1] ゼロエミッション構想：ある産業からでるすべての廃棄物を新たに他の分野の原料として活用し，あらゆる廃棄物をゼロにすることを目指すことで新しい資源循環型産業社会を形成する構想．

[*2] グリーンツーリズム：農林水産省では，グリーンツーリズムを"緑豊かな農山漁村地域において，その自然，文化，人々との交流を楽しむ滞在型余暇活動"と定義し，都市農村交流に取り組んでいる．

② 河川局

わが国の河川は国土面積の約3%を占め，レクリエーションの場としてのみならず，地域文化の要としての役割や水辺のもつ人間性回復機能も認識されるようになってきている．こうした観点を踏まえ，まちの景観に溶け込んだ良好な河川空間の整備や生態系に配慮した事業を行う．

③ 土地・水資源局

水資源に関する総合的，基本的な計画である"新しい全国総合水資源計画（ウォータープラン21）"（1999年6月），および水資源の総合的な開発と利用の合理化を促進する必要のある水系について，"水資源開発基本計画"を策定するなど水資源開発の促進を担当している．

④ 自動車交通局

自動車税制のグリーン化や低公害車に取り組む．

⑤ 港湾局

沿岸域環境の保全と快適な生活空間の創造を目指し，生態系に配慮した沿岸域環境の形成，海に開かれたまちづくりに取り組む．

6 地方公共団体との役割分担

地域環境の保全は持続可能な社会づくりの基礎であり，地方公共団体は地域の実情に応じた施策やその他の独自の政策を積極的に策定している．地方公共団体の環境保全対策としては，廃棄物・リサイクル対策，環境影響評価の推進，自然エネルギーの導入促進，低公害車の利用，交通基盤の整備，生活環境の整備，緑化の推進などがあげられる．これらの施策に関しては，地方の単独財源によるほか，事業ごとに国の補助金が交付されている．

① 環境基本条例と地域環境総合計画の策定

地方公共団体が制定する環境保全関連条例には，環境基本条例，公害防止条例，自然環境保護条例，その他の四つに大別される．そのうち"環境基本条例"とは，環境基本法の理念に沿い，地方公共団体の環境保全施策に関するもっとも基本的な事項を定めた条例である．多くの地方公共団体では，環境基本条例に基づき総合的な地域環境計画の策定が進んでいる．環境省では，担当者間の情報交換の場を設けたり，環境計画策定の技術的な支援を行うほか，計画の目標達成のための先駆的事業を支援する環境基本計画推進事業費補助を実施するなど，地方公共団体の取組みを支援している．

② 地域環境行政支援情報システム"知恵の環"

環境省では，環境保全に関する情報を国や地方公共団体が共有し，知恵を出し合って"環"になって連携し，今後の各地域の環境行政の推進につなげていくという意味を込めた"知恵の環"とよばれる情報システムをホームページで公開している（http://www.e-plan.eic.or.jp）．"知恵の環"では，地方公共団体における"環境条例""地域環境総合計画"および"環境マネジメントシステム"の検索サービスや地方公共団体の環境保全のための先進的施策事例を紹介している．

③ グリーン購入の推進

●"率先実行計画"の策定

国や地方団体は，各種の製品やサービスの購入・使用，建築物の建築・維持管理など，事業

---

*3 環境共生都市（エコシティー）：環境負荷の軽減，人と自然との共生およびアメニティー（ゆとりと快適さ）の創出をはかった質の高い都市環境を有する都市．

者や消費者としての経済活動を行っている．経済活動の主体として地方公共団体をみたとき，その占める位置は決して小さくない．そこで地方公共団体は，みずからの行為に関連した環境負荷を低減するための目標や取組みの内容をまとめた"率先実行計画"を策定している．率先実行計画は，2001年3月末現在，各都道府県で45の計画が策定されている．

●グリーン購入法に基づく調達方針

2000年5月に制定された"グリーン購入法"第10条では，地方公共団体は，毎年度調達方針を作成し，その調達方針に基づきグリーン調達を推進する努力義務が課せられている．

④ 地球温暖化対策

1998年10月に制定された地球温暖化対策推進法では，地方公共団体がみずからの事務および事業に関し温室効果ガス排出抑制のための実行計画を策定し，実施状況を公表することが義務づけられている．また，都道府県では，地球温暖化に関する普及啓発や対策の推進のため，地球温暖化防止活動推進員および地球温暖化防止活動推進センターをおくことができると規定されている．

⑤ 公害防止協定

公害防止協定は，当該地域社会の地理的・社会的状況に応じたきめ細かい公害防止対策を行うことができることや，立地に際して地域住民の同意を得ることが企業側からしても企業活動を実施するうえで不可欠なものとして認識されていることを理由に，多くの地域で締結されている．2001年4月から2002年3月までに締結された公害防止協定は，約931件，2002年3月31日現在有効な協定数は38 052件となっている．

§3 環境政策事例

1 気候変動防止

1990年代にはいり気候変動問題(地球温暖化問題)が国際的に大きく取り上げられるようになった．気候変動問題に対して，日本は気候変動枠組条約が採択される以前から動き始めていた．1989年に政府に"地球環境保全に関する関係閣僚会議"を設置し，気候変動問題は，地球環境問題のなかでも最重要課題の一つと位置づけられた．政府は，1990年10月に開催された同会議において"地球温暖化防止行動計画"を策定した．1990年に，IPCC (Intergovernmental Panel on Climate Change, 気候変動に関する政府間パネル)が温暖化の影響およびその評価に関する報告書をだしたことで，気候変動の脅威とそれに対する早急な対策の必要性が広く認識されるようになった．1992年ブラジルのリオデジャネイロで開催された国連環境開発会議の直前に"気候変動枠組み条約"が採択された．その後，1997年には，日本の京都で開催された気候変動枠組み条約第3回締約国会議(京都会議)で，具体的な気候変動防止策について定めた"京都議定書"が採択された．京都議定書は，2001年にモロッコのマラケシュで開催された第7回締約国会議で運用細目が採択されたものの，世界最大の二酸化炭素排出国である米国が離脱を表明するなど，その発効をめぐる行く末が注目されている．

① 京都会議以前の気候変動防止政策

●地球温暖化防止行動計画

地球温暖化防止行動計画(以下，行動計画)は，気候変動防止対策を計画的・総合的に推進していく政府の方針および対策の全体像と，国

際的な気候変動防止対策の枠組みづくりへの貢献を明らかにした．行動計画では，1991年から2010年の20年間を行動計画期間，また2000年を中間目標年次として，おもに次の目標があげられた．

　a．二酸化炭素排出：2000年以降おおむね1990年レベルで安定化させること．
　b．メタン：排出を増加させないこと．
　c．二酸化炭素吸収源：国内の森林・都市などの緑の保全整備，地球規模の森林保全・造成など．

　これらの目標を達成する諸施策として，行動計画は，都市・地域構造，交通体系，生産構造，エネルギー供給構造，ライフスタイルなどを見直す対策を掲げた．

●環境基本計画

　環境基本法は気候変動対策を直接規定していないものの，同法を具体化した環境基本計画は，気候変動対策に言及し，上記行動計画の目標を達成することとした．環境基本計画で示されたおもな二酸化炭素排出抑制施策には，エネルギーの需要・供給における省エネルギー対策，二酸化炭素排出の少ない交通体系の形成，リサイクルの促進などがある．

② 京都会議後の気候変動防止政策

　1997年の京都会議で採択された京都議定書で，日本は，2008年から2012年までの第1約束期間に，1990年比で6種類の温室効果ガスを総計6％削減するという義務を負った．この数値目標は，二酸化炭素排出量が増加傾向にあったこと，温室効果ガス削減の試算値を大幅に超過していたことから達成の困難が予想された．

　そこで，政府は，京都会議終了後ただちに地球温暖化対策推進本部を設置し，気候変動対策を最重要課題として取り組むことにした．推進本部は，"地球温暖化対策の今後の取組みについて"を発表し，気候変動対策を総合的に推進する方針を明らかにした．

●地球温暖化対策推進大綱

　関係省庁は推進本部の決定に基づいて，優先的に実施すべき施策を取りまとめ，関係審議会合同会議に提出した．また，1998年には省エネルギー法が改正・強化され，地球温暖化対策推進法が国会に提出された．これらの流れを受けて，推進本部は"地球温暖化対策推進大綱"（以下，旧大綱）を策定した．

　旧大綱は，京都議定書で負った温室効果ガスの6％削減義務を履行するため，すべての部門にわたる総合的・包括的な対策を定め，各対策別の温室効果ガスの削減数値目標に加えて，総合的推進制度の柱として地球温暖化対策推進法（大綱策定時は法案），省エネルギー法の改正・強化，経団連環境自主行動計画を掲げた．

　旧大綱は，2001年に京都議定書の運用細目が決定されたことを受け，2002年に改定された（以下，新大綱）．新大綱は，旧大綱よりも計画的・具体的になっており，温暖化対策・施策の進展状況や排出状況などに応じて必要な追加的対策・施策を講じるステップ・バイ・ステップ・アプローチの採用，対策別の削減数値目標の見直し，地球温暖化対策推進法の改正と"京都議定書目標達成計画"の策定などを定めている．

●地球温暖化対策推進法

　地球温暖化対策推進法（以下，推進法）は，もっぱら温暖化対策の推進を目的として，環境に負荷を与える社会システムを見直し，環境への負荷を低減する社会システムへ転換させていくことを企図している．推進法は，温暖化対策推進について，国，地方自治体，事業者，国民の責務を明らかにし，温暖化対策に関する基本方針の策定などを定めている．以下は，各主体のおもな義務と責務である．

　a．国

①温室効果ガスの排出抑制施策の総合的計画的推進，関係施策への配慮
②京都議定書の削減数値目標達成に関する"京都議定書目標達成計画"の策定
③自ら排出する温室効果ガス排出抑制などのための実行計画の策定・公表（義務）
④温室効果ガスの総排出量を含む実施状況の公表
⑤環境省から他省庁への関係施策の実施に関する協力要請

b．地方自治体
①自ら排出する温室効果ガス排出抑制などのための実行計画の策定・公表（義務）
②住民，事業者の活動を促進するための情報提供など
③実施状況の公表（義務）

c．事業者
①自ら排出する温室効果ガス排出抑制など
②製品改良・国際協力など，他の者の取組みへの寄与
③国，地方自治体への協力
④相当量を排出する事業者による1）・2）の計画の策定・公表，実施状況の公表（努力義務）

d．国民
①日常生活に関する排出抑制
②国，地方自治体の施策への協力

③ 個別の気候変動対策

●エネルギー需要対策

a．省エネルギー法の改正：工場・事業場に係る措置，機械器具に係る措置が改正・強化された．とくに，機械器具については，"トップランナー方式"が導入された（p.75 参照）．

b．自主的取組み：経団連は京都会議に先駆けて，1997年に"経団連環境自主行動計画"を発表した．同計画は，現時点で技術的・経済的に実行可能な最高水準設備の導入，業務の効率化などを内容としている．1998年以降，総合資源エネルギー調査会省資源エネルギー部会などで，同計画のフォローアップが行われている．

●エネルギー供給対策

中長期的なエネルギーの安定供給を確保する必要性から，1997年に"新エネルギー利用等の促進に関する特別措置法"が制定された．同法では，新エネルギー利用などに関する基本指針の策定・公表，新エネルギーの利用等を行う事業者に対する金融上の支援措置などが定められている．また2002年には，電気事業者に一定量の新エネルギーの利用を義務づける"電気事業者による新エネルギー等の利用に関する特別措置法"が制定された．

④ その他導入が検討されている政策

気候変動の原因である二酸化炭素は，その排出源が多岐に及び，運輸部門や民生部門などの小規模排出源に対して網羅的に直接規制を行うことは困難であり，たとえ行ったとしても膨大な行政コストを要することになり，経済的合理性も低くなる．それゆえ，いまだ導入されていないが，気候変動防止政策の一環として，わが国においても，諸外国ですでに実施されている排出枠取引，環境税（炭素税）などの経済的手法の導入について各所で検討されている．

2 地球温暖化対策推進大綱

1997年12月に京都で開催された気候変動枠組み条約第3回締約国会議（COP 3：Conference of the Parties 3）で採択された京都議定書において，わが国は，2008年から2012年の間（第1約束期間）に温室効果ガスを1990年レベルと比較して少なくとも6%削減する国際的義務を負うこととなった．この国際的義務を果た

すため，政府は，地球温暖化対策推進本部において第1約束期間における温室効果ガスの削減数値目標の達成に向けて緊急に推進すべき施策を取りまとめた地球温暖化対策推進大綱を策定した（旧大綱）．旧大綱に加えて，地球温暖化対策推進法の制定や省エネ法の改正などの各種の国内対策が実施されたものの，わが国の温室効果ガスの排出量は依然として増加傾向にあった．

温室効果ガスの増加傾向に加えて，2001年にはマラケシュで開催されたCOP7において京都議定書の運用細目が決定されたこと（マラケシュ合意），また2002年にはヨハネスブルグで開催された持続可能な開発に関する世界首脳会議（ヨハネスブルグ・サミット）を控えていたことを踏まえて，政府は，2002年に旧大綱を見直し，新たな大綱を策定するに至った（新大綱）．新大綱のおもな内容は，次のとおりである．

① 削減数値目標の内訳の変更

新大綱は京都議定書で負った6%の削減数値目標の内訳を次のように割り振っている．

-6%	-2.5%	二酸化炭素, メタン, 亜酸化窒素の排出抑制
	-3.9% (-3.7%)	森林等の吸収源
	+2.0%	代替フロン等の排出抑制
	-1.6% (-1.8%)	京都メカニズムの活用

（カッコ内は旧大綱の内訳）

② ステップ・バイ・ステップ・アプローチ

これらの数値目標を確実かつ着実に達成するために，新大綱は旧大綱に比べてより計画的・具体的な対策方針を立てた．すなわち新大綱は，対策・施策の進捗状況や温室効果ガスの排出状況などに応じて，段階的に必要な対策・施策を追加して講じていく「ステップ・バイ・ステップ・アプローチ」を採用した．このアプローチは，2002年から第1約束期間終了までの間を3段階に区分し，第1ステップ（2002年～2004年），第2ステップ（2005年～2007年），第3ステップ（2008年～2012年）のそれぞれの区分ごとに温室効果ガスの排出削減見込み量や個別対策を推進する施策を定める．

③ 温室効果ガスごとの対策例

旧大綱で温室効果ガスの排出量が効果的に削減されなかったことから，新大綱では，100を越える具体的な裏づけのある対策・施策が挙げられている．以下は，温室効果ガスその他区分ごとの対策例である．

● エネルギー起源二酸化炭素（±0.0%）
　a．省エネ対策：省エネ法のさらなる改正強化や省エネ技術開発の促進．自主行動計画の着実な実施とフォロー・アップ
　b．新エネ対策：新エネ発電法の制定，新エネ導入補助の推進，新エネ技術の開発促進
　c．燃料転換
　d．原子力の推進

● 非エネルギー起源二酸化炭素・メタン・一酸化窒素（-0.5%）
　a．非エネルギー起源二酸化炭素：廃棄物処理法やリサイクル関連法による廃棄物の減量化
　b．メタン：食品リサイクル法などによる廃棄物の直接埋立の半減．農業部門からの排出削減技術の開発
　c．一酸化窒素：下水道施設計画などによる下水汚泥の燃焼の高度化

● 革新的技術開発および国民各界各層のさらなる地球温暖化防止活動の推進（-2.0%）
　a．革新的技術開発：省エネに資する生産工程，材料開発，製品開発

b．国民各界各層の活動：節電や節水などの推進
●代替フロン等（+2.0%）
　　a．産業界の行動計画のフォロー・アップ
　　b．代替物質の開発と利用促進
　　c．フロンの再利用と分解技術の開発
　　d．フロン回収が制度化されている家電リサイクル法やフロン回収・破壊法は開放の適切な運用
●吸収量の確保（−3.9%）
　　a．健全な森林の整備：植栽，下刈，間伐等
　　b．木材・木質バイオマスの利用促進
　　c．都市緑化などの推進：公共公益施設などの緑化，「緑の政策大綱」や「緑の基本計画」による緑化推進

④ その他

●京都メカニズムの活用

　京都議定書は，国別の削減目標を達成するための柔軟措置として京都メカニズムの活用を認めている．新大綱は，京都メカニズムの利用が国内対策に対して補足的であるとの原則を踏まえつつ，これを適切に活用すると定める．

●ポリシー・ミックスの活用

　ポリシー・ミックスとは，規制的手法，経済的手法，自主的手法などのあらゆる政策手法の特徴をいかして，これらを有機的に組み合わせる考え方である．さまざまな手法の中でも，新大綱は，とくに市場メカニズムを前提とし，経済的インセンティブの付与により各主体の経済合理的な行動を誘導する経済的手法に言及するものの，明確に導入するとは述べておらず，様々な場で引き続き総合的に検討するとした．

3 自動車排ガス

　大気汚染の原因となる自動車の排ガスは，窒素酸化物（NO_x: Nitrogen Oxyde）や浮遊粒子状物質（SPM: Suspended Particulate Matter）などを含み，喘息などの呼吸器系疾患をはじめとして人体に悪影響を及ぼす．大気汚染防止政策では，努力目標としての環境基準が設定され，環境基準を達成すべく個々の排出源が遵守を義務づけられる排出基準が設けられる．しかし，自動車は，工場・事業場のような固定発生源と異なり，個々の排出者に規制を課すことが困難である．それゆえ，自動車排ガス規制は，自動車の車体や車種に対して実施されている．[参照：資料3, 4]

① 大気汚染防止法における規制（車体規制）

　移動発生源である自動車からの排ガス政策は，1968年大気汚染防止法の制定に伴って導入された．同法の制定当初の排ガス規制は，ガソリン車からの一酸化炭素の排出規制であったが，その後，光化学スモッグの原因物質である炭化水素の燃料系統からの蒸発量規制，ディーゼル車の黒煙を規制するSPM量の許容限度の設定へと広がっていった．

　大気汚染防止法における自動車排ガス規制は，道路運送車両法にリンクして実施される仕組みとなっている．

　　a．環境省が車種ごとの排ガスに関する許容限度（排出基準）を定める．
　　b．メーカーは，自動車の製造段階でこれらの排出基準を遵守する．
　　c．排出基準は，道路運送車両法に基づく保安基準に反映させられ，自動車車検制度のなかで排出基準を満たす自動車のみが使用（運行供用）を認められる．

② 自動車排ガス規制の逐次強化

　自動車の排ガス規制（排出基準）は，大気汚染防止法の制定以来，逐次強化されていった．まず，1972年には，それまで許容限度が設定さ

ていなかった自動車の排気管から排出される炭化水素およびNO$_x$の許容限度が設定され，環境庁告示の改正がなされた．

また，1970年に米国において，清浄大気法（CAA：Clean Air Act）改正法（いわゆるマスキー法）が成立し，ガソリンまたはLPGを燃料とする乗用車に対する大幅な規制強化が予定されていたため，日本は，米国への自動車輸出に大きく依存していることから，マスキー法に対応して規制を強化せざるを得なくなった．

そこで，1975年に一酸化炭素，NO$_x$，炭化水素などの大幅な規制強化をはかる1975年規制が実施された．NO$_x$についてはさらなる規制強化がはかられ，1976年度規制が実施された．1978年にも，中央公害対策審議会の答申で示されたNO$_x$の規制目標値に沿った規制が実施された．

ディーゼル乗用車は近年増加傾向にあり，トラックやバスとは切り離した段階的規制強化がはかられてきた．すなわち，1981年に新たな2段階の目標値が示され，第1段階目標値に基づいた規制が1987年に実施された．第2段階目標値に基づく規制は，小型車および中型車について規制強化が実施された．トラックやバスなどの排ガス規制は，ガソリンおよびLPGを燃料とするそれらの自動車が1973年度から，ディーゼル車が1974年度から開始され，その後逐次強化されている．

最近では，燃料に対する規制も実施されている．環境大臣は，自動車排ガスの許容限度を設定するにあたり必要があると認められる場合には，自動車燃料の性状に関する許容限度あるいは自動車燃料に含まれる物質量に関する許容限度を設定することができる．これに基づき，1995年に，ガソリンおよび軽油に対する許容限度が告示された．また，ディーゼル車の排ガスの低減に関する長期目標に基づく規制を実施するために必要とされた燃料品質の改善（軽油脱硫）をはかるため，1997年に許容限度の改正が行われた．

③ 自動車NO$_x$法による規制

上記のように，自動車排ガス規制は逐次強化されてきた．それにもかかわらず，大気環境基準，とくに二酸化窒素環境基準は達成されず，大都市地域においてむしろNO$_x$の排出量は一貫して増加しつづけた．その原因として，交通量の増大，乗用車の大型化，ディーゼル車へのシフトなどが考えられる．

そこで，自動車排ガスに起因するNO$_x$の総量を低減することを目的として，1992年に"自動車NO$_x$法"（自動車から排出される窒素酸化物の特定地域における総量の削減等に関する特別措置法）が制定された．しかし，自動車NO$_x$法は，目立った効果を上げることができなかったため，2001年には自動車NO$_x$法は改正・強化され，法律の名称も"自動車NO$_x$・PM法"（自動車から排出される窒素酸化物及び粒子状物質（PM：Particul Matter）の特定地域における総量の削減等に関する特別措置法）に改称された．主な改正内容は，①規制対象物質に新たに粒子状物質が加えられたこと，②規制対象地域が拡大されたこと，③車種規制の対象にディーゼル乗用車が追加されたことである．自動車NO$_x$・PM法の仕組みは以下のとおりである．

●指定地域制度（対策地域）

自動車NO$_x$・PM法の規制対象地域は，政令によって「対策地域」として選定される．「対策地域」の選定要件は，NO$_x$については①自動車の交通が集中していること，②大気汚染防止法による固定排出源に対する規制や自動車の車体規制では二酸化窒素（NO$_2$）に係る大気環境基準の達成が困難であること，PMについては①自動車の交通が集中していること，②大気汚染防止法およびスパイクタイヤ粉じんの発生防止に関する法律による既存対策のみではPM

に係る大気環境基準の達成が困難であること，である．

対策地域は，市区町村単位で指定され，改正前には東京都をはじめ6都府県に所在する市区町村が指定されていたものの，2001年の改正でPMが規制対象に加わったことにより，名古屋周辺など7都府県の地域が新たに指定された．

● 総量削減方針・総量削減計画

NO_xとPMのいずれについても，環境大臣が総量削減基本方針を作成し，閣議決定される．総量削減方針は，総量削減に関する目標，都道府県知事が策定する総量削減計画の基本的事項，事業者の判断基準となるべき事項などを定める．

都道府県知事は，国が定めた特定地域におけるNO_x・PMの総量削減方針を受けて，都総量削減計画を策定する．総量削減計画には，特定地域の削減目標量，計画達成の期間および方法が定められる．

2002年に閣議決定された総量削減方針では，①自動車NO_xおよびPMの総量削減の目標として2010年度までに環境基準をおおむね達成すること，②施策の基本的事項として，自動車単体対策の強化，車種規制の実施，低公害車の普及促進，交通需要の調整・低減，交通流対策の推進，局地汚染対策の推進，普及啓発活動の推進など，③自動車を使用する事業者が取り組むべき措置等に関して各事業所管大臣が定める「事業者の判断基準」に関する基本的事項を定めることなどが盛り込まれた．

● 車種規制

車種規制とは，対策地域に指定された地域で，トラック，バスなど（ディーゼル車，ガソリン車，LPG車）およびディーゼル乗用車に関して特別なNO_x排出基準とPM排出基準を定め，この基準に適合しない自動車は，使用（運行供用）できなくすること．ただし，車種規制は，既存の自動車と新車の双方に適用されるものの，ガソリン乗用車，軽自動車，二輪車，農耕作業用・建設作業用の特殊車には適用されない．

大気汚染防止法に基づく自動車排出規制は車両総重量ごとに排出基準値が定められるものの，ガソリン・エンジン車に対する規制値とディーゼル・エンジン車に対する規制値は異なっている．自動車排出ガスによる大気汚染の状況の厳しい地域では，より排出ガスの少ない自動車を使用するようにする必要がある．それゆえ，排出基準は，①ガソリン車への代替が可能な乗用車およびトラック，バス（車両総重量が3.5 t以下）については当面ガソリン車への代替を促進するためにガソリン車並の排出基準，②ガソリン車への代替が可能でないトラック，バス（車両総重量が3.5 t超）については，最新のディーゼル車の排出基準とされる．

また，車種規制は，大気汚染防止法における規制と同様に，道路運送車両法の車検制度を利用する．すなわち，NO_x排出基準またはPM排出基準に適合しない自動車については，自動車車検証が交付されないなどの措置がとられる．

● 事業者に対する措置

2001年の改正により事業者に対する規制も改正・強化された．事業者に対しては，事業所管大臣が窒素酸化物総量削減基本方針および粒子状物質総量削減基本方針に基づいて「事業者の判断の基準となるべき事項」を策定する．その際，事業所管大臣は，あらかじめ環境大臣と協議をしなければならないことになっている．

都道府県知事は，対策地域においてNO_xおよびPMの排出抑制に必要があると認めるときは，事業者に対し，「事業者の判断の基準となるべき事項」を考慮して，その事業活動に伴うNO_xおよびPMの排出抑制に関して必要な指導および助言をすることができる．ただし，

自動車運送事業者などについては，国土交通大臣が指導および助言を行う．

また，一定規模以上の事業者は，自動車使用管理計画を作成し，これを都道府県知事へ提出することを義務づけられる．取組みが著しく不十分な事業者には，勧告および命令が出される．

④ 地方自治体による自動車排ガス対策

自動車の交通量がとくに多い地域（首都圏や関西圏）では，国レベルの自動車 NO_x・PM 法による規制以外に，地方自治体が独自に自動車排ガスを実施している．たとえば，東京都，埼玉県，千葉県，神奈川県では，条例により特定のディーゼル車（トラック，バス，特種自動車）から排出される PM に関して独自の規制を実施している．

1都3県の規制は，車種規制ではなく走行規制である．すなわち，条例で定められる PM 排出基準を満たさない特定のディーゼル車は，当該都県内の走行を禁止される．もっとも，規制対象車は，知事が指定する PM 減少装置を装着した場合には規制に適合したとみなされるため，装置を装着するならば引き続き使用できる．

義務対象者は運行責任者で，自動車の購入・配置・整備などの自動車の運行にかかわるすべての権限をもつ地位にある者である．また，荷主も，委託先の自動車運行のルートや時間などを指定し，運行責任者と同様に自動車運行を支配する場合があるため，義務対象車となる．

自動車 NO_x・PM 法は車検制度を利用した規制担保を実施するが，条例の場合は都県職員による立入検査や路上検査により規制が担保される．条例に違反した場合，運行責任者に対しては運行禁止命令，氏名公表，罰則の適用があり，荷主に対しては勧告，氏名公表が適用される．

⑤ 運輸・交通対策による排ガス対策

自動車排ガス対策は現在のところ実際的な効果をあげていない．自動車の排ガス規制には，自動車そのものに対する規制のほかにも交通量を規制する手段が考えられる．実際，都道府県の環境行政担当部門は，自動車による汚染が著しい地域で汚染濃度が高い場合には，道路交通法に基づいた交通規制を要請できる．交通規制は都道府県公安委員会の管轄下にあり，きわめて特別な規制である．

4 水循環

従来の水環境政策は，環境基準の達成を目標に，工場・事業場の排水規制，有害物質を含む水の地下浸透禁止など，"場の視点"からの取組みを中心としてきた．その結果，健康項目に関する環境基準は一部の化学物質を除きほぼ達成されるようになったが，生活環境項目に関する環境基準の達成率はいまだ低い．とくに，閉鎖性水域（湖沼，内湾など）の水質はなかなか改善されず，地下水についても，環境基準を超える地点や硝酸性窒素による汚染が判明している．そのため，①工場・事業場対策の維持・強化に加え，②生活排水対策，③農地，市街地などのノンポイントソース対策，④地下水対策の強化が重要課題となっている．

また，最近では汚濁負荷の増加にとどまらず，生態系への悪影響，舗装面の増加による不透水性域の拡大，湧水枯渇，河川流量の減少，地盤沈下，都市水害など，水循環の悪化が深刻化している．そこで，新環境基本計画（2000年）においては，環境保全上健全な水循環の確保が重点分野の一つに位置づけられ，水質，水量，水生生物，水辺地を総合的にとらえ，"流れの視点"からの対策を重視した戦略的プログラムが示された．そのなかでは，流域を単位と

して関係行政機関，流域住民などからなる流域協議会を設置し，関係者の参加と協力のもとに，水循環計画を作成することが求められている．

① 環境基準

水質に関する政策目標は環境基準の達成である．環境基本法16条に基づく環境基準には，"人の健康の保護に関する環境基準"(健康項目)と"生活環境の保全に関する環境基準"(生活環境項目)がある．また，ダイオキシンについては，"ダイオキシン類対策特別措置法"7条に基づき水質基準が定められている．

健康項目は全国一律の基準であり，カドミウム，トリクロロエチレンなど26項目が指定されている．そのほか，現時点では健康項目に含まれていないものの，引き続き知見の集積を行うべき要監視項目(クロロホルムなど22物質)に関しては，水質測定結果を評価するための指針値が定められている．

生活環境項目については，河川，湖沼および海域について，利水目的に応じ数段階の類型が設けられ，水域・類型ごとにpH，BOD(生物化学的酸素要求量)，COD(化学的酸素消費量)，浮遊物質量，全窒素，全リンなどに係る基準値が定められている．だが，健康項目の環境基準達成率が99.4%であるのに対し，BODまたはCODに関する基準達成率は79.5%にとどまっている(2001年度)．

② 健全な水循環の維持・回復

健全な水循環の維持・回復のためには，水質保全のみならず，治水，利水，親水，流域の生態系保全を含めた総合的・横断的な水環境政策が不可欠である．

1997年の河川法改正では，河川法の目的に"河川環境の整備と保全"が盛り込まれるとともに，河畔林を河川管理施設として位置づける"樹林帯制度"が設けられた．また，たとえば，滋賀県は，水質浄化とともに水辺景観にも配慮した"琵琶湖のヨシ群落の保全に関する条例"(1992年)を制定している．

地域別に課題をみると，山間部では，保安林制度による土地利用規制，森林整備協定による森林の維持管理の推進などを通じた森林の水源涵養機能の向上が求められている．農村・都市郊外部では，水田・畑地の保全，環境と調和した農業水利施設の整備，環境用水の確保などが要請されている．また，都市部では，公園緑地の保全・創出による貯留・涵養機能の増進，雨水浸透施設の整備による地下水涵養，下水の高度処理水の河川還元による流量確保，多自然型川づくりなど自然に配慮した河川整備が課題となっている．

③ 工場・事業場対策

工場・事業場対策は，おもに水質汚濁防止法に基づく排水規制により行われてきた．また，各都道府県は，条例により，①法律より厳しい基準を定める上乗せ規制，②法律の未規制物質・施設を規制する横出し規制を行っている．さらに，最近では，有害物質を使用しない代替工程の検討，生産工程における水の循環的利用の促進，小規模事業場でも設置可能な安価で汎用性のある排水処理施設の開発などが求められている．

④ 生活排水対策

生活排水対策は，①地域の実情に応じた生活排水処理施設(下水道，コミュニティー・プラント，農業集落排水施設，合併処理浄化槽など)の整備，②生活排水対策重点地域における生活排水対策推進計画の策定とこれに基づく措置，③普及啓発事業などからなる．

生活排水処理施設のうち，下水道の整備は流域別下水道整備総合計画に基づき行われてい

る．また，改正浄化槽法(2001年4月1日施行)により，下水道予定処理区域外で浄化槽を設置する場合には合併処理浄化槽を備えることが義務づけられた．さらに，最近では，ヨシや木炭などを利用した浄化水路事業に対する助成も増えている．だが，汚水処理施設の整備率は，全体でなお73.7%にとどまっている(2001年度)．

⑤ ノンポイントソース対策

農地，市街地などの面的広がりを有する汚染源(非特定汚染源：ノンポイントソース)対策は，生活排水対策のほかは，目下，汚濁負荷量の調査研究や対策技術の開発段階にとどまっている．

⑥ 地下水対策

地下水汚染対策は，近年の水質汚濁防止法の改正により強化されてきたが，硝酸・亜硝酸性窒素による汚染などについては，有効な手だてがないのが現状である．汚染源としては，施肥，工場排水，生活排水などさまざまなものがあげられており，地域において，負荷低減総合対策計画の策定作業が進められている．

また，地下水のくみ上げについては，"工業用水法"や"建築物用地下水の採取の規制に関する法律"による規制が行われている．だが，これらの法律はいずれも地域指定制をとり，規制対象が限定されているため，各地の地方公共団体は独自の地下水採取規制条例を制定している．

⑦ 閉鎖性水域の水質改善

湖沼，内湾などの閉鎖性水域については，かつて，滋賀県(1979年)や茨城県(1981年)が有リン洗剤の使用・販売を規制する富栄養化防止条例を制定し，社会的に大きなインパクトを与えた．また，東京湾，伊勢湾，瀬戸内海においては，水質汚濁防止法や瀬戸内法に基づくCODの総量規制がなされてきた．さらに，新たに窒素，リンを対象とした第5次水質総量規制が始まっている．そのほか，湖沼水質保全特別措置法に基づいて，指定湖沼(霞ヶ浦，印旛沼など10湖沼)を対象にした汚濁負荷量の規制も行われている．

それにもかかわらず，都市化の進展などによる環境負荷の増大もあって水質改善はなかなか進んでおらず，とくに湖沼におけるCODに係る環境基準の達成率は，45.8%にとどまっている(2001年度)．

⑧ 海洋環境の保全

日本周辺海域での海洋汚染(油・廃棄物の漂流，赤潮など)の発生確認件数は，516件(2002年度)であり，油の漂流が最も多い(358件)．

海洋環境の保全に関しては，近年，①船舶に対する廃棄物の排出・焼却規制，②国際条約非適合船の排除に向けたポートステートコントロール実施体制の強化，③油濁損害賠償保障制度の充実(国際基金の保障限度額引上げなど)，などの施策がとられてきた．さらに，2002年には，"有明海及び八代海を再生するための特別措置に関する法律"が制定され，また，2003年3月には，東京湾再生のための行動計画が策定されている．

5 土壌保全

土壌保全に関するわが国の取組みは，イタイイタイ病に起因する農用地の土壌汚染の防止から始まり，近年は，市街地の土壌汚染の対策に重点が移っている．とりわけ，昭和60年代からの工場や研究所の跡地の再開発などによって，市街地土壌汚染が明らかになり，1990年に国は，有害物質が蓄積した市街地土壌を処理する際の9項目の処理目標を設定し，1991年

には，重金属など10項目に関する土壌汚染環境基準を設定した．

あわせて，"土壌環境保全対策懇談会"を発足させ，国有地に係る土壌汚染対策指針を示し，行政指導を行うとともに，環境事業団法によって事業者に対する融資制度を設けて(法第18条1項6号ロ)，対策の促進に着手した．1993年に水質環境基準(健康項目)に新たに鉛，砒素の2項目を追加し，その改定に伴って，翌年2月に土壌環境基準に同様の項目を追加し，その基準値を強化するとともに，"重金属等に係る土壌汚染調査・対策指針"および"有機塩素系化合物等に係る土壌・地下水汚染調査・対策暫定指針"を策定し，行政の対策としての指針を明らかにした．こうして，現在までに，土壌環境基準が27項目について設定されている(2001年環境庁告示第16号)．

しかし，以上のような国の対策は，環境基準の設定と，この維持・達成に向けての行政指導からなっていたため，"土壌環境保全対策懇談会"の調査・検討(1995年中間報告)を受けて，① 実態把握の推進と指導の強化，② 情報提供の推進，③ 技術の開発・普及，④ 適切なリスク評価手法の確立，⑤ 地下水などの水媒体による健康影響の防止，などを当面の対応事項としてとりまとめ，今後の法制度の改正などを含む政策対応を示した．

これらに基づき，所要の関係法の改正が行われ，⑤に関連して，1996年に水質汚濁防止法を改正することになった．また，③，④に関連して，1997年の"廃棄物の処理及び清掃に関する法律"(以下，廃棄物処理法と略す)の改正により，最終処分場の廃止について技術上の基準を設け，信頼性・安全性の向上をはかることになった．また，地下水の水質保全に関して，環境基本法16条に基づき，1997年3月に地下水の水質汚濁に係る環境基準(以下，地下水環境基準)が設定された．それに伴って，地下水の汚染を伴わない土壌汚染であって，関係法令の適用を受けないような場合の土壌汚染に対応するために，1999年1月に従前の暫定指針を全面改定し，"土壌・地下水汚染に係る調査・対策指針"として主要な事項をとりまとめ，行政指導の運用指針としての基準を策定している．

また，ダイオキシンについては，ダイオキシン類対策特別措置法(1999年法律第105号，以下ダイオキシン法という)が制定されたことから，これに基づき，土壌中のダイオキシン類の環境基準が設定された．ダイオキシン類の土壌環境基準の設定は，ダイオキシン類が一般に水に溶けにくく，土壌への吸着性が高いことから，土壌の摂食および土壌粒子の皮膚摂取という暴露経路をターゲットとして基準設定が行われている．

このように，わが国の土壌保全に係る法体系の特徴は，汚染そのものを防止するというより，健康被害の発生を防止することに力点がおかれている点にある．現行の土壌・水質汚染に係る法規制は農業用地(土壌汚染が農畜産物を通して健康被害に広がるおそれがあるため)や公共用水域(河川，湖沼，港湾，湾岸地域など)を主な規制対象にするとともに，地下水汚染を通してそれを飲用水とする人々の健康被害の発生も懸念されることから，行政では行政指導や水質汚濁防止法の改正といった形で，部分的に市街地土壌汚染の問題に取り組んでいるのが現状である．

現状における土壌・水質汚染に係る法体系は図1-2に示すが，これらの法律の要点は，以下のとおりである．

① 環境基本法(1993年法律第91号)

環境基本法では土壌汚染を典型七公害の一つと位置づけ，27物質を指定して環境基準(水質浄化・地下水涵養機能の保全の観点からの溶出

【環境基本法】
土壌の汚染に係る環境基準（対象：27 物質）
（【ダイオキシン法】ダイオキシン類に係る環境基準）

（未然防止対策）　　　　　　　　　　　　　　　　　　（回復・浄化対策）

大気
- 【大気汚染防止法】*
  ばい煙の排出規制など
- 【ダイオキシン法】
  ダイオキシン類に係る排出基準など

水
- 【水質汚濁防止法】*
  排水規制，有害物質の地下浸透の禁止など

廃棄物
- 【廃棄物処理法】
  埋立て処分基準，最終処分場の構造基準など

化学物質など
- 【化審法】
  特定化学物質の取扱い技術上の基準など
- 【肥料取締法】
  土壌汚染を起こさない品質基準
- 【農薬取締法】
  土壌残留に係る登録保留基準など

土壌

- 【農用地土壌汚染防止法】
  高特定有害物質（カドミウム，銅，ヒ素）による汚染土壌の対策計画の策定など
- 【ダイオキシン法】
  ダイオキシン類による汚染土壌の対策計画の策定など

調査 → 地域指定 → 対策計画 → 事業実施 → 確認
　　　　　　　　　　　　　　　　↑
- ［土壌汚染対策法］　　　　　費用負担法など
- ［土壌・地下水汚染に係る調査・対策指針］
  土壌汚染の調査・対策の技術上の指針
- 【水質汚濁防止法】
  健康影響のおそれのある地下水汚染の浄化命令
- 【廃棄物処理法】
  生活環境の保全上支障が生じ，または生ずるおそれがあると認められる場合の支障の除去に係る措置命令

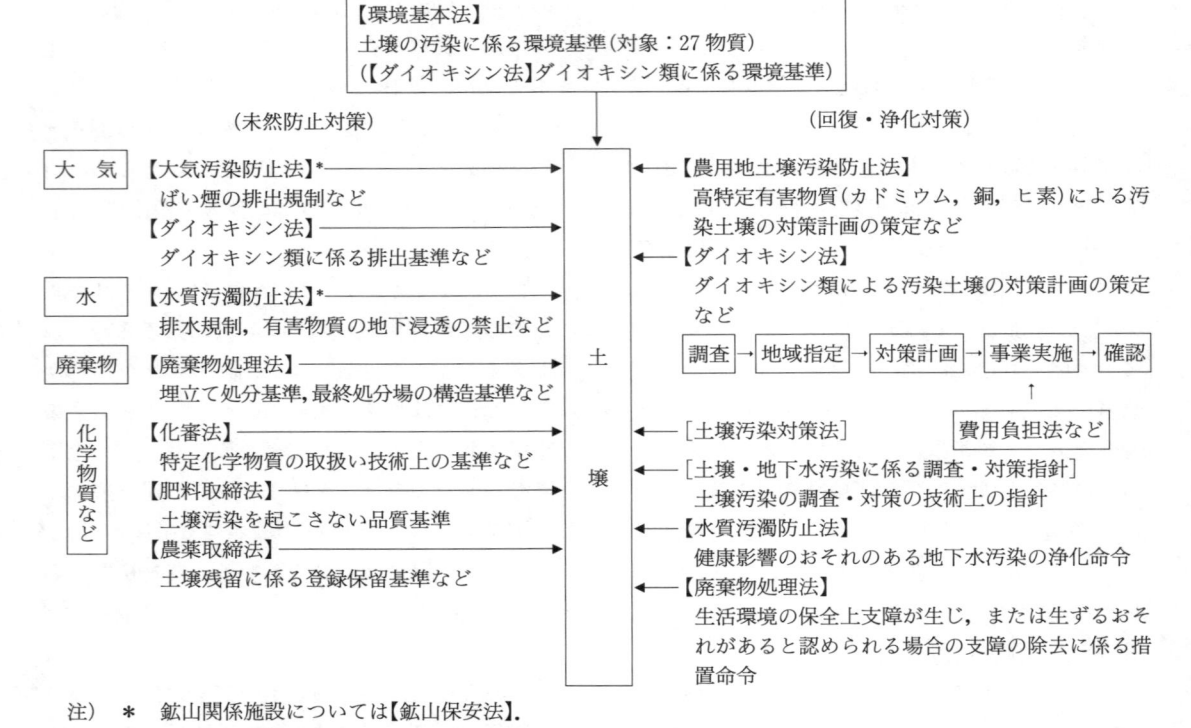

注）＊　鉱山関係施設については【鉱山保安法】．

■図 1-2　土壌環境保全に係る現行法制度の体系

基準）を定めている．また，"土壌・地下水汚染の調査・対策指針"（1994 年策定，1999 年改定）を策定し，自治体や民間事業者が土壌・地下水汚染調査を行う際の技術的基準を提示している．

② **水質汚濁防止法**（1970 年法律第 138 号）

本来は公共用水域への排水規制を目的とした法律である．1996 年に法律が改正され，地下水汚染も規制対象に加えられた．地下水汚染によって健康被害が生じ，または生じるおそれがある場合には，都道府県知事は汚染原因者に浄化措置を命じることができる．なお，現在の所有者と汚染原因者が異なる場合は，措置命令の対象は有害物質を土壌に浸透させたかつての所有者になるが，現在の所有者も浄化措置に協力をしなければならない．

また，本法には，排水または有害物質の地下への浸透により健康被害が発生した場合は，過失がなくとも損害賠償の責任を負う無過失責任の規定が盛り込まれている．

③ **廃棄物処理法**（1970 年法律第 137 号）

廃棄物の排出抑制とその適正な分別，保管，収集，運搬，再生，処分などの処理によって，生活環境の保全と公衆衛生の向上をはかることを目的にする法律である．1997 年の改正法により，廃棄物処理基準に違反した処理が行われ，土壌汚染によって生活環境の保全上支障が生じ，または，生じるおそれがある場合には，都道府県知事などは浄化の措置命令を発し（第 19 条の 4），支障の除去を命ずることができる（第 19 条の 5）．なお，措置命令の対象には排出事業者も含まれる．

④ ダイオキシン類対策特別措置法（ダイオキシン法，1999年法律第105号）

ダイオキシン法は，2000年1月に施行された．ダイオキシン類による土壌汚染について，ダイオキシン類の耐容一日摂取量（4 pg-TEQ/kg体重・日）および大気・水質・土壌に関する環境基準（大気 0.6 pg-TEQ/m^3 以下，水質 1 pg-TEQ/l 以下，土壌 $1\,000$ pg-TEQ/g 以下）を定め，排ガス・排水の規制（排出基準・総量規制），廃棄物焼却炉からのばいじん処理基準（3 ng-TEQ/g），焼却灰，汚染土壌に係る措置などの指針を示している．浄化の措置をとる必要があると判断される場合には，都道府県知事はその地域を対象地域と指定し（法第29条），浄化事業を実施する．事業者によるダイオキシン類の排出と，ダイオキシン類による土壌汚染の因果関係が科学的に明らかな場合には，公害防止事業費事業者負担法（1970年法律第133号）を援用して，国または公共団体が対策措置を講じた後に，汚染排出事業者に浄化費用の負担を求めることができる．また，汚染状況の監視，調査測定や汚染された土壌の処理のほか，罰則として，施設の計画変更命令・改善命令への違反者に対しては，1年以下の懲役または100万円以下の罰金を課している．

⑤ 地方自治体の条例・要綱による土壌汚染規制

現在，土壌汚染の調査・対策，未然防止に関する条例・要綱をもつ自治体は75自治体を数えるが，たとえば，東京都は，"都民の健康と安全を確保する環境に関する条例（環境確保条例）"を制定し，2001年4月から施行している．土壌・地下水対策としては，知事が"土壌汚染対策指針"を定め，有害物質取扱事業者（工場・指定作業場の設置者で，有害物質を取り扱い，または取り扱ったもの）は有害物質起因の大気汚染や土壌汚染を惹起し，かつ現に人の健康被害が生じ，または生ずるおそれがある場合に，汚染処理計画書を作成し，知事に提出し，これに基づき，知事は汚染土壌の処理を命ずることができる（第114条）．また，有害物質取扱事業者が工場などを廃止する場合には，当該敷地内の土壌・地下水汚染状況を調査し，その結果を知事に届けでるとともに，その結果が一定の汚染土壌処理基準を超えている場合には，汚染拡散の防止措置を講ずるように義務づけしている（第116条）．また，$3\,000$ m^2 以上の土地改変を行うときには，土地改変者は過去の土地利用の履歴を調査し，知事に届出を行い，その調査結果が処理基準を超えている場合には，その汚染拡散の防止措置を講ずるよう義務づけている（第117条）．

⑥ 土壌汚染対策法（2002年法律第53号）

法律の枠組みは，有害物質の取扱い工場・事業場の廃止時や用途の変更時，または，土壌汚染の可能性の高い土地で必要なときをとらえて，その土地の所有者（所有者，占有者または管理者）が指定調査機関による調査を実施し，その結果，土壌環境基準などのなんらかのリスク管理が必要と考えられる濃度レベルを超える土壌汚染があるなど，基準に適合しない土地がある場合には，その土地を"指定区域"として，都道府県知事が指定し，公示するとともに，指定区域台帳に記載し，公衆に閲覧させるというものである．

指定区域の指定等によるの管理の主眼は，①当該地のリスクの低減，②土地改変などに伴う新たな環境リスクの発生防止にあるが，①では土壌汚染による健康被害の発生のおそれがあると認められる場合には，都道府県知事は，土地所有者（もしくは，汚染原因者）に汚染の除去等の措置命令を発することができ，土地所有者はリスク低減措置に関する技術基準に従った措置を実施しなければならない．②では指定区域の土地改変者は，都道府県知事への届出義

務を負い，それが汚染を拡散させないための技術的基準に適合しない場合には，都道府県知事は計画変更命令を発することができる．また，技術的基準に従って浄化された場合には，指定区域としての登録を削除するというものである．

この法律には，いくつかの論点がある．たとえば，浄化費用の負担原則の問題がある．浄化処理対策の実施主体について，汚染原因者を第一義とする考え方と土地所有者を第一義とする考え方があり，前者は，汚染者負担原則の立場に立つものであり，汚染を発生させた者が浄化責任を負うべきとする考え方で，わが国でも定着した原則である．しかし，これによると，米国のスーパーファンド法での経験，すなわち，潜在的汚染者（PRPs：Potentially responsible parties）の特定のために訴訟が頻発し，浄化が進まなかったという側面に注意する必要がある．後者の考え方は，特定個人の財産たる土地の保全を対象とするので，その土地の権限を有する土地所有者を浄化措置の実施者とする．この場合には，汚染原因者が明らかな場合には，浄化費用を求償することはできる．

次に，浄化措置の実施にあたって，行政が土地所有者らに措置命令を発する形をとるべきか，公共の危険防除の観点から行政が浄化処理対策の実施主体となるべきかについては議論がある．しかし，この両者の考え方は二者択一的なものではなく，土地所有者らがみずからの責任において浄化処理対策を実施することを原則としつつも，①緊急性のある場合，②汚染原因者が不明の場合，③汚染原因者に資力がない場合などに，行政が汚染原因者に代わって浄化処理対策を実施するのが本来の姿といえるが，浄化基金を利用することを前提に土地所有者が行うという整理の仕方もあろう．

6 化学物質

日常の生活のうえで，化学物質の利用は不可欠の存在となっており，我が国でも数万種の化学物質が工業的に製造・使用されている．しかし，そのなかには有害物質も含まれ，さらに化学物質の製造，使用や廃棄に伴って，いろいろな有害物質が生成している．これらの有害物質が適切に管理されない場合には，環境汚染を通じて人の健康や生態系にさまざまな悪影響を及ぼすおそれ（環境リスク）がある．

有害物質による環境リスクが社会的に問題となったのは，古く，足尾鉱毒事件を端緒とするが，1955年代に顕在化した水俣病，イタイイタイ病といった公害病の発生やPCBの混入による食用油の汚染がもたらした健康被害などがある．国は，これらの汚染に対して，化学物質の製造・使用の禁止や排出規制などの規制を実施し，一定の成果はあげたものの，その後も新たな有害物質汚染が顕在化した．1970年代になると，トリクロロエチレンなどの有機化学物質による地下水汚染が社会問題化し，昨今では，廃棄物処理などの過程で生成するダイオキシン類をはじめとする外因性内分泌かく乱物質（環境ホルモン）による環境汚染が社会的に大きな関心を集めている．この外因性内分泌かく乱化学物質とは，"動物の生体内に取り込まれた場合に，本来，その生体内で営まれている正常なホルモン作用に影響を与える外因性の物質"（環境ホルモン戦略計画，環境庁SPEED '98）を意味するが，内分泌かく乱作用が疑われている約70物質について，国は，環境中の検出状況および環境への負荷源の把握調査を実施している．

このダイオキシンに関する国際的な議論については，①適切な規制の開発，②不確実性の結果として，予防的原則を採択せよという圧

力，③科学的・専門的な不合意，などといった科学的不確実性のよく知られた問題を強調し，公衆の関心を高めている．

　化学物質の規制には，化学物質のハザードと人や環境に対する暴露経路に着目した形でさまざまな規制がなされてきた．化学物質のリスクは，①人の健康に与えるリスク，②生態系に与えるリスク，③地球環境に与えるリスクに分類することができるが，法による規制は，それらに対応している．①の直接影響については，労働者の安全・健康の側面は，労働安全衛生法(1972年法律第57号)や火薬類取締法(1950年法律第149号)などにより，消費者の安全・健康は，毒物・劇物取締法(1950年法律303号)や食品衛生法(1947年法律第233号)などによっている．また，間接影響は製品由来のものと，環境経由のものとに分かれるが，前者は，化学物質審査規制法(1969年法律第117号)や有害物質含有家庭用品規制法(1973年法律第112号)によって，また後者は，廃棄物処理法や，大気汚染防止法，水質汚濁防止法などによって規制されている．②の生態系に関するリスクに対しては，農薬取締法(1948年法律第82号)などによって直接，間接的な影響の規制を行い，③の地球環境の間接的影響については，オゾン層保護法(1988年法律第53号)などによって，規制されている．

　化学物質審査規制法は，PCB(ポリ塩化ビフェニル)問題を契機に，新規化学物質(1973年までにわが国において製造・輸入がなされたことがないことから，既存化学物質名簿に収載されていない物質)の製造・輸入に際し，その安全性を審査することによって，化学物質による環境汚染の未然防止を目的として，1968年に制定された．当初は，新規化学物質の事前審査制度によって，人の健康を損なうおそれのあるものを特定化学物質に指定し，必要な規制措置を講じてきた．しかし，トリクロロエチレンのように生体への蓄積性が大きくなくても，難分解性で長期毒性を有し，環境汚染のおそれのある化学物質の存在に対応するため，1986年に改正され，そのような化学物質を新たに第二種特定化学物質として，または，その疑いのあるものを指定化学物質として，規制対象とすることになった．この改正によって，化学物質のハザードだけではなく，環境中における残留の程度も併せて考慮することによって，化学物質のリスクに対応するという考え方に転換したとみることができる．

　また，化学物質による環境汚染の未然防止のため，1996年のOECDの勧告や1998年の化学品審議会および中央環境審議会の提言を受けて，1999年7月に，"特定化学物質の環境への排出量の把握等及び管理の改善の促進に関する法律(PRTR法)"が制定されている．この法律の目的は，PRTR (Pollutant Release and Transfer Register, 環境汚染物質排出移動登録)とMSDS(Material Safety Data Sheet, 化学物質安全性データシート)の制度を導入することにより，事業者による化学物質の自主的な管理の改善を促進し，環境の保全上の支障を未然に防止することにある．法律の構成は，第1章総則(第1条～4条)，第2章第一種指定化学物質の排出量等の把握(第5条～13条)，第3章指定化学物質等取扱事業者による情報の提供等(第14条～16条)，第4章雑則(第17条～23条)，第5章罰則(第24条)からなっている．法の対象物質は，第一種指定化学物質(PRTR＋MSDSの対象物質：354物質，うち特定第一種は12物質)および第二種指定化学物質(MSDSの対象物質：81物質)に区分され，人や生態系への有害性や環境中に広く存在するという暴露可能性の観点から，政令によって指定されている(2-12項参照)．

　また，ダイオキシンに関して，議員立法によって，ダイオキシン法(1999年法律第105号)

が制定されている.

化学物質を使用する立場からは，リスクコミュニケーションの重要性が指摘される．このリスクコミュニケーションは，PRTRデータなどの化学物質による環境リスクに関する正確な情報を，行政，事業者，国民，NGOなどのすべての関係主体が共有しつつ，環境リスクへの認識を深め，また，環境リスク管理の進め方について相互に意思疎通をはかることを眼目にしている．PRTRデータを正確に理解するには，高度に専門的な知識を要する場合が多く，単に排出量情報の提供にとどまると，地域住民の誤解を招くおそれがある．そのため，行政はPRTRの結果および関連する科学的な情報などに基づき，環境リスク(人の活動などによって生ずるおそれのある環境上のリスク)の程度などを判断し，これを地域住民に正確に説明するとともに，化学物質の有害性や環境汚染状況などの関連情報をあわせて提供する義務がある．そのような観点から，適切なリスクコミュニケーションを進めるための社会的な基盤の整備が必要である．

7 物質循環

資源循環型社会システムは，将来世代のための持続可能な社会システムの構築を志向し，廃棄物とリサイクルが一体となった健全な物質循環の促進のもとに，資源循環を可能とするものである．そこでは，従来の廃棄物や無価物という概念ではなく，当然利用すべきものとして各種業種間の横断的かつ最適な方法で再生資源・再生品などを活発に利用することが望まれる．また，危険物質や処理困難性物質への対処については，生産計画段階での利用の削減・中止ならびに処理技術の開発などによらねばならない．そのためには，生産・販売・消費のすべての段階における資源循環型社会システムへの誘導と自主的取組みの推進などによる継続的・漸進的な総体的な社会変革を必要とすると考えられる.

政策的には，資源と廃棄物を分けることが物質循環を二分し，今日の廃棄物問題を生じさせていることから，両者を一体として把握したうえで，物の量や質(危険性)から循環的利用をすべきもの，環境保全措置が必要なものを対象にしていくという考え方が妥当であろう．また，ある着目した系に投入される資源，エネルギーと系から産出される製品や廃棄物などに係る投入量と産出量との間における収支バランスであるマテリアル・フローを踏まえて，環境負荷を総合的に低減する施策を講ずることが必要となり，単に有害物質の排出を抑制するのみでなく，物質循環を促進し，廃棄物をださないようにする種々の手法や自主的活動の促進，情報提供，助成などの規制以外のソフトな手法すべてが物質循環のための環境政策として必要となる.

このようなことを踏まえ，2000年，循環型社会形成推進基本法(2000年法律第110号，以下，"循環基本法"という)が制定され，また，同時に関連の個別法が改正されることで，一体的な法の整備がはかられた．循環基本法のねらいは，循環型社会形成を推進するための基本的な枠組みを構築することにある．循環型社会とは，法第2条1項によれば，"製品等が廃棄物等となることを抑制し，排出された廃棄物等についてはできる限り資源(循環資源)として活用し，循環的な利用が行われないものは適正処分を徹底することによって実現される，天然資源の消費が抑制され，環境への負荷ができる限り低減される社会"とされている．法の対象物としては，有価・無価を問わず"廃棄物等"として，一体的にとらえ，製品などが廃棄物などになることを抑制する一方で，発生した廃棄物などについてはその有用性に着目して，"循環資

源"として，その循環的な利用(再使用，再生利用，熱回収)をはかるとしている．また，廃棄物などの施策の優先順位として，①発生抑制(リデュース)，②再使用(リユース)，③再生利用(マテリアル・リサイクル)，④熱回収(サーマル・リサイクル)，⑤適正処分を法定化しているが，これは環境負荷の有効な低減という観点から定められた原則である．そのため，環境負荷の低減に有効な場合には，かならずしもこの優先順位に従わなくてもよいとされている．また，循環資源の循環的利用や処分は，環境保全上の支障が生じないように適正に行われること，また，自然界における物質の適正な循環の確保に関する施策の配慮を定めている．この法律の特徴として，排出者責任と拡大生産者責任(EPR : extended producer responsibility)が規定されている．

また，循環基本法の制定にあわせてリサイクル関係の個別法が整備されたが，問題がないではない．数値目標が設定されているが，業所管の立場からの実行可能なリサイクルという観点だけでなく，環境保全のため，質，量ともに環境容量を超えてはならないという観点を加えて，回収・リサイクルについての具体的な数値目標を設定することが必要である．さらにものの特性によってはリサイクルではなく，リデュースやリユースの取組みを行ったほうが，実効性や効率性を担保できる場合があることを視野に入れておく必要がある．

また，最終処分基準については，上記の環境保全の観点から，環境容量を超えない数値目標を設定し，処分場自体が環境への負荷であることから，最終廃棄物(リサイクルやそれ以上の処理が不可能な廃棄物)以外は廃棄しないことに向けての期限を決めた段階的提案が必要である．

リサイクル法に関しては，2001年の特定製品に係るフロン類の回収及び破壊の実施の確保等に関する法律(フロン回収・破壊法，2001年法律第64号)や2002年の自動車リサイクル法の制定など，リサイクル個別法はさらに整備が進むのはよいとしても，現在の法システムには，リサイクル全体についての理念が希薄である．確かに，リサイクル全般には，再生資源利用促進法があるが，これは，再生された資源の利用の促進という，物質循環のごく一部のみを対象としている．リサイクル個別法はいずれも業所管の行政指導の法律であり，業を横断する法律ではないため，全体的な理念がみえないなど，物質循環全体をカバーする制度を構築するには，まだ克服すべき課題が多いといえる．

第2部
環境法体系

　本章では，我が国の環境法全体の体系を示したうえで，環境基本法，総論的環境法，部門法，循環型社会関連法および自然保全関連法について，その全体像と要点を概説する．

　環境基本法は，それ自体が国民の権利義務を創出するものではないが，我が国の環境法体系の枠組みを形づくる役割を有しており，我が国の環境法の理念，部分的ながら環境法の原則，国・地方自治体・企業・市民各々の役割分担などについて規定する．とくに，公害対策基本法から承継した環境基準と公害防止計画および新たに制度化した環境基本計画制度は，我が国の環境政策を推進するうえで重要な役割を与えられている．中長期的な国家環境政策目標を定量的に設定し，その達成に向けた措置を計画に統合するとともに，定期的に達成状況を管理していくオランダの国家環境政策計画が一つのモデルであるが，このような計画的環境管理手法の重要性は，今後さらに高まるものと予想される．

　具体例として，環境影響評価法と，環境法固有の法制度ではないが環境部門とも重要なかかわりをもつ情報公開法，省エネ法，および公害防止事業費事業者負担法などの総論的環境法について，その機能と法制度の概要を示す．環境影響評価は，環境基本法20条を基礎とし，統合的環境管理の観点からも，原因者負担原則，予防原則，協調原則の観点からも，さらには市民参加などの手続き保障の観点からも，重要な環境政策手段であるが，その運用，適用範囲，事後評価等々の観点で課題が残されている．さらに，環境基本法19条を基礎とする，いわゆる戦略的環境影響評価の制度化は，すでに自治体レベルで導入例があり，国レベルでもその制度化に向けた検討が進んでいる．また，環境部門に限らず企業活動全体の透明性に対する社会の要請は，今後一層高まることが予想され，このため，リスク・コミュニケーションあるいは情報公開への対応は企業の環境戦略上重要性を増すものと考えられる．情報公開法および情報公開条例はこの面で大きな役割を果たすことになるが，企業保有情報の公開の面では，現時点では大きな限界がある．

　部門法では，大気汚染，温暖化防止，オゾン層保護法，水質関連法，土壌汚染対策法，騒音・振動等規制関連法，化学物質関連で化審法とPRTR法を取り上げる．大気汚染関連ではディーゼル自動車を中心とする排ガス規制が緊急課題であり，温室効果ガス排出削減問題を含め，自動車規制のほか，国土開発，物量・旅客輸送システムなどに関連する全政策的な対応が求められる課題であり，2003年改正によってはかられた当面の対応の成果を見守る必要がある．化学物質関連では，OECD勧告という外圧を利用して化審法改正が行われている．国際的には，既存物質についても新規物質と同質の規制を行うこと，リスク評価に際してはヒトの健康以外に環境に対するリスクを

も視野にいれること，事業者責任を基調とし，事業者のリスク評価情報の質を確保すること，事後評価を制度化することなどを求める方向にあり，2003年改正はその一歩と評価してよい．PRTR法が環境負荷物質の排出を直接規制するのでなく，情報公開による社会的監視を圧力として，間接的に排出量削減を狙う機能を持つが，さらに，情報管理手法を整備することによって環境基本計画の政策目標設定およびその達成状況監視に結びつけることが可能である．

循環型社会関連の法制度は循環型社会形成推進基本法によって形づけられる枠組みを，一連の法律によって具体化する形式が採用されている．この分野では，使い捨て型社会・経済構造を循環型のそれに変革することをめざしており，そのために国，自治体，企業（商品生産・流通業者と廃棄物等排出業者），市民の役割分担の変革を必要とする．とくに，製品のライフサイクル全体，製品の企画・設計・製造段階から，流通段階，さらには製品が廃棄物等となった時点におけるリサイクル，適正処分段階についてまで，製品生産者に責任を課す仕組み，そして，これに要する費用全体を生産者を通じて社会全体に転嫁する仕組みを構築することが必要であり，このために，製品特性，市場特性に応じて，環境配慮，循環配慮に関する拡大生産者責任，排出者責任，処理責任を確立し，これが現実に機能するために生産者の引取・回収システムを制度化することが中核的な課題とされる．市民生活に直結する部門であるだけに，法制度も簡明かつ平易なものであることが，とくに求められる分野である．

自然保全関連法制は，現在変革の時期にある．一つには，世界遺産条約，生物多様性条約などの国際環境条約への適合という課題があり，他方では，我が国の自然保護法制の現代化という機運がある．この項では最新レベルの情報が収録されている．

§1 環境法の体系

1 体系図とその要点

① 環境法とは何か

環境法は，公害や自然保護などの個別環境問題に対処し，地域的または地球的規模の環境破壊や悪化を防止することによって，良好な環境の確保をはかることを目的とした法制度の総称である．また，環境法は国内環境問題のみならず，国際的なあるいは地球規模の環境問題にも対応する．国境を越える環境問題に対処するための条約が増えており，国内環境法のなかには条約を実施するものもある（図2-1）．

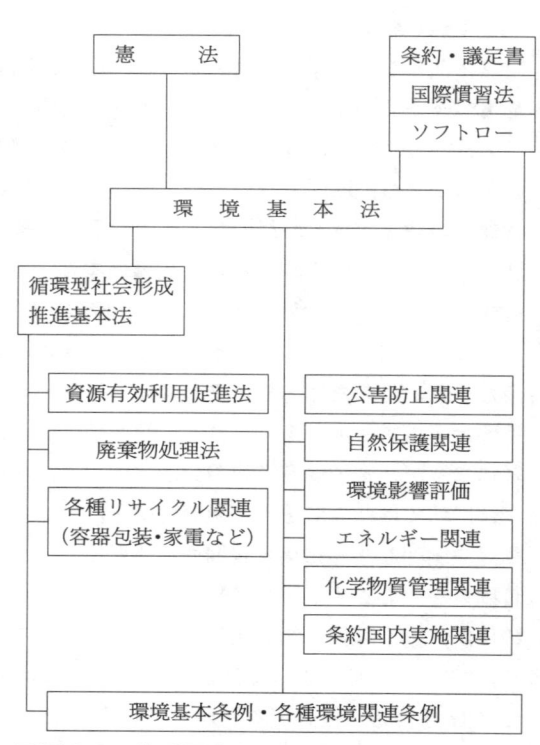

■図2-1　体系図とその要点

② 環境法の対象要素としての環境

環境という言葉には相当広範かつ多様な要素が含まれるが，環境法が対象とする環境も広範で多様である．それゆえ，環境基本法でも，環境とは何かを定義することなく，社会的に対策を要する環境問題について述べている．すなわち，人の健康や生活環境に悪影響を及ぼす大気汚染・水質汚濁などの典型七公害，人の活動に起因した環境への負荷（環境保全上の支障の原因となるおそれのあるもの），地球の全体またはその一部の環境に対する悪影響である地球環境保全である．

③ 憲法と環境法

いずれの法律も，その最上位には憲法が位置する．環境法も憲法を最上位として，憲法25条の生存権および13条の幸福追求権から導き出される現在世代と将来世代が良好な環境を享受する権利，そしてこの権利を保障する各主体（国，企業，国民，地方自治体）の法的義務と責務により形成される法体系で構成される．しかし，憲法で規定される権利は，抽象的な表現にとどまっているため，行政分野によっては基本法が制定され，この基本法のなかで具体的な基本的理念や政策が規定されることがある．環境分野でも，1993年に環境基本法が制定され，環境行政の基本方針や施策の考え方などがある程度明確になった．

④ 環境法体系の範囲

環境法は，環境基本法を頂点とした法体系であり，ほとんどの個別環境法は環境基本法体系に組み込まれる．ところが，なかには実質的に環境法とされるものであっても，環境基本法体系にはいらないものもある．原子力や放射性物質がもたらす環境汚染に関する法制度は，一部を除いて，基本的には原子力基本法体系にはいる．絶滅の危機に瀕する種は，環境基本法体系にはいる種の保存法で保護されると同時に，環境基本法体系にはいらない文化財保護法によっても保護されることもある．このように，すべての環境保全に関連する法律が環境基本法体系にはいるわけではない．

⑤ 環境法の国際法的側面

地球環境問題や越境環境問題に対する認識が高まるにつれ，環境法は国際法的側面を有するようになった．地球温暖化やオゾン層破壊などの国際的な環境問題を扱う国際法は，国際環境法とよばれる．国際環境法は憲法とともに国内環境法の基本原理となりうる．国際環境法の要素として，国家間の合意によって作成・締結される条約・議定書，国家間の慣行に基づき自然発生的に成立する不文法である国際慣習法，国際機関や国際会議で採択される決議，宣言，指針などのソフトロー（soft law）がある．条約・議定書，国際慣習法には法的拘束力があり，ソフトローには法的拘束力はない．また，ほぼすべての国際環境法は，各国がそれに対応した国内法を制定しなければ，条約などの内容を具体的に実施できない．

⑥ 環境法の未然防止機能

わが国の環境法の原点は，民事の損害賠償訴訟と差止訴訟にある．しかし，損害賠償制度は，すでに被害が生じ，尊い人命やかけがえのない環境が失われた後でなされる事後的対応である．失われた人命や自然環境は二度と戻らない．また，差止め請求の形式での訴訟もわが国の場合，かならずしも予防的機能を果たしてきたとはいえない．それゆえ，環境保全には，人身被害や環境破壊を未然に防止する法制度が必要かつ重要になる．環境法体系に属する法律は，一部の補償制度や紛争処理制度などを除き，そのほとんどが被害または損害を未然に防止し，

環境を適切に管理することを目的として制定された行政法規である．

2 環境保全手法

環境を保全する法的な手法は，個別の環境法の目的，法の規制対象の種類や範囲，問題の原因や形態によりさまざまなものがある．かつての公害は，その原因となる企業や人，活動，物質が比較的明確であったため，それらを直接にピンポイントで規制することが多かった．しかし，環境問題の原因や態様が多様化し複雑化するにつれ，環境保全手法も変化し多様化してきた．近年の環境問題は，不特定の原因が複合的に作用して人体や環境に悪影響をもたらし，原因と被害発生の因果関係も明瞭でなく，また被害発生の時期や規模も確実でないことが少なくない．環境法は，このような環境問題にも対応できるような手法を取り入れている．

(1) 規制的手法

規制的手法は，法律が直接的に規制対象者に対して命令・禁止の履行の義務を課し，その義務違反には制裁を用意する．規制的手法は公害対策に用いられ，実際に大きな効果をあげてきた．しかし，規制的手法には主に次のような問題がある．

a．規制対象者に対する行政の監視能力に財政的・人的・技術的限界があるため，法律の遵守状況を把握することが困難な場合が多い．またそれゆえに罰則も行いにくい．

b．規制の対象は，一般に大規模な汚染源や汚染の著しい地域あるいは特定の原因行為や原因物質に限定されるため，その他の汚染源，地域，行為，物質に対応できない．

c．規制対象者が達成すべき基準が設定されている場合，基準の達成後に，規制対象者によりいっそうの汚染削減を行うインセンティブ（技術革新など）がはたらかないことがある．

d．全国一律的な規制を実施し，個別に対応しない．

したがって，環境を保全するには，これらの問題（限界）を補うような他の手法を併用する必要がある．

(2) 経済的手法

経済的手法は，環境に悪影響を与える行為に一定の経済的負担を課し，環境を保全する行為に対して一定の利益を付与するというインセンティブを設定することで，社会全体を環境保全に誘導する手法である．課徴金やデポジット制度，優遇税制，市場メカニズムを利用した環境税や炭素税，排出枠取引などがある．この手法は，問題の原因者が不特定多数である場合に，幅広い原因者を網羅できる対策として期待される．

たとえば，環境税や課徴金は，特定の資源や環境に有害な行為に経済的な負担を課し，当該資源の使用・消費や行為を抑制する効果が期待される．また，わが国ではいまだ導入されていないが，規制基準以上に汚染削減を達成した場合に汚染削減分を基準未達成の汚染源と売買できる排出権取引は，規制対象者にいっそうの汚染削減のインセンティブを与える．

(3) 契約手法・自主的取組み

環境保全手法には，事業者（企業・業界団体）の自発的な意思により環境保全を行うものがある．事業者が自発的な意思で環境行動をとる協定（公害防止協定）を行政と結ぶ契約手法と，事業者が行政の関与なく環境行動をとる自主的取組みがある．

契約手法は公害を防止するために企業と行政

が契約を結ぶもので，公害防止協定がこれにあたる．規制による一律的な対応を補完して，契約手法は地域の個別事情に対応することができる．行政は，協定により法律の規制内容以上の対応を企業に求めることができ，監視や制裁にかかる行政コストを節約できる．

近年は公害防止にとどまらず，住環境や景観の保全をはかりつつ開発事業を行い，あるいは開発事業による環境への負荷を少なくすることを目的として，事業者と行政が結ぶ環境協定も増えている．また，協定という手法には，水俣市のように，地域の環境保全を住民みずからが行うことを目的として，住民間で結ばれる地区環境協定もある．

自主的取組みは，事業者が技術発展などを考慮した対策を早期にかつ柔軟にとることができるが，監視の強化やただ乗りの防止などの点で問題がある．

④ 情報的手法

情報的手法とは，一定規模以上の事業者に環境情報を収集整理させ，その情報の政府への届出，公開などにより，事業者による自主的管理・環境負荷の低減を促進することを目指した手法である．PRTR法などがこれにあたる．

3 法律と条例

地方自治体は，国に先駆けて公害対策や環境影響評価を実施してきた．また，環境基本法7条は，地方自治体の責務について，国の施策に準じた施策およびその他のその区域の自然的社会的条件に応じた施策を策定し，実施すると定める．環境問題は，国際的，全国的な問題であると同時に地域的課題でもあるため，環境保全を行ううえで地方自治体は重要な位置を占め，地域の環境保全をはかるようその役割を果たすことが期待される．環境問題の直接的な原因である事業活動や市民生活に対する規制や指導は，地方自治体により行われることが多い．地方自治体が規制を実施する場合，法的手段として条例を制定することが多い．

① 法律と条例の関係

憲法および地方自治法によれば，地方自治体は法律の範囲内であるいは法令に違反しないかぎりにおいて条例を制定できる．しかし，条例のなかには，法律よりも幅広くあるいは厳しい内容のものもある．

●横出し条例（規制）

横出し条例とは，国の法令で規制される対象以外の対象を条例で規制することである．このような条例による横出し規制は，一般に適法とされ許容されている．国の環境法のなかには，この横出し条例の適法性を明示するものもあるが，これは，念のために規定したという入念規定（確認規定）である．大気汚染防止法32条，水質汚濁防止法29条，騒音規制法27条，振動規制法24条，環境影響評価法60条などがある．

●上乗せ条例（規制）

上乗せ条例とは，国の法令と同一の目的で同一の対象について，法令の規制よりも厳しい規制をする条例である．たとえば，規制基準を強化したり，届出制を許可制にすることなどがある．地方自治体による上乗せ条例の制定権については論争のあるところであるが，大気汚染防止法や水質汚濁防止法では，上乗せ基準の対象となる物質を限定して，都道府県レベルまでは

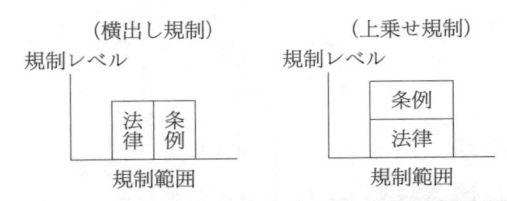

■図2-2　横出し規制と上乗せ規制の概念図

上乗せ条例の制定を認めている．一方で，上乗せ規制を認めない法律もある．たとえば，自然公園法では，条例による都道府県立公園内の規制について国の規制の範囲内でのみ認める．ほかにも自然環境保全法が同様の規定をおいている（図2-2）．

2 地方分権一括法の制定

1999年に地方分権一括法が制定され，機関委任事務が廃止されたことにより，国の多くの事務は，法定受託事務あるいは自治事務という形で自治体の事務に振り分けられることになる．これにより，地方自治体が条例を通じて環境保全をどのように推進するかが大きな問題となっている．もっとも，国立公園内での許可事務や国設の鳥獣保護区での許可事務など，国の直接執行となったものもある．

3 広域的な環境保全への対応

地方分権一括法の制定により，環境保全における地方自治体の役割は，ますます重要になる．しかし，たとえばある県の水源地が他県にあり，その水源地が汚染されるような場合，地方自治体の管轄地域は限られるため，管轄外の地域にある汚染源を規制することはできない．このような問題は，本来，国が法律により解決すべきであるが，国が法律で規制しない場合，結局のところ地方自治体間で協議し協力する必要がある．

§2 環境基本法

1 環境基本法

環境に関する諸問題について，国の政策の基本的な方向を示す法律（1993年制定・施行）．公害（環境汚染）問題と自然保護対策はもちろん，都市型・生活型の環境問題や身近な自然の減少，さらには地球規模の環境問題にも対応することを意図した，総合的な環境問題についての対策の基礎となるべき役割をもたされている．日本の憲法には現在のところ環境に関する明示の規定がないため，環境問題に関する理念や政策に関しては，この環境基本法が中心となる．

環境基本法の成立以前は，日本の環境政策は大きくは環境汚染（公害）問題と自然保護に分けられ，環境汚染問題は公害対策基本法（1967年制定，環境基本法の制定により1993年に廃止）が，また自然保護は自然環境保全法（1972年制定，1973年施行）が，それぞれ中心となって法律的および政策的な対応を行ってきた．しかし，環境基本法の制定にともない公害対策基本法の主要な部分は同法に発展的に継承され，また自然環境保全法からも，自然保護の基本理念を定めた部分が環境基本法に統合された．

環境基本法は3章46か条で構成されている．まず第1章では，環境保全の基本理念として，環境の恵沢の享受と継承など，環境への負荷の少ない持続的な発展が可能な社会の構築など，および国際的な協調による地球環境保全の積極的推進が定められている．また，国，地方公共団体，事業者，国民のそれぞれの責務が明らかにされている．

第2章では，環境の保全に関する基本的施策が定められている．そのおもな項目は，政府に

よる環境保全に関する施策の総合的・計画的な推進をはかるための環境基本計画の策定，環境基準の設定，特定地域における公害を防止するための，内閣総理大臣による公害防止計画策定の指示と，都道府県知事による公害防止計画の策定，国による環境影響評価(環境アセスメント)の推進，環境保全上の支障を防止するための規制措置，経済的措置および施設の整備その他の事業の推進，環境への負荷を低減させるための製品利用の促進，環境教育，学習，民間団体などの自発的な活動の促進，科学技術の振興，紛争に係るあっせんや調停など，ならびに地球環境保全などに関する国際協力の推進などである．

最後の第3章では，環境問題への対応に要求される，広い視野に立った多角的な面からの判断を行うための，国レベルおよび都道府県・市町村レベルでの審議会や合議制の機関について定められている．次に環境基本法の構造とおもな内容について述べる．

1 総　則(第1章)

●目的(第1条)

"現在および将来の国民の健康で文化的な生活の確保に寄与するとともに人類の福祉に貢献する"ために，以下の対策を進める．

a．環境保全の基本理念を定める
b．国・地方公共団体・事業者および国民の責務を明らかにする
c．環境保全に関する施策の基本事項を定め，環境保全に関する施策を総合的かつ計画的に推進する

●基本理念

a．環境の恵沢の享受と継承(第3条)
b．環境への負荷が少ない持続的発展が可能な社会の構築(第4条)
c．国際的協調による地球環境保全の積極的推進(第5条)

●責　務

a．国は環境保全に関する基本的かつ総合的な施策を策定・実施する(第6条)
b．地方公共団体は地域の自然的社会的条件に応じた環境保全施策を策定・実施する(第7条)
c．事業者は事業活動に際して公害防止や自然保護に必要な措置を講ずる(第8条)
d．国民は日常生活に伴う環境負荷の低減に努める(第9条)

2 環境の保全にかかわる基本的施策(第2章)

a．施策の策定などに係る指針(第14条)
b．環境基本計画(第15条)
c．環境基準(第16条)
d．特定地域における公害の防止(第17・第18条)
e．国が講ずる環境の保全のための施策(第19〜第31条)
f．地球環境保全などに関する国際協力(第32〜第35条)
g．地方公共団体の施策(第36条)
h．費用負担および財政措置(第37〜第40条の2)

3 環境の保全に関する審議会その他の合議制の機関(第3章)

a．中央環境審議会(第41条)
b．都道府県の環境保全に関する審議会，など(第43条)
c．市町村の環境保全に関する審議会，など(第44条)
d．公害対策会議(第45・第46条)

2 環境基本計画

環境基本法第15条の規定に基づいて定められる計画．長期的な目標として，①経済社会

システムにおける物質循環を促進することによって，環境への負荷をできるかぎり少なくし，循環を基調とする経済社会システムを実現する「循環」，②自然と人との間に豊かな交流を保つことによって，健全な生態系を維持・回復し，自然と人間との共生を確保する「共生」，③あらゆる主体が，人間と環境とのかかわりについて理解し，それぞれの立場に応じた公平な役割分担のもとに相互に協力・連携しながら，環境への負荷の低減や環境の特性に応じた賢明な利用などに自主的積極的に取り組み，環境保全に関する行動に加わる「参加」，そして，④地球環境を共有する各国との国際的協調のもとに，地球環境を良好な状態に保持するため，国のみならず，あらゆる主体が積極的に行動し，国際的取組みを推進する「国際的取組み」，の4点をあげたうえ，その実現のための施策の大綱，各主体の役割，政策手段のあり方などを定める．

最初の環境基本計画は1994年12月に閣議決定された．その後，環境政策においては，地球温暖化対策，廃棄物・リサイクル対策，化学物質対策，生物多様性保全など個別分野における総合的な政策推進のための枠組みが整備されたことや，政策手法の進展がみられたことなど，いくつかの重要な前進がみられた．しかし，対策を上回る速度で問題が深刻化しており，なお前進をはかることが必要であるとして，2000年12月22日，新しい環境基本計画として"環境基本計画—環境の世紀への道しるべ—"が閣議決定された．

新環境基本計画は，21世紀半ばを見通しながら「循環」と「共生」を基調とし，現在世代および将来世代がともに環境の恵沢を享受できる「持続可能な社会」を構築するため，環境面からの戦略を示し，21世紀初頭における環境政策の基本的な方向と取組の枠組みを明らかにすることを意図したものであり，その概略は以下のようになっている．

① 環境の現状と環境政策の課題（第1部）

●21世紀初頭の環境政策の課題

持続可能な社会の構築に向けた国民的な合意形成などを通じ，各主体の取組みの強化をはかるため，国民や事業者における環境に対する意識の高まりが環境保全に向けた具体的な行動につながっていくような環境を整備する．また，社会経済活動のあり方やライフスタイルを環境への負荷の少ないものへと転換するため，環境政策の基本的考え方を示しながら，優先順位を明確にして重点的かつ効率的な政策展開をはかる．

●今後，前進をはかる必要がある事項

a．地球温暖化対策に関して，国際交渉の進展を見定めながら，現行施策の評価も踏まえ，京都議定書の締結に必要な国内制度に総力で取り組む

b．廃棄物・リサイクル対策の推進の枠組みについては，その実施のための実効ある計画を策定する

c．化学物質対策に関しては，従来の施策の中心であった人の健康の保護の視点に加えて，化学物質の生態系に対する影響の適切な評価と管理を推進する

d．生物多様性国家戦略については，それに基づく施策のいっそうの実効性の確保などを目的とした見直しを行う

e．交通に起因する大気汚染問題や，環境保全上健全な水循環などの分野においても，必要な施策をさらに総合的に推進する

② 21世紀初頭における環境政策の展開の方向（第2部）

環境基本法の理念を実現し，現在の大量生産，大量消費，大量廃棄型の社会から持続可能な社会への転換をはかるため，目指すべき持続可能な社会のイメージと，その実現のための環

境政策のありかたを提示する．

● 目指すべき持続可能な社会のイメージ
　a．環境が人類の生存基盤であることを前提に，環境はもとより，経済，社会の側面からも高い質の生活を保障する社会
　b．自然資源を利用する社会経済活動が生態系の構造と機能を維持できる範囲内で行われるなど，環境を構成する大気，水，土壌などの諸システムと社会経済活動の間の健全な関係が保たれ，かつ，社会経済活動がそれらのシステムに悪影響を与えない社会
　c．資源やエネルギーの使用が効率化され，生産活動や消費活動の単位あたりの環境負荷が低減された社会
　d．資源やエネルギーの消費に伴う環境負荷の低減をはかるため，物質の循環的利用を基調とした社会経済システムや社会基盤が形成される社会
　e．国土の多様な生態系が健全に維持され，人と自然との豊かな触合いが確保される社会
　f．環境を大切にする考え方が社会全体に広がり，社会のなかで環境配慮に関するルールなどが浸透し，各主体が自然で容易に環境保全の取組みを実行できる社会
　g．わが国固有の能力と経験を生かし，よりよい地球環境の形成に向けてリーダーシップを発揮しうる社会

● 持続可能な社会を実現するための長期的目標：「循環」「共生」「参加」および「国際的取組み」．

● 環境政策の基本的考え方
　a．社会経済活動がかならず有する経済的側面，社会的側面，環境の側面を総合的にとらえ，環境政策を展開していく（統合的アプローチ）
　b．すべての社会経済活動は，生態系の構造と機能を維持できるような範囲内で，またその価値を将来にわたって，減ずることのないように行われる必要があるとの考え方を採用する
　c．「汚染者負担の原則」「環境効率性」「予防的な方策」「環境リスク」を環境政策の基本的指針として採用する
　d．有害物質による土壌や地下水の汚染，難分解性有害物質の処理問題，地球温暖化問題やオゾン層の破壊問題など，環境上の"負の遺産"については，現在世代の責務として，将来世代に可能なかぎり残さないことを目指す

● 環境政策推進の方向
　a．あらゆる場面における環境配慮の織込み
　b．あらゆる主体の参加
　c．地域段階から国際段階まで，あらゆる段階における取組み

③ 各種環境保全施策の具体的な展開（第3部）

計画期間中に，次の11の戦略的プログラムについて，現状と課題，目標，施策の基本的方向，重点的取組み事項を明らかにし，とくに重点的・戦略的に取り組む．

　a．地球温暖化対策の推進
　b．物質循環の確保と循環型社会の形成に向けた取組み
　c．交通からの環境負荷を低減するための，都市構造や事業活動，生活様式も含めた総合的対策の推進
　d．環境保全上健全な水循環の確保に向けた取組み
　e．化学物質対策の推進
　f．生物多様性の保全のための取組み
　g．環境教育・環境学習の推進
　h．社会経済の環境配慮のための仕組みの構築に向けた取組み

i． 環境投資の推進
j． 地域づくりにおける取組みの推進
k． 国際的寄与・参加の推進，国際社会における環境面の取組みにイニシアティブを発揮（とくに，アジア太平洋地域を重視）

④ 計画の効果的実施（第4部）

環境基本計画を踏まえた環境配慮方針を各府省ごとに策定する．政府への環境管理システムの導入を検討する．政府レベルの計画の実施状況の点検および点検の事後の対応を強化する，など．

3 環境基準

人の健康を保護し，および生活環境を保全するうえで維持されることが望ましい基準で，大気，水質，土壌，騒音について定められることとされている（環境基本法16条1項）．この環境基準は，公害対策の推進全般の根拠および目的として，環境の保全上の支障を防止するための規制（第21条など）や，環境の保全上の支障を防止するための経済的措置（第22条），あるいは環境の保全に関する施設の整備その他の事業の推進（第23条）といった個別の公害対策の実施に際して，終局的な目標として大気，水質，土壌，騒音をどの程度に保つのかを定める指標である．

環境基準は，まだ汚染されていないか，あるいは汚染の程度が低い地域については，今後の汚染を防止するための対策の根拠となり，必要に応じて排出基準や産業立地規制などの措置が講じられる．一方，すでに汚染がひどくなっている地域については，それ以上の汚染の進行を防止するための立地規制や燃料規制などの措置の具体的な指標となり，また環境基準まで汚染を低減させるための各種施策の目標となる．環境基準の設定に際しては，つねに適切な科学的判断が加えられ，必要な改定がなされなければならないとされている（第16条3項）．

このように環境基準は，各種の規制措置や施設整備などの施策を講ずる際の根拠および目標となるものであるが，その法律上の性質はあくまでも行政上の政策目標であって，排出規制や開発規制といった，国民の権利や自由を直接に規制する基準（規制基準）となるものではない．また環境基準は，"この程度までの汚染・騒音ならば我慢（受忍）するべきだ"という，いわゆる受忍限度としての性格をもつものでもなく，より積極的に"維持されることが望ましい基準"として位置づけられている．

環境基準は，大気に関しては硫黄酸化物，一酸化炭素，浮遊粒子状物質，二酸化窒素，ダイオキシン類など，水質に関してはカドミウム，シアン，ダイオキシン類，pH（水素イオン濃度），BOD（生物化学的酸素要求量）など，また土壌に関しては，カドミウム，ダイオキシン類などを対象に設定されている．騒音に関しては，一般騒音と航空機騒音および新幹線鉄道騒音に関して環境基準が設定されている．

4 公害防止計画

環境基本法17条に基づいて作成される，公害の防止を目的とする地域計画．内閣総理大臣が策定を指示し，関係都道府県知事が作成する．計画策定の対象となる地域は，①現に公害が著しく，かつ公害の防止に関する施策を総合的に講じなければ公害の防止をはかることが著しく困難であると認められる地域，あるいは，②人口および産業の急速な集中その他の事情により公害が著しくなるおそれがあり，かつ公害の防止に関する施策を総合的に講じなければ公害の防止をはかることが著しく困難になると認められる地域，のいずれかに該当する地域である．

公害防止計画の策定指示に際しては，内閣総理大臣は環境基本計画を基本とし，その地域において実施されるべき公害の防止に関する施策に係る基本方針を示すこととなっている．また指示を受けた都道府県の知事は，基本方針に基づき公害防止計画を作成し，内閣総理大臣の承認を受けなければならない．一方，内閣総理大臣は，公害防止計画の作成を指示するに際しては，あらかじめ関係都道府県知事の意見を聴かなければならない．また計画の作成指示および承認については，あらかじめ公害対策会議の議を経なければならない．

　公害防止計画は特定地域における公害問題対策の中心であり，環境基本法に発展的に取り込まれて廃止された旧公害対策基本法(1967年制定)の重要な内容であった(旧公害対策基本法19条)．同法の規定に基づき，1970年12月から1977年1月までの間に，全国の主要な工業都市や大都市地域のほとんどについて公害防止計画が策定された．1977年以降は，計画期間が終了したものについて地域の実情に応じて見直しなどが行われ，現在は主要な工業都市および大都市地域をカバーする全国34地域において策定されている．

　宮城県の仙台湾地域や富山県の富山・高岡地域など，1998年度末をもって計画期間が終了した5地域を対象に，1999年度に策定され2000年度に承認された新たな公害防止計画では，計画期間を1999年度から2003年度までの5年間とし，計画の目標としては大気汚染，水質汚濁，騒音，土壌汚染などに係る環境基準をあげている．公害防止に関する施策としては，事業者に対しては大気汚染や水質汚濁などの防止のための措置を講じることを求め，また地方公共団体などは，発生源などに対する各種規制，環境影響評価，立地指導，土地利用の適正化，中小企業対策などの施策を講じるとともに，下水道整備，緩衝緑地などの整備，廃棄物処理施設整備，学校環境整備，しゅんせつ・導水，公害対策土地改良，監視測定体制整備などの公害対策事業および公園・緑地などの整備，交通対策，地盤沈下対策などの公害関連事業を併せて実施することにより，計画の総合的な推進をはかることとしている．また，とくに各地域において重点的に取り組むべき主要課題については，必要に応じて公害対策事業に係る整備水準の目標など施策に関する数量的な目標を設定するとともに，新規施策の導入を含めた実効性のある施策を講ずるなど，施策の拡充，強化をはかっている．

5　予防原則

　英語では precautionary principle．重大または回復不能な損害のおそれがある場合には，情報やメカニズム(作用)が科学的に不確実な状況であっても，環境悪化を防止するための対策を行うべきであるという考えかた．1992年6月にブラジルのリオデジャネイロで開催された"環境と開発に関する国連会議(UNCED: The United Nations Conference on Environment and Development)"，いわゆる"地球環境サミット"は，そこで採択したリオ宣言の原則15で，予防原則を次のように明文化し，環境問題に取り組むための基本的な原則としている．

(1) リオ宣言 原則15

　"環境を保護するために，予防的アプローチは各国によってその能力に応じて広く適用されなければならない．重大または回復不能な損害の脅威が存在する場合には，完全な科学的確実性の欠如が，環境悪化を防止するための費用対効果の大きな対策を延期する理由として使用されてはならない"．

　地球温暖化に代表されるような地球環境問題は，科学的な不確実性が大きい一方で，結果が

生じた場合に予想される被害規模も大きいため，予防的に対応する必要があるとして合意された原則であるが，科学的な不確実性を口実に取組みに消極的となる動きを牽制する意味合いもある．なお日本の環境基本法には，予防原則を明示する表現はない．

この予防原則の考え方は，最初は1970年代初期における西ドイツの環境政策に現れた．酸性雨，地球温暖化，北海の汚染などに強い方針で取り組むために打ち出されたものであり，社会は環境を損なうことを注意深く避けるべきであって，潜在的に有害な活動を阻止すべきであるという考えに基づき，予防的に環境保全対策を行うことを目的としていた．最近では1998年，NPOの"Science and Environmental Health Network"が，米国ウィスコンシン州のウィングスプレッドで主催した集会で，予防原則を具体化するためのアプローチが次のように打ち出されている．

② 予防原則に関するウィングスプレッド宣言（1998年1月）の骨子

a．ある活動が人の健康や環境に害をもたらすおそれがあるときは，原因と結果の関係が科学的に十分に証明されていない場合でも予防的措置がとられるべきである

b．その際，事業者が安全であることを証明する義務を負うべきであり，一般の人が危険であるという証明を立証する責任を負わされるべきではない

c．予防原則適用のためのプロセスは，開示的で十分に説明された民主的なものであって，影響を受ける可能性のある者すべてが含まれなければならない．また，事業の取りやめを含んだすべての範囲の代替手段について検討されなければならない

現在，欧米諸国を中心に，多くのNGO（非営利の非政府組織）がこのような予防原則のアプローチに従った活動や主張を展開している．しかし，それが米国の遺伝子組換え農産物の輸出障害の一因となったということもあって，米国の政府関係者の一部からは，予防原則を反科学的な理念で技術開発の障害となるものと非難する意見もでている．

6 汚染者負担原則

英語ではpolluter pays principleであり，よく"PPP"として引用される．環境問題への対処（汚染の防止や除去など）に必要となる費用は，第一次的には汚染の原因をつくった者が負担することによって，最終的には汚染を引き起こす財およびサービスのコストに反映されるべきであり，貿易と投資に著しいゆがみを引き起こすような政府からの補助金（費用負担）を併用するべきではない，とする原則．

もともとは1972年にOECD（経済協力開発機構）が，その"環境政策の国際的経済面に関する指針原則の理事会勧告"として提唱したもので，公正な国際貿易のルールと整合的な環境政策の枠組みをつくるための考え方であった．しかし日本では，当時，深刻な健康被害や生命損害までをも生じさせた深刻な公害問題への対応が大きな社会問題となっており，とくに民事損害賠償請求訴訟を通じた企業の責任が強く追及されていたためもあって，この汚染者負担原則は，汚染企業に損害賠償を課す責任原則としての側面のみが強調される傾向が強くなり，OECDの主張の中心であった，経済活動と汚染防止を市場（マーケット）を通じて統合しようという考え方への理解は弱かった．

しかしその後，従来型の公害問題の発生はなんとか抑えることができたものの，ごみ問題・自動車交通問題などの都市型環境問題や，温暖化に代表される地球規模の環境問題等々，環境

問題が多様化し深刻化するにつれ，さらに，環境対策と経済活動を統合することの必要性と認識も高まるにつれ，この汚染者負担原則は，ときに原因者負担原則ともよばれながら，現在の環境政策における重要な要素となっている．なお，1992年の地球環境サミット（UNCED）で採用されたリオ原則は，原則16として次のように述べている．

"国の機関は，汚染者が原則として汚染による費用を負担するというアプローチを考慮しつつ，さらに公益に適切に配慮して，国際的な貿易および投資をゆがめることなく，環境費用の内部化と経済的手段の使用の促進に努力すべきである"．

環境基本法では第37条が，公害や自然保護に関しての原因者負担措置を述べている（国及び地方公共団体は，公害又は自然環境の保全上の支障を防止するために……必要かつ適切であると認められる事業が公的事業主体により実施される場合において……その事業の必要を生じさせた者に……その事業の実施に要する費用の全部又は一部を適正かつ公平に負担させるために必要な措置を講ずるものとする）．なお公害防止事業者負担法（1970年制定，1971年施行）では，事業者はその事業活動による公害を防止するために国や地方自治体が実施する公害防止事業について，その費用の全部または一部を負担することとされている（第2条の2）．

また環境基本法は，その第22条（環境の保全上の支障を防止するための経済的措置）の2項で，"国は，負荷活動を行う者に対し適切かつ公平な経済的な負担を課すことによりその者が自らその負荷活動に係る環境への負荷の低減に努めることとなるように誘導することを目的とする施策が，環境の保全上の支障を防止するための有効性を期待され，国際的にも推奨されていることにかんがみ……その措置を講ずる必要がある場合には，その措置に係る施策を活用して環境保全上の支障を防止することについて国民の理解と協力を得るように努めるものとする"として，汚染者負担原則（あるいは原因者負担原則）のより広い理解と適用の可能性を示唆している．

7 パートナーシップの原則

"パートナーシップの原則"あるいは"参加と協力の原則"とは，環境問題に対して，それぞれのレベルで，関心のあるすべての主体が積極的に取り組むべきだという考え方であり，関係主体間の協調的な対策が必要だとする"協調原則"とも同じものといえる．

特定の企業による汚染行為が原因というような単純な関係の公害問題とは異なり，現在の環境問題は，ごみ問題・自動車公害問題といった都市生活型の環境問題や，身近な自然までも含めた生態系の多様性の保全，あるいは温暖化（気候変動）に代表される地球規模の環境問題等々に明らかなように，原因と結果の両面に，多くの，かつ多様な主体が関係する問題となっている．

このような環境問題に適切かつ効果的に対応していくためには，一国の政府だけによる取組みではまったく不十分である．政策や法律の面においても，国と地方自治体が協調的に，かつそれぞれの立場から可能な対策を講じる必要がある．個々の企業や産業界全体も経済活動のなかで可能な環境対策に積極的に取り組むことが求められ，消費者でもある市民の一人一人にも，日常生活のなかでの適切な環境配慮が求められる．また，多様な環境問題に積極的に取り組むNGO（Non-Governmental Organization）の活動も，現在の環境対策の発展には欠かせない．しかもこれらの活動は，国内だけでなく国際的にも，協調的かつ協力して実施される必要がある．

リオデジャネイロで開催された地球環境サミット(UNCED，1992年)で採択されたリオ宣言(環境と開発に関するリオ宣言)は，環境問題への取組みの基本姿勢として，その前文で"各国・社会の重要部門および国民との間に新たな水準の協力を作り出すことによって新しい公平な地球規模のパートナーシップを構築するという目標を持って……"と述べている．そして原則10で，"環境問題は，それぞれのレベルで，関心のあるすべての市民が参加することによって，もっとも適切に扱われる"として，市民の参加の必要性を明らかにするとともに，その具体化のために，行政が入手した環境関連情報の開示や，意思決定過程への参加機会確保のための情報公開などを求めている．

リオ宣言はこのほかにも，貧困撲滅に向けたすべての国家とすべての人々の協力(原則5)，生態系保全のための地球規模のパートナーシップ(原則7)，女性の参加(原則20)，地球的規模のパートナーシップ構築のための若者の創造力・理想および勇気の結集(原則21)，持続可能な開発達成に向けた先住民の効果的な参加(原則22)，そして，各国および人々に求められる，パートナーシップの精神をもっての協力(原則27)といったように，国レベルの政策や国どうしの協力だけではなく，地方政府や産業界，NGO，そして多様な市民層の一人ひとりまでもが，積極的に参加・協力し環境問題への取組みのパートナーとなることの重要性を明確にしている．

環境基本法では，第1条が"国，地方公共団体，事業者及び国民の責務を明らかにする"としたうえで，第4条が"環境の保全は……すべての者の公平な役割分担の下に自主的かつ積極的に……行われなければならない"と，すべての主体の参加の必要性をうたっている．さらに第5条は"……地球環境保全は……国際的協調の下に積極的に推進されなければならない"と国際的な協調の必要性を明示し，それに続いて，国の責務(第6条)，地方公共団体の責務(第7条)，事業者の責務(第8条)，そして国民の責務(第9条)のそれぞれについて定めている．

環境基本法に基づいて1996年に策定された環境基本計画でも，その四つの原則(「循環」「共生」「参加」「国際的取組み」)のなかで，参加および国際的取組みとして，パートナーシップの原則(参加と協力の原則)を支持している．また，2000年に閣議決定された新環境基本計画"環境の世紀への道しるべ"で示されている環境政策推進の方向でも，"あらゆる主体の参加"が強調されている．

8 環境保全意欲増進・環境教育推進法

"環境の保全のための意欲の増進及び環境教育の推進に関する法律"(平成15年7月25日法律第130号)は，衆議院環境委員長提出による議員立法として成立した．なお，同じ国会(156回国会)に民主党が参議院に提出していた「環境教育振興法案」は撤回された．

この法律は，地球温暖化の防止や，自然環境の保全・再生をはじめ環境保全上の課題が山積し，各界各層の自発的な環境保全の取組みが不可欠となっていることに加え，ヨハネスブルグサミットでの日本の提案や持続可能な開発のための教育の10年国連決議などを受けて環境保全を担う人づくりを進める気運が高まっていることから，国民・NPO(Non-Profit Organization)・事業者などによる環境保全への理解と取組みの意欲を高めるため，環境教育の振興や体験機会，情報の提供が必要との認識から提案されたものである．

その概要は，①この法律の目的は，持続可能な社会を構築するため，環境保全の意欲の増進および環境教育の推進に必要な事項を定め，も

って現在および将来の国民の健康で文化的な生活の確保に寄与すること，②基本理念として，環境保全活動，環境保全の意欲の増進および環境教育は，国民や民間団体などの自発的意思を尊重しつつ，多様な主体がそれぞれ適切な役割を果たすこととなるように行われるものとすること，また，体験活動の重要性を踏まえ，多様な主体の参加と協力を得るよう努めるとともに，透明性を確保しながら継続的に行われるものとすることなどを規定した．そして基本理念にのっとった国民・民間団体など，国および地方公共団体それぞれの責務を定めている．③政府は，環境保全の意欲の増進および環境教育の推進に関する基本方針を定め，都道府県および市町村は，基本方針を勘案して，その区域の自然的社会的条件に応じた方針・計画などを作成し，公表するよう努める．国，都道府県および市町村は，学校教育および社会教育における環境教育の推進に必要な施策を講じるものとし，学校教育における体験学習などの充実，教員の資質向上の措置を講ずるよう努める．また，民間団体，事業者，国および地方公共団体は，職場における環境保全知識および技能を向上させるよう努める．④環境保全に関する知識または指導を行う能力を有する者を育成または認定する事業を行う国民・民間団体などは，その事業について，主務大臣の登録を受けることができることとし，必要な手続などを定める．⑤そのほか，人材の育成または認定のための取組みに関する情報の収集・提供，環境保全の意欲の増進の拠点としての機能を担う体制の整備，国民・民間団体などによる土地などの提供に関する措置，協働取組みのあり方などの周知，国および地方公共団体の財政上・税制上の措置，情報の積極的公表などを定めた．なお，この法律に基づく措置を実施するにあたっては，国民，民間団体などの自立性を阻害することのないように配慮し，その措置の公正性および透明性を確保するために必要な措置を講ずるものとする．⑥2003年10月1日から施行するが，人材認定事業の登録などについては2004年10月1日から施行する．また，この法律施行後5年を目途として施行状況について検討を加え，その結果に基づいて必要な措置を講ずる．

§3 総論的環境法

1 環境影響評価法

① 環境影響評価法の要点

　環境影響評価とは，ある事業の実施が環境に及ぼす影響のうち公害の防止および自然環境の保全にかかわるものについて，事前に調査，予測および評価を行い，その結果を公表することによって，その事業に環境配慮を組み込む仕組みを意味する．その制度は米国の国家環境政策法(1969年，NEPA：National Environmental Policy Act)に始まる．わが国では，1972年に"各種公共事業に係る環境保全対策について"という閣議了解によって，国の行政機関の所掌する公共事業について，"あらかじめ，必要に応じ，その環境に及ぼす影響の内容及び程度，環境破壊の防止策，代替案の比較検討を含む調査検討"を行わせ，その結果に応じて所要の措置をとるように事業実施主体に対して指導し始めた．その後，港湾法や公有水面埋立法，瀬戸内海環境保全臨時措置法などに環境影響評価に関する規定が盛り込まれる一方，環境影響評価法の法制化が試みられたが，1983年に廃案となったため，旧法案の要綱をベースとする"環境影響評価の実施について"を閣議決定し，国が実施し，または免許などで関与する11事業について環境影響評価(閣議アセス)を行うことになった．1993年の環境基本法の制定を受けて，環境影響評価に関する法制化も含め所要の見直しに着手するとの政府方針に基づき，中央環境審議会などの審議を踏まえて，1997年に環境影響評価法(1997年6月13日公布，法律第81号．以下，アセス法という)が制定され，1999年から全面施行されている．

　環境アセスメントのとらえ方には，① 計画・実施決定において，環境影響評価を有力な情報として利用するための手続と解する立場と，② 事業の許認可に際して，環境影響の評価結果になんらかの拘束力を認める立場がある．閣議アセスは前者の立場であったが，アセス法は横断条項の導入によって，前者のみならず，後者の立場も踏まえるようになったと考えることができる．アセスメントは，持続可能な社会の構築のためのツールであるが，アセス法のみですべてが解決できない．法政策手法としては，いわば枠組み規制ととらえることが必要である．つまり，アセスメントに本来の環境規制手法では定量的に規制できない自然環境，とりわけ生物の多様性や生態系の健全性の保全，温暖化をはじめとする地球環境への負荷の低減や廃棄物の減量といった要素について，その環境影響を評価することによって，事業者に自主的な対策を講じさせる指針を明示し，みずからの実施しようとする事業の"環境への影響"の予測・評価を義務づけるかぎりにおいての枠組みを与えた誘導規制である，と．そのゆえ，他の規制手法などとあいまって全体として環境負荷低減のためのシステムを創出していくという視点は，今後の持続可能な社会を実現させる法政策手法を考える際に，重視される必要がある．

　アセス法は，従来の閣議アセスと同様に事業計画段階でアセスメントを行うものである．アセス法の制度的手続を対象となる事業計画の各段階，すなわち，① 事業計画の構想，② 事業計画の具体化，③ 事業実施計画の準備，④ 事業実施計画の決定，⑤ 事業の施工・実施，⑥ 事業の供用開始といった側面からみると，②から③の段階でスクリーニング手続とスコーピング手続，③から④の段階で環境影響評価の手続，④の段階で横断条項による法の担保があり，⑤，⑥の段階にフォローアップ手続を導入している．これは，公有水面埋立法などの個別

法アセスが，④の事業実施計画の決定の段階から制度的手続を行い，また閣議アセスが，この③から④の段階で対象事業や規模，アセス項目を限定して制度的手続を導入していたことに比較すると，アセス法では環境配慮が，いわばアセス手続の入口と出口で手続的にきめ細かくなったと評価することができる．また，代替案の法的位置づけについては，代替案ないし複数案の検討は必要に応じて検討された場合に記載するとの限定がなされている．つまり，義務づけをしておらず，基本的事項でその実施を要請するにとどまっている．環境保全の有効性の観点からは，法においても代替案ないし複数案の検討を義務づけるべきであったと考えられるが，今後はこの基本事項の適切な運用にゆだね，よりよい経験の蓄積に待つことになろう．ただし，従来の基準達成型を脱した事業者の検討プロセスのていねいな説明努力が要求されることになろう．

② 対象事業

アセス法の対象事業は，無条件にアセス手続を実施する第一種事業（法第2条2項）と個別の事業や地域の違いを踏まえて，スクリーニング手続によってふるい分けを行う第二種事業（法第2条3項）とに分けられる．第一種事業とは，"規模が大きく，環境影響の程度が著しいものとなるおそれがあるものとして政令で定めるもの"をいい，第二種事業とは，"第一種事業に準ずる規模を有するもの"で，政令で定めるものである．

③ 手続フロー

アセス法の手続フロー図2-3に示すように，その具体的な手続は，以下の三つの段階で説明できる．

a．まず，第一の段階として，第二種事業を実施しようとする者は，その事業の許可などを行う行政機関（許認可等権者）に事業の実施区域や概要の届出を行い，許認可等権者は都道府県知事に意見を聴いて（第4条2項），届出から60日以内に環境影響評価を行うかどうかの判定を行い（第4条3項），実施者に通知する．この許認可等権者による判定の基準は，基本的事項に基づき，主務大臣が環境庁長官に協議して省令で定める．この基本的事項の定めた判定基準には，①個別の事業の内容に基づく判定基準と，②環境の状況その他の事情に基づく判定基準とがある．なお，第二種事業を実施しようとする者は，この判定を受けることなく，みずからの判断で環境影響評価などの手続を行うことができる．スクリーニング手続導入のメリットは，規模要件によっては"アセス逃れ"を防止できることにある．しかし，スクリーニングに際して，都道府県知事の意見を聴くが，市町村および住民の意見は聴かないとされている．

b．次の段階として，事業者は，対象事業に係る環境影響評価の項目ならびに調査，予測及び評価の手法等について環境影響評価方法書を作成する（第5条）．これは，いわば，アセスの実施計画書であるが，検討範囲を絞り込むためにスコーピング手続を新たに導入している．事業者は，この方法書を都道府県知事及び市町村長に送付し（第6条），公告・縦覧（第7条）のうえ，環境の保全の見地からの意見を有する者から意見を聴取し（第8条），意見の概要書を関係都道府県知事等に送付する（第9条）．都道府県知事は，事業者に方法書について環境保全の見地から意見を書面で述べ（第10条），事業者は，この都道府県知事の意見や環境の保全の見地から意見を有する者の意見を踏まえ，環境影響評価の項目並びに

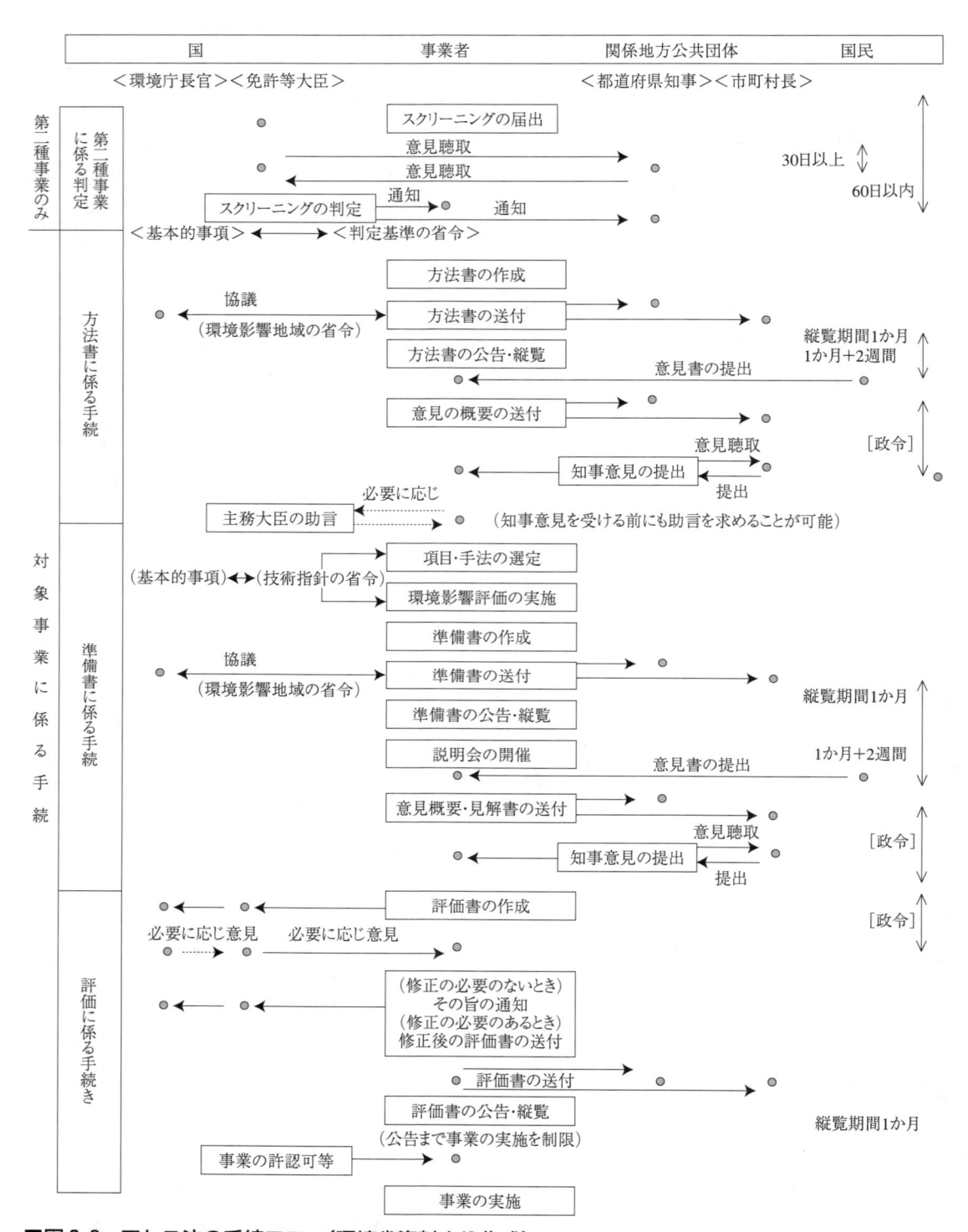

■図2-3 アセス法の手続フロー（環境省資料より作成）

調査，予測及び評価の手法を選定する（第11条）．アセス法では，早期段階の環境配慮の確保手段として，意見書の提出という限定的な住民関与を認めている．なお，環境影響評価の項目などを合理的に行うための手法を選定するための指針（環境影響評価項目選定指針）および環境保全のための措置に関する指針（環境保全措置指針）については，環境基本法第14条各号に掲げる事項の確保を旨として，環境庁長官が定め，それに基づき，主務大臣が環境庁長官と協議のうえ，省令で定めることとなっている．

c．最後は，準備書・評価書の作成から審査の段階である．事業者は，決定した実施方法に基づき環境影響評価を実施し，その結果について環境影響評価準備書を作成し（第14条），関係地域を管轄する都道府県知事及び市町村長に送付し（第15条），公告・縦覧（第16条）のうえ，説明会の開催を行い（第17条），環境の保全の見地からの意見を有する者から意見を聴取し（第18条），意見の概要等についての見解書を関係都道府県知事等に送付する（第19条）．都道府県知事は，市町村長の意見を聴いたうえで，事業者の準備書について環境保全の見地から意見を書面で述べる（第20条）．事業者は，上記の手続を踏まえて環境影響評価書を作成し（第21条），許認可等権者へ送付する（第22条）．環境庁長官は必要に応じ，評価書について意見を書面で述べる（第23条）．送付を受けた許認可等権者は，事業者に対して，必要に応じ評価書について意見を書面で述べる（第24条）．事業者は，環境庁長官の意見や許認可等権者の意見を受けて，評価書を再検討し，必要に応じ追加調査等を行ったうえで評価書を補正し（第25条），関係都道府県知事等に補正後の評価書及び要約書を送付し（第26条），公告・縦覧する（第27条）．許認可等権者は，対象事業の許認可などの審査に際し，評価書及び要約書に対して述べた意見に基づき，対象事業が環境の保全について適正な配慮がなされるものであるかどうかを審査し（第33条），環境保全についての審査の結果と許認可等の審査結果とをあわせて判断し，許認可等を拒否したり，条件を付すとされている（横断条項）．

④ 用語解説

【横断条項】　環境影響評価法第33条から第37条までは，免許等に係る環境保全の配慮についての審査に関する規定をおいている．これらの規定は，許認可等権者が当該免許等に係る規定にかかわらず，評価書および評価書に対して述べた意見に基づき，対象事業が環境保全について適正な配慮がなされるものかどうかについて審査し，その結果を当該免許に反映する旨を定める．第33条は，免許などに反映させる場合を規定し，第34条から第37条は，特定届出の場合などの審査に反映させることをそれぞれ定める．これらの規定は，事業内容を決定する許認可などシステムに横断的に環境影響評価の結果を反映させることを求める内容となっていることから，"横断条項"とよばれている．この横断条項は，1983年に廃案となった旧環境影響評価法案に盛り込まれていた（第20条）．横断条項は，環境影響評価の実効性を担保する観点からはきわめて有意義である．地方自治体の条例に横断条項を盛り込めるかどうかについては，横断条項を導入することが妥当な許認可などの種類，導入にあたっての課題や導入された後の運用などについて，議論を深める必要がある．

【スクリーニング】　環境影響評価手続において，個別の事業ごとに，事業の内容やその事業

の実施される地域の特性に関する情報を踏まえ，環境影響の程度を簡易に推定して，その事業について環境影響評価を実施する必要があるか否かについて関係機関などへの意見照会により判断する仕組みや手続のこと．この判定の仕組みは，事業を"ふるいにかける"という意味でスクリーニングとよばれる．環境影響評価の必要な事業を定める場合，その対象事業をあらかじめ限定列記する方式は，事業者に予見可能性を与えることができるが，その一方で，個別の事業や事業の行われる地域によって環境影響の重大性に大きな差が生ずる場合がある．そこで，そのような重大な環境影響が見過ごされないように個別判断の余地を残す必要がある．環境影響評価法は，一定規模以上の事業については，第一種事業として環境影響評価手続をかならず要するものとし，第一種事業の規模に準ずる規模を有する第二種事業について，個別に環境影響評価手続の要否を判定するというスクリーニングを導入している．具体的には，第二種事業を実施しようとする者が，許認可権者に第二種事業の概要に係る届出書を提出し，届出を受理した許認可権者は事業実施地域の都道府県知事の意見を聴いて，主務省令に定める基準に基づき，60日以内に方法書作成以降の手続の要否を判定し，その結果を事業者及び都道府県知事に通知するというものである（第4条）．

【スコーピング】 環境影響評価にあたっては，検討項目が広範で多岐にわたればわたるほど，膨大な労力と時間と経費が必要になり，環境影響評価も大部なものとなる．このため，検討すべき問題の範囲を確定するために，事前に，関係諸機関や環境保護団体などと十分に相談して，環境影響評価の問題点を絞っていく手法が必要となる．このように"絞り込む"という意味で，スコーピングという．スコーピングによって，どのような項目が重要であるかを事前に把握することは，事業者にとって調査，予測，評価の手戻りを防止でき，効率的でめりはりの利いた調査などを実施することが可能になる．そこで，環境影響評価法では，事業者が環境影響評価の調査などを開始する際に，事業に関する情報，環境影響評価の項目，調査予測および評価の手法などに関する情報に関する方法書を作成し，それを公表して外部から意見を聴取する手続が導入されている（第5条）．この方法書の作成から，各主体の意見の聴取を経て環境影響評価の項目および手法の選定に至るまでの一連のプロセスを，項目および手法を絞り込むということで，スコーピング手続とよんでいる．方法書は対象事業の環境影響評価を行う方法の案について，環境保全の見地からの意見を求めるために作成する文書であり，事業者が複数の場合には連名で方法書は作成される．

【ティアリング】 米国国家環境政策法（NEPA）に定める環境影響評価制度にみられる多段階にわたる環境影響評価書の作成手法のこと．たとえば，NEPAの規則では，広域総合開発計画の環境影響評価書の策定にあたって，一般的・包括的な影響評価書が作成された場合でも，計画が具体化するにつれて新たな意思決定がなされる場合には，より具体的な範囲の狭い評価書の作成が義務づけられている．このように行政の意思決定のいくつかの段階ごとにそれぞれの評価書を作成することをティアリング（tiering：段階的作成あるいは先行評価の活用）とよんでいる．具体的な事業の要素が明らかにされていない計画などの策定段階から詳細な検討を行う必要がある事項については，計画などの策定段階での検討の結果を事業の実施段階で，そのまま引用することで，作業の重複を減らし，その作業進行の遅滞を避けるために導入された考え方である．

2 情報公開法

(1) 情報公開制度

わが国では，ロッキード事件やダグラス・グラマン事件などを契機として，情報公開に対する国民の要求が高まった．1982年3月に山形県金山町の"金山町公文書公開条例"が制定されたのをはじめとして，先進的な地方公共団体が国に先駆けて次々と情報公開条例を制定してきた．国においてもようやく1999年5月に"行政機関の保有する情報の公開に関する法律"(以下，"行政機関情報公開法"という)が成立し，2001年4月1日から施行されている．行政機関情報公開法41条は，"地方公共団体は，この法律の趣旨にのっとり，その保有する情報の公開に関し必要な施策を策定し，及びこれを実施するよう努めなければならない"と規定している．このため，情報公開条例を制定する地方公共団体が急速に増加する一方，すでに情報公開条例を有する地方公共団体においても，行政機関情報公開法の内容を踏まえて条例の改正・見直しが進められてきた．2003年4月1日現在，47の都道府県，政令指定都市，中核市，特例市，特別区のすべてが情報公開条例を制定しており，都道府県および市区町村を合計した3260地方公共団体のうち90.1%にあたる2937団体が情報公開条例(要綱など)を有している(総務省調査)．さらに，行政機関情報公開法42条(2001年の改正前)は，独立行政法人および特殊法人の保有する情報の開示・提供を推進するための法制上の措置を講ずるものとすると規定していたが，2001年11月に"独立行政法人等の保有する情報の公開に関する法律"(以下，"独立行政法人等情報公開法"という)が成立し，2002年10月1日から施行されている．

"そもそも国政は，国民の厳粛な信託によるもの"(憲法前文)であり，主権者である国民の信託を受けた政府は，国民に対し，その諸活動の状況を説明する責務(説明責任：accountability)を負わなければならない．説明責任の帰属する主体は本来は国民から国政を信託されている国であるが，現実には行政機関が情報を大量に保有している．このため，行政機関情報公開法は対象機関を行政機関とし，何人にも行政機関の保有する行政文書の開示を請求する権利(開示請求権)を保障している．しかも，この開示請求権は国民主権という憲法原理にその基礎をおくものである．政府がこの説明責任を果たすことにより，国政に対する国民の的確な理解と批判が可能になり，公正で主権者としての国民の意見が十分に反映された民主行政の推進に資することになる(第1条)．また，憲法が保障する地方自治の本旨の要素である"住民自治"の理念からは，地方公共団体の住民に対する説明責任が当然に導かれる．

(2) 行政機関情報公開法の概要

●開示請求権者

行政機関情報公開法が国民主権の理念を前提としていることからすると，開示請求権者を日本国民に限ることも考えられるが，"何人も"行政機関の保有する行政文書の開示を請求することができると定められている(第3条)．したがって，国籍は問われず，日本に在住している外国人はもちろんのこと，外国に在住している外国人も開示請求権を有する．

●対象機関

情報公開の実施機関は行政機関であり，立法機関である国会，司法機関である裁判所および地方公共団体は実施機関ではない．行政機関情報公開法の適用対象となる"行政機関"とは，①内閣におかれる内閣官房，内閣法制局，安全保障会議，特殊法人等改革推進本部，司法制度改革推進本部，都市再生本部，高度情報通信ネッ

トワーク社会推進戦略本部(内閣自体は文書管理をしておらず，内閣の閣議等に係る文書は内閣官房において保有されているため，内閣は対象外)および内閣の所轄のもとにおかれる人事院(1号)，②内閣府，宮内庁，国家公安委員会，防衛庁，防衛施設庁，金融庁，公正取引委員会(2号)，③省，委員会，庁(3号)，④警察庁(4号)，⑤国立大学，大学共同利用機関，大学評価・学位授与機構，国立学校財務センター，検察庁(5号)，⑥会計検査院(6号)，である(第2条1項)．

●対象文書

開示請求の対象となる"行政文書"とは，行政機関の職員が職務上作成し取得した文書，図画および電磁的記録であって，"当該行政機関の職員が組織的に用いるものとして，当該行政機関が保有しているもの"をいう(2条2項)．したがって，決裁・供覧という行政内部における事務処理手続を経ていない文書でも，職員が作成したメモであっても，行政機関の組織共用文書であればすべて開示請求の対象となる．

●不開示情報

行政機関情報公開法は行政文書原則開示の立場をとる一方で，開示しないことに合理的な理由がある情報については，例外的に不開示情報として列挙している(第5条)．同法の定める不開示情報は，次の六つの類型である．

a．個人に関する情報(1号)：①特定の個人を識別することのできる情報，②特定の個人を識別することはできないが，公にすると個人の権利利益を害するおそれがある情報は，個人のプライバシー保護の観点から不開示情報とされる．ただし，①人の生命，健康，生活，財産の保護のために開示が必要であると認められる情報，②公務員等の職および職務遂行の内容にかかわる情報などは，個人を識別できるものでも不開示情報とは認められない．

b．法人等に関する情報(2号)：①公にすると事業者の正当な利益を害するおそれがある情報，②公にしないという条件で任意に提出された情報であって，当該条件を付すことが合理的であると認められるものは，不開示情報とされる．ただし，人の生命，健康，生活，財産の保護のために開示が必要とされる場合には，不開示情報とは認められない．

c．国の安全等に関する情報(3号)：公にすると国の安全が害されるおそれ，他国・国際機関との信頼関係が損なわれるおそれ，他国・国際機関との交渉上不利益を被るおそれがあると"行政機関の長が認めることにつき相当の理由がある"情報は，開示されない．

d．公共の安全等に関する情報(4号)：公にすると犯罪の予防，鎮圧または捜査などの公共の安全と秩序の維持に支障を及ぼすおそれがある"行政機関の長が認めることにつき相当の理由がある"情報は，不開示情報とされる．

e．国の機関，独立行政法人等および地方公共団体の内部または相互間における審議・検討・協議に関する情報(5号)：公にすると率直な意見の交換・意思決定の中立性が不当に損なわれるおそれ，不当に国民の間に混乱を生じさせるおそれ，特定の者に不当に利益を与えたり不利益を及ぼすおそれがある情報は，不開示情報とされる．

f．国の機関，独立行政法人等または地方公共団体が行う事務・事業に関する情報(6号)：公にするとその適正な遂行に支障を及ぼすおそれのある情報は，不開示情報とされる．

●開示請求に対する応答

開示請求は，所定の事項を記載した書面を行政機関の長に提出して行う(第4条1項)．行政

機関の長は，開示請求書に形式上の不備がある場合には，開示請求者に補正を求めることができる（第4条2項）。開示請求に対する開示・不開示の決定は，開示請求があった日から30日以内にしなければならない（第10条）。この決定は，行政手続法の定める申請に対する処分に該当するので，行政機関の長は，あらかじめ審査基準を設定するものとし，これを公にしておかなければならない（行政手続法第5条）。また，開示拒否処分（一部開示を含む）にあたって理由の提示が義務づけられる（行政手続法第8条1項）。

行政機関の長は，開示請求に係る行政文書の一部に不開示情報が記録されている場合であっても，不開示情報が記録されている部分を容易に区分して除くことができるときは，当該部分を除いた部分につき開示しなければならない（部分開示）（第6条1項）。また，行政機関の長は，開示請求に係る行政文書に不開示情報が記録されている場合であっても，公益上とくに必要と認めるときは，当該行政文書を開示することができる（裁量的開示）（第7条）。しかし，行政文書の存否を明らかにするだけで不開示情報として保護されている利益を害する結果となるような情報（存否情報）については，行政機関の長は，当該行政文書の存否を明らかにしないで開示請求を拒否することができる（第8条）。なお，開示請求に係る行政文書に第三者に関する情報が含まれているときは，行政機関の長は，開示・不開示の決定を行うにあたって，当該第三者に意見書を提出する機会を与えることができる（第13条）。

●救済制度

行政機関の長の行う開示・不開示の決定は，行政不服審査法または行政事件訴訟法にいう処分にあたるので，これに不服のある者は，行政不服審査法に基づく不服申立てまたは行政事件訴訟法に基づく取消訴訟（情報公開訴訟）を提起することができる。すなわち，不開示決定がなされた場合には，開示請求者が当該決定の取消しを求めて，また第三者に関する情報が記録された行政文書について開示決定がなされた場合には，第三者が当該決定の取消しを求めて，不服申立てまたは取消訴訟を提起することができる。

不服申立てについては，これを不適法として却下する場合および係争の決定を取り消す場合を除き，当該不服申立に対する裁決・決定をすべき行政機関の長は，内閣府におかれる情報公開審査会（または会計検査院情報公開審査会）に諮問し，その答申を得たうえで裁決・決定をしなければならない（第18条）。また，情報公開訴訟については，地方の在住者の便宜などを考慮して，行政事件訴訟法12条所定の裁判所のほか，原告の住所を管轄する高等裁判所の所在地を管轄する地方裁判所にも土地管轄（特定管轄）を認めている（第36条）。

③ 独立行政法人等情報公開法の特色

独立行政法人等情報公開法の内容は，行政機関情報公開法にほぼ準じたものになっているが，その大きな特色として次の点を指摘することができる。すなわち，第一に，情報開示請求制度と情報提供制度を独立行政法人等の保有する情報の公開を推進するための車の両輪として位置づけ（第1条），提供されるべき情報について具体的に規定している（第22条）。第二に，実質的に政府の一部を構成するとみられる法人が対象法人とされている。対象法人となるか否かは，法人の設立法の趣旨に照らして判断されるが，その具体的な判断基準は，以下のようである。すなわち，①独立行政法人通則法2条1項に基づく独立行政法人はすべて対象法人，②特殊法人または認可法人のうち，法人の設立法において法人の理事長等を大臣等が任命し，または当該法人に対して政府が出資することがで

きることとされているものは対象法人，③②にかかわらず，公営競技関係法人(5法人)はすべて対象法人，共済組合関係法人・NHKは対象外，特殊会社は対象外(ただし，関西国際空港株式会社は建設関係業務については対象法人)，日本銀行は対象法人，というものである．

(4) 情報公開条例の整備

市町村の情報公開条例のほとんどは議会を実施機関としているが，都道府県においても議会を実施機関として追加したり，議会独自の情報公開条例を定めている．また，都道府県においては，情報公開条例を改正して公安委員会，警察本部長(警視総監)を実施機関に加えている．しかし，地方公共団体の組合や外郭団体の情報公開については，住民に対する説明責任をまっとうするためにいっそう積極的な取組みが必要とされる．

文　献

1) 宇賀克也：情報公開法・情報公開条例，有斐閣 (2001)
2) 宇賀克也：新・情報公開法の逐条解説，有斐閣 (2002)
3) 平野欧里絵：知っておきたい行政機関情報公開法&独立行政法人等情報公開法，財務省印刷局 (2003)

3 特定工場における公害防止組織の整備に関する法律

1970年のいわゆる"公害国会"で，大気汚染防止法をはじめとする公害防止に関連する法律の規制基準が強化され，多くの工場がその基準の遵守を義務づけられた．しかし，これらの工場には十分な公害防止体制が整備されていなかったことから，1971年に"特定工場における公害防止組織の整備に関する法律"が制定された．この法律は，公害の防止を目的として，特定業種に属する工場の中に公害防止に関する専門知識を有する人的組織(公害防止組織)の設置を義務づけ，施設に直接責任を負う者を有資格とし，各種の公害防止に関連する法規の遵守の確保をはかっている．

(1) 特定工場

この法律で公害防止組織の設置が義務づけられる工場は，"特定工場"とされる．特定工場に指定される工場は，以下のとおりである．

a．業種が製造業(物品加工業を含む)，電気供給業，ガス供給業，熱供給業のいずれかに属する事業を営んでいること
b．これらの業種に属する工場で，ばい煙発生施設，特定粉じん発生施設，一般粉じん発生施設，汚水排出施設，騒音発生施設，振動発生施設，ダイオキシン類発生施設のいずれかの施設を設置していること

(2) 公害防止組織

特定工場の設置者は，他の公害防止関連法で規制の対象となる施設の区分ごとに，公害防止統括者と公害防止管理者を選任しなければならない．ばい煙発生量が1時間あたり4万m^3以上で，かつ排出水量が1日平均1万m^3以上の"一定規模以上"の特定工場では，公害防止主任管理者も選任しなければならない．

●公害防止統括者

特定工場において公害防止に関する業務を統括管理する者で，常時使用する従業員が21人以上の特定工場では選任が義務づけられる．工場長などの職責にある者が適任とされ，資格を必要としない．具体的な業務は，公害発生施設や公害防止施設の使用方法の監視，維持，関連法で規制対象とされる対象の測定・記録などである．

●公害防止管理者

特定工場において，公害発生施設や公害防止施設の運転，維持，管理，燃料，原材料の検

査，関連法で規制対象とされる物質の測定の実施など，おもに技術的事項を担当する者である．公害防止管理者は資格を必要とし，公害防止管理者等国家試験に合格するか，自己の事業を所轄する大臣が実施する講習または指定する講習(資格認定講習)を修了した者でなければならない．また，施設の直接の責任者が想定されており，施設ごとに必要な公害防止管理者の種類は，現在14に区分されている．

● 公害防止主任管理者

国家資格を有する者から選任される．一定規模以上の特定工場において，公害防止管理者が担当する技術的事項について公害防止統括者を補佐すると同時に，公害防止管理者を指揮する立場にある．部課長の役職にある者が想定される(図2-4)．

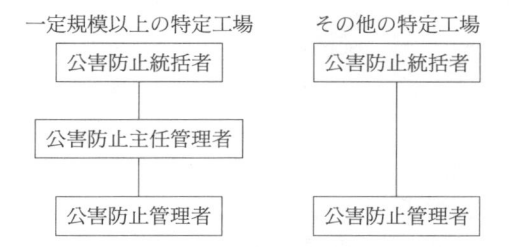

■ 図2-4 公害防止組織の組織図

4 公害防止事業費事業者負担法

環境基本法第37条は，公害対策として，事業者(汚染者)が自己の活動による公害を防止するために国または地方自治体が実施する事業の費用を負担させる制度を導入すべき旨を定めている．また，OECD(経済開発協力機構)環境委員会は，1972年に汚染防止費用や原状回復費用を汚染者が支払うべきであるという指導原則，"汚染者負担の原則(PPP: Polluter Pays Principle)"を採択した．1970年公害防止事業費事業者負担法は，国や地方自治体が公害を防止する各種の事業を実施し，その事業に要する費用の全部または一部を事業者に負わせる法律であり，"汚染者負担の原則"を具体化したものである．同法は，公害防止事業の種類，費用負担を負う事業者の範囲および負担の程度，国または地方自治体の長による公害防止事業費用負担計画の策定などを定めている．

(1) 公害防止対策の費用負担

主な汚染原因者が大規模工場などの事業者であるときわめて明確に特定できる場合，公害防止対策あるいは汚染の原状回復の事業費用は，"汚染者負担の原則"に従えば，汚染者たる当該事業者に負担させることが妥当である．公害防止事業費事業者負担法は，このような公害対策事業に関する費用負担のあり方を法制度化した数少ない法律の一つである．

(2) 公害防止事業

● 事業の種類

本法で公害防止事業とされるのは，工場周辺の緑地整備，有害物質が堆積した河川・湖沼・港湾のしゅんせつ，ダイオキシン類による土壌汚染を含む有害物質で汚染され被害が生じている農地の客土，下水道施設の設置などである．

● 事業の施行者

国が公害防止事業を実施する場合には，事業の施行者は，国の行政機関または地方自治体の長であり，地方自治体が公害防止事業を実施する場合には，事業の施行者は，当該地方自治体の長である．

(3) 事業者の費用負担

事業者は，国または地方自治体が行う公害防止事業に要する費用の全部または一部を負担しなければならない．

● 費用負担する事業者の範囲

この法律で費用負担を求められる事業者は，公害防止事業に関連する公害の原因となる事業

活動を行っているか，あるいは行うことが確実に認められる事業者である．

●**事業者の負担総額と複数の事業者間の負担割合**

事業者は，公害防止事業に費やした費用のうち，自己の事業活動が公害の原因となる程度に応じて費用を負担しなければならない．

④ 費用負担計画の策定

施行者(国または地方自治体)は，公害防止事業の種類，費用負担させる事業者を決定する基準，公害防止事業費の額，負担総額などを定めた公害防止事業に関する費用負担計画を定めなければならない．

⑤ 環境事業団法との関係

環境事業団の事業の一つに，事業活動による公害を防止するために設置する必要がある施設の譲渡があるが，地方自治体は当該施設を譲り受ける場合，費用負担計画を定めることができ，この譲受け費用に代えて，環境事業団が行う当該施設の設置に要する費用を公害防止事業に要する費用とすることができる．さらに，地方自治体が公害防止事業費事業者負担法に列挙されていない環境回復事業(市街地の土壌汚染防止や地下水の汚染防止など)を実施する場合，環境事業団は事業資金の融資を行う．

5 公害紛争処理法

旧公害対策基本法は，政府に迅速かつ適性に公害紛争を解決するための行政手続制度の策定を求めた(環境基本法第31条1項参照)．これを具体化した制度が1970年に制定された公害紛争処理法である．公害裁判は多額の費用を要し，手続が厳格で，最終解決まで相当な時間も要する．公害紛争処理法は，公害紛争を迅速かつ適正に解決するため，国の機関である公害等調整委員会あるいは都道府県の機関である都道府県公害審査会が斡旋，調停，仲裁，裁定の手続を遂行する．都道府県公害審査会は公害等調整委員会が扱う紛争以外の紛争を管轄する．

① 斡旋

斡旋とは，紛争当事者の申請に基づき，事件ごとに指名された3人以内の斡旋委員が当事者の間にはいって，紛争解決のための協議が円滑に行われるように援助することである．双方の主張の要点を確かめ，事件が公正に解決されるように努力される．斡旋委員には調査権限がなく，調停案作成もしない．

② 調停

調停とは，斡旋と同様に紛争当事者の申請に基づき調停委員会が双方の主張を確かめ合意形成を促すが，委員会が当事者に出頭を求め，現地調査を行い，調停案を作成して当事者にその受諾を勧告できるものである．双方の当事者とも，受諾義務はないものの，委員会の指定期日までに受諾しない旨の申し出をしなければ，当事者間に調停案と同一内容の合意が成立したとみなされる．

③ 仲裁

仲裁は，まず事前に紛争当事者双方が裁判を受ける権利を放棄し，仲裁委員会の判断内容に従うことに合意し(仲裁契約)，その判断を仲裁委員会に委ねる手続である．仲裁委員会は，仲裁契約をした当事者の一方または双方からの申請に基づき，当事者を審訊し，参考人・鑑定人を尋問するなど紛争原因の事実関係を探知し仲裁判断をする．仲裁判断は，確定判決と同一の効力を有し，当事者双方は不服がある場合でさえもこれに拘束される．

④ 裁定

裁定は，公害等調整委員会の裁定委員会が当事者間の合意の有無に関係なく，証拠調べなどの所定の手続を経て法律的判断（裁定）を下すことによって紛争解決をはかるものである．裁定には責任裁定と原因裁定がある．

●責任裁定

公害被害の損害賠償を求める者の申請に基づいて，裁定委員会は当事者の陳述，職権による証拠調べや事実調査などにより，加害行為と被害発生の因果関係に関する事実認定を行い，損害賠償責任の有無，賠償額を判断する．操業停止などの差止に関する紛争を対象としない．裁定が下された場合，30日以内に裁判の提起がなければ，裁定と同一内容の合意が当事者間で成立したとみなされる．

●原因裁定

加害行為と被害の間に不法行為（民法）の成立要件となる因果関係が存在するか否かを判断する．もっとも，責任判断を含まず，当事者の法律上の権利義務をただちに確定するものでない．責任裁定と異なり，損害賠償のみならず差止めに関する紛争も対象とする．原因裁定の手続は責任裁定と同様であるが，被害を主張する者がやむをえない理由で相手方を特定せずに申請することもできる．

⑤ 公害等調整委員会が管轄する紛争

a．人の健康または生活環境に公害による著しい被害が生じまたはおよぶおそれのある重大事件
b．公共交通機関による騒音問題等の二以上の都道府県にわたる広域的見地から解決する必要がある広域処理事件
c．bを除く害の発生・被害の場所が複数の都道府県にまたがる県際事件（都道府県連合公害審査会による斡旋および調停もある）

6 公害健康被害補償法

旧公害対策基本法は公害健康被害救済制度の確立を規定していた（環境基本法第31条2項参照）．この被害救済措置を具体化したのが1973年の公害健康被害補償法である．本来，公害被害の救済は，汚染者と被害者の間の損害賠償として処理されるべき問題であるが，この法律は汚染者の民事責任を踏まえたうえで，行政が被害の認定，補償給付の支給，費用徴収を行い，被害者の救済（損害賠償補償）を迅速かつ効率的にはかることを目的とする．制定当初，本法は，公害病患者の認定について地域指定を行い，第一種地域（喘息等の非特異的疾患）と第二種地域（水俣病等の特異的疾患）に区分していた．しかし，大気汚染状況が改善傾向を示し，喘息などの指定疾病について大気汚染を原因として行政上の救済をはかる合理的根拠が失われたことから，1988年の改正で第一種地域の指定が解除され，行政が費用の一部を負担する"健康被害予防事業"が実施されることとなった．

① 補償対象の疾病

対象となる疾病は，著しい大気汚染または水質汚濁による健康被害が多発している地域の疾病であり，因果関係の性質または程度により二つに区分される．

●第一種地域

広範囲の大気汚染により不特定多数の疾病が多発している地域で，気管支炎・喘息・肺気腫などの疾病（非特異的疾患）がこれにあたる．

●第二種地域

広範囲の大気汚染・水質汚濁があり健康被害との因果関係が明確で，その汚染物質がなければ罹患・発症しない疾病が多発している地域で，

水俣病・イタイイタイ病・慢性ヒ素中毒症（特異的疾患）がこれにあたる．

② 患者の認定

患者の認定は患者の申請に基づき，医学的検診，公害健康被害認定審査会の審査を経て，都道府県知事（政令指定都市または特別区の長．以下同じ）により行われる．非特異的疾患は，第一種地域内に一定期間居住または通勤し（暴露要件），特定の疾病を患っている（指定疾病）場合に認定される（特異的疾患の場合には暴露要件と指定疾病要件がない）．なお，非特異的疾患の患者は地域指定解除以降は新規認定されていない．

③ 補償給付制度

認定患者は，都道府県知事から次の補償給付が支給される．なお，第一種地域は解除されたものの，解除時点の認定患者に対する補償給付は継続している．

● **療養の給付および療養費**
医療費（全額），通院のための交通費など．
● **障害補償費（児童補償手当）**
疾病による逸失利益や慰謝料．
● **その他**
遺族補償費，遺族補償一時金，葬祭料．

④ 費用負担

補償給付の財源は原則的に汚染原因者が負担する．大気汚染による健康被害（非特異的疾患）の場合，加害者の特定が困難であるため，一定量以上の硫黄酸化物を排出する全国の事業者が排出量に応じて"汚染負荷量賦課金"を公害健康被害補償予防協会に支払う．また自動車の場合，自動車重量税から交付されることになっている．この負担割合は，工場などの固定発生源が8割，移動発生源（自動車）が2割である．特異的疾患の場合は，因果関係が明瞭であるため，公害健康被害補償予防協会が各原因企業から"特定賦課金"として必要額を徴収し都道府県知事に納付する．

⑤ 事業

● **公害保健福祉事業**
もっぱら認定患者を対象にする事業で，健康の回復・保持・増進のためのリハビリテーション，転地療養などを実施する．事業費は国と地方自治体も一部を負担している．
● **健康被害予防事業**
旧第一種地域に対して調査研究，知識の普及・研修，健康相談，健康審査，機能訓練などを行う．事業費は総額500億円の基金を設け，事業者からの任意拠出と国の出資（50％ずつ）による．

7 省エネルギー法

省エネルギー法は，元来石油ショックに対応しエネルギー需要対策として制定されたものであるが，わが国の温暖化対策の一環として1998年と2002年に改正・強化された．本法の目的は，国内外におけるエネルギーをめぐる経済的社会的環境の変化に応じた燃料資源の有効利用を確保するため，工場・事業場，建築物，機械器具に関する措置を講じることによりエネルギーの使用合理化をはかることである．経済産業大臣は，エネルギー需給に関する長期的見通しおよび技術水準その他の事情を考慮して，エネルギー使用の合理化に関する基本方針を策定し公表する．また国は，対象事業者が省エネルギーに取り組む際の目安となる基準（判断基準）を公表し，指導・助言する．なお，ここにいうエネルギーとは，石油・可燃性天然ガス・石炭などの燃料，およびこれらを熱源とする熱および電気であり，自然エネルギーによって得られる電気は除外される．〔参照：資料5〕

① 工場・事業場に係る措置

●対象工場・事業場の義務
a．前年度の原油換算年間使用量(電力使用量)が下記の数値を超えたか，年度終了時にその見込みのある全業種の事業者は，その旨を届け出なければならない
b．国が公表した省エネルギーに関する判断基準にそったエネルギー使用合理化を実施する(努力義務)．実施の際には，具体的な合理化実施マニュアル(管理標準)を作成する

●第一種エネルギー指定工場
a．使用量：原油換算で年間使用量 3 000 kl(電力使用量 1 200 万 kWh)以上
b．国家試験に合格したか認定講習を修了したエネルギー管理士を選任義務
c．中長期計画(3〜5 年)を作成・提出義務と電気使用状況などに関する定期報告義務
d．エネルギー使用合理化が著しく不十分な場合：合理化計画作成を指示・公表・命令・罰則

●第二種エネルギー指定工場
a．使用量：原油換算で年間使用量 1 500 kl(電力使用量 600 万 kWh)以上
b．エネルギー管理員を選任
c．エネルギー管理員には講習受講義務
d．エネルギー使用状況などの記録義務および定期報告義務
e．エネルギー使用合理化が著しく不十分な場合：勧告

② 建築物に係る措置

a．事務所ビルなどの建築主に対する判断基準に関する指導・助言
b．一般住宅の建築主に対する省エネルギーに資する設計・施行方法に関する指針公表
c．判断基準に照らして著しく不十分な大規模建築物の建築主に対する改善指示・公表
d．省エネルギー性能のよい材料の円滑な供給を促すため建築材料製造業者に対する指導・助言

③ 機械器具に係る措置

a．トップランナー方式：現在商品化されている製品のうち，エネルギー消費効率がもっとも優れている機器の性能水準を勘案して省エネルギー基準の目標値を定める
b．対象機器：エアコン，複写機，テレビ，電子計算機，ビデオデッキ，磁気ディスク装置，照明器具，冷蔵庫，冷凍庫，乗用車，車両重量 2.5 トンを超えない貨物自動車
c．対象者は：対象機器を一定量以上製造または輸入している事業者である
d．表示義務：対象機器に対するエネルギー消費効率の表示
e．省エネルギー基準の未達成，エネルギー消費効率の表示義務違反：勧告，公表，命令，罰則

④ 省エネルギー支援策

法律は国に省エネルギー促進のための財政・金融上の措置を設けるよう求めており，国は省エネルギー設備の設置や対象機械器具製造設備の設置に対する融資制度・優遇税制などを実施している．

8 工場立地法

工場から排出されるばい煙や汚水などは，近隣住民に悪影響を及ぼし，公害の原因となる．1959 年に制定された工場立地法は，工場の立地が環境の保全をはかりつつ適正に行われることを目的とする．経済産業大臣(および環境大

臣)は，工場立地に伴う公害防止などの調査の実施，工場立地調査簿の作成，工場立地に関する準則などの公表をしなければならない．また，特定の業種に属する事業者は，工場の新設や施設の変更などを行う場合にその旨を都道府県知事(あるいは政令指定都市の長)に届ける義務があり，都道府県知事は，周辺の立地条件の悪化や立地基準の不適合により周辺環境や公害防止に支障がある場合，届出者に対して勧告・変更命令を行うことができる．

① 届出対象工場

次の業種に属し，一定規模以上の工場(特定工場)を新設または増設する場合には，都道府県知事に届け出なければならない．

● 業　種

製造業，電気・ガス・熱供給業者．ただし，水力発電所と地熱発電所は除く．

● 規　模

敷地面積9 000 m² 以上，または建築面積3 000 m² 以上(建築面積には，事務所・倉庫・研究所などの生産施設以外の施設面積も含まれる)．

② 工場立地に関する準則

特定工場の生産施設面積，緑地面積，環境施設面積(緑地を含む)についての準則(一定の基準)がある．

● 1974年以降に設置された工場は，次のことが求められる．
　a．敷地面積に対する生産施設面積の割合：15〜40％以下(業種別の段階区分あり)
　b．敷地面積に対する緑地面積の割合：20％以上
　c．敷地面積に対する環境施設面積の割合：25％以上

● 1974年以前に設置された工場は1974年以降に設置された工場の基準を徐々に達成するよう，既存の生産施設を変更するなどの際に，逐次緑地を整備するよう求められる．

③ 届出が必要な場合

● 新設届

特定工場を新設する場合，上記の敷地面積に対する生産施設面積の割合，緑地面積の割合，環境施設面積の割合に関する基準を守らなければならない．

● 変更届

すでに届出をした特定工場で，次の変更を行う工場は届出を行わなければならない．
　a．敷地面積が増加または減少する場合
　b．生産施設面積の増加(スクラップ＆ビルドを行い，結果的に生産施設の面積が減少または変わらない場合も届け出なければならない)
　c．テニスコートや池などの緑地施設や環境施設の面積が減少する場合(緑地などの撤去と設置を行い，結果的に緑地施設や環境施設の面積が減少しない場合も届け出なければならない)
　d．届出者の社名・住所，工場の名称・所在地，業種を変更する場合
　e．工場の譲受け，合併などの承継があった場合

④ 届出が不要な場合

　a．生産施設の撤去のみを行う場合
　b．緑地・環境施設の面積が増加する場合
　c．事務所や倉庫などの生産施設以外の施設を新設または増設する場合
　d．代表者の氏名を変更する場合

⑤ 遵守確保措置

　a．準則に適合しない場合には勧告がだされる
　b．勧告に従わない場合には変更命令がだ

される
c．命令に違反した場合には罰則が適用される

9　RPS法

　わが国は，エネルギー供給の大部分を石油に依存し，その多くを輸入に頼っている．また，わが国で排出される温室効果ガスのうち約90％がエネルギー消費に起因する二酸化炭素である．そのため，エネルギー源の多様化をはかり，地球温暖化防止対策を推進するうえで，石油に代わるエネルギー供給源として新エネルギーの利用を促進することは必要かつ重要である．

　しかし，現在のところ新エネルギーの供給は，わが国のエネルギー供給においてわずか1％程度にとどまっている．新旧の地球温暖化対策推進大綱（以下，推進大綱）は，エネルギー需要面の対策としての省エネ法の改正・強化とならび，エネルギー供給面の対策として新エネルギーの導入および推進を掲げてきた．旧推進大綱では，新エネルギーを加速度的に導入することにより，2010年度には1998年度に比べて約3倍の新エネルギーの導入が確保されるよう最大限の取組みを行うとしていた．新推進大綱は，2010年度までに新エネルギーを1910万kl導入することを目標として掲げている．この数値は，旧推進大綱と同様に，一次エネルギー総供給に占める割合で3％程度，1999年度実績の約3倍にあたり，二酸化炭素換算で約3400万t（トン）の削減になる．

　新エネルギーの導入促進対策としては新エネルギー利用などの促進に関する特別措置法が制定され実施されているが，新推進大綱によれば，導入段階の支援措置を定めた本法のみでは，2010年度の導入見込み量で878万kl（キロリットル）にしかならないため，旧推進大綱から掲げられてきた新エネルギーの供給を3倍にするという導入目標を達成するには，新たな対策が必要とされた．

　RPS法（電気事業者による新エネルギー等の利用に関する特別措置法）はこのような背景で制定され，その目的は，エネルギーの安定的かつ適切な供給の確保に資するために電気事業者による新エネルギー等の利用に関する必要な措置を講じ，これにより環境の保全に寄与し，国民経済の健全な発展に資することである．なお，本法にいう電気事業者とは，電気事業法2条1項2号で規定される一般電気事業者，特定電気事業者，特定規模電気事業者である．

(1) 新エネルギーと新エネルギー電気

　RPS法にいう新エネルギーは，風力，太陽光，地熱，中小水力（政令で定めるもの），バイオマスを熱源とする熱，その他政令で定めるものである．"新エネルギー利用等の促進に関する特別措置法"にいう新エネルギーとほぼ同義であるが，RPS法には地熱，水力，その他政令で定めるものが含まれる点が異なる．また，RPS法では，これらの新エネルギーの発電施設を利用して新エネルギーなどを変換し得られた電気は，「新エネルギー等電気」とよばれる．

(2) 利用目標の設定

　新エネルギー等電気は，経済産業大臣により4年ごとに向後8年間の利用目標が定められる．この利用目標では，利用目標量のほか，新規の新エネルギー等発電設備に関する事項，その他省令で定める事項が定められる．利用目標量は，省令2条および告示などにより平成15年を初年とされ，平成22年の利用目標値は122億kWh（キロワット時）とされた．経済産業大臣は，利用目標を定めるにあたって，総合資源エネルギー調査会のほか，環境大臣，農林水産大臣，国土交通大臣の各大臣の意見をきか

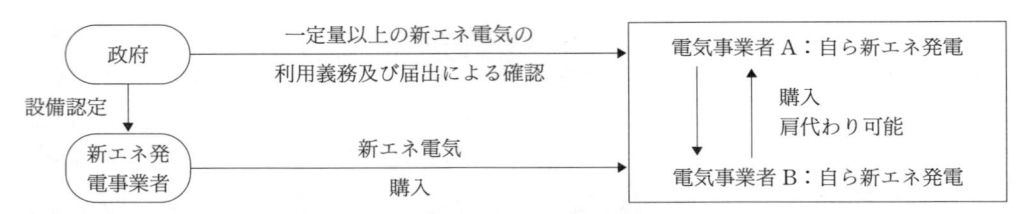

■図2-5 RPS法（電気事業者による新エネルギー電気の利用法）

なければならない．

③ 電気事業者に対する義務

経済産業大臣は，電気事業者に対して，毎年度，利用目標を考慮した上で，その事業者の前年度の届出に基づく販売電力量に応じて一定量以上の新エネルギー電気の利用を義務づける．

電気事業者は，新エネルギー等電気を利用する際に，次の3つの方法から選択できる（図2-5参照）．

① 電気事業者が自ら新エネルギーを発電し，当該新エネルギー電気を利用する．
② 新エネルギー電気の発電を行う事業者から新エネルギー電気を購入する．この新エネルギー電気の発電を行う事業者は，発電設備が省令で定められた基準に適合しているかどうかの認定を経済産業大臣から受けなければならない．
③ 他の電気事業者が利用義務量以上の新エネルギーを利用している場合，当該電気事業者の同意を得ることと経済産業大臣の承認を得ることによって，その超過分を自己に課せられた義務量の全部または一部に組み入れる．

なお，上記の②の利用方法は，RPS法には規定されておらず，電力会社の間で電気をやり取りする電力融通制度を利用する方法である．

④ 担保措置

a．経済産業大臣は，義務として課された新エネルギーの利用量に達していない電気事業者に対して，義務量以上の新エネルギーを利用するよう勧告することができる．
b．経済産業大臣は，義務として課された新エネルギーの利用量が相当程度低い（省令で基準を定める）と認められる電気事業者に対して，義務量以上の新エネルギーを利用するよう命令を出すことができる．
c．②の命令に違反した者は，100万円以下の罰金を科せられる．

§4 部門法

1 大気汚染防止関連法

　大気汚染の防止は地球温暖化の防止，オゾン層の保護などとともに大気環境保全政策上重要な役割を与えられている．

　大気汚染防止に関しては，まず環境基本法が，国に対し環境基準の設置とその確保，大気汚染原因物質排出に関する事業者に対する遵守基準の設置などの規制措置を義務づけている．

　大気汚染の防止全般に関しては大気汚染防止法がある．同法は，ばい煙，粉じん，有害大気汚染物質，自動車排出ガスに対して届出義務，排出規制，許容限度の設置などの規制を定めることにより，国民の健康保護と生活環境の保全を行うとともに，都道府県知事には大気汚染状況の監視・報告義務を課し，大気汚染に基づく人の健康被害に対しては事業者の無過失損害賠償責任を設けている．

　一方，自動車排ガスについては，"自動車から排出される窒素酸化物及び粒子状物質の特定地域における総量の削減等に関する特別措置法"（自動車排ガス規制法）により，窒素酸化物・粒子状物質に対する総量削減規制が行われている．また，自動車のスパイクタイヤによる粉じんについても，"スパイクタイヤ粉じんの発生の防止に関する法律"（スパイクタイヤ粉じん防止法）があり，スパイクタイヤの使用が規制されている．

　大気に関する環境基準については，環境庁告示により8種類の物質について具体的な数値や測定法などが決められている．〔参照：資料6〕

① 工場・事業場に対する規制

●ばい煙規制

　a．届出制：ばい煙発生施設は都道府県に対する届出制がとられ，排出基準，総量規制基準に適合しないと認められる場合には，知事が計画変更・廃止を命ずることができる．

　b．排出規制：ばい煙発生施設設置者は排出基準に適合しないばい煙の排出を禁止されている．不適合のおそれがあり，人の健康または生活環境に係る被害の発生が認められる場合には，知事が改善・使用停止を命ずることができる．これは施設（排出口）単位の規制である．

　c．総量規制：工場・事業場が集合し，排出規制のみでは環境基準の確保が困難と認められる地域に対して，知事は，指定ばい煙総量削減計画を策定し，総量規制基準を定めなければならない．

●粉じん規制

　粉じん発生施設は都道府県に対する届出制がとられ，施設の構造など基準に適合しないと認められる場合には，知事が計画変更・廃止を命ずることができる．

② 自動車に対する規制

●自動車排出ガスに係る許容限度等

　環境大臣は大気中に含まれる自動車排出ガスの許容限度を定めなければならない．また，大気汚染防止に必要な範囲で，自動車燃料の性状や含有物質量の許容限度を定めることができる．これらは，道路運送車両法，揮発油等品質確保法で具体的に規制される．

●窒素酸化物・粒子状物質に対する総量規制

　自動車排ガス規制法（NO_x・PM法）により，特定地域を指定して，国は窒素酸化物・粒子状物質の総量削減基本方針を，知事は総量削減計

画を定めるものとし，環境大臣が特定自動車排出基準を定めなければならない．

●スパイクタイヤ粉じん規制

スパイクタイヤ粉じん防止法により，環境大臣による指定地域内では，積雪・凍結のない道路でのスパイクタイヤの使用が禁止されている．

③ 罰則

ばい煙の排出基準不適合な排出や，粉じん発生施設設置の届出を怠った場合など，一定の規則違反には，罰則が設けられている．

④ 越境汚染対策

大気汚染については，外国からの越境汚染の問題がある．近年，とくに酸性雨について問題が指摘されている．しかし，現在のところ，国際協定など法的拘束力のある対策は講じられていない．

⑤ 用語解説

【ばい煙】とは，大気汚染防止法2条1項により，燃料その他の物の燃焼に伴い発生する硫黄酸化物，燃料その他の物の燃焼または熱源としての電気の使用に伴い発生するばいじん，物の燃焼・合成・分解その他の処理に伴い発生する物質のうち，カドミウム，塩素，フッ化水素，鉛，その他人の健康または生活環境に係る被害を生ずるおそれがある物質と政令で定められたもの（カドミウム化合物，塩化水素，フッ素，フッ化水素，フッ化ケイ素，鉛化合物，窒素酸化物）とされている．

【粉じん】 大気汚染防止法第2条4項により，物の粉砕，選別その他の機械的処理またはたい積に伴い発生し，または飛散する物質とされている．

【有害大気汚染物質】 大気汚染防止法2条9項により，継続的に摂取される場合には人の健康を損なうおそれがある物質であって，ばい煙（ばいじんを除く）および特定粉じん（石綿）を除いた大気汚染の原因となるものとされる．

【自動車排出ガス】 大気汚染防止法2条10項により，自動車（道路運送車両法施行規則2条に規定する普通自動車，小型自動車，軽自動車のうちガソリン，軽油，液化石油ガスを燃料とするもの，およびガソリンを燃料とする原付自転車）の運行に伴い発生する一酸化炭素，炭化水素，鉛，その他の人の健康または生活環境にかかわる被害を生ずる恐れがある物質と政令で定められたもの（一酸化炭素，炭化水素，鉛化合物，窒素酸化物，粒子状物質）とされている．

【環境基準】 環境基本法16条により，人の健康保護と生活環境保全のために維持することが望ましい基準とされる．大気に関しては，二酸化硫黄，二酸化窒素，一酸化炭素，ベンゼン，トリクロロエチレン，テトラクロロエチレン，浮遊粒子状物質，光化学オキシダントの8種類について個別の環境基準が定められている．たとえば，二酸化硫黄は1時間値の1日平均値0.04 ppm以下，1時間値0.1 ppm以下であり，浮遊粒子状物質は同じく0.10 mg/m^{3}以下と0.20 mg/m^{3}以下である．二酸化窒素は1時間値の1日平均値0.04～0.06 ppmのゾーンまたはそれ以下，光化学オキシダントは1時間値0.06 ppm以下である．このほか，ダイオキシン特別指導法によるダイオキシンの環境基準がある．

【酸性雨】 大気汚染物質が大気と反応して生成された酸性ガスや粒子状物質を含む雨であり，pH値5.65以下のものをいう．濃度が高くなると，植物や魚介類に大きな影響を与え食物連鎖や生態系を破壊する危険性がある．また，石などでつくられた建造物の劣化・破壊をもたらす．現在日本では酸性雨に対する直接の規制・防止対策は講じられていない．

2 温暖化防止関連法

1992年ブラジルで開催された地球サミットにおいて，気候変動枠組み条約が採択されたことにより，温暖化防止に向けた本格的な国際的取組みが始まったが，我が国の取組みはそれよりも早い1990年の"地球温暖化防止行動計画"の閣議決定に始まった．1997年には，第3回気候変動枠組み条約締約国会議（COP 3）で京都議定書が採択され，温暖化防止に向けた仕組みなどが合意された．わが国では，これを受けて同年12月に設置された地球温暖化対策推進本部（内閣総理大臣が本部長）が，1998年6月に"地球温暖化対策推進大綱"を決定した．同年10月には"温暖化対策の推進に関する法律"が制定され，1999年4月には"地球温暖化対策に関する基本方針"が閣議決定された．これにより，国，地方公共団体，事業者，国民というわが国のすべての主体が地球温暖化防止に向けた対策に取り組むことが示された．2000年に示された環境基本計画の戦略的プログラムでも，温暖化防止に向けた対策の推進が重点分野の一つに掲げられている．

なお，代替フロンなど三ガスに対して，"特定製品に係るフロン類の回収・破壊の実施の確保等に関する法律"（フロン回収・破壊法）がある．

その後，"地球温暖化対策推進大綱"は新たなものが2002年3月に決定された．同年6月には，第7回気候変動枠組み条約締約国会議（COP 7）での京都議定書運用細目の合意を受け，その担保のために温暖化防止法が改正されている．

温暖化防止に向けた国内的取組は直接的には温室効果ガスの排出抑制にあるが，これはすべての主体に関連する．また，エネルギー問題も重要であるが，これに関しては，省エネ法が重要な役割を果たす．さらに，間接的な取組みとして温室効果ガスの吸収源の活用も重要であるし，社会生活スタイルのあり方にも大きな影響を与える．温暖化対策などの教育・普及問題も見逃せない課題である．

(1) 地球温暖化防止行動計画

1991年～2010年を行動計画期間（2000年を中間目標年次）とし，二酸化炭素については国民1人当りの排出量および総排出量を2000年以降おおむね1990年レベルに安定化するよう努めるとともに，メタンについては現状の排出の程度を超えないものとし，その他の温室効果ガスについては極力その排出を増加させないとの目標が示されたが，目標達成のための定量的政策措置がなく，法的拘束力もなかった．

(2) 地球温暖化対策推進大綱

●1998年大綱

わが国が京都議定書において，温室効果ガスの排出量を2008～2012年に1990年レベルから6%削減することを世界に約束したことを受け，2010年に向けた温室効果ガスの排出削減対策を示したものである．

●2002年大綱

a．基本的考え方：「環境と経済の両立」「ステップ・バイ・ステップ」「各界各層が一体となった取組みの推進」「地球温暖化対策の国際的連係の確保」．

b．概要：①京都議定書の約束を履行する具体的裏付けある対策の全体像を明らかにする．②エネルギー起源二酸化炭素の1990年水準維持，非エネルギー起源二酸化炭素・メタン・亜酸化窒素の0.5%削減，革新的技術開発および国民各界各層の温暖化防止活動による2%削減，代替フロンなど三ガスによる2%増加，森林整備・都市緑化・木のバイオマスなどの吸収によ

る3.9%削減の目標を達成し，京都メカニズムは補足的対策とする．③2004年，2007年に大綱の評価・見直しを実施する．④京都議定書目標達成計画の策定に際して国民各界階層の意見を聴取する．

③ 温暖化対策推進法

大綱に基づいた地球温暖化対策の総合的・計画的推進に向けて制定されたもので，国，地方公共団体，事業者，国民の責務を明らかにして，地球温暖化対策の枠組みを定めている．

政府には，地球温暖化対策に関する基本方針を示す義務を課している．また，地方公共団体には，基本方針に則した計画策定義務とその実施状況の公表義務を課している．事業者には，基本方針を留意した計画策定の努力義務を課している．さらに，温暖化対策に関する普及啓発を目的とした地球温暖化防止活動推進センターを国と地方公共団体が指定できる旨定めている．温暖化に取り組む前提としての排出量の把握と温暖化対策の枠組みを明示した本法は，具体的な温室効果ガスの排出削減義務を定めていない点で限界はある．具体的な削減は，省エネルギー法や具体的な施策の実施にゆだねられている．

新大綱の実施に向けた2002年改正では，内閣に地球温暖化対策推進本部が設置されて京都議定書目標達成計画案の作成などの事務を所掌することになり，地方公共団体も同計画に即した計画策定・実施に努めることとなった．国民の取組みを強化するための措置として環境大臣によるライフスタイル変革運動を全国展開するため，従来の「場」「組織」に「人材」の整備が追加された(地球温暖化防止活動推進員による温暖化対策診断)．

④ 用語解説

【地球温暖化】 人の活動に伴って発生する温室効果ガスが大気中の温室効果ガスの濃度を増加させることにより，地球全体として，地表および大気の温度が追加的に上昇する現象とされている．

【地球温暖化対策】 温室効果ガスの排出の抑制，動植物による二酸化炭素の吸収作用の保全・強化，その他国際的に協力して地球温暖化の防止をはかるための施策とされている．

【温室効果ガス】 温暖化対策推進法により二酸化炭素，メタン，亜酸化炭素，六フッ化硫黄，ハイドロフルオロカーボン(政令で13種類が定められている)，パーフルオロカーボン(政令で7種類が定められている)の6種類とされている．後三者は代替フロン等三ガスと呼ばれる．

【温室効果ガスの排出】 温暖化対策推進法により，人の活動に伴って発生する温室効果ガスを大気中に排出・放出・漏出させ，または他人から供給された電気・熱(燃料または電気を熱源とするものに限る)を使用することとされている．

【温室効果ガスの総排出量】 温暖化対策推進法により，温室効果ガスである物質ごとに算定される当該物質の排出量に，当該物質の地球温暖化係数を乗じて得た量の合計とされる．温室効果ガスである物質の排出量の算定方法は，地球温暖化対策の推進に関する法律施行令のなかで，物質ごとに詳細に決められている．また，総排出量の算定に必要な地球温暖化係数は，温室効果ガスである物質ごとに示される数値であって，地球温暖化をもたらす程度の二酸化炭素に係る当該程度に対する比を示すものであり，国際的知見に基づいて前記施行令のなかに規定されている．

3 オゾン層保護法

オゾン層の保護に向けた国際的取組みは，

1985年に採択されたオゾン層保護のためのウィーン条約を基礎とするが，この条約はオゾン層やオゾン層を破壊する物質（オゾン層破壊物質）を国際的に強調して研究することや，締結国が適切な対策をとることなどを内容とするものであった．

オゾン層破壊物質を提示し，その削減を具体的に明示したのは，1987年に採択されたオゾン層を破壊する物質に関するモントリオール議定書であった．これにより，5種類のフロン（CFC）と3種類のハロンの生産量と消費量を1995年までに1986年レベルの半分に削減されることなどが決められた．

その後の改正では，オゾン層破壊物質の追加やスケジュールの前倒しのほか，製造されたオゾン層破壊物質の回収や破壊も視野に含められている．

これらの国際的動きを受けて，わが国では，1987年に"特定物質の規制等によるオゾン層の保護に関する法律（オゾン層保護法）"が制定されてCFCをはじめ主要なオゾン層破壊物質の生産は全廃されており，2001年には，"特定製品に係るフロン類の回収及び破壊の実施の確保等に関する法律（フロン回収・破壊法）"が制定されてフロン類の回収・破壊処理が義務づけられている．フロン回収・破壊法は，温暖化防止も目的としている．

● 基本的事項の公表

経済産業大臣および環境大臣は，モントリオール議定書に基づき遵守しなければならない特定物質の種類ごとの生産量・消費量の基準限度，オゾン層保護の意義に関する知識の普及，オゾン層保護のための施策の実施に関する重要な事項，年度ごとの特定物質の生産量・消費量・モントリオール議定書第3条に定める算定値について，公表する義務を負う．

● 特定物質の製造等に関する規制

a．製造量の許可　　特定物質製造業者は，原則として，製造する物質の種類・規制年度ごとに，製造する物質の数量について経済産業大臣から許可を得なければならない．許可にあたっては，特定物質の種類ごとの生産量・消費量がモントリオール議定書に基づいてわが国が遵守しなければならない限度を超えず，特定物質の製造・輸出入の状況や動向その他の事情を勘案して行わなければならない．許可を受けた製造業者は帳簿を備え，規制年度の製造数量・輸出数量など経済産業省令で定めた事項を記載しなければならない．

b．輸出用製造数量の指定　　経済産業大臣は，製造量の許可にあたって，許可した製造量の全部または一部を輸出用製造数量として指定することができる．指定された場合，特定物質製造業者はその数量を超過して製造してはならない．

c．破壊・使用等の製造数量の確認　　特定物質製造業者は，①特定物質を破壊しまたは破壊することが確実である場合，②特定物質が原材料として使用されまたは使用されることが確実である場合，③特定物質が特定用途（貨物の輸出入における検疫）に使用されまたは使用されることが確実である場合には，特定物質の種類・規制年度ごとに，それぞれの事実を証明したうえで，証明にかかわる製造をすることができる旨の確認を経済産業大臣から受けることができる．

● 特定物質の排出抑制・使用合理化

特定物質使用業者は，特定物質の排出を抑制し，かつ使用を合理化する努力義務を負う．

経済産業大臣・環境大臣は，条約・議定書の円滑な実施の確保に必要と認めるときは，特定物質の排出抑制・使用合理化をはかるための指針を作成し，公表することができる．

● 特定物質の輸出規制

特定物質の輸出を行った者は，毎年，前年の輸出数量その他経済産業省令に定める事項につ

いて，経済産業大臣に届け出なければならない．

●国の義務

国は，特定物質に代わる物質の開発・利用，特定物質の排出抑制・使用合理化に資する設備の開発・利用を促進するための資金確保・援助を行う努力義務を負う．また，特定物質がオゾン層に及ぼす影響やオゾン層保護に関する研究を推進し，その成果を公表する義務を負う．オゾン層や大気中の特定物質の観測・監視・公表を行わなければならない．

●罰則

許可なしに特定物質を製造し，指定輸出数量を超えて製造した場合には罰則がある．

② フロン回収・破壊法

●フロン類の回収

フロン類が冷媒として充塡されている"業務用の冷蔵冷凍機器・業務用エアコン"(第一種特定製品)と"使用済み自動車のエアコン"(第二種特定製品)におけるフロン類の回収について，次のような手続・規制が設けられている．

第一種・第二種特定製品の回収業者および第2種特定製品の引取業者は，一定事項を書面で提示して都道府県知事の登録を受けなければならず，登録内容の更新・変更・廃業などの届出義務を負う．

第一種特定製品の廃棄者は回収業者に対してフロン類の引渡義務を負い，回収業者は廃棄者から引取義務を負う．回収業者はさらに，省令の基準にしたがいフロン類破壊業者に引渡すとともに，回収量などの記録・保存をする義務を負う．都道府県知事は，回収業者に対し，必要に応じて指導・助言を行い，規準を遵守しない場合などには勧告・措置命令を出すことができる．

第二種特定製品の廃棄者は引取業者に対してフロン類の引渡義務を負い，引取業者は引取義務を負う．引取業者は回収業者に対して引渡義務を負い，回収業者は引取義務を負うとともに回収量などの記録・保存をする義務を負う．また回収業者は自動車製造業者等に対して引渡義務を負い，同製造業者等は引取義務を負う．さらに同製造業者等は破壊業者に対して引渡義務を負い，破壊業者は引取義務を負う．都道府県知事は，回収業者・自動車製造業者等に対し，必要に応じて指導・助言を行い，規準を遵守しない場合などには勧告・措置命令を出すことができる．

●フロン類の破壊

特定製品の破壊業者は，一定事項を書面で提示して都道府県知事の許可を受けなければならず，登録内容の更新・変更・廃業などの届出義務を負う．破壊業者は特定製品の回収業者からフロン類を引取り，省令の基準に従って破壊するとともに，回収量などの記録・保存をする義務を負う．都道府県知事は，回収業者に対し，必要に応じて指導・助言を行い，規準を遵守しない場合などには勧告・措置命令を出すことができる．

●費用負担

第一種特定製品の回収業者は廃棄者に対して処理費用を請求し，破壊業者は回収業者に対して破壊費用を請求できる．第二種特定製品の回収業者は製造業者等に対して回収費用を請求できる．同特定製品の破壊業者は製造業者等に対して破壊費用を請求でき，製造業者等は自動車ユーザーに処理費用を請求することができる．

●その他

フロン類の大気中への放出は何人にも禁止されている．

経済産業大臣および環境大臣は，都道府県知事に対して業者に関する情報提供に努めるとともに，フロン類の現状を公表しなければならない．

国は，フロン類の回収・破壊を援助するとと

もに，教育・学習の振興，研究開発の推進に必要な措置を講じるものとされている．

● 罰　則

業者が登録・許可に関して規定に違反したなどの場合に，罰則が設けられている．

③ 用語解説

【特定物質】　オゾン層保護法がオゾン層破壊物質として規制対象としたもので，実際にはモントリオール議定書に定められた規制対象物質を政令で定めたものである．議定書では，附属書によって一定の物質ごとに規制スケジュールが定められている．"特定物質"は以下のとおりである．

　附属書A（グループⅠ）：CFC 11, 12, 113, 114, 115
　附属書A（グループⅡ）：ハロン 1211, 1301, 2402
　附属書B（グループⅠ）：CFC 13, 111, 112, 211, 212, 213, 214, 215, 216, 217
　附属書B（グループⅡ）：四塩化炭素
　附属書B（グループⅢ）：1,1,1-トリクロロエタン
　附属書C（グループⅠ）：HCFC 21, 22, 31, 121, 121, 123, 124, 131, 132, 133, 141, 142, 151, 221, 222, 223, 224, 225, 226, 231, 232, 233, 234, 235, 241, 242, 243, 244, 251, 252, 253, 261, 262, 271
　附属書C（グループⅡ）：HBFC
　附属書E：臭化メチル

モントリオール議定書による特定物質の全廃に向けた規制スケジュールを，表2-1に示す．
〔参照：資料7〕

■表2-1　特定物質全廃規制スケジュール

	対先進国	対途上国
附属書A（グループⅠ）	1996年	2010年
附属書A（グループⅡ）	1994年	2010年
附属書B（グループⅠ）	1996年	2010年
附属書B（グループⅡ）	1996年	2010年
附属書B（グループⅢ）	1996年	2015年
附属書C（グループⅠ）	2020年	2040年
附属書C（グループⅡ）	1996年以降	1996年以降
附属書E	2005年	2015年

【フロン類】　クロロフルオロカーボンおよびハイドロクロロフルオロカーボンのうちオゾン層保護法に規定する"特定物質"およびハイドロフルオロカーボンのうち地球温暖化対策の推進に関する法律第2条3項4号に定めるもの．

④ 水質汚濁防止関連法

水質汚濁防止関連法は，水質汚濁防止法とその他の法律・条例から構成されている．水質汚濁防止法が河川，湖沼など，すべての公共用水域に適用されるのに対し，その他の法律は特定の公共用水域を対象とする．

水質汚濁防止法は，特定施設に対する排水規制を主な内容として1970年に制定されたが，その後，生活排水対策（1990年），汚染された地下水の浄化制度（1996年）などを設ける法改正が行われている．また，多くの地方公共団体では，水質汚濁防止法の排水規制を強化するため，上乗せ条例や横出し条例が制定されている．

水質の改善がなかなか進まない閉鎖性水域については，"瀬戸内海環境保全臨時措置法"（1973年）を改正・恒久法化する形で"瀬戸内海環境保全特別措置法"が定められ（1978年），1984年には"湖沼水質保全特別措置法"が制定された．また，水道原水の保全に関する法律には，1994年に成立した"特定水道利水障害の防止のための水道水源水域の水質の保全に関する

特別措置法(水道水源法)"および"水道原水水質保全事業の実施の促進に関する法律(水質保全事業促進法)"がある．海洋汚染の防止に関しては，日本は，ロンドン条約やマルポール条約に加入しており，"海洋汚染及び海上災害の防止に関する法律"も制定されている．

そのほか，河川法(第29条1項)，浄化槽法(第3条1項など)，建築基準法(第31条2項)，下水道法(第10条など)，都市計画法(第33条1項3号，同法施行令第26条)などにも，浄化槽の設置や下水道への接続を義務づけるなど，水質汚濁防止に関連する規定が含まれている．
〔参照：資料8〕

1　環境基準

環境基本法第16条に基づく水質汚濁に係る環境基準には，"人の健康の保護に関する環境基準"(健康項目)と"生活環境の保全に関する環境基準"(生活環境項目)とがある．

2　水質汚濁防止法

●排水規制

水質汚濁防止法は，特定施設を有する特定事業場からの公共用水域への排出水に関し，排水基準の遵守を義務づけている．排水規制は，①特定施設の届出を義務づけ，必要な場合に計画変更を命じる，②排水基準違反のおそれがあるときは改善命令をだす，③排水基準の違反に対しては罰則を科することを主な内容とする．また，個々の排出源の濃度規制のみによる環境基準の達成が困難な場合には，総量規制を行うことができる．

●無過失賠償責任

1972年の改正により，事業活動に係る有害物質の排出により健康被害を生じさせた場合には，事業者が無過失賠償責任を負うとする被害者保護規定が設けられた(第19条)．

●生活排水対策

生活排水対策においては，住民に身近な市町村が最前線に立ち，都道府県は総合的調整を行うものとされている．具体的には，都道府県知事が生活排水対策重点地域を指定し，当該地域内の市町村が生活排水対策計画を策定して，生活排水処理施設の整備，住民の意識啓発などを行う旨が定められた．だが，個々の住民に対する規制的措置は設けられていない．

●地下水対策

地下水は，水質汚濁防止法にいう公共用水域には含まれないが，近年，トリクロロエチレンなどによる地下水汚染が顕在化したことから，1989年と1996年の改正により，地下水対策が盛り込まれた．具体的には，①地下水の常時監視と結果の公表，②有害物質を含む水の地下浸透禁止，③事故時の措置，④汚染された地下水の浄化措置，などに関する規定がおかれている．

3　閉鎖性水域

●湖沼水質保全特別措置法

本法によれば，まず，水質環境基準の確保が緊要な湖沼を環境大臣が指定し(指定湖沼)，都道府県知事が湖沼水質保全計画を策定する．指定湖沼の集水域(指定地域)内では，水質汚濁防止法による規制に加えて，①水質汚濁防止法では規制されない小規模施設に対する濃度規制，②一定規模以上の工場などに対する汚濁負荷量の規制，③排水基準による規制になじまない施設(小規模な畜舎など)に対する構造・使用方法の規制，などを行うものとされている．

●瀬戸内海環境保全特別措置法

本法は，水質汚濁が深刻化した瀬戸内海の環境を保全するため，①基本計画・府県計画の策定，②水濁法にいう特定施設の許可制，③CODの総量規制などについて定める．また，

自然海浜保全地区制度を設けるとともに，埋立てについては，瀬戸内海の特殊性に十分配慮することを求めている．

④ 水道水源地域の保全

水道水源法は，指定水域・地域に係る水質保全計画に基づいて，生活排水処理事業(下水道整備など)を実施するとともに，特定の事業場(水道水源特定事業場)の排水規制，施設の構造規制を行うことなどのトリハロメタン対策を内容とする．また，水質保全事業促進法は，下水道整備事業の促進などについて定めている．そのほか，地方公共団体のなかには水源保護条例を定め，水源保護地域を指定し，当該地域内における廃棄物処分場やゴルフ場の設置を規制するところも少なくない．

⑤ 用語解説

【公共用水域】　一般的には，河川，湖沼，沿岸海域など，公共の用に供される水域をいうが，水質汚濁防止法では，これらに接続する公共の用に供される水路も含むと規定され(第2条1項)，汚濁の未然防止という観点から規制対象が広くとらえられている．具体的には，河川などに流れ込む道路側溝やかんがい用水路は公共用水域として扱われるが，終末処理場に流入する下水道や地下水は除外される．

【特定施設】　水質汚濁防止法にいう特定施設とは，カドミウムなど，健康被害を生じさせるおそれのある物質を含む汚水・廃液や，生活環境被害を生じさせるおそれのある汚水・廃液を排出する施設で，政令に定めるものをいう(第2条2項)．各種工業施設のみならず，畜産農業施設や旅館・飲食店などのサービス施設を含め，幅広い業種が指定され，約30万事業場が排水規制の対象とされている．

【総量規制】　排水基準による濃度規制方式は，希釈すれば多量の汚濁物質を排出できる仕組みであり，また，特定事業場が集中している地域では，個々の特定事業場が排水基準を遵守していても，環境基準の達成が困難である．このような事態に対応するため導入されたのが総量規制である．具体的には，まず，環境大臣が指定水域の集水域(指定地域)に関し総量削減基本方針を定める．次に，都道府県知事が総量削減計画を策定し，規制対象となる事業場に対して個別に総量規制基準を設定する．

5 海洋汚染防止関連法

海洋汚染の防止や発生後の処理には国際的な協力が必要である．古くは貿易に伴う海運問題を扱った国際海事機関条約(1948年)があるが，70年代以降では，1972年には，陸上発生源廃棄物の海洋投棄を規制する"廃棄物その他の物の投棄による海洋汚染の防止に関する条約(ロンドン条約)"，1973年には，排出規制の対象拡大と船舶の構造設備規制などを内容とする"1973年船舶による汚染の防止のための国際条約(MARPOL 73条約)"，1978年には，これを強化した"1973年船舶による汚染の防止のための国際条約に関する1978年の議定書(MARPOL 73/78条約)"が採択されている．これらは海洋自由の原則に立つものであったが，1982年採択(1994年発効)の"国連海洋法条約"はこの原則を変更し，海洋を"人類の共同財産"と位置づけている．

わが国では，1970年に"海洋汚染及び海上災害の防止に関する法律(海洋汚染防止法)"が制定されて，船舶からの油の排出に関する基準が強化され，廃棄物の排出は原則として禁止された．海洋汚染防止法は，その後の条約加入に伴い，多くの改正を経ている．

まず，MARPOL 73/78条約の加入後の改正により，油・ばら積みの有害液体物質・廃棄物・容器収納有害物質に関する規制が盛り込ま

れている．

また，MARPOL 73/78 条約の改正に伴い，船舶に対する油濁防止緊急措置手引書の作成・備置き等の義務付け，油排出基準の強化，油保管施設の設置者・係留施設の管理者に対する同手引書の作成・備置きの義務付け，船舶発生廃棄物の不適切な排出防止に関する事項の掲示の義務付け，船舶発生廃棄物汚染防止規程の作成・据置きの義務付けなどが行なわれている．

海洋汚染防止法の概要は以下のとおりである．

① 船舶からの油の排出規制

船舶から油を排出することは原則として禁止されている．例外としては，たとえば船舶の安全確保や人命救助のための排出が認められている．

船舶には，油による海洋汚染を防止するための一定の設備を設置するなどの義務が課されている．この他，船舶の構造規制，船舶への油・水バラストの積載制限規制，タンカーの水バラスト排出方法制限，油濁防止管理者の選任・油濁防止規定の作成等・油濁防止緊急措置手引書の作成等の義務づけ，油記録簿備付等の義務づけといった規制が課されている．

② 船舶からの有害液体物質等の排出規制

船舶から有害液体物質等を排出することは原則として禁止されている．例外としては，たとえば船舶の安全確保や人命救助のための排出が認められている．

船舶には，有害液体物質等による海洋汚染を防止するための一定の設備を設置するなどの義務が課されている．この他，有害液体汚染防止管理者の選任・有害液体汚染防止規定の作成等の義務づけ，有害液体物質記録備付等の義務づけといった規制が課されている．さらに，海洋環境保全上とくに注意を要する一定の物質については，指定確認機関から基準適合事実の確認を受けなければならない．

③ 船舶からの排出規制

船舶から廃棄物を排出することは原則として禁止されている．これに対し，たとえば船舶の安全確保や人命救助のための排出，廃棄物処理法による除外等の例外がある．同法による例外の場合，廃棄物積込み前に排出計画の基準適合事実について確認を受けなければならない．

廃棄物の排出を常用する船舶は登録制となっているほか，船舶発生廃棄物汚染防止規定の作成等，船舶発生廃棄物記録簿や廃棄物処理記録簿の備付等，船舶発生廃棄物の排出に関する遵守事項等の掲示などが義務づけられている．

④ 海洋施設・航空機からの油・廃棄物の排出規制

海洋施設・航空機から油・廃棄物を排出することは原則として禁止されている．これに対し，たとえば，船舶の安全確保や人命救助のための排出，航空機内で日常生活に伴い生ずる汚水などについては例外が認められている．

海洋施設の設置は届出制で，油記録簿の備付等・海洋施設発生廃棄物汚染防止規定の作成等・海洋施設発生廃棄物の排出に関する遵守事項等の掲示などの義務づけがなされている．

⑤ 船舶・海洋施設における油・有害液体物質等・廃棄物焼却規制

船舶・海洋施設における油・有害液体物質等・廃棄物の焼却については，その焼却が海洋環境の保全に著しい障害を及ぼすおそれがあると政令で定められている油・有害液体物質等・廃棄物については原則として禁止されている．これ以外の物質については，海域や方法に関する政令の基準の範囲内で焼却が許されている．ただし，これらの物質の焼却が海洋環境保全の見地からとくに注意を払う必要があると政令で定められている物質である場合，焼却計画の基

準適合事実を確認しなければならない．

⑥ その他

船舶に対する海洋汚染防止設備等の設置，油濁防止緊急措置手引書等の備付などが必要な船舶に対しては，定期検査を受けることになっている．また，廃油処理事業に対しても許可・届出規制などの規制がある．さらに，船舶から油その他の物質の排出があった場合などの海洋汚染・海上災害の防止措置義務も課されている．

⑦ 用語解説

【船舶】 海域において航行のように供する船舟類とされる．

【油】 原油，重油，潤滑油，軽油，灯油，揮発油，アスファルト，およびこれらを含む油性混合物（潤滑油添加剤を除く），かつこれら以外の炭化水素油（石炭から抽出されるものを除く）で，化学的に単一の有機化合物または二以上の当該有機化合物を調合して得られる混合物以外のものとされる．

【有害液体物質】 油以外の液体物質のうちで海洋環境保全の見地から有害な物質であり，船舶によりばら積みの液体貨物として輸送されるもの，これを含む水バラスト，貨物艙の洗浄水その他船舶内において生じた不要な液体物質とされる．具体的には，政令で詳細に決められている．

【未査定液体物質】 油および有害液体物質以外の液体物質のうちで海洋環境保全の見地から有害でない物質として政令で定める物質以外のものであり，船舶によりばら積みの液体貨物として輸送されるもの，これを含む水バラスト，貨物艙の洗浄水その他船舶内において生じた不要な液体物質とされる．具体的には政令で詳細に決められている．なお，これと有害液体物質を併せて，"有害液体物質等"とよばれる．

【廃棄物】 油及び有害液体物質等を除く人が不要としたものとされる．

【海洋施設】 海域に設けられる工作物（固定施設により当該工作物と陸地との間を人が往来でき，及び専ら陸地から油・廃棄物を排出するため陸地に接続されているものを除く）であり，人を収容することができる構造を有するものか，物の処理・輸送・保管のように供されるものとされる．

6 土壌汚染関連法

土壌汚染をめぐっては，従来，典型七公害の一つとして，これに係る環境基準が定められているほか，"農用地の土壌の汚染防止等に関する法律"をはじめ，農薬取締法，水質汚濁防止法，ダイオキシン類対策特別措置法など各種法律により，それぞれの観点からその未然防止や除去などのための規制が行われてきたが，土壌汚染そのものについて市街地をも含めた総合的な施策を講じるための法は制定されていなかった．しかし，近年，有害物質による土壌汚染事例の判明件数の著しい増加に伴い，土壌汚染による健康影響の懸念や対策確立への社会的要請が強まったことを背景に，土壌環境保全対策のため必要な制度のあり方についての調査・検討が進められ，2002年5月22日，土壌汚染対策法が成立，同29日に公布された．

土壌汚染は，明治初期に足尾銅山からの鉱毒を含んだ排水などが渡良瀬川流域の農地を汚染し，農作物などの被害を発生させた足尾鉱毒事件のように，わが国においても，それ自体としては比較的早い時期から問題となっていた．公害の一種として法律で規制されるようになったのは，戦後，イタイイタイ病をはじめとする四大公害事件を経て，1970年に開催されたいわゆる公害国会で旧公害対策基本法が改正された際，典型公害の一つとして土壌汚染が追加される（第2条1項）とともに，個別法として"農用

地の土壌の汚染防止等に関する法律"が制定されてからである．

現在では，農薬の使用に伴う土壌などへの残留性について農薬取締法が一定程度これを規制しているほか，旧公害対策基本法に代わって1993年に制定・施行された環境基本法の第16条1項に基づき，土壌の汚染に係る環境基準が定められており，また近年，いわゆるハイテク汚染のように，有機溶剤（トリクロロエチレン・テトラクロロエチレンなど）に起因する地下水・土壌汚染問題が深刻化しつつあることにかんがみ，1996年，水質汚濁防止法について，地下水の水質の浄化に係る措置命令等の規定（第14条の3）を新たに設ける改正がなされ，翌年の4月1日から施行されている．

さらに，ダイオキシン類による土壌汚染については，ごみ焼却施設が集中的に立地されている地域において，焼却炉の単体規制では，削減効果が不十分であり総量規制が必要であるとの要望が強くでていた．それにもかかわらず，ダイオキシンの環境指針を設定した1996年の大気汚染防止法および2000年の廃棄物処理法の一部改正では，大気以外の土壌・水質などの規制が除外された．これに対する国民の不満などを背景に，1999年，ダイオキシン類対策特別措置法が制定され，土壌汚染についても汚染の除去・防止等の措置に関する規定（第29条以下）が入れられた．しかし，これを除くと，地下水以外の土壌汚染について浄化のための強制的かつ明確なルールは用意されておらず，また，市街地土壌汚染を浄化するための法が策定されていないなど，数々の問題点が指摘されてきた．加えて，従来は明らかになることが少なかった有害物質による土壌汚染について，ここ数年，企業の工場跡地などの再開発や事業者による自主的な汚染調査の実施，地方自治体による地下水の常時監視の拡充などに伴い，重金属・揮発性有機化合物などによる土壌汚染が顕在化，汚染事例の判明件数も著しく増加し，高い水準で推移している．これらの有害物質による土壌汚染は，放置すれば，当該土壌を直接摂取したり，当該土壌から有害物質が溶けだした地下水を飲用することなどにより，人の健康に影響が及ぶことが懸念されることから，土壌汚染をめぐる対策を確立することへの社会的要請が強まったのであり，このような状況を踏まえ，国民の安全と安心を確保するために，2002年5月22日，土壌汚染の状況の把握，土壌汚染による人の健康被害の防止に関する措置などの土壌汚染対策を実施することを内容とする土壌汚染対策法（2002年法律第53号）が成立，同29日に公布された．〔参照：資料9〕

① 農用地の土壌の汚染防止等に関する法律

農用地の土壌の特定有害物質による汚染の防止および除去ならびにその汚染に係る農用地の利用の合理化をはかるために必要な措置を講ずることにより，人の健康を損なうおそれがある農畜産物が生産され，または農作物などの生育が阻害されることを防止し，もって国民の健康の保護および生活環境の保全に資することを目的とする法律（第1条）．本法による規制の対象となる土地は，耕作の目的または主として家畜

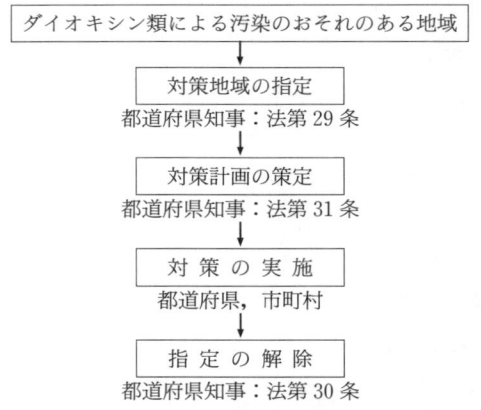

```
┌─────────────────────────────┐
│ ダイオキシン類による汚染のおそれのある地域 │
└─────────────┬───────────────┘
              ↓
      ┌───────────────┐
      │  対策地域の指定  │
      └───────────────┘
      都道府県知事：法第29条
              ↓
      ┌───────────────┐
      │  対策計画の策定  │
      └───────────────┘
      都道府県知事：法第31条
              ↓
      ┌───────────────┐
      │   対策の実施    │
      └───────────────┘
      都道府県，市町村
              ↓
      ┌───────────────┐
      │   指定の解除    │
      └───────────────┘
      都道府県知事：法第30条
```

■図2-6 ダイオキシン類対策特別措置法における土壌汚染対策の体系

の放牧の目的もしくは養畜の業務のための採草の目的に供される農用地(第2条1項)に限定されており，また，対象となる特定有害物質も，カドミウム・銅・砒素の3物質およびおのおのの化合物のみである(第2条3項・本法施行令第1条)．

工場または事業場から排出される排出水やばい煙などに含まれる特定有害物質による農用地の土壌汚染を防止するためとくに必要があると認められる場合には，環境大臣が，大気汚染防止法・水質汚濁防止法・鉱山保安法などの規定に基づき防止のため必要な措置をとるよう，関係行政機関の長に対し要請し，または関係地方公共団体の長に勧告することとなる(第11条)．都道府県知事は，農用地の土壌汚染の状況を常時監視しなければならず(第11条の2)，汚染状況の調査測定(第12条)にあたっては，農林水産大臣や環境大臣同様，立入調査などの権限を有する(第13条)ほか，当該都道府県の区域内の一定の地域で，その地域内の農用地において生産される米1kgにつき，1mg以上のカドミウムが含まれるなどの要件(本法施行令第2条)に該当するものを，農用地土壌汚染対策地域として指定することができる(第3条1項)．都道府県知事は，この対策地域を指定したときは，当該地域について，その区域内にある農用地の土壌の特定有害物質による汚染の防止・除去またはその汚染農用地の利用の合理化をはかるため，遅滞なく，農用地土壌汚染対策計画を定めなければならない(第5条)．そして，人の健康を損なうおそれがある農畜産物の生産や農作物などの生育阻害を防止するため必要があれば，都道府県知事が，水質汚濁防止法第3条3項による排水基準，または大気汚染防止法第4条1項による排出基準を定めるものとされている(第7条)．

② 水質汚濁防止法

工場および事業場から公共用水域に排出される水の排出および地下に浸透する水の浸透を規制するとともに，生活排水対策の実施を推進することなどによって，公共用水域および地下水の水質の汚濁の防止をはかり，もって国民の健康を保護するとともに生活環境を保全することなどを目的とする法律(第1条)．本法による規制の対象となる物質はカドミウム・六価クロム化合物・砒素などであるが(第2条2項1号・本法施行令第2条)，対象となる土地については"農用地の土壌の汚染防止等に関する法律"のような限定はとくになされていない．

土壌汚染に係る規制に関しては，未然の防止対策として，有害物質使用特定事業場(第2条7項)から水を排出する者は，有害物質の種類ごとに環境大臣が定める方法によって特定地下浸透水(第2条7項)の有害物質による汚染状態を検定した結果，当該有害物質が検出された(第8条・本法施行規則第6条の2)特定地下浸透水を浸透させてはならないとの制限(第12条の3)が設けられている．一方，事後の策としては，特定事業場において有害物質に該当する物質を含む水の地下への浸透がすでにあった場合，これにより現に人の健康に係る被害が生じ，または生ずるおそれがあると認められれば，都道府県知事が本法施行規則第9条の3に基づき，被害防止のため必要な限度において，当該特定事業場設置者に対し相当の期限を定めて，地下水の水質浄化のための措置命令をだすことができるものとされている(第14条の3)．

③ ダイオキシン類対策特別措置法

ダイオキシン類が人の生命および健康に重大な影響を与えるおそれがある物質であることにかんがみ，ダイオキシン類による環境の汚染の防止・除去などをするため，ダイオキシン類に

関する施策の基本とすべき基準を定めるとともに，必要な規制・汚染土壌に係る措置などを定めることにより，国民の健康の保護をはかることを目的とする法律(第1条)．本法によりダイオキシン類として規制の対象となるのは，ポリ塩化ジベンゾフラン・ポリ塩化ジベンゾ-パラ-ジオキシン・コプラナーポリ塩化ビフェニルの3物質である(第2条1項)．

都道府県知事は，ダイオキシン類による土壌の汚染状況を常時監視しなければならず(第26条1項)，国の行政機関の長同様，汚染状況の調査測定(第27条1項)に必要な限度で立入検査などの権限を有する(同条4項)．都道府県知事は，さらに，ダイオキシン類による土壌の汚染状況が政府による土壌環境基準(第7条)を満たさない地域であって，工場・事業場の従業員以外の人が立ち入ることのできる地域(本法施行令第5条)をダイオキシン類土壌汚染対策地域として指定することができる(第29条1項)．都道府県知事は，当該指定をした場合には，遅滞なく，ダイオキシン類土壌汚染対策計画を定めなければならないものとされている(第31条)．なお，廃棄物の最終処分場については，環境省令で定める基準に従って維持管理される(第25条1項)ほか，廃棄物処理法の規定が適用される(同条2項)．

④ 土壌汚染対策法

土壌の特定有害物質[鉛・砒素・トリクロロエチレンその他の物質(放射性物質を除く)であって，それが土壌に含まれることに起因して人の健康に係る被害を生ずるおそれがあるものとして政令で定めるもの(第2条)]による汚染の状況の把握に関する措置およびその汚染による人の健康に係る被害の防止に関する措置を定めることなどにより，土壌汚染対策の実施をはかり，もって国民の健康を保護することを目的とする法律(第1条)．土壌汚染の状況を的確に把握するため，使用が廃止された有害物質使用特定施設(水質汚濁防止法第2条2項に規定する特定施設であって，同第1号に規定する特定有害物質を製造・使用または処理するもの)に係る工場または事業場の敷地であった土地の所有者・管理者または占有者(所有者等)は，当該土地について予定されている利用の方法からみて人の健康被害が生ずるおそれがない旨の都道府県知事の確認を受けた場合を除き，当該土地の土壌汚染の状況について，環境大臣が指定する者(指定調査機関)に調査させ，その結果を都道府県知事に報告しなければならない(第3条)．また，都道府県知事は，特定有害物質による土壌汚染により人の健康被害が生ずるおそれがある土地であると認めるときは，当該土地の土壌汚染の状況について，当該土地の所有者等に対し，指定調査機関に調査させて，その結果を報告すべきことを命ずることができる(第4条)．その上で，都道府県知事は，これら土壌汚染状況調査の結果，当該土地の土壌汚染状態が環境省令で定める基準に適合しないと認める場合には，当該土地の区域を指定区域として指定・公示するとともに(第5条)，指定区域の台帳を調製・保管し，閲覧に供さなければならない(第6条)．さらに，都道府県知事は，指定区域内の土地について，土壌汚染により人の健康被害が生じ，または生じるおそれがあると認めるときは，当該被害を防止するために必要な限度において，まず，当該土地の所有者等以外の者の行為によって当該土壌汚染が生じたことが明らかであって，この者に汚染の除去などの措置を講じさせることが相当であると認められ，かつ，これを講じさせることについて当該土地の所有者等に異議がないときは当該汚染原因者に対し，それ以外の場合には当該土地の所有者等に対し，相当の期限を定めて，汚染の除去などの措置を構ずべきことを命ずることができ(第7条)，後者のうち所有者等以外に汚染原因者

がいる場合には，当該命令を受けて措置を講じた所有者等は，汚染原因者に対し，要した費用を請求できる（第8条）．

7 騒音規制法

工場騒音・建設騒音・自動車騒音を規制する法律．それぞれにつき定められた規制基準などにより規制が行われ，これらに適合しない特定の工場施設や建設作業に対しては，市町村長による改善勧告や改善命令などが認められる．
〔参照：資料10〕

1 立法の趣旨と経緯

工場および事業場における事業活動ならびに建設工事に伴って発生する相当範囲にわたる騒音について必要な規制を行うとともに，自動車騒音に係る許容限度を定めることなどにより，生活環境を保全し，国民の健康の保護に資することを目的とする法律（第1条）．航空機騒音や新幹線騒音は別途規制されており，本法の対象とはならない．1967年に制定された旧公害対策基本法の第2条1項により騒音が典型七公害の一つとされたことを受けて，1968年に公布・施行された．

本法は，制定当初，工場騒音と建設騒音だけを規制し，しかも規制をするにあたっては，都道府県知事が，工場騒音については市街地だけを対象として地域指定をすることとし，建設騒音については，この指定地域のうちの，さらに住宅専用地域など限定された区域を対象とすることとしていたが，騒音問題の深刻化に伴い，1970年に一部改正が行われ，地域指定に係るこのような限定は廃止された（第3条1項）．また，経済成長に伴う貨物・旅客輸送の増大などに対応して次々と進められた大型道路の建設や急速なモータリゼーションの進行，さらには市街地の拡大と都市部への人口の集中などにより，道路公害が深刻な社会問題となったことから，新たに自動車騒音が規制の対象に加えられた（第1条）．

2 規制の態様

騒音規制における行政上の目標として，本法は，①まず工場騒音について都道府県知事が，環境大臣が定める基準，すなわち，"特定工場等において発生する騒音の規制に関する基準"の範囲内で，指定した地域における時間区分および区域区分ごとの規制基準を定めるものとする（第4条）．発生する騒音が当該基準に適合せず周辺の生活環境が損なわれると認められる場合には，市町村長が，特定施設（第2条1項）設置の届出に対する計画変更勧告（第9条）や改善勧告（第12条1項）・改善命令（同条2項）などをだすことができる．その際，市町村は，当該指定地域の自然的・社会的条件に特別の事情があるため，都道府県知事による規制基準では住民の生活環境保全に十分でないと認められれば，条例により，"特定工場等において発生する騒音の規制に関する基準"の範囲内で，これに代わる規制基準を定めることができる（第4条2項）．また，②建設騒音についても，環境大臣による"特定建設作業に伴って発生する騒音の規制に関する基準"が定められており，これに適合せず周辺の生活環境が著しく損なわれると認められる場合，市町村長が，当該作業の改善勧告（第15条1項）・改善命令（同条2項）を行うことができる．さらに，③自動車騒音規制においては，自動車の種別ごとに，環境大臣によって定められた"自動車騒音の大きさの許容限度"（第16条1項）を国土交通大臣が考慮し，道路運送車両法に基づく命令である"道路運送車両の保安基準"に盛り込んで（同条2項），具体的な規制が行われる．加えて，指定地域内の自動車騒音が環境省令で定める限度を超え道路周辺の生活環境が著しく損なわれると認めら

れる場合には，市町村長が，交通規制実施の権限を有する各都道府県公安委員会に対し，道路交通法上の措置をとるよう要請するものとされている（第17条1項，道路交通法第110条の2参照）．

なお，本法は，地方公共団体に対し，飲食店営業等に係る深夜騒音や拡声器騒音等に関して，地域の自然的・社会的条件に応じた営業時間制限などの必要な措置を講ずるよう要求する（第28条）ほか，工場騒音や建設騒音についても，地方公共団体が条例で必要な規制を定めることを妨げるものではないとしている（第27条）．

8 振動規制法

工場振動・建設振動・道路交通振動を規制する法律．都道府県により指定された地域内において，それぞれについて定められた規制基準による規制が行われ，これらに適合しない特定の工場施設や建設作業に対しては，市町村長による改善勧告や改善命令などが認められる．また，限度を超えて道路周辺の生活環境を著しく損なう道路交通振動に対しては，やはり市町村長が，道路管理者および各都道府県公安委員会に対し，所要の措置を講ずるよう要請するものとされている．〔参照：資料11〕

① 立法の趣旨と経緯

工場および事業場における事業活動ならびに建設工事に伴って発生する相当範囲にわたる振動について必要な規制を行うとともに，自動車が道路を通行することに伴う道路交通振動（第2条4項）に係る要請の措置を定めることなどにより，生活環境を保全し，国民の健康の保護に資することを目的とする法律（第1条）．振動は，騒音や悪臭同様，1967年制定の旧公害対策基本法第2条1項により典型七公害の一つとされたが，国レベルで規制されるようになるのは比較的遅く，1976年になってようやく本法が公布・施行された．

なお，当時から大きな社会問題となっていた新幹線の走行による振動については，同年の環境庁長官（当時）からの運輸大臣（当時）宛勧告に基づき振動源対策や建物の防振工事助成・移転補償などの措置が講じられているが，本法の対象とはならない．また，日常生活に伴う近隣振動や，空港周辺の振動も，本法による規制の対象とはなっていない．

② 規制の態様

振動規制における行政上の目標として，本法は，① まず工場振動について都道府県知事が，環境大臣が定める基準，すなわち"特定工場等において発生する振動の規制に関する基準"の範囲内で，指定した地域における時間区分および区域区分ごとの規制基準を定め（第4条），発生する振動が当該基準に適合せず周辺の生活環境が損なわれると認められる場合には，市町村長が，特定施設（第2条1項）設置の届出に対する計画変更勧告（第9条）や改善勧告（第12条1項）・改善命令（同条2項）などをだすことができるものとする．その際，市町村は，当該指定地域の自然的・社会的条件に特別の事情があるため，都道府県知事による規制基準では住民の生活環境保全に十分でないと認められれば，条例により，"特定工場等において発生する振動の規制に関する基準"の範囲内で，これに代わる規制基準を定めることができる（第4条2項）．また，② 建設振動についても，本法施行規則第11条に基づく別表第一によって基準が設けられており，これに適合せず周辺の生活環境が著しく損なわれると認められる場合，市町村長が，当該特定建設作業（第2条3項）の改善勧告（第15条1項）・改善命令（同条2項）を行うことができる．さらに，③ 道路交通振動規制においては，指定地域内の道路交通振動が本

法施行規則第12条に基づく別表第二で定められている限度を超え，道路周辺の生活環境が著しく損なわれていると認められる場合に，市町村長が道路管理者に対し，当該道路部分について振動防止のための舗装・維持・修繕措置をとるよう要請するか，あるいは，交通規制実施の権限を有する各都道府県公安委員会に対し，道路交通法上の措置をとるよう要請するものとされている(第16条1項，道路交通法第110条の2参照)．

なお，本法は地方公共団体に対し，条例で，指定地域内の特定工場などにおいて発生する振動に関し，自然的・社会的条件に応じて，本法とは別の見地から必要な規制を行うこと(第24条1項)や，指定地域内のその他の工場振動または特定建設作業以外からの建設振動について必要な規制を定めること(同条2項)を妨げるものではないとしている．

9 悪臭防止法

事業場からの悪臭を規制するとともに，日常生活から生ずる悪臭についても防止対策を推進する法律．濃度規制と臭気指数などによる規制があり，後者については臭気判定士の資格制度がある．指定された規制地域について悪臭の原因となる物質の種類ごとに排出形態に応じた規制基準が定められ，これに適合しない場合は，市町村長による改善勧告や改善命令が可能である．〔参照：資料12〕

1 立法の趣旨と経緯

工場その他の事業場における事業活動に伴って発生する悪臭について必要な規制を行い，その他悪臭防止対策を推進することにより生活環境を保全し，国民の健康の保護に資することを目的とする法律(第1条)．水路など(第16条)や悪臭が生ずる物の野外焼却(第15条)，ペットの飼養による悪臭(第14条)なども規制されるが，船舶・航空機・自動車などの移動発生源や，建設工事の作業現場のように一時的な発生源にすぎないものは，本法の対象とはならない．悪臭は，1960年代後半，大規模工場の立地が進むとともに，都市化の進展に伴って市街地が拡大したことにより，住環境と畜産業その他の事業場との立地の距離が接近したことや，住民の生活水準の向上などがあいまって，全国的な公害問題となった．国による一元的な規制や防止技術の開発促進が求められたことから，本法が1971年に公布され，翌年から施行された．

その後も，原因物質の多様化に伴い，規制対象物質の追加が行われてきたが，近年の複合臭問題や畜産農業による悪臭以外に，サービス業やビルの排水槽などが発生源となる都市・生活型悪臭が増加したことに対応するため，1995年，従来の濃度規制に加え，新たに臭気指数(第2条2項)などによる規制を導入した(第11条以下)．そして，この測定業務にあたる臭気判定士を民間資格から国家資格にする(施行規則第12条以下)とともに，日常生活に伴う悪臭の防止などについて国民・国・地方公共団体の責務を定める(第14条・第17条以下)改正が行われた．

2 規制の態様

悪臭の規制にあたっては，まず都道府県知事が，住民の生活環境を保全するため悪臭を防止する必要があると認める住居が集合している地域などを，事業場における事業活動に伴って発生する悪臭原因物の排出を規制する地域として指定したうえで(第3条)，その自然的・社会的条件を考慮して，当該地域を必要に応じて区分し，特定悪臭物質(第2条1項)の種類ごとに排出形態に応じた規制基準を，本法施行規則に定められた許容限度の範囲内で，濃度または臭気

指数のいずれかにより定めることとなる(第4条)．規制地域内に事業場を設置している者は当該地域の規制基準を遵守する義務を負うのであって(第7条)，届出制をとらない結果(騒音規制法第6条など参照)，事業場は，規制地域内にありさえすれば，自動的に本法による規制の対象となる．そして，当該事業場における事業活動に伴って発生する悪臭原因物質の排出が規制基準に適合せず，その不快なにおいにより住民の生活環境が損なわれていると認められる場合には，市町村長は，改善勧告(第8条1項)や改善命令(同条2項)をだすことができる．特定悪臭物質の濃度や臭気指数の測定(第11条)は，環境省告示である"特定悪臭物質の測定の方法""臭気指数及び臭気排出強度の算定の方法"にのっとって行われる．

なお，本法は，地方公共団体が，たとえば特定悪臭物質につき本法施行令第1条が定める範囲よりも拡大して新たな物質を加えるなど，本法に規定するもの以外に，悪臭原因物の排出に関して条例で必要な規制を定めることも妨げられないとしている(第24条)．

10 工業用水法・建築物用地下水採取規制法

工業用水または建築物用水としての地下水採取を規制することにより，地盤沈下を防止することを目的とする法律．政令で定める指定地域における地下水採取について，都道府県知事による許可制を導入しているが，指定されるのはすでに地盤沈下などが生じている地域であって，地盤沈下の未然防止には不十分であるなどの欠陥も指摘されている．

(1) 立法の趣旨と経緯

特定の地域において，地下水の採取を規制することにより，工業用水または冷暖房設備・水洗便所などの設備に用いられる建築物用水として，地下水を大量にくみ上げることが原因で起こる地盤沈下を防止することを目的とする法律(各法の第1条参照)．あわせて"地下水規制二法"ともよばれ，後者は俗に"ビル用水法"と略称される(正式名称は"建築物用地下水の採取の規制に関する法律")．

戦後復興とこれに続く高度経済成長に伴い，深刻な地盤沈下が全国で多発したことから，1956年，まず工業用水法が制定され，同年より公布・施行された．しかし，同法に関しては，当初もう一方の，工業用水の確保にとって重要な地下水源を保全することをもって工業の発展に資するという目的(第1条)の方が第一義的なものと考えられていたため，地盤沈下防止の実はあがらず，ビルなどの建築物用水の需要が増えたこともあって，むしろ被害は拡大した．翌年の第二室戸台風で，以前から地盤沈下が問題となっていた大阪湾沿岸に高潮による災害が発生したことを契機に，同法について工業用地下水の採取に対する規制を強化する改正がなされるとともに，主としてビルの冷房用や水洗便所用地下水の採取を規制するため建築物用地下水採取規制法が制定され，公布・施行された．

なお，地盤沈下は，その後，1967年の旧公害対策基本法第2条1項で典型七公害の一つとされ，本項は現行の環境基本法第2条3項に受け継がれている．また，同じ地下水でも，温泉には温泉法が適用されるため両法の対象とはならない．

(2) 規制の態様と問題点

この二法による規制にあたっては，それぞれ工業用水法施行令第1条または建築物用地下水採取規制法施行令第2条による指定地域において，動力を用いて地下水を採取するための施設であって揚水機の吐出口の断面積が$6\,\text{cm}^2$を超える井戸(工業用水法第2条1項)または揚水設

備(建築物用地下水採取規制法第2条2項)を対象に，都道府県知事による許可制が採用されている．その際，地下水を採取しようとする者は，井戸または揚水設備ごとに，そのストレーナーの位置および揚水機の吐出口の断面積を定めなければならない(工業用水法第3条1項・建築物用地下水採取規制法第4条1項)．冷房設備，水洗便所その他の建築物用地下水が供される設備(建築物用地下水採取規制法第2条1項)は，同法施行令第1条であげられているもの以外にも必要に応じて追加することが可能であり，また，工業用水法の対象となる"工業"としては，製造業・電気供給業・ガス供給業・熱供給業のみが列挙されている(第2条2項)が，たとえこれらを業としない事業所であっても，当該事業所の一部においてこれらの業務をも継続的に行っており，双方の業務を分けて取り扱うことが困難な場合には，当該事業所全体として本項の工業にあたるものと解されている．

しかし，これら二法による指定地域は，いずれも地下水の採取によりすでに地盤沈下などが生じている地域であって(工業用水法第3条2項・建築物用地下水採取規制法第3条1項)，地盤沈下の未然防止には不十分であるうえ，工業用水法では，さらに当該地域のうちの，工業用水道がすでに布設されているか1年以内にその布設工事開始の見込みがあるものに限定されている．そのため，すでに生じている地盤沈下ですら，それがどんなに深刻であっても，これらの要件を満たさなければ工業用地下水の採取そのものを規制できない，といったさまざまな欠陥も指摘されている．

11 化審法

新規化学物質に事前審査制度を導入し，既存化学物質とともに，その難分解性・高蓄積性，人への長期毒性，動植物への毒性などの有無および明確性・程度に応じて，第一種特定化学物質・第二種特定化学物質・第一種監視化学物質・第二種監視化学物質・第三種監視化学物質に分類して段階的に規制・管理を強化する法律であり，環境影響の未然防止をはかる．〔参照：資料13〕

① 立法の趣旨と経緯

"化学物質の審査及び製造等の規制に関する法律"．難分解性の性質を有し人の健康を損なうおそれがある化学物質による環境の汚染を防止するため，新規の化学物質の製造または輸入に際し難分解性などの性状の有無を事前に審査する制度を設けるとともに，その有する性状等に応じ，化学物質の製造・輸入・使用などについて必要な規制を行うことを目的とし(第1条)，1973年に制定された．

戦後復興から高度経済成長期にかけ産業構造も重化学工業中心へと移行していくなか，国民生活にとって化学製品が欠くことのできないものとなっていく一方で，化学工業により大量生産される化学物質や化学製品が，流通・消費・廃棄を通じて環境を汚染した．さらには食物連鎖などを通じて徐々に人間の生命・健康をむしばんでいくという，新たな公害の態様が認識されるようになった．その契機となったのは，1970年代前半に発生し大きな社会問題となったPCBによる環境汚染および被害であったが，化学そのものや化学工業の発展に伴い，日々新たな化学物質が生産され，あるいは輸入されている現実にかんがみるならば，PCBのみならず，化学物質全体についてその安全性が確保される必要があること，それには化学物質が製造・輸入・使用などの各段階にわたって適正に管理される必要があることなどが強く認識されるようになったのである．

そして，1973年，新規の化学物質の製造や輸入が行われる前に当該物質の安全性を審査す

ることにより，物質の排出を待たずに環境汚染の未然防止をはかる制度の創設とともに，PCB類似の化学物質の厳重管理を促すべく制定されたのが本法であり，1970年代に先進各国で同様の法律が制定される，その先駆けとなった．さらに，科学的知見が充実してくると，当初の化審法では規制が及ばないまま人的被害をもたらすおそれのあるものがあることが明らかとなったため，1986年，一定の要件を満たす化学物質を第一種もしくは第二種特定化学物質または指定化学物質と分類したうえでおのおのに合わせた規制をするなど，抜本的な改正が行われた．

しかし，その後，動植物への影響にも着目するとともに，化学物質の環境中への放出可能性を考慮した審査・規制を行なうことが主流となった欧米とは異なり，人の健康被害の防止のみを目的としている我が国の法制度に対し，2002年1月，OECDから，こうした点を反映させた適切な制度改正を行なうべき旨の勧告がなされたことや，"残留性有機汚染物質に関するストックホルム条約"(POPs条約)締結などを契機に，化学物質の管理の一層の充実が求められている国際的動向にかんがみ，2003年，化学物質の審査・規制をより効果的かつ効率的に行ない，もって化学物質による環境汚染を一層確実に防止するため，環境中の動植物への影響に着目した審査・規制制度の導入，難分解・高蓄積性の既存化学物質に関する規制の導入，環境中への放出可能性に着目した審査制度の導入などを内容とする改正が行なわれた．2003年改正法は，2004年4月1日施行予定であり，以下の解説はこれを前提としたものである．

② 規制の態様

本法の対象となる化学物質は，いわゆる人工合成化学物質，すなわち，放射性物質や毒物及び劇物取締法第2条3項の特定毒物などを除く，元素または化合物に化学反応を起こさせることにより得られる化合物である(第2条1項)．すでに第一種あるいは第二種特定化学物質や第二種あるいは第三種監視化学物質などとされているもの以外の新規化学物質(第2条7項)については，その製造・輸入に先立ち，原則として，あらかじめ当該物質の構造式や物理化学的性状・成分組成などのデータを添えて国に届け出なければならない(第3条・厚生労働省"新規化学物質の製造又は輸入に係る届出等に関する省令"第2条)．そして，事前審査の結果，難分解性・高蓄積性，人への長期毒性，高次補食動物への毒性などがあるとされたものは第一種特定化学物質と判定され(第2条2項・第4条・本法施行令第1条)，製造(第6条以下)・輸入(第11条以下)・使用(第14条以下)などが，事実上，原則として禁止されることとなる．前二者については経済産業大臣の許可を得なければならず，使用については主務大臣に届け出なければならない．また，既存化学物質のうち，安全性点検により難分解性・高蓄積性ありとされ第一種監視化学物質に指定されたもので(第2条4項)，さらに必要に応じて指示された有毒性調査の結果，人への長期毒性または高次捕食動物への毒性をも有するとされ，第一種特定化学物質に指定されたものについても(第5条の4・第5条の5)，同様である．〔なお，既存化学物質は，第一種監視化学物質に指定された段階では，製造・輸入実績数量等の届出(第5条の3)や指導・助言(第30条)などの規制を受けることになる〕

さらに，事前審査の結果，難分解性があり，高蓄積性はないが，人への長期毒性の疑いがあるとされた新規化学物質および，安全性点検により同様の判断が下された既存化学物質は第二種監視化学物質に指定され(第2条5項；改正前の指定化学物質)，難分解性があり，高蓄積性はないが，動植物への毒性があるとされた新

規化学物質および既存化学物質は第三種監視化学物質に指定されて(第2条6項)，それぞれに，製造・輸入実績数量等の届出(第23条・第25条の2)や，指導・助言(第30条)などの規制を受けることとなる．加えて，これらのうち，必要に応じて指示された有毒性調査の結果，第二種監視化学物質については，人への長期毒性をも有し，かつ，被害のおそれが認められる環境が残留している場合，第三種監視化学物質については，生活環境動植物への毒性をも有し，かつ，被害のおそれが認められる環境が残留している場合に，第二種特定化学物質の指定が行なわれ(第24条・第25条・第25条の3・第25条の4・第2条3項)，製造・輸入予定および実績数量等の届出や必要に応じた当該予定数量等の変更命令(第26条)，技術上の指針公表・勧告(第27条)，表示義務・勧告(第28条)等の規制を受けることとなる．但し，新規化学物質のうち，年間製造・輸入総量が政令で定める数量以下で被害のおそれがないものや取扱い方法などからみて環境汚染のおそれがない場合として政令で定める場合，また，事前審査の結果，難分解性はあるが，高蓄積性はなく，政令で定める数量以下で被害のおそれもないと判断された場合には，特に指定を受けることなく，事前の確認により，製造・輸入が可能であり(第3条以下)，必要な限度において報告徴収(第32条)や立入検査(第33条)といった規制を受ける．なお，2003年の改正により，製造・輸入事業者が自ら取り扱う化学物質に関し把握した有害性情報の報告が義務付けられた(第31条の2)．

12 PRTR法

さまざまな排出源から環境へ排出され，または廃棄物として処理するため移動される有害化学物質の登録制度であり，事業者が把握・報告したデータを国が集計・公表する．国民には情報開示請求権が認められている．

① 立法の趣旨と経緯

PRTR(Pollutant Release and Transfer Register)法(特定化学物質の環境への排出量の把握等及び管理の改善の促進に関する法律)．特定の化学物質の環境への排出量などの把握に関する措置ならびに事業者による特定の化学物質の性状および取扱いに関する情報の提供に関する措置などを講ずることにより，事業者による化学物質の自主的な管理の改善を促進し，環境の保全上の支障を未然に防止することを目的とする(第1条)．PRTRは，さまざまな排出源から環境へ排出され，または廃棄物として処理するため移動される有害な(あるいはそのおそれのある)化学物質の登録制度であって，各国における行政情報の開示や企業活動の透明化をめぐる動きを背景に，このような物質の排出や移動に関する情報の入手を容易にすることで市民の知る権利にこたえようとしている．また一方で，当該物質の排出量または移動量を事業者からの報告などに基づいて登録・公表することにより，環境行政を適切に進めることに資するばかりでなく，化学物質を製造・使用などする事業者に排出抑制や適正処理を促すとともに，市民ないしは消費者を啓蒙することで，化学物質の全体としての使用量を削減しようとするものである．

米国・カナダ・英国・オランダでは比較的早い時期に法制化がなされていたが，1992年の環境と開発に関する国連会議(いわゆる地球サミット)で採択された，"アジェンダ21"の第19章において提唱された"化学物質全般についての世界各国の取り組むべき方向性"を踏まえて，1996年2月，OECD(経済協力開発機構)がPRTRを制度化するためのガイドラインを作成した．そして加盟各国に対し導入するよう勧告を行ったことが契機となって，わが国でも

1998年には化学品審議会と中央環境審議会が法制化の必要性を提言，翌年の7月に本法が制定・公布されるに至った．

② 規制の態様

本法による規制の仕組みは，PRTR制度と，併せて導入されたMSDS(Material Safety Data Sheet：化学物質安全データシート)制度との2本立てとなっている．

まず，前者について，第一種指定化学物質等取扱事業者(第2条5項)は，その事業活動に伴う第一種指定化学物質(同条2項)の環境中(大気・土壌・水)への排出量および廃棄物としての処理のための事業所外への移動量を把握し(第5条1項)，当該物質および事業所ごとに，都道府県知事を経由して，主務大臣すなわち国に届け出ることを義務づけられている[同条2項・3項，ただし，いわゆる企業秘密にかかわる情報については，直接主務大臣に届け出ることが認められる(同条2項・第6条1項・本法施行令第9条)]．届出を受けた各主務大臣は，遅滞なく，当該届出に係る事項を経済産業大臣および環境大臣に通知し(第7条1項)，経済産業省と環境省がこれを共同で電子ファイル化(第8条1項)，物質ごとに業種別・地域別・媒体別などに集計・公表するとともに，主務大臣および都道府県知事に通知する(同条2項以下)．そして，国民には開示請求権が認められ(第10条)，国はファイル記載事項のうち当該開示請求に係る事項についての開示義務を負う(第11条)．

また，後者(MSDS)については，指定化学物質等取扱事業者(第2条6項)が，指定化学物質すなわち第一種指定化学物質および第二種指定物質(同条2項・3項)や，これらを含有する製品を他の事業者に対して譲渡または提供する場合に，相手方に対し，当該物質などの性状および取扱いに関する情報を，文書または磁気ディスクの交付その他経済産業省令で定める方法により提供しなければならず(第14条1項)，これに違反した事業者に対しては，国(経済産業大臣)が勧告でき(第15条1項)，これに従わないときは，その旨，公表することができる(同条2項)．

§5 循環型社会関連法

1 法制度の体系

2000年に循環型社会形成推進基本法(2000年法律第110号,以下,"循環基本法"という)が制定され,また,同時に関連の個別法が改正されることで,一体的な法の整備がはかられた.すなわち,新たに,① 建設工事に係る資材の再資源化等に関する法律(建設リサイクル法,2000年法律第104号),② 食品循環資源の再生利用等の促進に関する法律(食品リサイクル法,2000年法律第116号),③ 国等による環境物品等の調達の推進等に関する法律(グリーン購入法,2000年法律第100号)が制定されるとともに,④ 廃棄物の処理及び清掃に関する法律(以下,"廃掃法"という.1970年制定),⑤ 再生資源の利用の促進に関する法律(以下,"再生資源利用促進法"という.1991年制定)の改正が行われている[法律の名称も変更された.資源の有効な利用の促進に関する法律(資源有効利用促進法,2000年法律第113号)].〔参照:資料14〕

(1) 建設リサイクル法

建築物の解体工事などの発注者に対して,都道府県知事への届出を義務づけ,また,建築物の解体工事などの受注者に対して,① 特定建設資材(コンクリート,木材,アスファルト・コンクリート)の分別解体等(基準に従い,廃棄物を分別し解体する),② 特定建設資材の再資源化等(処理業者への委託も可)を義務づけるものである.また,解体工事の受注者に対して,都道府県知事による助言・勧告,命令や解体工事業者の都道府県知事への登録制度を規定している.

(2) 食品リサイクル法

食品廃棄物等の排出の抑制をはかるために,食品循環資源の再生利用等にかかわる各主体の責務,再生利用基準に基づく食品関連事業者の再生利用等の実施を内容とするものである.主務大臣が定める再生利用基準に従って,食品関連事業者は,再生利用等に取り組むものとし,主務大臣はこの基準に基づき,食品関連事業者に対して,指導,助言,勧告および命令を行う.

(3) グリーン購入法

需要面から循環型社会の形成に資するものとして,国が定める基本方針に即して,毎年度,各機関ごとに"環境物品等の調達の推進を図るための調達方針"を作成・公表し,具体的目標を定めて,再生品などの環境物品等の調達を推進し,その年度の調達実績を公表するものである.また,地方公共団体には,環境物品の調達の努力義務を課し,国民には環境物品の選択を一般責務として定めている.

(4) 資源有効利用促進法

リサイクル法とよばれるように,法律のなかではリサイクルの用語の規定はないが,リサイクルを促進するために特定業種,第一種指定製品,第二種指定製品,指定副産物の分類を設定して,それぞれ事業者が行うべき法的措置を規定する.ちなみに,再生資源とは,使用済み物品(一度使用され,または使用されずに収集され,廃棄された物品)または工場等で発生する副産物(製品の製造,加工,修理販売等に伴い副次的に得られた物品)のうち有用な資源として利用できるものをいう.ただし,放射線物質およびこれによって汚染されたものを除く.

なお,すでに施行されている個別のリサイクル法として,上記に掲げたほかに,容器包装廃棄物について,消費者による分別排出,市町村

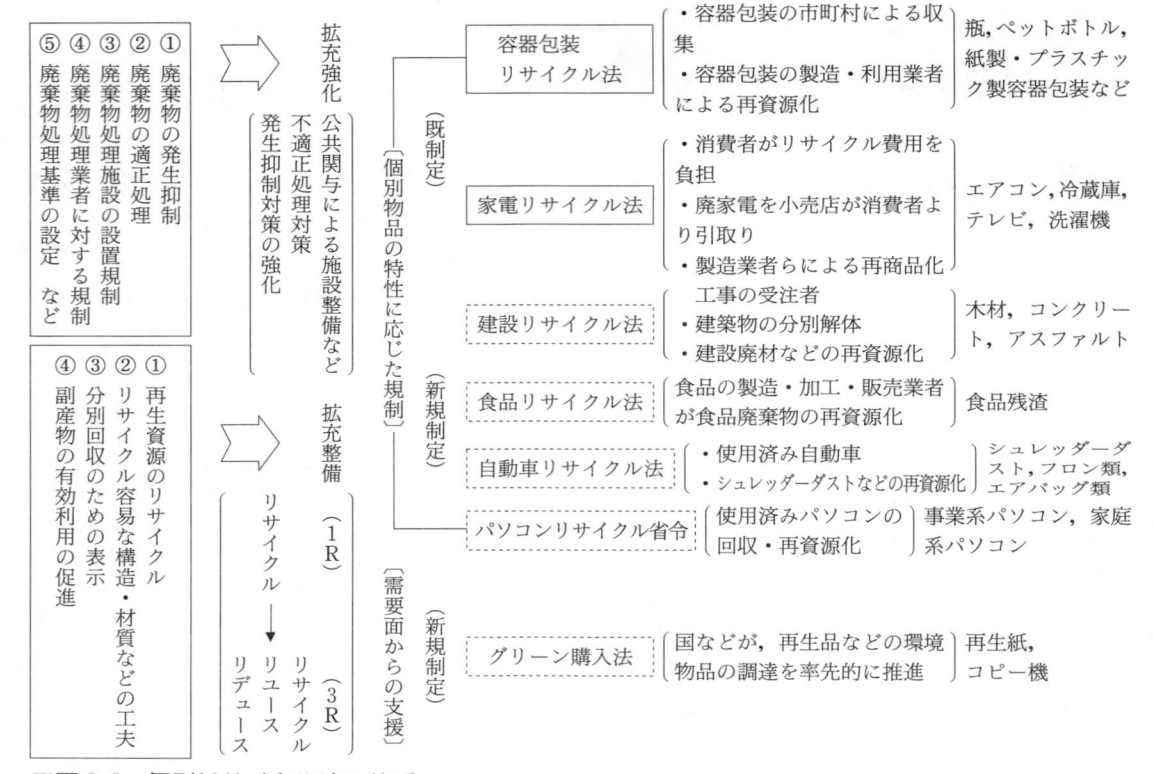

■図2-6　個別リサイクル法の体系

（既制定）	容器包装リサイクル法	・容器包装の市町村による収集 ・容器包装の製造・利用業者による再資源化	瓶，ペットボトル，紙製・プラスチック製容器包装など
	家電リサイクル法	・消費者がリサイクル費用を負担 ・廃家電を小売店が消費者より引取り ・製造業者らによる再商品化	エアコン，冷蔵庫，テレビ，洗濯機
（新規制定）	建設リサイクル法	・工事の受注者 ・建築物の分別解体 ・建設廃材などの再資源化	木材，コンクリート，アスファルト
	食品リサイクル法	食品の製造・加工・販売業者が食品廃棄物の再資源化	食品残渣
	自動車リサイクル法	・使用済み自動車 ・シュレッダーダストなどの再資源化	シュレッダーダスト，フロン類，エアバッグ類
	パソコンリサイクル省令	使用済みパソコンの回収・再資源化	事業系パソコン，家庭系パソコン
（新規制定）	グリーン購入法	国などが，再生品などの環境物品の調達を率先的に推進	再生紙，コピー機

拡充強化：
① 廃棄物の発生抑制
② 廃棄物の適正処理
③ 廃棄物処理施設の設置規制
④ 廃棄物処理業者に対する規制
⑤ 廃棄物処理基準の設定　など

公共関与による施設整備など
不適正処理対策
発生抑制対策の強化

拡充整備（1R リサイクル→3R リサイクル・リユース・リデュース）：
① 再生資源のリサイクル
② リサイクル容易な構造
③ 分別回収のための表示・材質などの工夫
④ 副産物の有効利用の促進

〔個別物品の特性に応じた規制〕
〔需要面からの支援〕

による分別収集および事業者による再商品化を促進することを目的とする"容器包装にかかる分別収集及び再商品化の促進等に関する法律"（容器包装リサイクル法，1995年法律第112号）や特定家庭用機器の小売業者や製造業者等による特定家庭用機器廃棄物の収集，運搬や再商品化を適正かつ円滑に実施するための措置を講ずることによって，廃棄物の減量及び再生資源の十分な利用等を推進する"特定家庭用機器再商品化法"（家電リサイクル法，1998年公布法律第97号）などがある（図2-6）．〔参照：資料15〕

2　循環型社会形成推進基本法

2000年，循環型社会形成推進基本法が制定されたが，循環基本法のねらいは，循環型社会形成を推進するための基本的な枠組みを構築することにある．循環型社会とは，"製品等が廃棄物等となることを抑制し，排出された廃棄物等についてはできる限り資源（循環資源）として活用し，循環的な利用が行われないものは適正処分を徹底することによって実現される，天然資源の消費が抑制され，環境への負荷ができる限り低減される社会"とされている（法第2条1項）．法の対象物としては，有価・無価を問わず"廃棄物等"として，一体的にとらえ，製品等が廃棄物等になることを抑制する一方で，発生した廃棄物等についてはその有用性に着目して，"循環資源"として，その循環的な利用（再使用，再生利用，熱回収）をはかるとしている．また，廃棄物等の施策の優先順位として，①発生抑制，②再使用，③再生利用，④熱回収，⑤適正処分を法定化しているが，これは

環境負荷の有効な低減という観点から定められた原則である．そのため，環境負荷の低減に有効な場合には，かならずしもこの優先順位に従わなくてもよいとされている．また，循環資源の循環的利用や処分は，環境保全上の支障が生じないように適正に行われること，また，自然界における物質の適正な循環の確保に関する施策の配慮を定めている．

この法律の特徴として，排出者責任と拡大生産者責任（EPR）が規定されている．すなわち，法では，事業者及び国民の排出者責任（廃棄物等を排出した者がその適正なリサイクルや処理に関する責任を負うとする考え方）を定めるとともに，拡大生産者責任（製品などの生産者がその生産したものが使用され，廃棄された後においてもその製品の適正なリサイクルや処分について責任を負うとする考え方）を明確に位置づけている．前者の排出者責任の考え方は，廃棄物処理に伴う環境負荷の原因者がその廃棄物の排出者であることから，その処理による環境負荷低減の責任を負うとする，いわゆる汚染者負担原則（PPP: polluter pays principle）の考え方がその根底にある．

また，法は，事業者と国民の排出者責任を以下のように定めている．事業者には，①その事業活動に伴う廃棄物等の発生の抑制に努め，②廃棄物等が生じた場合には，みずからの責任において循環的な利用に供するように努めるとともに，③最終的にそれ以上利用できないものについては，これを適正に処分する責務がある．国民には，①その消費活動に伴う廃棄物等の発生抑制に努め，②廃棄物等が生じた場合には，みずからの責任において循環的な利用に供するよう努める責務がある．

また，国は，排出事業者に対する規制や不法投棄等によって環境保全上の支障が生じたときに，当該排出に係る事業者に除去等の適切な措置を講じ，生産者に対して，一定の製品の引取り，引渡しまたは循環的な利用を行わせるに必要な措置や，その製品の材質又は成分等の情報を提供するように必要な措置を講ずる責務がある．

後者の拡大生産者責任では，廃棄物等の発生抑制や循環資源の循環的な利用及び適正処分に資するように，製造者等には，①製品の設計・材質を工夫し，②製品の性質又は成分の表示等の情報提供を行い，③一定の製品が廃棄等された後，その引取りやリサイクル等の循環的な利用を実施することが課せられている．

この法で重要なことの一つは基本計画の策定である．循環型社会の形成に向けた取組みは，この基本法や関連個別法の一連の整備を新たな出発点として，本法で示された道筋にそって施策を展開していくことが必要であり，この道筋をさらに具体的に明らかにする役割を担うのが基本計画である．その策定手続として，環境大臣は，中央環境審議会などの意見を聴取し，それに即して，環境基本計画を基礎とする循環型社会の形成に関する基本計画の原案を策定する．なお，環境基本計画は，循環基本計画に対して数値目標の設定を求めている．循環基本計画の内容としては，①施策の基本的な方針，②政府が総合的かつ計画的に講ずべき施策，③そのほか施策を総合的かつ計画的に推進するために必要な事項について定める．循環基本計画策定の手続は，中央環境審議会が2002年4月1日までに基本計画策定のための具体的な指針について環境大臣に意見を述べ，環境大臣が中央環境審議会の意見を聴いて基本計画の案を作成し，2003年10月1日までに閣議決定を求めるなど，第三者機関としての中央環境審議会がその役割を十分に発揮できる仕組みとされている．この閣議決定を経たのち基本計画となるが，策定された基本計画はおおむね5年ごとに見直しされる．また，循環型社会の形成に関する基本的施策として，循環型社会の形成のた

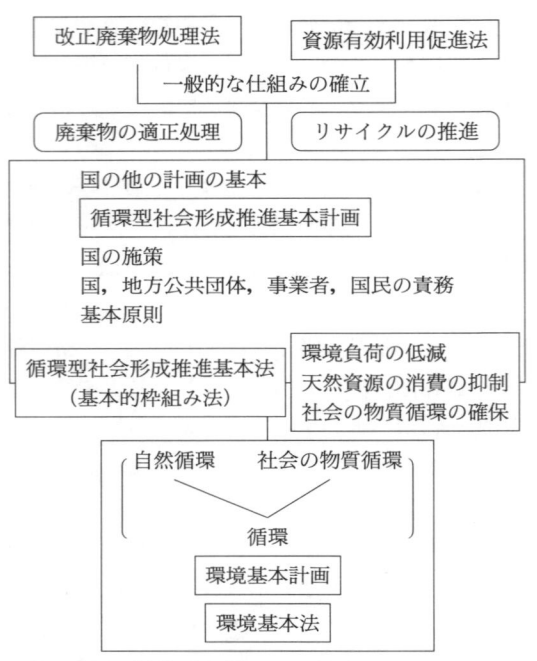

■図2-7 循環型社会形成推進法の体系

めに，国または地方公共団体が講ずべき施策として，再生品の使用の促進，環境の保全上の支障の防止，経済的措置などについて具体的に規定している（図2-7）．

3 リサイクル法

主要な資源の大部分を輸入に依存しているわが国にとって，資源の大量使用は，資源の将来的な枯渇の可能性に対する危惧をもたらし，大量消費の結果として廃棄物の最終処分場のひっ迫などに直面している．そのため，従来の廃棄物の原材料としてのリサイクル対策を強化し，廃棄物の発生抑制や廃棄物の部品などとしての再使用対策が必要となった．そこで，"再生資源の利用の促進に関する法律"（再生資源利用促進法，1991年法律第48号）を抜本的に改正し，法律名も"資源の有効な利用の促進に関する法律"（資源有効利用促進法，1993年）と改められた．リサイクルを促進するために特定業種，第一種指定製品，第二種指定製品，指定副産物の分類を設定して，それぞれ事業者が行うべき法的措置を規定する．資源有効利用促進法は，"資源の有効な利用の確保をはかるとともに，廃棄物の発生の抑制及び環境の保全に資するため，使用済物品等及び副産物の発生の抑制並びに再生資源及び再生物品の利用の促進に関する所要の措置を講ずる"ことによって，国民経済の健全な発展に寄与することを目的とする．再生資源とは，使用済物品（一度使用され，または使用されずに収集され，廃棄された物品）又は工場等で発生する副産物（製品の製造，加工，修理販売等に伴い副次的に得られた物品）のうち有用な資源として利用できるものをいう．ただし，放射線物質及びこれによって汚染されたものを除く（図2-8）．

この法律に基づく措置が必要な業種と製品としては，① 特定省資源業種（パルプ製造業・紙製造業，無機化学工業製品製造業・有機化学工業製品製造業，製鉄業・製鋼圧延業，銅第一次精錬・精製業，自動車製造業の5業種），② 特定再利用業種（古紙に係る紙製造業，硬質塩化ビニル製の管・継手製造業，カレットに係るガラス容器製造業，使用済複写機に係る複写機製造業，土砂・コンクリート塊等に係る建設業の5業種），③ 指定省資源化製品（自動車，パソコン，エアコン，パチンコ遊技機，テレビ，電子レンジ，家具等の19製品），④ 指定再利用促進製品（浴室ユニット，電源装置，自転車，携帯電話等の50製品），⑤ 指定再資源化製品（パソコン，密閉型蓄電池の2製品），⑥ 指定表示製品（塩化ビニル製建設資材，鋼製・アルミ製缶，飲料・しょうゆ・酒類に係るポリエチレンテレフタレート製容器及び特定容器包装，密閉型蓄電池等の7製品），などである．このように，従前の再生資源利用促進法では3業種・30品目であったが，本法では10業種・69品目に拡充され，事業者に従来のリサイクルの1Rか

		容器包装	紙	生ごみ	家電，自動車，家具，衣料品など
発生抑制		製造事業者等への循環的な利用の義務づけ(容器包装リサイクル法)		排出事業者への発生抑制，再生利用等の義務づけ(食品リサイクル法)	製造事業者等への循環的な利用等の義務づけ(家電，パソコン，小型二次電池)(家電リサイクル法・資源有効利用促進法・自動車リサイクル法・パソコンリサイクル)
循環的な利用等					
夫・表示	設計の工	分別マークの表示(資源有効利用促進法)			3R配慮設計，分別マーク表示(資源有効利用促進法・自動車リサイクル法・パソコンリサイクル)
の利用	再生品等	ガラスカレット，古紙の利用率の目標を設定(資源有効利用促進法)		たい肥等利用の促進(持続農業法，食品リサイクル法)	再生資源・再生部品の利用を促進(資源有効利用促進法)
		国等による環境物品等の率先購入(グリーン購入法)			
適正処分		廃棄物処理法			

■図 2-8　廃棄物に係る個別法制度の位置づけ

らリデュース，リユース，リサイクルの3Rへの取組みを包括的に義務づけている．

主務大臣は，使用済物品等及び副産物の発生抑制や再生資源と再生部品の利用による資源の有効な利用を総合的・計画的に推進のための基本方針を策定，公表する(第3条)．2001年に策定された基本方針では，①製品の種類及び副産物の種類ごとの原材料等の使用の合理化に関する目標，②再生資源の種類及び再生部品の種類ごとのこれらの利用に関する目標，③製品の種類ごとの長期間の使用の促進に関する事項などが定められている．〔参照：資料16〕

4 容器包装リサイクル法

容器包装リサイクル法は，容器包装廃棄物について，消費者による分別排出，市町村による分別収集および事業者による再商品化を促進することを目的とするものである．

法では，特定事業者にガラス製容器，ペットボトル，プラスチック製容器，紙製容器包装の4品目の商品化を義務づけ，その再商品化義務の履行方法については，①自主回収ルート，②指定法人ルート，③独自ルートの3通りから選択できる．一般的な方法の指定法人ルートの場合には，特定事業者が指定法人に委託費を納め，再商品化を委託する．指定法人は，委託費により，事前に登録された再生処理事業者のなかから入札で指定保管施設ごとにその再生処理事業者を選定し，委託する．再生処理事業者は再生処理工場へ搬送し，商品化して利用事業者に有償で引き渡す．指定法人による再生処理事業者への委託費の支払は，その再商品化物が利用事業者に確実な引渡しの確認された後になされる．

独自ルートの場合には，自主回収ルートが市町村を通さずに特定事業者みずから開拓したルートを用いて回収するのに対して，特定事業者が市町村の回収した分別基準適合物(回収された容器包装)を受け入れて，みずからまたは委

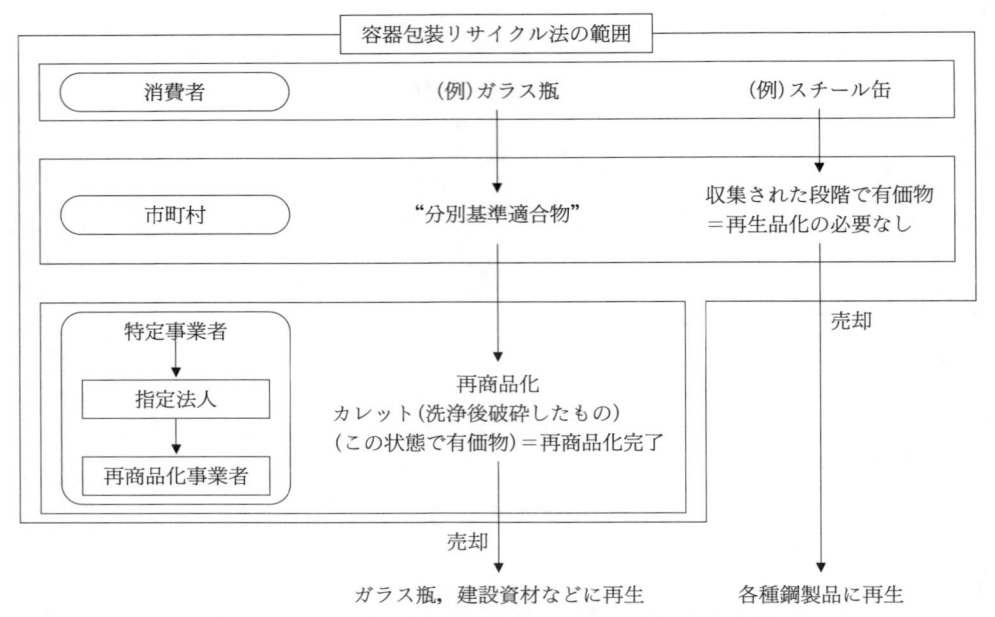

■図2-9 容器包装リサイクル法に基づく役割分担と容器包装廃棄物の流れ

託により再商品化を実施するものである．

特定事業者には，みずからが排出する容器と包装の量（① 前年度，販売した商品に利用した容器包装の量，② そのうち自ら又は委託により回収した量，③ 事業活動により費消された容器包装の種類毎の量）を的確に把握するために，帳簿作成の義務を課している．

特定事業者の再商品化義務量の算定は，当該年度における特定分別基準適合物の総量のうち，適用除外分を除いた量が再商品化義務総量（再商品化計画の量の範囲内）となるが，それを容器と包装に分類し，包装の場合には，包装の全量（総事業者の排出見込み量）に対して自ら排出した量（排出見込み量）の比率を総リサイクル費用に乗じた額が義務量となるのに対して，容器の場合には，さらに自らが属する業種区分に従い（業種別比率），特定容器利用事業者と特定容器製造等事業者の負担割合に応じて（業種別特定容器利用事業者比率），自らの義務量が算出される．なお，計算の根拠となる量と比率は，毎年国から発表される．

容器包装リサイクル法の問題点として，① 素材の識別が困難，② 複合素材の容器・包装が多いために区別できない，③ 消費者にペットボトルなどの飲用容器についてリユース性，リサイクル性の高い容器の選択を求めるなどの発生抑制が行われるようになっていない，④ 市町村は分別収集の義務はなく，分別収集計画をもつ市町村のみ参加する仕組みになってはいるが，市町村の経費面，労力面の負担が重い，⑤ 同種の素材で容器包装以外のもののリサイクルを検討すべき，などが指摘される．なお，資源有効利用促進法に基づき，紙製容器包装およびプラスチック製容器包装の識別表示が義務づけされている（図2-9）．

5 家電リサイクル法

家電リサイクル法は，特定家庭用機器の小売業者や製造業者等による特定家庭用機器廃棄物の収集，運搬や再商品化を適正かつ円滑に実施するための措置を講ずることにより，廃棄物の

減量及び再生資源の十分な利用等を通じて，廃棄物の適正な処理及び資源の有効な利用の確保をはかり，もって生活環境の保全及び国民経済の健全な発展に寄与することを目的とする(第1条)．再商品化義務のある特定家庭用機器は，①再商品化が市町村等の処理設備・技術で困難なもので，②再商品化等にかかる経済面における制約が著しくなく，③その設計，部品や原材料の選択が再商品化の実施に重要な影響を及ぼすと認められ，④小売販売業者が円滑な収集を確保できると認められるもの，という要件を満たすものを政令で定める．現在，政令指定の特定家庭用機器は，①ユニット型エアコンディショナー(ウィンドウ型エアコンディショナーまたは室内ユニットが壁掛け型若しくは床置き型であるセパレート形エアコンディショナーに限る)，②テレビジョン受信機(ブラウン管式のものに限る)，③電気冷蔵庫，④電気洗濯機，の4機器である．

法の仕組みとしては，①主務大臣が特定家庭用機器廃棄物の収集・運搬・再商品化等を総合的かつ計画的に推進するために，その基本方針を策定し，公表する(第3条)．②特定家庭用機器の製造業者等には，特定家庭用機器廃棄物の発生を抑制し，再商品化の費用を低減する努力義務を課すとともに，特定家庭用機器を指定引取場所で引き取り，毎年度定められる実施量に関する基準に従って，再商品化する義務を課している(第4条，17条，18条，22条)．ただし，製造業者等は再商品化事業を指定法人に委託できる(第23条)．③小売業者には，特定家庭用機器について，消費者が長期間使用できるよう必要な情報を提供するとともに，排出者や消費者からの請求に応じて引取義務を課し，さらに再度使用する場合等を除き，製造業者等への引渡義務を課している(第5条，9条，10条)．なお，排出者からの引取や製造業者等への引渡に際して，管理票を交付すべき義務(マニフェスト制度)があり，この引渡のための収集・運搬に関し料金を請求できる(第11条)．④事業者・消費者には，特定家庭用機器を長期間使用し，その排出抑制に努力するとともに，特定家庭機器廃棄物を排出する場合には，再商品化が確実に実施されるよう適切に引き渡し，その料金を支払う協力義務が課されている(第6条)．⑤指定法人による再商品化には，

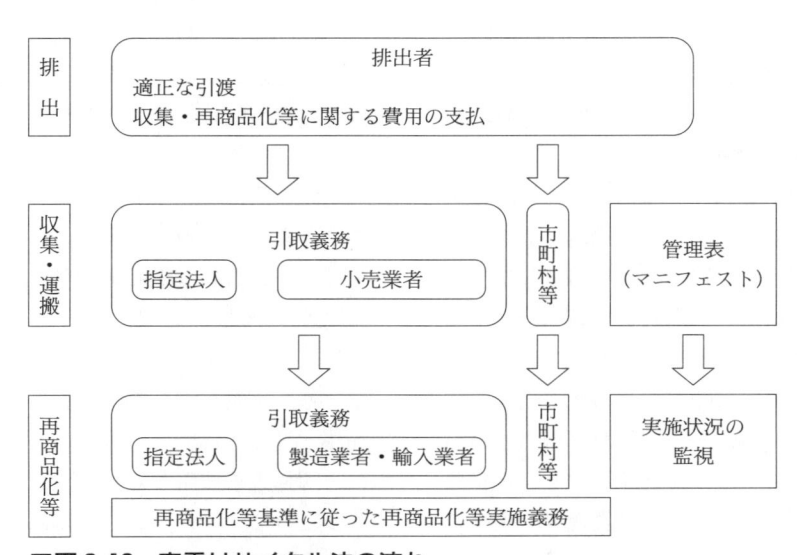

■図2-10　家電リサイクル法の流れ

その役割の限定があり，省令指定の中小規模の製造業者に委託された場合，製造業者等の廃業・倒産等により義務者が存在しない場合や省令指定の引渡支障地域での引渡に必要な行為を行う（第33条）．⑥再商品化等を行う製造業者等は，主務省令に定める基準や施設の適合性について，主務大臣の認定を受けなければならない（第23条）．⑦小売業者，指定法人やその委託を受けた特定家庭用機器廃棄物の収集・運搬業者は，廃棄物処理法の許可を受けないで，収集・運搬を行うことができる（第49条1項）．また，製造業者等，指定法人やそれらの委託を受けた特定家庭用機器廃棄物の再商品化を行う業者も，同様にその特例が適用される（第49条2項）．本法は特定の製品のリサイクルを目指したものであるが，製造・販売業者や排出事業者・消費者の責任をより明確にした点で，容器包装リサイクル法を一歩前進させたと評価されている（図2-10）．

6 建設リサイクル法

この法律は，建築物の解体工事などの発注者に対して，都道府県知事への届出を義務づけ，また，建築物の解体工事などの受注者に対して，①特定建設資材（コンクリート，木材，アスファルト・コンクリート）の分別解体等（基準に従い，廃棄物を分別し解体する），②特定建設資材の再資源化等（処理業者への委託も可）を義務づけるものである．また，解体工事の受注者に対して，都道府県知事による助言・勧告，命令や解体工事業者の都道府県知事への5年ごとの登録制度を規定している（第21条）．この法律では，土木建築に関する工事に使用する資材を建設資材といい，その資材が廃棄物法の廃棄物になったものを建設資材廃棄物と定義している．また，再資源化とは，建設資材廃棄物の分別解体等に伴って生じた運搬又は処分に該当するもので，①資材又は原材料として利用可能な状態にする行為，②燃焼の用に供する又は熱を得ることに利用可能な状態にする行為をいう（第2条4項）．建設資材のうち，廃棄物になった場合，再資源化がとくに必要で，経済性の制約が著しくないと認められるものを"特定資材建設廃棄物"として政令で定める．現在は，①コンクリート，②コンクリート及び鉄からなる建設資材，③木材，④アスファルト・コンクリートが特定建設資材として指定されている．

分別解体等の実施義務については，一定規模以上の建築物その他の工作物に関する建設工事（対象建設工事）の受注者（又は請負契約によらない自主施工者）が，当該建築物等に使用する特定建設資材の分別解体等を行う場合である（第9条）．分別解体等は，主務省令で定める一定の技術基準に従って，建築物等に用いられた特定建設資材廃棄物をその種類ごとに分別し，計画的に工事を施工するなどによって実施される．

再資源化実施義務については，対象建設工事受注者は，分別解体等に伴って生じた特定建設資材廃棄物を再商品化する義務がある（第16条）．なお，木材については，一定距離内に再資源化施設がないなど再資源化が困難な場合には，再資源化に代えて，焼却による縮減で足りるとしている．

建設大臣は，建設廃棄物のリサイクルを推進するため，基本方針を定め（第3条），そのなかで特定建設資材廃棄物の再資源化率（2010年度95％達成）や国直轄事業における最終処分量の目標（2005年度までにゼロとする）などを掲げている．また，国の基本方針を受けた都道府県知事の指針（第4条）によって，請負契約の際に，解体工事費用などを書面に記載することとなっている．なお，この法律は，廃棄物法の下位法として位置づけられているので，有価物は

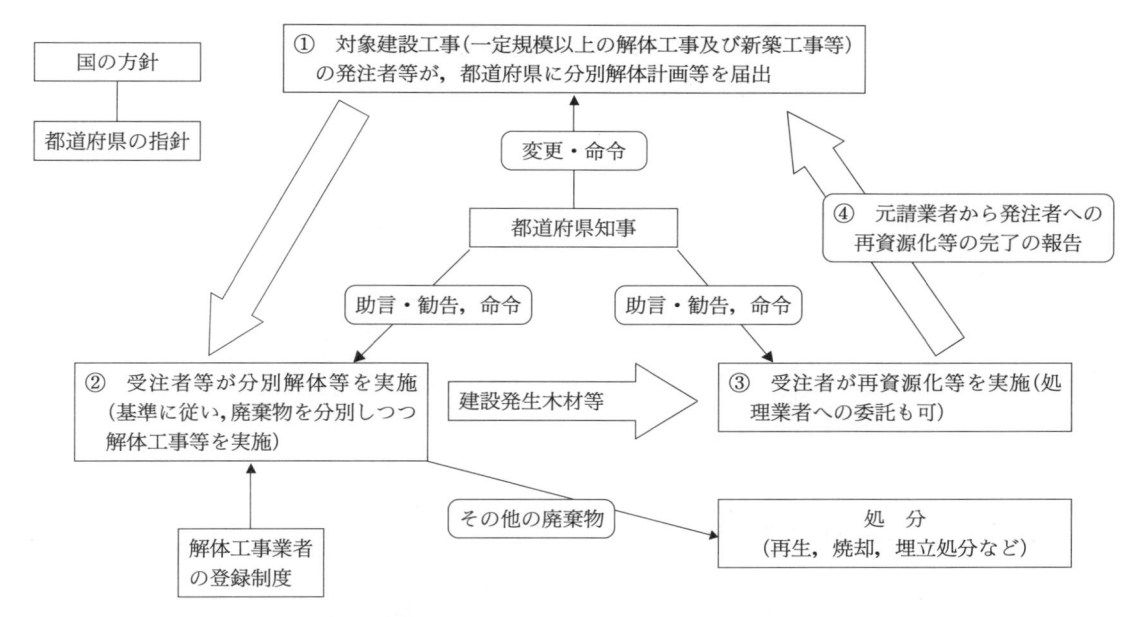

■図 2-11　建設リサイクル法の概要

法の規制対象外としてリユースされ，無価物のみのリサイクルを前提にするものである（図 2-11）．

7　食品リサイクル法

食品リサイクル法は，食品廃棄物等の排出の抑制をはかるために，食品循環資源の再生利用等にかかわる各主体の責務を定め，食品関連事業者の基準に基づく再生利用等の実施を目指すことを内容とするものである．この法律では，食品とは，飲食料品のうち薬事法の医薬品等以外のものをいい，それらが廃棄されるか，または食品の製造・加工・調理の過程において副次的に得られた物品のうち食用に供することができないものを食品廃棄物等とし，そのうち有用なものを食品循環資源と定義する（第 2 条）．

食品関連事業者は，主務大臣が定める再生利用等の基準に従って再生利用等に取り組むものとし，主務大臣はこの基準に基づき，食品関連事業者に対して，指導，助言，勧告及び命令を行う（第 8 条，9 条）．

再生利用を実施するための措置としては，① 再生利用事業者の登録（第 10 条），② 再生利用事業計画による認定（第 18 条）という仕組みを設けている．前者は，食品循環資源の飼料，肥料等（特定飼肥料等）の製造を業とする者の登録である．これにより，主務大臣の登録を受けた再生利用事業者は，廃棄物処理法の特例（荷卸しにかかる一般廃棄物の収集運搬業の許可不要），肥料取締法・肥料安全法の特例（農林水産大臣への届出不要）の適用を受けるというメリットがある．また，後者は，食品関連事業者等が，特定飼肥料等の製造を業とする者又は農業協同組合と共同して，再生利用事業計画を作成し，主務大臣による認定を受けるもので，認定事業者による認定計画に基づく再生利用事業については，登録再生利用事業者と同様に，廃棄物処理法の特例，肥料取締法・肥料安全法の特例が認められている．

また，主務大臣の定める基本方針では，食品循環資源の再生利用等の促進の基本的方向のほ

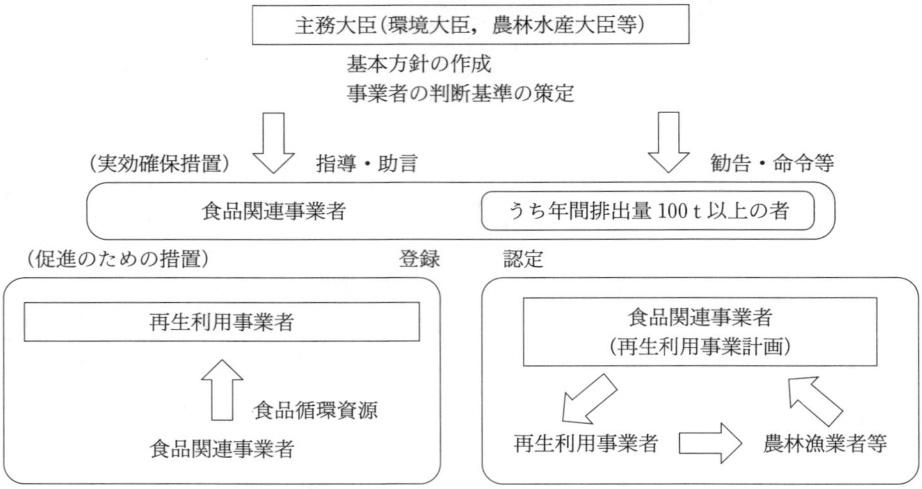

■図2-12　食品リサイクル法の仕組み

か，食品関連事業者による食品循環資源の再生利用等に係る実施率に対する目標を定めている（2006年までに年間排出量の20％削減）．また，事業者の判断基準として，発生抑制の基準，減量の基準，再生利用の基準を策定する（図2-12）．

8 自動車リサイクル法（使用済自動車の再資源化等に関する法律）

製品別リサイクル法の一つとして，自動車の処理に伴って排出されるシュレッダーダストやフロン類，エアバック類への対応を行うために2002年に制定された．この法律は，拡大生産者責任の原則の下で，自動車製造業者の役割，責任を明確化し，長期使用に耐えるリサイクルに適した製品づくりを目標にしている．また，使用済自動車から生じる最終埋立処分量の極小化をはかり，不法投棄の防止に資する仕組みである．カーエアコン部分については，フロン類回収・破壊法の枠組みを基本的に継承し，自動車リサイクル法の中で一体的に扱っている．

法の対象車種は，被けん引車・二輪車（原動機付自転車，側車付のものを含む）・大型特殊自動車・小型特殊自動車などを除く全ての自動車である．なお，対象となる自動車であっても，保冷貨物自動車の冷蔵装置など取り外して再度使用する装置は対象外となる．この法律により使用済みとなった自動車は，その金銭的価値の有無に関わらずすべて廃棄物として扱われる．

関係者の役割分担として，自動車製造業者などは，拡大生産者責任の原則に基づき，自らが製造または輸入した自動車が使用済みとなった場合，その自動車から発生するフロン類，エアバック類およびシュレッダーダストを引き取り，リサイクル（フロン類については破壊）を適正に行う義務を負い，リサイクルの実施にあたっては経済産業・環境両大臣の認定を必要する．シュレッダーダスト等の再資源化基準に従ってリサイクルを実施（フロン類についてはフロン類破壊業者に委託して破壊）し，実績を公表することが義務付けられている．また，自動車の設計上の工夫によるリサイクル容易な自動車の開発や円滑なリサイクルのため，自動車の構造・部材に関する情報を提供することの責務がある．

自動車が使用済みになった場合は，所有者は都道府県知事等の登録を受けた引取業者に引渡

す(第8・第9条)．引取り業者は，引取りにあたって資金管理法人に再資源化等預託金が支払われているかどうかを確認し，その後，フロン類回収業者または解体業者に引渡すことで，リサイクルのルートに乗せる役割を負っている．

都道府県知事等の許可を受けたフロン類回収業者は，フロン類を適正に回収し，自動車製造業者等に引き渡す責務を負っている．リサイクルシステムが適正に行なわれているかについては，電子管理票制度を導入している．〔参照：資料17〕

9 パソコンリサイクル省令

使用済パソコンの回収・再資源化については，1991年に施行され，2000年に改正された"資源の有効な利用の促進に関する法律(新リサイクル法)"第26条1項の規定(指定再資源化製品)に基づく「パーソナルコンピュータの製造等の事業を行う者の使用済パーソナルコンピュータの自主回収及び再資源化に関する判断の基準となるべき事項を定める省令(パソコンリサイクル省令)」(2001年3月28日経産・環省令第1号，改正2003年4月7日経産・環省令第3号)によって行われている(事業系使用済みパソコンは2001年4月1日から，家庭系使用済みパソコンは2003年10月1日から実施)．

新リサイクル法(2001年4月1日施行)において，パソコンは，指定省資源化製品及び指定再利用促進製品に指定され，18条1項の規定(指定省資源化製品)に基づく"パーソナルコンピュータの製造の事業を行う者の使用済物品等の発生の抑制に関する判断の基準となるべき事項を定める省令(2001年3月28日経産省令第62号)"及び21条1項の規定(指定再利用促進製品)に基づく"パーソナルコンピュータの製造の事業を行う者の再生資源又は再生部品の利用の促進に関する判断の基準となるべき事項を定める省令"(2001年3月28日経産省令第77号)により，パソコン製造業者にリデュース・リユース・リサイクルに配慮した設計・構造の工夫などが規定された．

それとともに，「指定再資源化製品」に指定され，重量1kgを超えるパソコンで生産・販売台数年間1万台以上について，製造業者および輸入販売業者に対して，自主回収・再資源化に関する規定が定められた(第6章26条以下)．その判断の基準となるべき事項を定めるパソコンリサイクル省令では，自主回収の実効の確保その他実施方法，2003年度までの再資源化の達成目標(ノートブック型20%，それ以外のパソコン本体50%，ブラウン管式の表示装置55%，液晶式の表示装置55%)，再資源化の実施方法,市町村との連携などが定められている．

使用済みパソコンの回収・再資源化の費用については，パソコンリサイクル省令第1条2項(2003年4月7日省令で新たに規定)において，「事業者は，指定回収場所においてパーソナルコンピュータ(事業活動に伴って生じたものを除く)の自主回収をするに際しては，対価を得ないものとする．ただし，正当な理由がある場合にはこの限りではない」と定め，2003年10月1日から実施する(省令附則1項)．ただし，同年9月30日までに販売された製品には適用されない(省令附則2項)．このように，事業系使用済みパソコンの場合は，産業廃棄物として排出時における排出事業者負担が一般化していたので，その仕組みを継続し，家庭系使用済みパソコンの場合は，2003年10月1日以降に販売されたものを無償引取りすることとなった．

事業者が，使用済みパソコンを全国で回収するためには，"2003年改正廃棄物の処理及び清掃に関する法律(廃掃法)"(2003年12月1日施行)第9条の9(現行「広域再生指定制度」は第7条1項及び4項)の規定に基づく「広域認定制度」を受けることで，都道府県知事または市町

111

村長による一般および産業廃棄物処理業の許可が不要となる．また，新リサイクル法では，使用済みパソコンの自主回収および再資源化を単独または共同して行う事業者は，「指定再資源化事業者」の認定を受けることができる（第27条1項）．この認定を受けた「指定再資源化事業者」は，廃掃法の適用にあたって，適切な配慮をするものとされ（第31条），「広域認定制度（現行：広域再生利用指定制度）」の認定を受ける場合に有利となる仕組みを設けている．

なお，日本から撤退した海外メーカーなど回収する事業者がいない家庭系使用済みパソコンの回収・再資源化について，東京都と都内の区市町村では，（社）電子情報技術産業協会（JEITA）と協力し，窓口を設け，JEITAと日本郵政公社が提携して構築した家庭系パソコン回収システムを利用する．これにより都内の区市町村は，2003年10月1日以降，使用済みパソコンを粗大ごみとして引き受けないこととなった．

10 グリーン購入法

グリーン購入とは，市場に供給される製品・サービスのなかから環境への負荷が少ないものを優先的に購入することを意味する．環境物品の優先的購入が，これらの物品などの市場の形成や開発の促進に寄与し，それが更なる環境物品の購入を促すという，継続的改善を伴う市場への波及効果を意図している．法に定める環境物品等とは，①再生資源その他の環境への負荷の低減に資する原材料又は部品，②環境への負荷の低減に資する原材料又は部品を利用していること，使用に伴い排出される温室効果ガス等による環境への負荷が少ないこと，使用後にその全部又は一部の再使用又は再生利用がしやすいことにより廃棄物の発生を抑制することができることその他の事由により，環境への負荷の低減に資する製品，③環境への負荷の低減に資する製品を用いて提供されるなど環境への負荷の低減に資する役務をいう（第2条）．

グリーン購入法では，需要面から循環型社会の形成に資するものとして，国が定める基本方針に即して（第6条），毎年度，各機関ごとに"環境物品等の調達の推進を図るための調達方針"を作成・公表し（第7条），具体的目標を定めて，再生品などの環境物品等の調達を推進し，その年度の調達実績を公表し，環境大臣に通知する（第8条）．また，環境大臣は，各省各庁の長等に対し，環境物品等の調達の推進をはかるためとくに必要があると認められる措置をとるべきことを要請することができる．

地方公共団体には，環境物品の調達の努力義務（第4条，10条），国民には環境物品の選択を責務として定めている（第5条）．なお，環境物品等の調達の推進にあたって，環境物品等であっても，その適正かつ合理的な使用に努めるものとし，この法律に基づく環境物品等の調達の推進を理由として，物品等の調達量の増加をもたらすことのないよう配慮する義務が国等に課せられている（第11条）．さらに，環境物品に関する購入者等への情報提供の努力義務が，環境物品の製造，輸入若しくは販売又は役務の提供の事業を行う者に課せられている（第12条）．

調達推進の基本方針（2001年2月，同年6月一部変更）では，以下の3点の基本的考え方が示されている．①物品等の調達にあたっては，従来考慮されてきた価格や品質に加え，今後は環境保全の観点が考慮事項となる必要があること．②環境負荷をできるだけ削減させる観点から，地球温暖化等の多岐にわたる環境負荷項目をできるかぎり包括的にとらえ，かつ可能なかぎり，当該物品の資源採取から廃棄に至るライフサイクル全般についての環境負荷の低減を考慮した物品等を選択すること．③環境物品

の調達には，調達総量をできるだけ抑制するよう，物品等の合理的使用等に努め，調達総量が増加しないように配慮すること．また，国際貿易への不必要な障害とならないように，環境物品の調達の推進がWTO(World Trade Organization)協定との整合性に配慮するように留意するとされている．〔参照：資料19〕

この方針に基づき，各機関の環境物品調達の基本的方向，各機関が重点的に調達すべき環境物品及び役務の種類(特定調達品目：紙類，納入印刷物，文具類など102)を定めている．たとえば，自動車に関する判断の基準は，「新しい技術の活用等により，従来の自動車と比較して，著しく環境負荷の低減を実現した自動車であって，次に掲げる自動車であること」として，①電気自動車，②天然ガス自動車，③メタノール自動車，④ハイブリッド自動車，⑤ガソリン車(乗用車は，低排出ガス車認定実施要領基準車両)，⑥ディーゼル車(乗用車は，認定実施要領基準適合車両)を掲げ，配慮事項として，鉛の使用量の削減，製品の長寿命化・省資源化や部品の再使用などがあげられている．

11 廃棄物処理法

1970年のいわゆる公害国会で，清掃法を改正し，"廃棄物の処理及び清掃に関する法律"(廃棄物処理法，1970年法律第137号)が制定された．この法律で，生活環境の保全を目的に加え，廃棄物を一般廃棄物と産業廃棄物とに区分し，汚染者負担原則に基づき，事業活動に伴って発生する廃棄物は事業者が処理責任を有するという事業者責任の考え方を導入した．また，家庭からでる一般廃棄物は，従前どおり市町村が処理義務を負うとした．1976年には，江戸川区の六価クロム問題を契機として改正され，措置命令規定，処理業の委託基準の設定や最終処分地の届出制の創設など規制の強化をはかった．産業廃棄物の最終処分場については，1977年の施行令の改正によって，遮断型(有害産業廃棄物の埋立て処分)，安定型(生活環境保全上の支障のおそれの少ない産業廃棄物の埋立て処分)，管理型(遮断型，安定型以外の生活環境の支障を防止する措置を講ずる必要のある産業廃棄物の埋立て処分)の3類型に区分され，類型に応じた構造・維持管理基準が設定された．なお，一般廃棄物は基本的に管理型とされた．廃棄物の広域移動や不法投棄が社会問題化してきた1991年10月にも改正され，①法律の目的規定に新たに，廃棄物の発生抑制，廃棄物の分別・再生を位置づけ，②国民，事業者，国のそれぞれの責務を強化し，③大量排出事業者の処理計画策定の仕組みを導入し，④廃棄物処理業の許可要件を強化し，処理施設設置の許可制を導入し，⑤特別管理産業廃棄物にマニフェスト(管理票)制度を導入するなど，深刻な廃棄物問題に一応の道筋をつけた．また，バーゼル条約(1992年発効，1993年日本加入)に加入するため，1993年に特定有害廃棄物等の輸出入等の規制に関する法律が制定され，それに併せて廃棄物処理法を改正し，廃棄物の国内処理原則，輸出の確認制度，輸入の許可制度が導入された．しかし，不法投棄問題や焼却場に起因するダイオキシン問題が深刻さを増して顕在化してきたため，1997年改正では，①廃棄物処理施設の設置手続の強化(生活環境影響調査の実施など)，②処理施設の維持管理に係る規制の強化(情報公開の義務づけなど)，③マニフェスト制度の全産業廃棄物への拡大，④措置命令対象者の拡大，⑤原状回復基金制度(原因者不明・無資力の場合)の導入，⑥不法投棄の罰則強化(3年以下の懲役，法人の場合には1億円の罰金)をはかった．また，2000年改正によって，①廃棄物の減量化の推進(国の減量化基本方針の策定，都道府県の廃棄物処理計画の策定，大量排出事業者の減量計画策定の

義務づけなど），②廃棄物の適正処理の規制強化（業許可要件の追加，排出事業者責任の明確化など），③公的関与による産業廃棄物処理施設の整備の促進（廃棄物処理センターの見直しなど）など，廃棄物の適正な処理体制の整備や不適正処理の防止に向けての改正が行われている．さらに，2003年度改正では，①広域的不適正処分への対応（環境大臣の報告徴収・立入検査権），②不適格要件に該当する廃棄物処理業者の許可取り消し，③広域処理業者に対する特例措置制度の創出，④廃棄物の疑いのある物に対する都道府県知事の報告徴収・立入検査権の付与，⑤不法投棄・不法焼却未遂罪が新設された．

12 特定産業廃棄物に起因する支障の除去等に関する特別措置法

1997年の"廃棄物の処理及び清掃に関する法律"の改正（1997年改正廃掃法）により，産業廃棄物の不法投棄の処理につき，原因者不明または資力不足の場合の都道府県知事が行う代執行に対し，財政支援を行うための基金制度が設けられた（費用の3/4）．ただ，この基金は，9年改正廃掃法が施行された1998年6月以降発生した不法投棄事案を対象としており，それ以前の事案については，1998年度から補正予算により財政支援が行われてきた（費用の1/3）．しかし，2001年6月の環境省による都道府県へのアンケート調査によると，1998年6月以前に発生した産業廃棄物の不法投棄の状況は，全国で約430か所，投棄量約1100万m^3にのぼり，そのうち，生活環境保全上の支障が生じ代執行を行う必要があるものが約3割，その費用は約800億円から1000億円程度と試算された．とくに，青森・岩手県境の不法投棄事案は，廃棄物の量約82万m^3，原状回復に要する費用約390億円と見積もられ，このような過去の不法投棄の原状回復について，財政支援などによる早期問題解決をはかるため都道府県の計画的な実施を支援する仕組みが必要となり，都道府県などが自ら原状回復などの事業を行う場合に必要な経費について，国庫補助および地方債の起債の特例などの時限的特別措置を内容とするこの法律が制定された（平成15年6月18日法律第68号，同日施行）．

この法律の目的は，特定産業廃棄物に起因する支障の除去などを計画的かつ着実に推進するため，環境大臣が策定する基本方針などについて定めるとともに，都道府県等（都道府県または保健所設置市）が実施する特定支障除去事業に関する特別の措置を講じ，もって国民の保護および生活環境の保全をはかることとしている．

その仕組みは，①環境大臣は，特定産業廃棄物（9年改正廃掃法施行前に不適正処分が行われた産業廃棄物）に起因する支障の除去または発生の防止（支障の除去など）を2003年度から2012年度までに計画的かつ着実に推進するための基本方針を，あらかじめ関係行政機関の長と協議して定める．②都道府県などは，基本方針に即して，その区域内における特定産業廃棄物に起因する支障の除去などの実施に関する計画を定める．実施計画を定めようとするときは，特定産業廃棄物の処分を行った者などの責任を明確化するよう配慮し，あらかじめ，環境基本法の規定により設置されている審議会などおよび関係市町村の意見を聴くとともに，環境大臣と協議し，その同意を得なければならない．③都道府県等が実施計画に基づいて特定産業廃棄物に起因する支障の除去などの事業（特定支障等除去事業）を行う場合，産業廃棄物適正処理推進センターが当該事業に対する資金の出捐（しゅつえん）（政令による補助率は有害性が高く周辺環境への支障が生じる場合は1/2，それ以外の場合は1/3）を行う．その場合，国が同センターに対して資金の補助を行う．④特定支障など除去事業の実施に当たり都道府県などが必要とす

る経費については，地方財政法の特例として地方債をもってその財源とすることができる．

13 バーゼル法

バーゼル法（"特定有害廃棄物等の輸出入等の規制に関する法律"1992年法律第108号）は，バーゼル条約（有害廃棄物の国境を越える移動及びその処分の規制に関するバーゼル条約，1992年5月発効）にわが国が加入するための国内法として1992年12月に制定された．この法律は，バーゼル条約がわが国に対して効力を発生する1993年12月から施行され，「バーゼル条約の的確かつ円滑な実施を確保するため特定有害物質等の輸出，輸入，運搬及び処分に関する規制措置を講じ，人の健康の保護及び生活環境の保全に資すること」を目的としている（図2-13）．

1) 規制の対象

規制の対象を「特定有害廃棄物等」と定義し（第2条），「特定有害廃棄物等の輸出入等の規制に関する法律第2条第1項第1号イに規定する物」（1998年環境庁・厚生省・通商産業省告示第1号）において告示されている．これには，廃棄物だけでなく，リサイクルを目的とした有価物も含まれており，廃掃法（廃棄物の処理および清掃に関する法律）の「廃棄物」とは別の定義が国内法に存在している[*1]．相手国がOECD加盟国の場合は，別に，"経済協力開発機構の回収作業が行われる廃棄物の国境を越える移動の規制に関する理事会決定に基づき我が国が規制を行うことが必要な物を定める省令"（1993年総理府・厚生省・通商産業省令第2号）によっている（図2-14）．

2) 輸出の手続

特定有害廃棄物等を輸出する場合には，"外国為替法及び外国貿易法"第48条3項に基づく経済産業大臣の承認を受けなければならない（第4条1項）．その際，申請書の写しが環境大臣に送付され，同大臣が，輸出国及び通過国に事前通告を行い，同意が得られているかどうか，さらに，環境の汚染を防止するために必要な措置が講じられているかどうかを確認して，経済産業大臣に通知する（法第4条3項）（図2-13）．

3) 輸入の手続

特定有害廃棄物等を輸入する場合には，"外国為替法及び外国貿易法"第52条に基づく経済産業大臣の承認を受けなければならない（第8条1項）．環境大臣は，輸出国から書面による通知を受け，その写しを経済産業大臣に送付するとともに，環境の汚染を防止するため，必要があると認めるときは，経済産業大臣に対し，承認を行う前に必要な説明を求め，意見を述べることができる（第8条2項）[*2]．（図2-15）

4) 輸出入移動書類の携帯義務

特定有害廃棄物等を輸出入する場合の運搬や輸入後の処分にあたっては，経済産業大臣から

[*1] 2003年改正廃掃法では"廃棄物"の定義自体は変更されなかった．なお，循環基本法（循環型社会形成推進基本法）では"廃棄物等"及びそのうち有用なものを"循環資源"と定義し，循環的利用の促進を図ろうとしている．

[*2] バーゼル法の輸出入手続は，"事前の情報提供に基づく同意（Prior Informed Consent）手続"（バーゼル条約第4条1項，6条）を定めたもので，"有害化学物質及び駆除剤の事前同意手続に関するロッテルダム条約（通称PIC条約）"も，この手続を採用している．なお，類似の手続として，"生物多様性条約カルタヘナ議定書"がとっている"事前の十分な情報提供に基づく輸入国の同意（Advance Information Agreement）手続"がある．この手続では，輸入国は，リスク評価を行い，拒否する権利が与えられている．

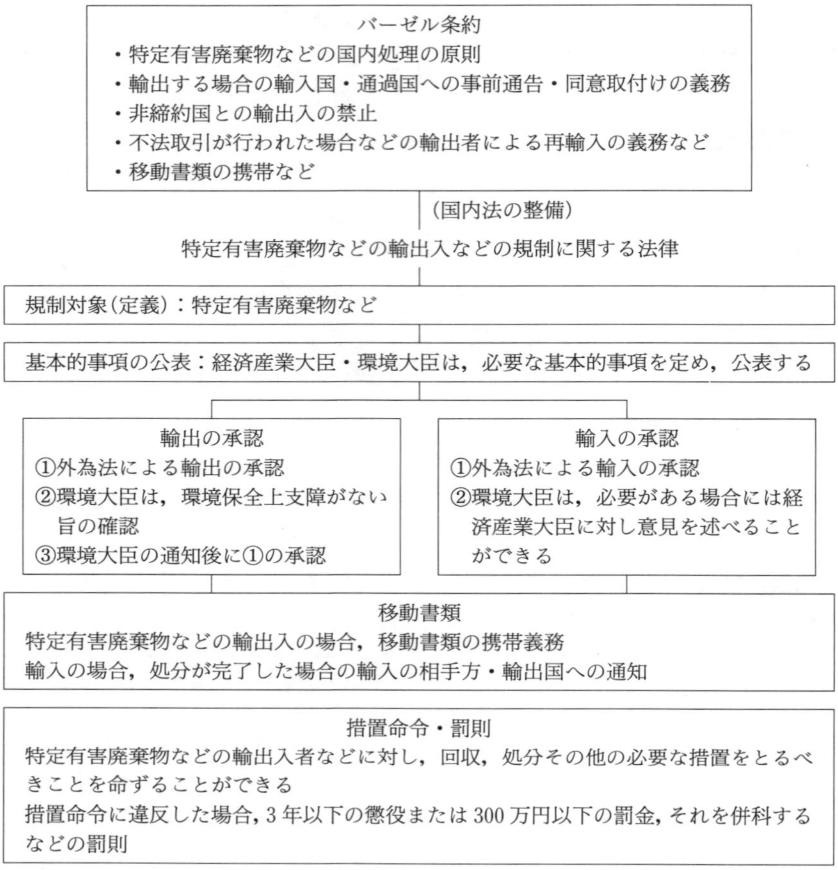

```
┌─────────────────────────────────────────────────┐
│            バーゼル条約                          │
│ ・特定有害廃棄物などの国内処理の原則              │
│ ・輸出する場合の輸入国・通過国への事前通告・同意取付けの義務 │
│ ・非締約国との輸出入の禁止                        │
│ ・不法取引が行われた場合などの輸出者による再輸入の義務など │
│ ・移動書類の携帯など                              │
└─────────────────────────────────────────────────┘
              (国内法の整備)
      特定有害廃棄物などの輸出入などの規制に関する法律
```

規制対象(定義):特定有害廃棄物など

基本的事項の公表:経済産業大臣・環境大臣は,必要な基本的事項を定め,公表する

輸出の承認
①外為法による輸出の承認
②環境大臣は,環境保全上支障がない旨の確認
③環境大臣の通知後に①の承認

輸入の承認
①外為法による輸入の承認
②環境大臣は,必要がある場合には経済産業大臣に対し意見を述べることができる

移動書類
特定有害廃棄物などの輸出入の場合,移動書類の携帯義務
輸入の場合,処分が完了した場合の輸入の相手方・輸出国への通知

措置命令・罰則
特定有害廃棄物などの輸出入者などに対し,回収,処分その他の必要な措置をとるべきことを命ずることができる
措置命令に違反した場合,3年以下の懲役または300万円以下の罰金,それを併科するなどの罰則

■図2-13 バーゼル法図解

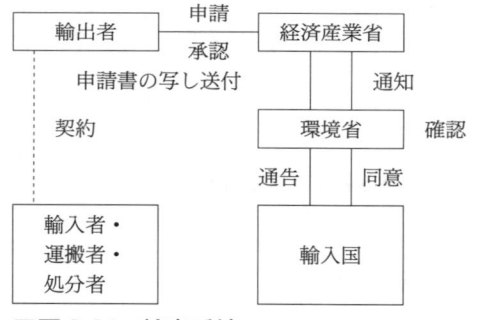

■図2-14 輸出手続

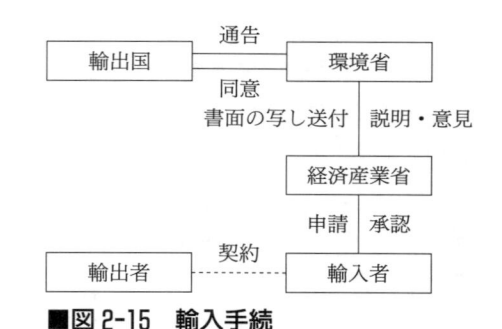

■図2-15 輸入手続

交付された輸出移動書類又は輸入移動書類を携帯している必要がある(第5条,9条).

⑤ 措置命令・罰則

承認を受けずに特定有害廃棄物等の輸出入等を行った者,虚偽の申告をした者,適正な運搬・処分を行わなかった者に対し,回収・適正な措置などの必要な措置を命ずることができ(第14条),この措置命令に違反した場合には,3年以下の懲役又は300万円以下の罰金,それ

を併科するなどの罰則が設けられている(第21～23条)*3.

6 その他

経済産業大臣及び環境大臣による特定有害廃棄物等の輸出入者・運搬・処分者等に対して報告を求め(第15条),立入調査する(第16条)権限などが定められている.

14 用語解説

【再商品化義務量】 容器包装リサイクル法には,"再商品化"が義務づけられている.個別業種が行うべき特定分別基準適合物ごとの再商品化義務量は毎年度主務大臣が公表する.そのため,事業者が算出する必要はない.また,特定容器利用事業者と特定容器製造等事業者との間の義務量の分担比率は,業種ごとに特定容器を用いた商品の販売額と当該特定容器の販売額の比率を基礎として主務大臣が定める率とされている.この法に定める再商品化とは,市町村が容器包装廃棄物を分別収集して得た"分別基準適合物"を,製品または製品の原材料として取引され得る状態にする行為などをいい,①自ら"分別基準適合物"を製品の原材料として利用すること,②自ら"分別基準適合物"を燃料以外の用途で,製品としてそのまま使用すること,③"分別基準適合物"について,製品の原材料として利用する者に有償または無償で譲渡し得る状態にすること,④"分別基準適合物"について,製品としてそのまま使用する者に有償または無償で譲渡し得る状態にすること,などをいう.なお,事業者が再商品化を行う方式には,①指定法人のルート(自らの再商品化義務量の再商品化を指定法人に委託し,その債務を履行した場合は,再商品化をしたものとみなす),②独自のルート(主務大臣の認定を受けて,自らまたは指定法人以外の者に委託して再商品化を行う),③自主回収のルート(自ら販売店のルートなどを通じて自ら容器包装廃棄物を回収し,再商品化を行うこと)の三つのルートから,可能な方式を選択することになる.③の自主回収の場合には,その回収にかかわる量を再商品化義務量から控除することができる.

【適正処理困難物】 廃棄物処理法では,事業者に対し,廃棄物の再生利用などを行うことによりその減量に努めるとともに,物の製造,加工,販売などに際し,その製品,容器が廃棄物になったときに,適正な処理が困難にならないように責務を課しており,適正処理が困難なものは,製造,販売してはならないことになっている.しかし,適正処理困難物は増加する一方であり,こうした製品に含まれる有害物質が焼却や埋立ての過程で環境を汚染し続けている.適正処理困難物には,ポリ塩化ビフェニール(PCB)を含むテレビ受像機,エアコンディショナーなどの家電製品,水銀,カドミウム,鉛などの有害重金属を含む蛍光灯,乾電池,焼却すると有害ガスを発生させ埋立てても腐らないプラスチック,紙パックにアルミ箔を張り付けた酒パックなどの複合素材などがある.

【産業廃棄物適正処理推進センター】 原状回復基金を設け,廃棄物の不法投棄などの不適正処理による生活環境保全上の支障の除去などの措置を行う都道府県などに対する支援などを行う法人.廃棄物処理法第13条の12に基づき指定される.

【ごみアセスメント評価適合製品】 資源有効利用促進法に基づき,製品生産者が生産を行う前に,製品の生産・流通・使用・廃棄・再資源

---

*3 1999年12月に,医療廃棄物を古紙と偽ってフィリピンに輸出した事件(ニッソー事件)が起きた.業者が倒産したため,国が,これを引き取り,費用を負担した(バーゼル条約第9条2項).

化・処理処分の各段階における安全や資源，環境影響を調査，予測および評価し，必要に応じて製品設計や生産法などの変更を行って影響の軽減化を事前にはかる製品アセスメントが必要となった．とりわけ"ごみアセスメント"は製品廃棄物全般にわたる評価項目(処理処分容易性，廃棄物最小化，情報開示の妥当性，再資源化容易性)をすべて含み，狭義の製品アセスメントといわれるが，この評価基準に適合する製品のこと．

§6 自然保護関連法

1 自然保護関連の法制度の概要

(1) 自然保護関連の法制度の歴史

自然地域や野生生物を対象とする，いわゆる自然保護に関する制度は，日本ではとくに森林を対象に，かなり以前から講じられてきた．森林保全のための種々の禁制は7世紀頃から記録されており，江戸時代では留木・留山(とめき・とめやま)などの禁伐措置が各藩で定められていた．

明治以降の近代法制となって以降では，1888(明治21)年の東京市区改正条例は無秩序な拡大を防止するための都市計画制度を導入したが，これは1919(大正8)年に都市計画法となり，都市内の公園緑地の整備や風致地区の制度へと発展した．また1897(明治30)年に制定された森林法には保安林制度が導入され，森林の無秩序な伐採を規制した．1919(大正8)年には史跡名勝天然記念物保存法(後に文化財保護法)が制定され，すぐれた風景や名勝，学術上貴重な動植物，岩石，地形，地質などを保護保存することとなった．1931(昭和6)年には国立公園法(後に自然公園法)が成立し，変化に富んだ自然風景を保護の対象とする国立公園制度が誕生した．また野生生物を対象としては，1882(明治25)年の狩猟規則で捕獲禁止の保護鳥獣が定められたのを経て，1895(明治28)年に狩猟法が制定され，その後，1918(大正7)年に全面的に改正された狩猟法(後の"鳥獣保護及ビ狩猟ニ関スル法律"，現在の"鳥獣の保護及び狩猟の適正化に関する法律"の母体)では，哺乳類と鳥類については，狩猟対象とされた鳥獣以外は原則としてすべて保護の対象とされることとなっ

た.

しかし第二次世界大戦後，高度経済成長にともない国土全般の開発が進むとともに，全国各地において自然破壊が問題とされるようになった．そのような事態に対応し，自然保護政策をより積極的に実施するため，国の行政面では1971(昭和46)年に環境問題を専門に担当する独立の組織として環境庁(2001年に環境省)が設置された．翌1972(昭和47)年には自然環境保全の全般に関する基本的な理念や基本方針を盛り込んだ自然環境保全法が制定され，原生的な自然地域の保全を含めて国の自然保護対策の中心的な役割を担うこととなった．

その後1993年に，汚染(公害)問題と自然保護問題の両者を包含・統合して環境政策の基本方針を定めることを意図した環境基本法が制定され，また自然保護(生態系保全)に関する国際的な条約である生物多様性条約(1992年締結)に日本も参加することとなった．そして2003年には，損なわれてしまった自然の修復をさらに積極的に推進するため，議員提案による自然再生推進法が成立した．〔参照：資料20, 21〕

その結果，自然保護に関する現在の法制度は，環境基本法とそれに基づく環境基本計画を基礎に，自然環境保全法に基づく自然環境保全基本方針と自然環境保全基礎調査，および生物多様性条約に基づく生物多様性国家戦略を軸として，自然環境の保護・保全からその再生・修復まで，多数の法律や制度がそれぞれの分野で対処する，という仕組みになっている．(表2-1)

② 自然保護に関する現在のおもな法律・制度

以下ではまず，環境基本法では自然保護がどう取り扱われているのか，ごく簡単に紹介する．次に，現在の日本の自然保護に関する最も基本的かつ総合的な政策である生物多様性国家戦略について説明するとともに，生物多様性国家戦略の策定までは自然保護政策の基本を担っていた自然環境保全法について説明する．その後に，自然地域を保護する制度の代表として，自然公園法と，国有林野内の保護・保存林制度(とくに森林生態系保護地域制度)，および都市緑地保全法の概要を紹介する．また，野生生物の保護に関する代表的な法制度としては，"鳥獣の保護及び狩猟の適正化に関する法律"(鳥獣保護法)と，"絶滅のおそれのある野生動植物の種の保存に関する法律"(種の保存法)，および天然記念物制度(文化財保護法)の概要を述べる．そして最後に，自然保護に関する市民からの積極的な活動であるナショナル・トラスト制度について簡単に紹介する．

● 環境基本法における自然保護の取り扱い

1993年に成立した環境基本法は，「…環境の保全について，基本理念を定め，並びに国，地方公共団体，事業者及び国民の責務を明らかにするとともに，環境の保全に関する施策の基本となる事項を定めることにより，環境の保全に関する施策を総合的かつ計画的に推進し，もって現在及び将来の国民の健康で文化的な生活の確保に寄与するとともに人類の福祉に貢献することを目的とする」(第1条)としている．そして自然環境の保護・保全に関しては，施策の策定・実施に際して確保されるべき事項の対象として，人の健康や良好な生活環境だけでなく，「…並びに自然環境が適正に保全されるよう，大気，水，土壌その他の環境の自然的構成要素が良好な状態に保持されること」や，「生態系の多様性の確保，野生生物の種の保存その他の生物の多様性の確保が図られるとともに，森林，農地，水辺地等における多様な自然環境が地域の自然的社会的条件に応じて体系的に保全されること」，そして「人と自然との豊かな触れ合いが保たれること」をあげている(第14条)．

また，この環境基本法に基づいて(第15条)設けられている環境基本計画「－環境の世紀へ

の道しるべ―」(2000年12月22日閣議決定)では，持続可能な社会をめざす長期的目標の四つの柱の一つに「共生」が挙げられ，さらに環境政策の基本的考え方の重要な要素として「生態系の価値を踏まえた環境計画」が明示されている．

● **生物多様性国家戦略**

「生物多様性国家戦略」は，生物多様性の保全と持続可能な利用に関する基本方針および国のとるべき施策の方向を定めたものである．日本も批准している生物多様性条約が，その加盟国に策定を求めているものであり，同条約の発効を受けて1995年10月に閣議決定された．この戦略は，施策の実施状況について毎年点検を行うとともに，おおむね5年程度を目途に見直しを行うことが規定されている．そして2002年3月には，全面的な見直しを受けた新しい生物多様性国家戦略が決定された．

この新・生物多様性国家戦略では，①種と生態系の保全，②絶滅の防止と回復，③持続可能な利用，という3点が目標とされ，また対応の基本方針としては，①保全の強化，②自然再生，③持続可能な利用，があげられている．そしてこれらの目標や方針のもとに，関係する諸分野での具体的な施策の展開が予定されている．〔参照：資料18〕

● **自然環境保全法**

自然公園法など，自然環境の保全を目的とする法律とあいまって，自然環境を保全することがとくに必要な区域などの自然環境の適正な保全を総合的に推進することを意図した法律である(1972年制定，1973年施行)．当初は，公害対策基本法が環境汚染問題への基本法であったのに対し，いわゆる自然保護に関する国の基本政策を定める役割を担っていた．しかし環境基本法の制定・施行(1993年)や生物多様性条約に基づく生物多様性国家戦略の策定(1995年)に伴い，自然環境保全法はいくつかの具体的な自然保護対策について定める，いわゆる実施法的な性格のものとなった．

現在の自然環境保全法のおもな役割は，原生自然環境保全地域(第14～第21条)・自然環境保全地域(第22条～第30条)・都道府県自然環境保全地域(第45～第51条)の指定と保全，および，自然環境保全基礎調査(第4条，いわゆる「緑の国勢調査」で，おおむね5年ごとに実施)である．

● **自然公園法**

自然地域を保全する代表的な制度であり，"すぐれた自然の風景地の保護と，その利用の増進を目的とする法律"(1条)．国立公園(環境大臣が指定し国が管理．2003年4月現在28か所，約205万ha)，国定公園(環境大臣が都道府県の申し出により指定するが，公園計画の一部は環境大臣，一部は都道府県知事により決定され，具体的な管理行為は都道府県が行う．55か所，約134万ha)，都道府県立自然公園(都道府県の条例により知事が指定し，都道府県が管理する．307か所，約196万ha)が含まれ，合計で約535万ha，国土面積の約14.2％を占める．自然公園全体の利用者数は，近年は年間約9～10億人となっている．

この自然公園制度は，1931年に国立公園法として誕生し，1957年に国定公園と都道府県立自然公園を包括する自然公園法と姿を変えて以来，大きな変更は行われていなかった．しかし以前からこの制度には，自然環境の保護，とくに生物多様性(生態系)の保全という観点から見た場合に大きな問題点がいくつかあることが指摘されていた．さらに近年では，とくに一部の地域では，公園利用者の活動が環境に与える影響である，いわゆる過剰利用(オーバーユース)問題も深刻となってきた．

しかし2002年の法改正により，生態系保全の重要性が明記され(第3条2項)，そのために取り得る対策手法も，制度上は相当に強化された．公園内の土地所有者などの地権者の同意が

得られることを前提に，湿原のような環境保全に特別の配慮が必要な場所について，環境大臣あるいは都道府県知事の許可がなければ立ち入りが認められないという立入規制区域を環境大臣が指定できることとなったことはその一例である(第13条3項13号，第14条3項1号．また第60条により都道府県立自然公園にも適用可能)．

また，過剰利用対策への対応も盛り込まれ，新たに利用調整地区制度が創設された．これは，公園内の特定地域については，環境に影響を与えない方法(人数，滞在時間，利用時期など)でのみ，利用が認められるというものである(第15条～第23条，都道府県立自然公園については第60条)．この立入規制地区や利用調整地区は，すべての国立公園や国定公園で実施されるというものではなく，このような対策が必要かつ可能という条件が揃った場所で実施されるものである．利用調整地区については，現在のところ，知床国立公園，小笠原国立公園，そして日光国立公園の尾瀬地域などが検討の対象とされているようである．

一方，土地所有者などによる管理が不十分で風景の保護がはかられないおそれのある地域については，風景地保護協定制度(第31条～第36条，都道府県立自然公園の場合は第61条)が設けられた．これは，環境大臣，地方公共団体またはNGOなどの公園管理団体が土地所有者などとの間で自然の風景地を保護するための協定(風景地保護協定)を締結し，土地所有者などに代わって環境管理を行うというものである．

さらに，公園管理団体制度(第37条～第42条，都道府県立自然公園は第62条)が新設された．これまでも市民団体やNGOは自然公園内で種々の環境保全活動を行ってきたが，この公園管理団体制度は，民間団体や市民による自発的な自然風景地の保護および管理の一層の推進を図るために，一定の能力を有する公益法人またはNPO法人などについて，環境大臣や都道府県知事の指定によって，風景地保護協定に基づく風景地の管理主体や，公園内の利用に供する施設の管理主体などとして位置づけるものである．

このように，環境の保全とその適正な利用のために，制度面では相当に充実した内容となった自然公園法ではあるが，問題は管理の実施体制，とくに，より充実した管理のために必要となる人的労力と費用である．今回の法改正は，人的労力という面ではNGOや地域住民の活動に頼っているようにも見られ，また環境を保全するに必要となる費用の面については，ほとんど対応が取られていない〔わずかに，利用調整地区への立入認定を環境大臣や都道府県知事に代わって行う指定認定機関が「手数料」を取ることが認められているが，これはあくまでも認定のための手数料であって，地域を利用するための利用料や環境保全料ではない(第23条)〕．

● 国有林野の保護・保存林と，森林生態系保護地域制度

a．国有林野の機能類型

日本の森林の約3割を占める国有林野に関する管理・経営の抜本的改革の一環として1998年に制定された国有林野管理経営法は，国有林野の管理経営の目標として，「国土の保全その他国有林野の有する公益的機能の維持増進」を掲げ，国民の森林として持続可能な管理経営をめざすこととしている．その結果，国有林野は，国土保全・水源涵養などを目的とする「水土保全林」(国有林野管理経営法制定以前の国有林野経営規定では国土保全林)と，森林生態系保全やレクリエーション提供を目的とする「森林と人との共生林」(同じく自然維持林と森林空間利用林)，および，木材生産などを目的とする「資源の循環利用林」(同

じく木材生産林)の3類型に再編し，それぞれの類型に応じた適切な管理運営が目標とされるとともに，資源の循環利用林の面積は木材生産林当時の413万haから160万haへと大幅に縮小された．

b．保護・保存林

国有林野のうち，原生的な森林生態系からなる自然環境の維持，動植物の保護，遺伝資源の保存，施業および管理技術の発展などにとくに資することを目的として，区域を定め禁伐などの管理経営を行うことにより保護がはかられている地域である．1915(大正4)年の保護林制度に始まる．現行の保護林の種類は，(1)森林生態系保護地域，(2)森林生物遺伝資源保存林，(3)林木遺伝資源保存林，(4)植物群落保護林，(5)特定動物生息地保護林，(6)特定地理等保護林，(7)郷土の森，の7類型である．2003年4月現在，これらの保護・保存林の合計は817か所，設定面積は約62万haとなっている．世界遺産条約に基づいて世界遺産の自然遺産に登録されている白神山地の全域と屋久島の95%の区域も森林生態系保護地域として管理されている．

c．森林生態系保護地域

森林生態系保護地域は保護・保存林制度の一環として，原生的な天然林を保存することにより，森林生態系からなる自然環境の維持，動植物の保護，遺伝資源の保存，森林施業・管理技術の発展，学術研究などに資することを目的として設定される．森林生態系の厳正な維持をはかる保存地区(コアエリア)と，保存地区の外周で緩衝の役割を果たす保全利用地区(バッファーゾーン)から成り，森林生態系の保護をはかっている．

森林生態系保護地域の対象となるのは，原則として1000ha以上の規模を有する地域か，その地域でしか見られない特徴を持つ希少な原生的天然林で500ha以上の規模を有する地域のいずれかで，伐採されたことのない区域およびそれと同様の周辺の区域である．世界遺産条約に基づいて世界遺産(自然遺産地域)に登録されている白神山地や屋久島はその代表例である．2003年4月現在，全国で27か所，合計面積は約39万haが設定されている．

● 都市緑地保全法

都市における緑地の保全および緑化の推進に関し必要な事項を定めることにより，良好な都市環境の形成をはかり，もって健康で文化的な都市生活の確保に寄与することを目的とする法律(第1条)．1973年制定．

同法に基づき，無秩序な市街地化を防止すべき地域や，あるいは良好な生活環境(風致，景観，動植物の生息・生育地)を形成している地域については，都市計画において緑地保全地区が定められる(第3条)．緑地保全地区内においては，公益性がとくに高いと認められる行為や緑地保全地区の設定以前にすでに着手されていた行為を除き，建築物その他の工作物の新改築や増築，宅地の造成，土地の開墾，土石の採取その他の土地の形質の変更，木竹の伐採，水面の埋立または干拓，その他政令で定めるものは規制され，都道府県知事の許可を得なければ行うことができない(第5条)．

また同法により，土地所有者などは，全員の合意がある場合，市町村長の許可のもとに緑化協定を締結することができる．協定事項としては，目的となる土地の区域(緑地協定区域)，保全または植栽する樹木などの種類，樹木などを保全または植栽する場所，垣または柵の構造，樹木などの管理に関する事項，その他緑地の保全または緑化に関する事項，緑地協定の有効期間，緑地協定に違反した場合の措置，が定めら

れる（第14条）．

●鳥獣の保護および狩猟の適正化に関する法律

1918年に制定された"鳥獣ノ保護及ビ狩猟ニ関スル法律"（旧・鳥獣保護法）は，2002年の改正で，それまでの旧カナ表記からひらがな表記に改められ，その名称も"鳥獣の保護および狩猟の適正化に関する法律"となった．また法律の目的に，それまでの鳥獣保護と狩猟の適正化に加え，「生物の多様性の確保」が加えられ（第1条），条項も整理された．その結果，鳥獣（哺乳類）を保護するとともに，狩猟のルールを定める法律という姿がかなり明確になった．新しい鳥獣保護法は2003年4月から施行されている．

鳥獣保護法で保護の対象となる「鳥獣」とは，原則として日本に生息する哺乳類と鳥類の全種である（第2条1項）．この点が明確にされたことにより，従来は対象外であったアザラシやジュゴンなど，海生の哺乳類も鳥獣保護法の対象とされることとなった．

鳥獣および鳥類の卵は，原則として捕獲，採取，損傷してはならない（第8条）．野生鳥獣の捕獲などが許されるのは，環境省令で定める狩猟鳥獣を対象に（第2条3項），銃や罠（わな）等，法で定める方法（狩猟，第2条4項）で，時期や場所等に関する一定のルールのもとで行う場合と，学術研究目的や，生活環境，農林水産業，あるいは生態系にかかわる被害を防止する目的の場合，そして数が増えすぎた特定鳥獣の個体数を調整する必要がある場合に限定される（第9条）．

鳥獣保護法によれば，国（環境大臣）は鳥獣の保護を図るための事業（鳥獣保護事業）の実施に関する基本指針を定め（第3条），都道府県知事はこの基本指針に即した鳥獣保護事業計画を定めることとなる（第4条）．鳥獣保護事業計画の内容は，鳥獣保護区の指定や猟区・休猟区の設定，あるいは人工増殖などである．狩猟は，この鳥獣保護事業計画に基づいて行われることとなる．また，とくに著しくその数が増加あるいは減少している鳥獣については，都道府県は「特定鳥獣保護管理計画」を定め（第7条），個体数調整を含む積極的な管理を実施することができる．増加が著しい鳥獣の個体数調整は，積極的な狩猟活動（第9条）と，捕獲許可の運用（狩猟鳥獣の場合，第14条）で行われる．この，積極的な個体数管理を意図する特定鳥獣保護管理計画制度は，1999年の改正で導入されたものである．

鳥獣保護法はまた，鳥獣の生息地を保護するため，必要がある場合は鳥獣保護区を指定できるとする（第28条）．鳥獣保護区には，国が指定する国設鳥獣保護区と，都道府県が指定するものがある．海生哺乳類も保護対象となることが明確になった結果，アザラシの集団繁殖地周辺などの海域にも鳥獣保護区が設定される見通しである．鳥獣保護区内の特別保護地区では，建築物の新築・改築や水面の埋め立て，あるいは木竹の伐採など，鳥獣の生息環境に大きな影響を与える行為が規制される．

この他にも鳥獣保護法は，狩猟によって捕獲される鳥獣の種類や数をより正確に把握するため，狩猟者や捕獲等許可者に捕獲数などの報告を義務づけ（第9条12項），また，水鳥が銃猟で使用される鉛製の散弾を摂取して鉛中毒となるのを防止するため，鉛製散弾の使用禁止等を可能とする指定猟法禁止区域の設定（15条）を可能としている．さらに，販売されることによってその保護に重大な支障をおよぼすおそれのある鳥獣については，これを販売禁止鳥獣と環境省令で定め，その販売を禁止する（第23条）とともに，鳥獣保護法違反の捕獲・採取でないことを証明しなければ輸出が認められない鳥獣も省令で定められることとし（第25条），違法に捕獲した鳥獣の飼養や譲渡を禁止する（第27条）．このように，狩猟のルールを定めるとい

う性格の強かった当初の制度に比べるならば，現在の鳥獣保護法は，野生鳥獣の保護をかなり重視した内容になってきたといえよう．

しかし，問題点もいろいろと指摘されている．たとえば，鳥獣とは哺乳類を意味するとしつつ，哺乳類であっても，環境衛生の維持に重大な支障をおよぼすおそれのある鳥獣や，他の法令によって捕獲などについて適切な保護管理がなされている鳥獣で，環境省令で定めるものについては適用除外としている(第80条)．前者にはネズミ類の一部，後者にはイルカを含むクジラ類やトド，ラッコ，オットセイの全種があげられている．この適用除外条項(等々後者)に対しては，野生生物保護よりも水産資源管理を重視するものだとの批判が強い．

また，特定鳥獣保護管理計画に基づく個体数調整については，その生息地域が複数の都道府県にまたがることも多く，しかも移動する野生生物を対象に，都道府県という行政区域それぞれの判断でその保護管理(すなわち，多くの場合は捕獲・狩猟)を行うことは適切ではないとの批判も強い．

● **絶滅のおそれのある野生動植物の種の保存に関する法律**

個体数の減少などにより，種としての存続が危ぶまれる野生動植物種の絶滅を回避するために，1992年に制定された法律．一般には"種の保存法"とも呼ばれ，「野生動植物が，生態系の重要な構成要素であるだけでなく，自然環境の重要な一部として人類の豊かな生活に欠かすことのできないもの」(第1条)との見地から，その種の保存を図ることを目的とする．アメリカで1973年に制定された，世界で最も精巧な種の保存法，あるいは最も包括的な種の保存法などといわれる Endangered Species Act (ESA) がモデルとなっている．

種の保存法による保護の対象となるのは「希少野生動植物種」であるが，これには国内希少野生動植物種と国際希少野生動植物種および緊急指定種がある(第4条2項)．対象種の選定基準や取扱い，保護，増殖に関する方針は希少野生動植物種保存基本方針として環境大臣が定める(第6条)．

希少野生動植物種の個体(個体の器官や加工品も含む)の譲渡や譲受などは原則禁止だが，国内希少野生動植物種のうちで商業的な繁殖が可能である特定国内希少野生動植物種の譲渡や輸出入は認められる(第12条，第15条)．ただし，譲渡などを事業として行おうとする者は環境大臣と農林水産大臣に届け出なければならない(30条)．なお，国際希少野生動植物種については，器官や加工品の一部の譲渡はできる(第12条Ⅰ③)．

国内希少野生動植物種および緊急指定種については，生きている個体の捕獲，採取，殺傷，損傷が禁止される(第9条)．さらに国内希少野生動植物種については，その種の生息・生育環境を保全するために，管理地区と監視地区からなる生息地等保護区を指定することができる(第36条)．管理地区の中には特別制限地区や立入制限地区を設けることもできる．また，個体数が著しく減少した種に対しては保護増殖事業が用意されており，地方公共団体や民間団体も環境大臣の確認・認定を受けて保護増殖事業を実施することができる．

このように種の保存という観点からは相当に整備された内容を持つ法律ではあるが，国内希少野生動植物種(および緊急指定種)の指定対象種が少なく，また生息地等保護区の指定がなかなか進まないなど，制度の運用面での問題が指摘されている．

● **天然記念物制度**

文化財保護法(1950年制定)により，学術上貴重で，我が国の自然を記念するものに指定されている動物，植物，地質鉱物．天然記念物(学術上貴重でわが国の自然を記念するもの)，

特別天然記念物(世界的に,また国家的に価値がとくに高いもの),および天然保護区域(保護すべき天然記念物に富んだ代表的な一定の区域)に区分され,それぞれ,国が指定するもの(文化財保護法第69条)と,条例に基づき各都道府県および市町村が指定するもの(同法第98条2項)がある.指定されたものを採集したり毀損したりする行為は禁止され,違反には懲役や罰金などの刑罰が科される.

●ナショナル・トラスト制度

"National Trust"(英語).野放図な開発や都市化の波,そして相続税対策などから貴重な

■表2-2 自然環境の保護・保全に関する法制度の概要

環境に関する基本的な方針を定める法律・計画など	自然保護に関する基本的な方針を定める法律・計画など	保護の対象となる自然地域および対策	関係する法律(国のレベル.この他に各地方自治体が種々の条例や指針・要綱を設けている.)
環境基本法 (環境基本計画)	生物多様性国家戦略 (生物の多様性に関する条約) 自然環境保全法 (自然環境保全基本方針,自然環境保全基礎調査)	原生的な自然	自然環境保全法,文化財保護法(天然記念物制度),自然公園法
		自然景観	自然公園法,文化財保護法(天然記念物制度),都市計画法など
		森林	森林・林業基本法(新林業基本法),森林法,国有林野の管理経営に関する法律など
		河川	河川法など
		湖沼	河川法,湖沼水質保全特別措置法,琵琶湖総合開発特別措置法など
		海岸	海岸法,砂防法,瀬戸内海環境保全特別措置法など
		温泉	温泉法
		田園 (農業地域)	食料・農業・農村基本法(新農業基本法),農地法,農業振興地域の整備に関する法律,生産緑地法など
		都市緑地	都市公園法,都市緑地保全法,都市の美観を維持するための樹木の保存に関する法律,都市計画法,建築基準法,首都圏近郊緑地保全法,生産緑地法など
		歴史的風土	古都における歴史的風土の保存に関する特別措置法,文化財保護法(史跡名勝制度)など
		野生生物	鳥獣の保護及び狩猟の適正化に関する法律,絶滅のおそれのある野生動植物の種の保存に関する法律,文化財保護法(天然記念物制度),水産資源保護法,漁業法など
		自然環境への影響の評価	環境影響評価法(アセスメント制度)
		自然環境の積極的な復元	自然再生推進法
		国際条約	国内の自然保護に関連する国際条約としては,特に水鳥の生息地として国際的に重要な湿地に関する条約(ラムサール条約),世界の文化遺産及び自然遺産の保護に関する条約(世界遺産条約),絶滅のおそれのある野生動植物の種の国際取引に関する条約(ワシントン条約),生物の多様性に関する条約,日米・日露・日豪・日中などの2国間渡り鳥条約など
		検討中の新たな対策	湿地・湿原の保護,移入種・侵入種対策,新生物(遺伝子改変生物)対策など

自然環境や価値ある歴史的建造物などが破壊されるのを防ぐため，自然地域や歴史的建造物を市民からの寄付金等によって買取り，または寄贈や遺贈などとして取得し，あるいは所有者などと保全契約を締結するなどの方法により，これを保全・維持・管理・公開することで，次世代に残していくことを目的とした市民運動．1885年，イギリスで3人の篤志家が，資金を出しあって自然地域を買い取る財団を創立したことに始まる．

　日本では1964年，宅地造成開発から古都鎌倉の風致（環境）の破壊を防ぐため，鎌倉風致保存会が設立されたのが最初とされる．1974年には和歌山県田辺市の「天神崎買取り運動」と北海道斜里町の「知床100平米運動」が始まり，現在は全国各地に種々のナショナル・トラスト活動が見られる．当初は寄付金も税控除の対象にならないなど，財政面での支援措置に問題があったが，現在では，特定公益増進法人として活動しているナショナル・トラスト団体については，寄附は所得税や法人税などの控除対象となり，また土地などの寄贈に対しても相続税の非課税あつかいや譲渡所得税の優遇が受けられるなどの対応がとられることとなっている．

2 国際条約の国内法化

① 自然保護に関する国際条約

自然保護に関する国際条約

　自然保護に関連しては，いくつもの国際条約があり，日本もそれらの多くに参加している．特に水鳥の生息地として国際的に重要な湿地に関する条約（ラムサール条約，1971年作成，1980年日本批准），世界の文化遺産及び自然遺産の保護に関する条約（世界遺産条約，1972年作成，1992年日本批准），絶滅のおそれのある野生動植物の種の国際取引に関する条約（ワシントン条約，1973年作成，1980年日本批准），生物の多様性に関する条約（1992年作成，1993年日本批准），あるいは日米・日露・日豪・日中などで締結されている二国間渡り鳥条約，などがその例である．これらの条約に参加し，その条約が要求する自然保護対策を国内で実施するに際しては，国内の既存の法制度の運用で対応できる場合もあるし，新たな法律の制定や計画の策定が必要となる場合もある．

② 国内の既存の法律・制度による対応と課題

　ラムサール条約の登録対象とされる湿地は，2003年7月現在，13か所である〔釧路湿原，クッチャロ湖，ウトナイ湖，霧多布湿原，厚岸湖・別寒辺牛湿原，宮島沼（以上，北海道），伊豆沼・内沼（宮城県），谷津干潟（千葉県），片野鴨池（石川県），藤前干潟（愛知県），琵琶湖（滋賀県），佐潟（新潟県），漫湖（沖縄県）〕．これらの湿地の保護対策は，国内ではおもに鳥獣保護法により対応がはかられている．しかし鳥獣保護法での保護対象地域は，ラムサール条約が定める湿地の概念に比べてかなり狭いため，自然公園法や河川法などによる積極的な対応が求められている．

　世界遺産条約については，文化遺産地域〔法隆寺地域の仏教寺院群，姫路城，古都京都の文化財，白川郷・五箇山の合掌造り集落，広島平和記念碑（原爆ドーム），厳島神社，古都奈良の文化財，日光の社寺，琉球王国のグスクおよび関連遺産群〕の保護はおもに文化財保護法が，また自然遺産地域（白神山地，屋久島）では自然環境保全法，自然公園法，国有林野内に設けられている森林生態系保護地域制度，および天然記念物制度（文化財保護法）が対応を図っている．しかし後者（自然遺産地域）については，同じ地域を対象に，趣旨の異なる複数の保護制度が重層的に関係することになっているため，制度間の効率的な調整が求められている．

渡り鳥の保護のために二国間で結ばれる諸条約については，国内では種の保存法，鳥獣保護法，外国為替・外国貿易法などが関係することになる．

③ 新たな法律の制定による対応の例

絶滅のおそれのある野生動植物の種の国際取引きを規制するワシントン条約の場合には，1980年の加盟に伴い，国内での対応措置として，1987年に絶滅のおそれのある野生動植物の譲渡の規制等に関する法律が制定された（なおこの法律は，1992年の種の保存法の成立に伴って廃止された）．また同条約では，輸出入規制対象の野生生物種は付属書にリストアップされるが，これは日本国内では外務省告示によって公表される．具体的な輸出入の規制措置は，外国為替・外国貿易法および関税法によって行われている．

④ 生物多様性条約の国内法制度への影響

最近の例としては，生物多様性条約の国内法への影響が注目される．同条約は，自然状態での生物多様性（生態系）を保全しつつ，その構成要素である生物資源の持続可能な利用を促進することを目的としている．生物多様性条約への加盟を受けて，国内では，まず絶滅のおそれのある野生動植物の種の保存を図るため，1992年，旧"特殊鳥類の譲渡等の規制に関する法律"と旧"絶滅のおそれのある野生動植物の譲渡の規制等に関する法律"を廃止して，"絶滅のおそれのある野生動植物の種の保存に関する法律"が制定された．また，生物多様性の保全に国として取り組むための基本政策として，1995年には生物多様性国家戦略が閣議決定された．2002年3月には全面的な見直しを受けた新しい生物多様性国家戦略が決定され，種と生態系の保全，絶滅の防止と回復，持続可能な利用，という三つの目標と，保全の強化，自然再生，そして持続可能な利用という三つの基本原則のもとに，関係する諸分野での具体的な施策の展開が予定されている．

このほかにも，生物多様性条約が国内の各種の法制度に与えている影響は大きい．たとえば，鳥獣保護法では1999年の改正で特定鳥獣保護管理計画制度として積極的な個体数管理対策が盛り込まれた．1997年に成立した環境影響評価法でも，具体的なアセスメントの技術指針となる主務省令は，生物多様性の確保および自然環境の体系的保全を旨とした環境影響調査の実施を求めている．

2002年に大幅に改正された自然公園法の主要な変更点も，自然公園制度に生態系保全という観点を積極的に盛り込むとともに，地域内の野生生物保護対策を強化しようというもので，まさに生物多様性条約の国内影響といえる．同じく2002年に改正された鳥獣保護法（鳥獣の保護および狩猟の適正化に関する法律）でも，制度の目的に，「生物の多様性の確保」が加えられている．また，近年相次いで行われている農業や林業に関する基本法や個別法の改正に際しても，生態系保全という観点が強調（あるいは，少なくとも意識）されている．

3 用語解説

ここでは，自然保護に関連してしばしば登場するが，その意味内容が必ずしも正確に理解されていないと思われる用語のうちのいくつかについて，簡単な解説を附した．

● アメニティ

"amenity"（英語）．一般には「快適性」と訳されているが，近年では，「人間にとっての環境の総合的な快適性」としてとらえられ，単に自然環境を保全するというだけではなく，また便利さだけを追求する開発でもなく，周囲の環境や雰囲気と調和した総合的な快適さを求めるた

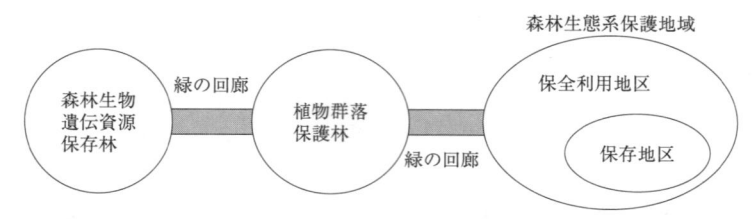

■図2-16　国有林野の「グリーン・コリドー」(緑の回廊)のイメージ

めの概念として理解されている．アメニティは，具体的な政策や行政においては，美しい町づくりや環境と調和した快適な農林水産業地域の整備，あるいはレクリエーション利用のための森林整備などにおいて重要な指標として利用されている．

●希少野生動植物種

種の保存法による保存の対象となる種で，種ごとに各種の規制措置などが講じられる．国内に生息・生育する国内希少野生動植物種と，ワシントン条約や二国間渡り鳥保護条約などの対象で国際的に協力して種の保存を図る必要があるとして指定される国際希少野生動植物種，および，それ以外の種でとくに緊急にその保存を図る必要があるとして指定される緊急指定種の3区分がある．

●グリーン・コリドー(緑の回廊)

野生生物の効果的な保護のため，孤立あるいは分散した保護地域の間に野生生物の自由な移動の場を確保することにより，保護地域のネットワークを形成し，生息地の拡大と相互交流を促す対策．

国有林野に設置されているコリドー(回廊)地域では，野生生物の生息や移動にとって良好な状態になるよう，原生的な天然林は保護・保存林に準じて人手を加えず，人手が加わっている天然林では巨木や古木を残し，また人工林では多様な樹種や複数の階層からなる育成天然林へ誘導する等，森林のタイプに応じた維持・整備を，貴重な野生生物の繁殖に影響がないよう配慮した時期に実施する．2003年4月現在，北海道では知床や大雪・日高，東北では奥羽山脈や白神山地，また関東地域では日光や秩父，富士山周辺など，全国17か所に設定されている．(図2-16)

●個体数調整捕獲制度

鳥獣の単なる保護から総合的管理(マネージメント)への移行をめざし，1999年に鳥獣保護法の改正で設けられた特定鳥獣保護管理計画制度の一環となる制度．都道府県知事は，ある鳥獣が著しく増加または減少した場合に，長期的な観点からとくに必要が認められる時には保護管理すべき鳥獣の種類(特定鳥獣)を指定して特定鳥獣保護管理計画を樹立することができる．そのうえで知事は，特定鳥獣保護管理計画に基づき特定鳥獣の個体数を調整するため，環境大臣の定める全国的な基準に代えて，独自の捕獲の禁止・制限を定めることができ，それでも効果がない場合には狩猟期間を拡大することもできる．

この個体数調整捕獲制度(および，その前提となる特定鳥獣保護管理計画)については，野生生物管理に関する正確な情報や科学的手法が十分でない状況の中で，各都道府県の判断によって狩猟を拡大することへの懸念が寄せられている．なお個体数調整捕獲制度の具体的内容は，2002年から始まった第9次鳥獣保護事業計画で基準策定作業が進められている．

●自然環境保全基礎調査(緑の国勢調査)

自然環境保全法(第4条)に基づき，全国的な観点から国内の自然環境の現況および改変状況を把握し，自然環境保全の施策を推進するため

の基礎資料を整備するため，1973年度から環境省(当時は環境庁)によって，おおむね5年ごとに実施されている調査．「緑の国勢調査」とも呼ばれ，陸域，陸水域，海域のおのおのの領域について調査項目を分類し国土全体の状況を調査している．結果は報告書および地図などにとりまとめられたうえ公表され，自然環境の基礎資料として，自然公園などの指定・計画をはじめとする自然保護行政のほか，環境アセスメントなどの各方面において活用されている．現在は第6回調査(1999〜2003年)が進行中である．

● ビオトープ

"biotope"(英語)，また，最初にその概念が主張されたドイツ語では"Biotop"．ある動植物が共通の生活環境をもつ地域，あるいは，自然の状態で多様な動植物が生息する環境の最小単位を意味する．本来は普遍的な生態系の基礎単位であり，広大な自然地域の区分にも用いられるものであった．しかし近年は，環境保全の立場から，人間によって広汎に改変された地域(市街地や農耕地など)に斑点状に残存する自然地域を保全する際の基準としてや，損傷され，あるいは失われた自然を積極的に回復・再生・創造するに際しての指針となる潜在的な自然生態系として利用されることが多い．

● 有害鳥獣駆除

野生鳥獣が農林水産物などに被害を与え，生活環境などを悪化させ，あるいは生態系に悪影響を与えるような場合で，ほかの被害防除策によっては被害が防止できないと認められる場合に，特別に野生鳥獣の捕獲や鳥類の卵の採取を行うことができる制度．国設鳥獣保護区内，および希少鳥獣の捕獲の場合には環境大臣の許可が，それ以外の場合には都道府県知事(一部の鳥獣については市町村長に権限委譲)の許可が必要となる．狩猟鳥獣以外の鳥獣も駆除の対象となる．具体的な駆除は，多くの場合，地元の猟友会などによって実施されている．

● レッドデータブック

絶滅のおそれのある野生生物種を選定した資料．1966年，IUCN(International Union for the Conservation of Nature and Natural Resources，国際自然保護連合)が，世界的な規模で絶滅のおそれのある動植物の種を選定し，その生息状況などを明らかにした資料"The Red List of Threatened Animals"が最初のもの．なおIUCNの2000年版資料の題名は"Red List of Threatened Species"となっている．

日本では1991年に環境庁から『日本の絶滅のおそれのある野生生物(脊椎動物編・無脊椎動物編)』が，また植物については1989年に，(財)日本自然保護協会と(財)世界自然保護基金日本委員会から『我が国における保護上重要な植物種の現状』が発表されており，これらを一般に日本版レッドデータブックと呼んでいる．

§7 国際的取組みへの日本の対応

日本が地球環境問題に取り組むにあたって，国内的措置として環境基本法およびそれに基づく環境基本計画が基本にあることはいうまでもない．環境基本法第5条には地球環境保全は，国際的協調のもとに積極的に推進しなければならない旨の規定がおかれ，第34条2項，第35条2項には日本以外の地域における地球環境保全の規定がある．また，環境基本計画では国際協調のもとでの国際的取組みが目標の一つとなっている．

国際法のもとでは国際条約を批准するにあたっては国内法の整備が必要である．ここで環境国際条約の批准に伴い国内的措置がとられている例を次にあげる．

酸性雨に関しては事前防止に重点が置かれ，"東アジア酸性雨モニタリングネットワーク"が稼働している．気候変動に関して，"地球温暖化防止行動計画"は問題の重要性から早い段階から策定された．また，京都議定書の批准に対応した"地球温暖化対策推進大綱"が策定され，"地球温暖化対策の推進に関する法律"は，改正を経て京都議定書に対応する国内法となった．一方で，"エネルギーの使用の合理化に関する法律の一部を改正する法律（省エネルギー法）"によるエネルギー合理化の促進も見られる．さらに，エネルギー需給の施策を長期的，総合的かつ計画的に推進することによって地球環境保全に寄与することを目的とする"エネルギー対策基本法"が成立した．生物多様性に関しては，"生物多様性国家戦略"で基本方針が定められ，"絶滅のおそれのある野生動植物の種の国際取引に関する条約"に対応する国内法として"絶滅のおそれのある野生動植物の種の保存に関する法律"によって絶滅のおそれのある野生動植物種の取引規制が行われている．また，バイオテクノロジー戦略大綱がBT戦略会議において決定され，"生物の多様性に関する条約のバイオセーフティに関するカルタヘナ議定書"の批准に対応した"遺伝子組換え生物等の使用等の規制による生物の多様性の確保に関する法律"が成立した．さらに，"絶滅のおそれのある野生動植物の種の保存に関する法律"の改正がなされている．

廃棄物に関しては，"有害廃棄物の国境を越える移動及びその処分の規制に関するバーゼル条約"に対応した"特定有害廃棄物等の輸出入等の規制に関する法律"が制定され有害廃棄物の輸出入の規制が行われている．

化学物質に関しては，OECD勧告に基づき"特定化学物質の環境への排出量の把握等及び管理の促進に関する法律"，さらに"化学兵器の禁止及び特定物質の規制等に関する法律"が制定され化学物質の規制が行われている．

南極地域に関しては，"環境保護に関する南極条約議定書"に対応する"南極地域の環境の保護に関する法律"によって南極地域の環境保全がなされている．

湿地に関しては，"特に水鳥の生育地として国際的に重要な湿地に関する条約"によって釧路湿原，伊豆沼・内沼，クッチャロ湖，ウトナイ湖，霧多布湿原などが登録指定されている．また，"世界遺産条約"に基づき屋久島および白神山地が1993年に世界遺産リストに加えられている．

1 酸性雨

酸性雨は原因者が特定できない現象であり，国家責任の追及は不可能であると同時に事後救済を行うよりも事前防止がもっとも効果的である．近年東アジア地域において酸性雨による被害がみられると同時に，急速な経済発展および国によっては硫黄含有率の高い石炭への依存と

いうエネルギー事情から将来の被害増大が懸念されていた．このような背景から"東アジア酸性雨モニタリングネットワーク"が設立され，2000年10月の政府間会合で，東アジアにおける酸性雨問題の状況に関する共通の理解を形成すること，酸性雨による環境への悪影響を防止もしくは減少させるために地方，国および地域レベルにおける意思決定に有益な情報を提供すること，および参加国間での酸性雨問題に関する協力を推進することを目的として2001年1月からネットワークの本格的稼働が合意された．

2 気候変動

① 地球温暖化防止行動計画

1990年10月の地球環境保全に関する関係閣僚会議において"地球温暖化防止行動計画"が策定された．"地球温暖化防止行動計画"は，温暖化対策を計画的，総合的に推進していくための方針と今後取り組むべき対策を明確にしたものである．二酸化炭素の排出抑制目標については，行動計画に盛り込まれた広範な対策を実施可能なものから着実に推進し，一人あたりの二酸化炭素排出量について2000年以降おおむね1990年レベルでの安定化をはかるとしている．また，太陽光，水素などの新エネルギー，二酸化炭素の固定化などの革新的技術開発などが，現在予測される以上に早期に大幅に進展することにより，二酸化炭素排出総量が2000年以降おおむね1990年レベルで安定化するよう努めるとしている．

メタンについては現状の排出の程度を超えないこととし，一酸化二窒素などその他の温室効果ガスについても極力その排出を増加させない．二酸化炭素の吸収源については国内の緑の保全整備をはかるとともに地球規模の森林の保全造成などに積極的に取り組む．1991〜2010年が行動計画期間とされ，講ずべき対策として，二酸化炭素排出抑制対策，メタンその他の温室効果ガスの排出抑制対策，二酸化炭素の吸収源対策，科学的調査研究，観測・監視の推進，技術開発およびその普及，行動計画の普及・啓発，国際協力の推進を掲げている．

② 地球温暖化対策推進大綱

1997年の京都議定書の採択を受けて1998年には"地球温暖化対策推進大綱"(以下，旧大綱)を地球温暖化対策推進本部が決定した．また，地球温暖化対策推進法や省エネルギー法の改正によって地球温暖化防止対策を行おうとした．ところが，温室効果ガスの排出量は増加の一途をたどり，京都議定書の6%削減義務の達成にはさらに効果的な対策を進める必要が生じてきた．また，京都議定書批准に向けて国内法の整備および国内対策の充実が必要になってきた．このような状況下で，旧大綱の見直しが行われることになり，ここに，あたらしい"地球温暖化対策推進大綱"(以下，新大綱)が策定された．

新大綱の特色は以下の通りである．

a．部門別の目標達成：京都議定書の責務達成のために具体的な対策・施策が盛り込まれている．新大綱では，温室効果ガスの排出削減割り当てが民生部門は−2%という高い目標設定になっている．新大綱は分野別の削減対策・施策を提示しているが，とくに家庭からの温室効果ガス削減が進んでいない現状にかんがみ，国民の取組みについて具体的な対策を提示している．

b．大綱の見直し：京都議定書の責務達成のため，区分ごとの目標達成状況，施策の進捗状況などについて2004年，2007年に新大綱の評価・見直しを行う．

c．京都メカニズムの活用：京都メカニズム(共同実施，クリーン開発メカニズム，

排出量取引)の活用が，国内対策に対し補足的に行われる．

地球温暖化対策の策定・実施にあたっての基本的な考え方は以下の通りである．

　a．環境と経済の両立：経済活性化，雇用創出につながるように環境と経済が両立するようなシステムの構築をはかる．

　b．ステップ・バイ・ステップのアプローチ：第1ステップ(2002年～2004年)，第2ステップ(2005年～2007年)，第3ステップすなわち第1約束期間(2008年～2012年)の3段階に分け，第1約束期間の6％削減を定量的に明らかにし，第2，第3ステップの前に対策の進捗状況を評価し，必要に応じて追加的な措置を講じていく．

　c．国，地方公共団体，事業者，国民一体となった取組みの推進：地球温暖化対策は，国，地方公共団体，事業者，国民がそれぞれの役割に応じて取り組むことが必要である．地方公共団体は，環境と経済の両立，ステップ・バイ・ステップを基本に地域の自然特性に応じて総合的かつ計画的な施策の策定・実施が求められる．

　d．国際的連携の確保：地球温暖化は地球規模の影響が考えられ，アメリカや発展途上国を含めたすべての国が協力して対策を実施することが必要である．

③ 地球温暖化対策の推進に関する法律

"地球温暖化対策の推進に関する法律"(2002年6月7日公布，法律第61号)(以下地球温暖化対策推進法)は，京都議定書に対応した国内法である．地球温暖化対策推進大綱を基礎に京都議定書目標達成計画を政府が定め，計画には個々の対策について国全体の導入目標量，排出削減見込み量および対策推進のための施策を盛り込む．また，京都メカニズムの活用や吸収源対策についても規定する．

内閣に地球温暖化対策推進本部を設置し，京都議定書目標達成計画案の作成などを行う．温室効果ガス排出抑制のための施策として，地方公共団体は京都議定書目標達成計画を基礎に総合的，計画的な施策を実施する．また，国民の取組みを強化する措置として日常生活における温室効果ガス抑制のために地球温暖化対策診断をおこなう．地域レベルでの温暖化対策推進のために"地球温暖化対策地域協議会"を設置する．

④ エネルギー政策基本法

エネルギー政策基本法(2002年6月14日公布，法律第71号)は，エネルギーの需給に関する施策を長期的，総合的かつ計画的に推進することによって地域および地球の環境保全に寄与するとともにわが国および世界の経済社会の持続的な開発に寄与することが目的である．化石燃料以外のエネルギー利用への転換および化石燃料の効率的な利用を推進することにより地球温暖化の防止および地域環境保全がはかられたエネルギー需給を実現し，循環型社会の形成に資するための施策の推進が規定されている(3条)．

⑤ エネルギーの使用の合理化に関する法律の一部を改正する法律

大量のエネルギー消費による二酸化炭素の抑制が求められるなかで，"エネルギーの使用の合理化に関する法律の一部を改正する法律"(1979年6月，法律第49号，1998年6月，2002年6月一部改正)(以下，省エネルギー法)が1999年4月から施行された．コンピュータ，磁気ディスク，複写機，テレビ，VTR，蛍光灯，エアコン，冷蔵庫および自動車分野では，省エネルギー基準を現在商品化されている製品のうちもっともエネルギー効率のよい機器の性能以上にするという"トップランナー方式"がとられている．

改正は以下の点にみられる．①第一種エネルギー管理指定工場(原油換算3 000 kl/年以上，電力1 200万kWh/年以上)に対し，新たに計画的なエネルギーの使用合理化の取組みとして将来計画の提出を義務づけ，第二種エネルギー管理指定工場(原油換算1 500 kl/年以上，電力600万kWh/年以上)に対し，エネルギー管理員の選任，省エネルギー講習受講，エネルギー使用状況の記録を義務づける．②トップランナー方式の導入による自動車・電気機器などのエネルギー消費効率のさらなる改善の推進を行う．テレビ，VTR，冷蔵庫，エアコン，複写機，電子計算機，磁気ディスク装置，照明機器(蛍光灯)，自動車がその対象となる．対象機器は性能・機能・大きさなどを踏まえて品目別のカテゴリー区分を行い，トップランナー方式による目標を設定する．また，勧告に従わなかった場合の公表，命令，罰則が追加された．③太陽光発電，風力発電などから得られる電気は，エネルギー使用の合理化の対象となるエネルギーから除かれる．2002年の改正では第一種指定事業者は，経済産業省令で定めるところにより，その設置している第一種エネルギー管理指定工場ごとに，エネルギー管理員を選任しなければならない(第10条の2)という規定が追加された．

3 生物多様性

(1) 生物多様性国家戦略

"生物多様性条約"第6条の生物多様性の保全及び持続可能な利用を目的とする国家戦略の策定に関する規定を受けて，"生物多様性条約"の実施に関する基本方針および今後の施策の展開方向を国の内外に明確に示すことが合意された．また，"環境基本法"においても，生物多様性の確保は環境保全施策の策定及び実施に係る指針の一つに位置づけられており，同法に基づき策定された環境基本計画においても本国家戦略を策定することとされ，1995年10月31日に「地球環境保全に関する関係閣僚会議」において国家戦略が決定された．

国家戦略は，日本および世界の生物多様性の現状に触れ，生物多様性の保全と持続可能な利用に関する日本の基本的考え方および長期的目標を示している．また，自然環境の保全や生物資源の利用に関連する現行施策を生物多様性の保全と持続可能な利用の観点から整理し，条約の実施のための今後の施策の展開について示している．国家戦略の実施体制と各主体の連携，各種計画との連携，および国家戦略の点検と見直しについて触れ，国家戦略の効果的な実施を確保するために必要な方策が記されている．

(2) 絶滅のおそれのある野生動植物の種の保存に関する法律

"絶滅のおそれのある野生動植物の種の国際取引に関する条約"に対応する国内法である"絶滅のおそれのある野生動植物の種の保存に関する法律"(1992年6月，法律第75号)(以下種の保存法)は，野生動植物が生態系の重要な構成要素であること，自然環境の重要な一部として人類の豊かな生活に欠かすことができないという認識に立つ(第1条)．

絶滅のおそれのある野生動植物の種の国内的および国際的取引を規制し，個体およびその生息地を保護する．対象となる動植物種は政令で定められる国内および国際希少野生動植物種と環境大臣の指定することができる緊急指定種がある．これらの種を捕獲，採取，殺傷または損傷してはならない(第9条)し，譲渡，譲受けをしてはならない(第12条)．さらに，国内希少野生動植物種の輸出・輸入は禁止され(学術研究目的は除く)(第15条)，違法輸入者に対して，経済産業大臣はその保護のため輸出国内の適当な施設を指定して個体の返送を命ずること

ができる(第16条)．環境大臣は国内希少野生動植物の保存のため必要があると認めるときは生息地等保護区を指定することができ(第36条)，生息地保護区の中に管理地区(第37条)，管理地区の中に立入り制限地区(第38条)を設けることができ，生息地保護区の区域で管理地区に属さない部分(監視地区)で，建築物の新築や宅地造成などの行為を行おうとする者はあらかじめ環境大臣に届出をしなければならない(第39条)．また，国，地方公共団体および環境大臣の認定を受けた者は保護増殖事業を行うことができる(第46条，第47条)．

2003年の改正では，国際希少野生動植物種の個体等の登録および適正な原材料器官から製造され製品であることを認める認定に係る事務を行っている公益法人を指定制から登録制とした．

●バイオテクノロジー(BT)戦略大綱

バイオテクノロジーの目覚ましい成果を実用化・産業化し，国民生活の向上と産業競争力の強化をはかることの重要性が高まっている．このような趣旨から，内閣総理大臣，内閣官房長官，科学技術政策担当大臣，文部科学大臣，厚生労働大臣，農林水産大臣，経済産業大臣及び環境大臣，有識者により構成され，内閣総理大臣が開催するBT戦略会議が設けられた．BT戦略会議によって2002年12月6日にバイオテクノロジー戦略大綱が決定され，その中で，生物多様性に関連する部分として以下の行動計画が記されている．

●基本行動計画

遺伝子改変生物の利用等が生物多様性の保全及びその持続可能な利用に及ぼす悪影響を防止するための国際的な枠組みである「カルタヘナ議定書」を締結するため，所要の国内法を整備する．これにあわせて，遺伝子改変生物の環境への意図的な導入に係る適正な規制を行うための，リスク管理・リスク評価の手法についての研究開発を行う．また，生物多様性についての影響を調査する．

③ 遺伝子組換え生物等の使用等の規制による生物の多様性の確保に関する法律(2003年6月18日法律第97号)

"生物の多様性に関する条約のバイオセーフティに関するカルタヘナ議定書"が2001年1月に採択され，我が国も批准を行ったのを受けて本法が成立した．

●目的

国際的に協力して，生物の多様性の確保をはかるため，遺伝子組換え生物などの使用などの規制に関する措置を講ずることにより，議定書の的確かつ円滑な実施を確保し，もって人類の福祉に貢献するとともに現在および将来の国民の健康で文化的な生活の確保に寄与すること(第1条)．

●基本的事項の公表

主務大臣は遺伝子組換え生物などの使用などにより生ずる影響であって，生物の多様性を損なうおそれのあるもの(生物多様性影響)を防止するための施策の実施に関する基本的な事項などを議定書の的確かつ円滑な実施をはかるため公表する(第3条)．

●第一種使用など

第一種使用とは施設，設備その他の構造物の外の大気，水又は土壌中への遺伝子組換え生物等の拡散を防止する意図をもって行う使用等以外のものを指す(第2条5項)．

遺伝子組換え生物等を作成しまたは輸入して第一種使用等をしようとする者，その他の遺伝子組換え生物等の第一種使用等をしようとする者は，遺伝子組換え生物等の種類ごとにその第一種使用等に関する規程(第一種使用規程)を定め，これにつき主務大臣の承認を受けなければならない．ただし，その性状等からみて第一種使用等による生物多様性影響が生じないことが明らかな生物として主務大臣が指定する遺伝子組換え生物等(以下「特定遺伝子組換え生物等」

という)の第一種使用等をしようとする場合等は，この限りでない(第4条1項)．

承認の申請の際には生物多様性影響評価書を主務大臣に提出しなければならない(第4条2項)．主務大臣は承認した第一種使用規程を公表しなければならない(第8条)．

遺伝子組換え生物等を本邦に輸出して他の者に第一種使用等をさせようとする者，その他の遺伝子組換え生物等の第一種使用等を他の者にさせようとする者は，遺伝子組換え生物等の種類ごとに第一種使用規程を定め，これにつき主務大臣の承認を受けることができる(第9条1項)．

● 第二種使用など

第二種使用等とは，施設・設備その他の構造物の外の大気，水又は土壌中への遺伝子組換え生物等の拡散を防止する意図をもって行う使用等である(第2条6項)．

遺伝子組換え生物等の第二種使用等をする者は，当該第二種使用等にあたってとるべき拡散防止措置が主務省令により定められている場合には，その使用等をする間，当該拡散防止措置をとらなければならない(第12条)．

遺伝子組換え生物等の第二種使用等をする者は，当該第二種使用等にあたってとるべき拡散防止措置が定められていない場合には，その使用等をする間，あらかじめ主務大臣の確認を受けた拡散防止措置をとらなければならない(第13条)．

● 輸入生物の検査

生産地の事情その他の事情からみて，その使用等により生物多様性影響が生ずるおそれがないとはいえない遺伝子組換え生物等をこれに該当すると知らないで輸入するおそれが高い場合等主務大臣が指定する場合に該当するとき，その指定に係る輸入をしようとする者は，その旨を主務大臣に届け出なければならない(第16条)．

主務大臣は，前条の規定による届出をした者に対し，その者が行う輸入に係る生物につき，主務大臣又は主務大臣の登録を受けた者から，同条の指定の理由となった遺伝子組換え生物等であるかどうかについての検査を受けるべきことを命ずることができる(第17条)．

● 情報提供

主務大臣は，第一種使用規程に係る遺伝子組換え生物等について，その第一種使用等がこの法律に従って適正に行われるようにするため，必要に応じ，当該遺伝子組換え生物等を譲渡，提供，委託してその第一種使用等をさせようとする者がその譲渡，提供を受ける者，委託を受けてその第一種使用等をする者に提供すべき情報を定め，又はこれを変更する(第25条)．

遺伝子組換え生物等を譲渡，提供，又は委託して使用等をさせようとする者は，その譲渡・提供を受ける者又は委託を受けてその使用等をする者に対し，適正使用情報等を提供しなければならない(第26条1項)．

● 輸出手続

遺伝子組換え生物等を輸出しようとする者は，輸入国に対し，輸出しようとする遺伝子組換え生物等の種類の名称などを通告しなければならない(第27条)．

遺伝子組換え生物等は，当該遺伝子組換え生物等またはその包装，容器若しくは送り状に当該遺伝子組換え生物等の使用等の態様等を表示したものでなければ，輸出してはならない(第28条)．

● 立入検査

主務大臣は，その職員に，遺伝子組換え生物等の使用等をしている(した)者，遺伝子組換え生物などを譲渡・提供した者，国内管理人，遺伝子組換え生物等を輸出した者がその行為を行う場所に立ち入らせ，関係者に質問させ，遺伝子組換え生物等，施設等その他の物件を検査させることができる(第31条)．

4 廃棄物・化学物質

① 特定有害廃棄物等の輸出入等の規制に関する法律(1992年2月16日，法律108号)

前出バーゼル法参照．

② 特定化学物質の環境への排出量の把握等及び管理の促進に関する法律(1999年7月13日，法律86号)

OECDは，加盟国がPRTR(pollutant release and transfer register)制度を導入するよう1996年2月に勧告を行った．化学物質に対する国民の関心の高まりと勧告の実施の必要性から"特定化学物質の環境への排出量の把握等及び管理の促進に関する法律"(1999年7月，法律第86号)が制定された．

対象物質は"相当広範な地域の環境において当該化学物質が継続して存すると認められる化学物質で政令で定めるもの"(第2条)をいう．(a)事業者は，化学物質の環境への排出量・移動量を把握し，都道府県経由で主務大臣に届け出なければならない(第5条)．企業秘密に係る情報は，主務大臣へ届出を行い(第6条)，都道府県知事は企業秘密とされた届出事項に関し，国に説明を求めることができる(第7条)．(b)環境大臣および経済産業大臣は，届け出られた情報を物質，業種，地域別等に集計・公表するとともに都道府県に提供する．都道府県は，事業所ごとの情報をもとに，地域のニーズに応じて集計・公表する(第8条)．(c)環境大臣及び経済産業大臣は，事業者が届けた排出量以外の家庭，農地，自動車等からの排出量を集計し，物質，業種，地域別等の情報と合わせて公表する(第9条)．(d)開示請求権に基づき(第10条)，国は企業秘密を確保しつつ個別事業所の情報を開示しなければならない(第11条)．国はPRTRの集計結果等を踏まえて人の健康または動植物の生息・生育への影響に関する調査を実施・公表する(第12条)．事業者が対象化学物質の譲渡などを行うに際し，相手方に対して当該化学物質の性状および取扱いに関する情報を提供する化学物質安全性データシート(MSDS：material safety data sheet)の交付を義務づけた(第14条)．

③ 化学物質の審査及び製造等の規制に関する法律の一部を改正する法律

"化学物質審査規制法"(2003年5月28日法律49号)

化学物質審査規制法は，化学物質による環境汚染を通じて人が健康被害を受けるのを防止するために化学物質の有害性を事前に審査し，難分解性および長期毒性を有する化学物質について製造または輸入規制を行っている．2002年にはOECDの勧告で，生態系全体の保護の観点から，化学物質の環境中への放出の可能性を考慮に入れた審査および規制を含んだ法律の制定をすべきとされた．これを受けて，化学物質審査規制法の改正が行れた．

a．環境中の動植物の生息・生育へ支障を及ぼすおそれに着目した審査および規制制度の導入がなされ，化学物質の審査項目に動植物への毒性が加えられた．審査の結果，難分解性かつ動植物への毒性がある場合には，製造または輸入業者に対する監視措置がとられ，必要な場合には製造および輸入数量の制限を行うことができる．

b．難分解性および高蓄積性の化学物質の規制が導入され，未然防止の観点から毒性の有無が明らかでない段階から事業者に対し，製造および輸入数量の届け出義務を課している．

c．環境への放出可能性に主眼をおいた審査制度が導入され，環境中への放出の可能性が少ないと考えられる化学物質に対し，事前審査に代えて状況の事前確認および事後監視をすることを前提に，製造または輸入することができる．また，高蓄積性がな

いと判定された化学物質に対しては，製造および輸入数量が一定量以下であることを事前確認および事後審査することを前提に毒性試験を行うことなく，一定量以下まで製造または輸入することができる．

d．化学物質の製造または輸入業者が化学物質の有害性情報を入手した場合は，国へ報告しなければならない．

(4) 化学兵器の禁止及び特定物質の規制等に関する法律

"化学兵器の開発，生産，貯蔵及び使用の禁止並びに廃棄に関する条約"(1995年4月，法律第65号)(以下化学兵器禁止法)を1995年9月に批准し，国内法として"化学兵器の禁止及び特定物質の規制等に関する法律"が成立した．

各締約国が条約上の義務を遵守していることを確認するため，この条約により設立された化学兵器禁止機関(Organization for the Prohibition of Chemical Weapons)が，規制の対象となる化学物質の生産などに関する各種データ管理及び現地査察を実施する，"産業検証制度"を導入している．産業検証制度は，化学兵器禁止機関に対する締約国からの「申告」と，申告施設などに対する国際機関による「現地査察」を基本としており，現地査察は，申告された内容が事実であることなどを確認するために，化学兵器への転用のリスクなどに応じて国際機関が選定した施設に対して実施される．

化学兵器禁止法では，特定物質については，その製造・使用ともに許可制，国の機関については承認制，廃棄について届出制となっており，さらに立入検査が行われるなど，きわめて厳格な規制となっている(第4条〜第23条)．そして，指定物質(製造予定数量，製造実績数量，輸出入の実績数量)および有機化学物質(製造実績数量)に対する届出(第24条〜第29条)が規定されている．また，国際機関による検査の受入れなど(第30条〜第31条)が規定される．

5 砂漠化

砂漠化に対しては1968〜1973年に起こったアフリカのサヘル地域の干ばつをきっかけに，1977年に開催された"国連砂漠化防止会議"で"砂漠化防止行動計画"が採択され，さらに1994年6月には"深刻な干ばつ又は砂漠化に直面する国(とくにアフリカの国)において砂漠化に対処するための国際連合条約"が採択された．

砂漠化に対する日本の取組みとしては，砂漠化の実体の観測・監視，砂漠化メカニズムの調査研究を通じて，砂漠化の影響を受けている国による行動計画の策定・実施の支援，影響を受けている国の地域住民参加型対策事業の支援，影響を受けている国の砂漠化防止能力形成の支援，砂漠化対処条約に定められた科学技術委員会の支援などがなされている．

6 南極

南極地域は，南極条約(1961年発効)に基づき領土権の凍結，軍事利用の禁止などがはかられる一方で，基地活動や観光利用の増加による環境への影響も懸念されている．1991年には南極地域の環境の包括的な保護をはかるための"環境保護に関する南極条約議定書"が採択された．議定書は環境影響評価の実施，廃棄物の適正処理など幅広い義務の履行を求めており，議定書の義務を国内で実施するため"南極地域の環境の保護に関する法律"(1997年5月，法律第61号)が制定された．

この法律のおもな内容は，南極地域における各種の行為の制限およびこれらの制限に各種の活動計画が適合することを確保するための確認制度から構成されている．以下のような南極地域における行為の制限措置を講じている．①

鉱物資源活動の禁止(科学的調査を除く)(第13条),②動物相および植物相の保存のための捕獲,殺傷,採取,損傷,動植物の持込みなどの制限(第14条),③廃棄物の適正な処分および管理(第15条～第18条),④南極特別保護地区への立入りの制限(第19条),南極史跡記念物の破壊などの禁止(第20条).

　前記の行為の制限を確実なものとするため,南極地域で行われる原則としてすべての活動について,事前にその計画が以下の要件に適合する旨の環境大臣の確認を受けることを義務づけている.①鉱物資源活動などの議定書で禁止されている行為がないこと.②南極特別保護区への立入りなど議定書に条件つきで認められている行為については,その条件に適合すること.③南極地域の大気,水質,土壌,動植物種の生息地・生育地へ著しい影響を及ぼすおそれがないこと(第7条).

第3部
その他の環境保全手法

　規制的手法以外の環境保全手法のうち誘導的手法と自主的手法を対象とする．いずれも規制的手法の限界を克服する試みである．

　前者は，間接規制手法とも呼ばれるように，法制度によって自主的環境保全措置を誘導する基盤整備をはかるもので，環境税制を利用する場合とそれ以外の場合を分説する．とくに，税の手法については，二つの性格のものを区別する必要がある．第一は，環境負荷低減を誘導する機能を主目的とするもので，この場合には，我が国の経済構造，製品および関連業界の市場構造などに応じて，その実効性を予測し，かつ，事後的に検証することが重要である．第二は，欧州でいわゆるグリーン化税制とされるもので，労働・資本に対する税負担を軽減するために，その減収部分を環境課税に求める．環境を理由とすると国民の納得が得易いという事情が，このような税制を可能としている．この場合には，直接税の比重を間接税に振り替える機能を持つが，必ずしも環境負荷低減機能を有するとは限らない．

　一方，自主的手法は，行政サイドの強い働きかけの結果成立する，いわば合意ベースの規制とでも呼ぶべき類型から，純自主的な類型まで多様である．前者は，我が国で経験が多い公害防止協定と環境協定を中核とする．公害防止協定の手法は，我が国では，地方自治体レベルで経験の蓄積が多い．これに対して，環境協定は1990年代頃以降先進諸国で多用されつつある手法であり，環境省に経済界との対話，交渉，説得という形での能動的役割を求める．この手法は省エネ，気候変動防止，物質循環，化学物質，土壌汚染などの広い分野で活用され，とくに，計画的手法による国家環境政策目標達成に向けた措置の分野では成果を挙げているが，反面で，透明性に欠ける危険があること，その質と履行を確保する点で制度的支援を要すること，フリーライダー対策を要することなどの問題点を内在しており，これらの制度的手当てなしに実効性をあげることは困難である．環境協定手法自体について，その実効性の観点から再吟味の機運もみられるが，基本的には有効性・実効性を認められており，合意形成を誘導し，あるいは履行を確保するための法制度上の支援が求められる．規制的手法との併用（オランダ電気機器令などに例がある）はフリーライダー対策としても，履行確保対策としても有効と考えられるし，規制的手法の予定（ドイツ気候変動防止協定などに例がある），施設認可制度との連結（オランダTarget Group型などに例がある）などは，合意形成誘導，履行確保の点で強力な支援を提供し得る．さらに，環境協定不履行の場合に，予定された制裁措置を発動することが，この手法の実効性を高める効果があることはいうまでもない（最近では，ドイツ飲料用容器包装のデポジット制度に例がある）．

伝統的な規制的手法以外のこれらの新たな政策手法は，近年，規制的手法の限界が認識され，この限界を克服するための手法として，その有効性が主張されている．とくに，環境保全を，そのための技術の開発，革新と同時進行で推進しなければならないような先端分野では，このような新たな政策手法の活用が検討される必要がある．そして，この場合には，新たな手法の実効性を確保し，これを支援する形で規制的手法が役割を果たすことが求められることになる．

§1 誘導的手法

1 誘導的手法概説

環境政策における誘導的手法とは，市民，事業者らの行動を環境保全の見地から望ましい方向へ誘導するために，行政機関が行うさまざまな措置の総称である．

従来の産業公害に対しては，特定の汚染源（工場など）を対象として規制基準の遵守を義務づけ，その違反に対して罰則を科する直接規制的手法が有効であった．だが，直接規制的手法では，規制基準以上に環境負荷を低減しようとするインセンティブがはたらかない．また，廃棄物問題，地球温暖化問題など，不特定多数の汚染源による環境問題について，行政が規制違反を個別に取り締まることは，事実上困難である．

そこで，とりわけ現代人のライフスタイルに起因する環境問題に関しては，なんらかのインセンティブや情報を付与することにより，個別規制によらずとも各主体の行動をより環境負荷の低い行動に導く誘導的手法が活用されるようになっている．

① 経済的手法

経済的手法とは，経済的なインセンティブまたはディスインセンティブを与えることにより，市場メカニズムを通じて市民や事業者を一定の行動に誘導し，政策目的を達成する手法である．すなわち，環境の利用や汚染は無料であるとする発想を転換し，環境に負荷を与える行為について，その費用を支払う義務を課し，利用コストの市場価格への内部化をはかるものである．経済的手法は，①汚染者に対し，法的基準以上に環境負荷を低減しようとするインセンティブがはたらく，②環境負荷を低減するための方法を汚染者みずからが自由に選択することができるため，新しい技術や生産プロセスの開発に資する，などのメリットがあると考えられている．

"環境と開発に関するリオ宣言"においても汚染者負担原則を考慮し，かつ公益に適切に配慮して，国際貿易および投資をゆがめることなく，環境費用の内部化と経済的措置の利用の促進に努力すべき旨が定められた（16原則）．また，環境基本法第22条も，環境保全上の支障を防止するために，経済的負担措置または経済的助成措置を導入する可能性を認めている．

●経済的負担措置

主な経済的負担措置には，①環境税・賦課金，②預託金払戻制度（デポジット・リファンド・システム），③排出権取引がある．

預託金払戻制度とは，ビール，コーラなど容器にはいった物品の販売に際し，あらかじめ一定金額を上乗せして徴収し，その容器の返還の際に，この預り金（デポジット）を返還することにより，容器の回収を促進する仕組みである．預託金払戻制度は，事業者による飲料容器の自主回収に活用されているほか，離島（東京都八丈町）や観光地周辺（神奈川県藤沢市の江ノ島植物園周辺）では，市町村がこれを導入している

例がみられる．

また，排出権取引とは，各事業者または国ごとに汚染物質の排出許容量を設定し，その排出枠の売買を行わせる仕組みをいう．米国(では，)1995年(の)改正大気浄化法に基づいて，電力会社を対象とした硫黄酸化物排出権の国内取引が行われている．また，中国では，上海市において排出権取引が実施されている．地球温暖化対策については京都議定書において，先進国間の排出権取引が認められた．

環境基本法は，経済的負担措置について，①それが適正かつ公平な負担であること，②その環境保全にかかわる効果，経済への影響などを適切に調査・研究すること，③当該措置を講ずる場合には国民の理解と協力を得るように努めること，④当該措置が地球環境保全にかかわるものであるときは国際的な連携に配慮することを定めている(第22条2項)．

●経済的助成措置

経済的助成措置とは，税制上の優遇措置，低利融資，補助金などをいい，このなかには，環境負荷活動を行う者に対し，その負荷を低減するためになされる助成と環境保全活動を行う者や，よりよい環境を創造する活動を行う者に対して行われる助成がある．

このうち，環境負荷活動を行う者に対する助成について環境基本法は，環境保全上の支障を防止するため，環境負荷活動を行う者の経済的な状況などを勘案しつつ，必要かつ適正な経済的助成を行うために必要な措置を講ずべき国の努力義務について定めている(第22条1項)．

② グリーン購入などの促進

環境基本法は，再生資源その他の環境への負荷に資する原材料，製品，役務など(環境物品など)の利用を促進するため，国が必要な措置を講ずる旨を定めており(第24条)，2000年には"国等による環境物品等の調達の推進等に関する法律(グリーン購入法)"が制定された．また，"エコマーク"をはじめとする環境ラベル制度や，環境負荷の低減・環境保全活動を行う事業者の表彰制度なども，グリーン購入や事業者の自主的取組みの促進に資するものである．

③ 環境教育・環境学習の推進

環境教育・環境学習は，環境意識の向上と問題解決能力の育成をはかることにより，各主体の環境配慮への自主的取組みを促進する機能を有する．環境基本法も，環境教育，環境学習および環境の保全に関する広報活動の充実により事業者および国民が環境保全についての理解を深めるとともに，環境保全活動を行う意欲が増進されるようにするため，必要な措置を講ずる旨を定めている(第25条)．

④ NPOなどの活動支援

環境教育活動，リサイクルなどの実践活動，政策提言など，さまざまな活動を行う環境NPOとの協働は，環境行政において不可欠のものとなっている．そこで，環境基本法は，NPOや事業者の自発的な環境保全活動を推進するため，必要な措置を講ずる旨を定めている(第26条)．

⑤ 情報の開示と提供

消費者や投資家が環境保全活動に積極的な事業者や環境物品を選択できるようにするためには，事業活動や環境物品などに関する情報が適切に開示・提供されることが必要である．また，そのことにより，事業者も含め，各主体の環境に配慮した行動を促進することができる．環境基本法も，環境教育・環境学習やNPO活動を促進するため，個人および法人の権利利益の保護に配慮しつつ，必要な環境情報の適切な提供に努める旨を定めている(第27条)．

2 環境税制

環境税制とは，環境負荷を抑制するため，環境に負荷を与える物質・行為に対しては税を課しまたは税率を引き上げ，逆に，環境負荷を低減する行為については税制上の優遇措置を講じる環境保全型の税制をいう．経済的手法の一環として，新たな環境税の導入や，既存の税制を環境負荷の低減に資するように改革する"税制のグリーン化"（環境税制改革）が課題となっている．

租税法律主義の原則からして，新たに環境税を課する場合のみならず，税制上の優遇措置を講じる場合にも，個別の法律または条例の根拠を要する．最近では，地方公共団体が，条例により独自の環境税を導入する動きが広まっている．

(1) 環境税

環境税は，環境負荷の抑制・低減を目的として，環境に負荷を与える物質・行為を課税標準として課する税である．環境税と類似の機能を有するものには，賦課金がある．税が国民の担税力に応じ一般的に課されるものであるのに対し，賦課金は，特定の事業を実施するため，当該事業ととくに密接な関係を有する者から徴収されるものであるが，両者の区別はかならずしも明確ではない．

近年，地球温暖化対策としてその導入が議論されているのが，二酸化炭素の排出源となる化石燃料にかかわる炭素税である．炭素税は，1990年にフィンランドではじめて導入され，北欧諸国を中心に普及した．1999年にはドイツとイタリア，2001年には英国とフランスも環境税を採用し，その導入の動きはヨーロッパ各国に広がっている．

環境税については，日本でも，1990年代半ばころから具体的な検討が始まっているが，いまだ実施には至っていない．原油税，揮発油税などのエネルギー税は暗黙の炭素税とよばれ，間接的に環境負荷の低減に寄与している可能性があるが，その税収は従来，道路整備や空港整備などにあてられる仕組みとなっており，本来の環境税とは区別されてきた．

地球温暖化対策のための環境税のメリットとしては，①市場メカニズムを利用し，二酸化炭素の排出削減と技術革新を同時に促進できる，②行政による規制や助成に比して行政コストがかからない，③環境問題に対する国民の意識啓発をはかることができる，などがあげられている．これに対し，デメリットとしては，①もともと省エネルギーが進んでいる日本で税の効果を高めるためには高い税率を設定する必要があり，経済に与える影響が大きい，②一国のみで導入すると他国への生産活動のシフトをもたらすことになり，国際競争力を阻害するのみならず，地球全体の環境負荷低減にはつながらない，③民生部門では税の効果があまり期待できない，④外部費用の正確な把握が困難で，適正な税率を設定しがたい，などが主張されてきた．

このような状況の中，2002年のOECD対日環境保全成果レビューにおいては，税，課徴金などの強化・拡充が勧告された．また，中央環境審議会地球温暖化対策税制専門委員会は，2005年以降，早期に温暖化対策税を導入することなどを内容とする中間報告を公表している（2003年6月）．

(2) 税制のグリーン化

税制のグリーン化とは，本来環境保全を目的としない既存の税について，環境負荷の低減という観点から，課税ベースと税率を変更することをいう．2001年度からは，"自動車税のグリーン化"が実施されている．これは，排出ガスお

よび燃費性能の優れた自動車(燃料電池自動車,メタノール自動車,天然ガス自動車など)については,その性能に応じ税率を軽減し,新車新規登録から一定年数を経過した環境負荷の大きい自動車に対しては,税率を重くする特例措置を講じるものである.

また,2002年には,石油特別会計のグリーン化が決定され,石炭にも新たに課税するとともに,その歳入を地球温暖化対策などの環境施策にも用いることとされた.

③ 税制上の優遇措置

税制上の優遇措置には,まず,環境負荷活動を行う者がその負荷を低減する諸活動に対して講じられるものがある.汚染者への経済的助成は,その財源が国民の税金によって賄われることにかんがみれば,汚染者負担原則の例外をなすものである.だが,たとえば,中小企業が新たな規制に対応できるようにするため,過渡的に助成を行う必要性は否定し得ないと考えられている.

また,積極的に環境保全活動を行う者が活用することのできる税制上の優遇措置としては,たとえば,法人税法および所得税法に基づく特定公益増進法人制度がある.環境分野では,野生動植物の保護繁殖,優れた自然環境の保存活用または国土緑化事業の推進を行う団体に対しこの制度の適用が認められており,(財)日本自然保護協会,(財)天神崎の自然を大切にする会などが特定公益増進法人の認定を受けている.そのほか,一定の要件を満たす特定非営利活動法人に対しても,所得税,法人税,相続税の特例措置が新設された(認定NPO法人制度).だが,2003年6月現在,認定NPO法人に認定されているのは,国境なき医師団日本,森の会など,計14法人にとどまっている.

さらに,2002年には,自然公園法の改正により,"風景地保護協定"制度が導入され,当該風景地に係る相続税および特別土地保有税の非課税措置が設けられた.

④ 地方公共団体の取組み

地方公共団体の環境税制改革には,法定税のグリーン化と法定外環境税の導入がある.

● **法定税のグリーン化**

法定税のグリーン化とは,地方公共団体が,環境負荷を低減するため,条例により,地方税法の定める標準税率と異なる税率を定めることをいう.東京都では2000年に,低公害車の自動車税を軽減する一方で,環境負荷の大きい自動車に対する税負担を重くするため,都税条例の改正が行われた(自動車税のグリーン化).

● **法定外環境税**

法定外環境税の導入とは,地方公共団体が条例により,地方税法に定めのない環境税を創設することをいう.法定外環境税には,その使途を特定しない法定外普通税と,使途を特定した法定外目的税がある.従来,地方公共団体には,自治大臣の許可を受けて法定外普通税を創設することは認められていたが,法定外目的税の導入は認められていなかった.これに対し,2000年に実施された地方分権改革では,地方公共団体の課税自主権が強化され,環境税導入の余地が拡大された.

環境税には全国一律の国税として導入するほうが有効なものもあると考えられるが,廃棄物処理施設の集積や自動車の集中など,各地域の実情に応じて独自の環境税を導入する余地も少なくないとみられ,今後さまざまな新税の創設が広がるものと予想される.

   a.法定外普通税:法定外普通税は,国の許可制から総務大臣の同意を要する協議制となり,国の関与が縮減された(地方税法第259条,第669条).既存の法定外普通税としては,たとえば福井県などが徴収している核燃料税がある.また,2003年に

■表 3-1　日本政策投資銀行の融資対象事業の概略

対　象　事　業	金　利	融資比率
1．循環型社会形成推進		
(1)　リデュース・リユース・リサイクル事業 　　　①　リデュース事業 　　　②　リユース事業 　　　③　リサイクル事業(熱回収事業，建設残土対策を含む)	政策金利 I	40%
(2)　リユース・リサイクル品普及促進事業		
(3)　ストック・ライフサイクル・マネジメント事業 　　　①　ライフサイクル配慮型の生産促進事業 　　　②　ライフサイクル配慮型のメンテナンス事業 　　　③　既存ストックのマッチング・プラットフォーム支援事業	政策金利 II	50%
(4)　適正な廃棄物処理を行うための施設整備		
2．地球環境対策・公害防止		
(1)　オゾン層保護対策等 　　　①　オゾン層保護対策設備導入促進 　　　②　HFC 等地球温暖化対策促進	政策金利 II	40%
(2)　省エネルギー対策 　　　①　産業部門省エネルギー推進事業 　　　②　建築物省エネルギー推進事業	政策金利 I	50%
③　民生部門省エネルギー推進事業 　　　④　コージェネレーションシステム整備 　　　⑤　電力負荷平準化事業	政策金利 II	
(3)　新エネルギー・自然エネルギー開発 　　　①　出力 1 000 kW 以上の水力発電所整備事業(出力 7 万 kW 超の一般水力発電所を除く) 　　　②　風力発電施設(出力 800 kW 以上)整備事業 　　　③　太陽光発電施設(出力 150 kW 以上)整備事業 　　　④　燃料電池整備事業(出力 100 kW 以上で，廃熱を利用し，一次エネルギー利用効率が 60% 以上のもの) 　　　⑤　地熱開発 　　　⑥　バイオマスエネルギー施設整備事業 　　　⑦　雪氷熱利用施設整備事業	政策金利 III 政策金利 II	
(4)　公害防止事業 　　　①　大気汚染防止施設整備 　　　②　汚水処理施設整備　　法規制基準の 90% 以下の基準を満たす設備限定 　　　③　騒音防止施設整備 　　　④　悪臭防止施設整備 　　　⑤　振動防止施設整備 　　　⑥　市街地土壌汚染・地下水汚染防止等事業 　　　⑦　海洋汚染防止施設整備 　　　⑧　環境負荷低減に資する自動車の普及促進	政策金利 I	40%
⑨　ダイオキシン類対策特別措置法第 2 条第 1 項に規定するダイオキシン類の排出削減等に係る施設整備	政策金利 III	
(5)　エコビル整備事業	政策金利 II	
(6)　京都メカニズム活用事業促進 　　　CDM/JI 事業の実施に必要な資金の出資等を行う事業	出資は京都議定書発効以降	

■表 3-1 （つづき）

対　象　事　業	金　利	融資比率
3．環境配慮型企業活動支援	政策金利III	40%
(1) 国際環境マネジメントシステム構築推進		
(2) 化学物質総合管理促進		
(3) 環境保全型製品普及促進		
4．環境負荷低減型エネルギー供給		40%
(1) 液化ガス発電		
① 液化ガス発電所の建設事業	政策金利II	
② 液化ガスの受入貯蔵及び気化事業	政策金利I	
(2) 環境調和型石炭利用促進	政策金利III	
(3) 天然ガス化促進事業		50%

注）対象事業によっては政策金利の適用が異なる場合などがある．詳細は"投融資指針　2003 年度"（日本政策投資銀行）参照のこと．

は，太宰府市が，一時有料駐車場の利用者に対する"歴史と文化の環境税"を導入している．

b．法定外目的税：地方分権改革により地方公共団体は，法定外目的税を創設することが可能になった（地方税法第 4 条 6 項，第 5 条 7 項，第 731 条以下）．法定外目的税についても，法定外普通税の場合と同様に，総務大臣の同意を要する協議が義務づけられている．現在導入または検討されている法定外目的税には，環境に関するものが多い．たとえば，山梨県河口湖町などは，釣客による環境悪化（釣糸や空き缶の放置など）対策として"遊漁税"を新設した．また，三重県が導入した産業廃棄物税は，岡山県，広島県，鳥取県など各地に広がり，市町村でも一般廃棄物埋立税（多治見市）や環境未来税（北九州市）が導入されている．

3　税以外の誘導的手法

税以外の誘導的手法のうち，事業者に対する経済的助成措置（補助金，低利融資など）はかね

■表 3-2　日本政策投資銀行の貸付金利
　　　　（2002 年 4 月 2 日現在）

	貸付期間 10 年 （据置期間 3 年）	貸付期間 15 年 （据置期間 3 年）	貸付期間 20 年 （据置期間 3 年）
政策金利I	1.90%	2.30%	2.55%
政策金利II	1.80%	2.20%	2.45%
政策金利III	1.70%	2.10%	2.35%

注）元金均等償還の場合．

てより活用され，その内容も豊富である（表 3-1～4 参照）．また，個々の市民に対する助成（コンポストに対する助成金の交付など）や環境 NPO 活動への助成も広がっている．地域の環境保全活動（古紙回収など）のみならず，国際的な活動に対しても助成が行われるようになった（地球環境基金など）ことが最近の特徴である．

また，環境教育・環境学習などの啓発的手法とともに，行政，事業者，環境 NPO などのパートナーシップの構築を促す措置がますます重視される傾向にある．

① 環境 NPO 活動に対する資金助成

地球環境基金は，1992 年の地球サミットに

■表 3-3　中小企業金融公庫の融資制度（対象事業）の概略

対象事業	利率[*1]
(1) 石油代替エネルギー資金 　① 石油代替エネルギーの使用又は供給施設 　② ガス事業の近代化又は保安確保	特代エネ利率，特別金利①，②，③
(2) 省エネルギー資金 　① 省エネルギー施設の取得[*2] 　② 特定の高性能工業炉，同ボイラーの設置，あるいは現在の工業炉，ボイラーを高性能工業炉，同ボイラーと同様の性能にするための特定の付加設備の設置	特省エネ利率B，特別金利②
(3) 環境対策資金 　① ばい煙，粉じん等処理施設 　② 有害大気汚染物質の指定物質（ダイオキシン類を除く）排出抑制施設 　③ 汚水，廃液等処理施設 　④ 産業廃棄物処理施設，リデュース・リユース・リサイクル対策施設 　⑤ ダイオキシン類排出削減施設 　⑥ 廃PCB等委託処理 　⑦ オゾン層保護対策設備 　⑧ HFC・PFC・SF6排出抑制施設 　⑨ 国土交通省が策定した「低騒音型，低振動型建設機械の指定に関する規定」及び「排出ガス対策型建設機械指定要領」に基づいた指定建設機械 　⑩「化学物質管理指針」に基づく特定化学物質管理施設 　⑪ NOx・PM法適合車への買い換え・取得又は超低PM排出ディーゼル認定車（自動車，天然ガス自動車，電気自動車，ハイブリッド自動車）の取得[*3] 　⑫ 土壌汚染の調査，除去，拡散防止等の措置を行うための設備・運転資金[*4] 　⑬ 土地所有者等から請求のあった汚染の除去等の措置に要した費用 　⑭ ISO 14001の第三者認証取得のために必要な設備資金・運転資金	特別利率①，②，③

[*1] 融資金額，対象施設，融資額等により利率は異なる．
[*2] ESCO事業により当該施設をリース・レンタルする事業者を含む．
[*3] 対象車をリース・レンタルする事業者を含む．
[*4] 土壌汚染対策法に基づく義務又は命令による実施する者及び任意に行う者ともに対象（業として行う者を除く）．

■表 3-4　中小企業金融公庫のおもな貸付金利（2002年4月10日現在）

	貸付期間										
	10年以内	11年以内	12年以内	13年以内	14年以内	15年以内	16年以内	17年以内	18年以内	19年以内	20年以内
基準利率	2.10%	2.20%	2.20%	2.20%	2.30%	2.30%	2.40%	2.40%	2.40%	2.40%	2.40%
特別利率①	1.80%	1.80%	1.85%	1.85%	1.95%	2.05%	2.15%	2.15%	2.25%	2.25%	2.35%
特別利率②	1.55%	1.55%	1.60%	1.60%	1.70%	1.80%	1.90%	1.90%	2.00%	2.00%	2.10%
特別利率③	1.30%	1.30%	1.35%	1.35%	1.45%	1.55%	1.65%	1.65%	1.75%	1.75%	1.85%

おいて，日本政府が環境NPO活動に対する資金援助の仕組みを整備する旨を表明したことを受けて，1993年5月，国と民間の拠出により創設された．適正かつ効率的な資金運用を行うため，同基金は環境事業団（独立行政法人環境再生保全機構に移行予定）におかれている．助成対象団体は"民間の発意に基づき活動を行う非営利法人その他の団体"であり，① 日本また

は海外団体による開発途上地域の環境保全活動と，②日本の団体による国内の環境保全活動で，広範な国民の参加を得て行われるものに対し，資金助成がなされる．2002年度は，587件の助成要望のなかから226件に対し，総額約8億円の助成が行われた．

森林整備などを行うNPOに対しては，"緑の募金による森林整備等の推進に関する法律"に基づく助成が行われているほか，外務省のNGO事業補助金および草の根無償資金協力，日本郵政公社の寄附金付郵便葉書および国際ボランティア貯金の寄附金などの配分による環境NPOの助成も存在する．また，多くの地方公共団体において独自の助成制度が設けられている(横浜市環境保全活動助成制度など)．

② 環境ラベル

製品またはサービスの環境特性や環境側面に関する情報を提供するものとして，"環境ラベル"がある．環境ラベルには日本環境協会が環境省の助言・指導のもと，1989年から実施しているエコマークや，(社)産業環境管理協会が2002年4月よりスタートさせた"エコリーフ"制度などがある．エコリーフは，製品・サービスのライフサイクル全般にわたる定量的環境情報を表示するタイプのものである．

③ グリーン購入法

グリーン購入法は，①公的部門における環境物品など(再生品などの環境への負荷の低減に資する物品・役務)の調達推進措置，②環境物品などの情報が適切に市民に提供されるようにするために必要な措置について定めている．同法に基づいて，①国が基本方針を策定する，②各省各庁の長などは，毎年度特定調達品目ごとの具体的な調達目標，調達推進体制などを定めた調達方針を作成・公表する，③毎年度終了後に，各機関が調達実績をとりまとめ環境大臣に通知するとともに公表する，という手順で環境物品などの調達が進められている．

④ 環境教育・環境学習

学校における環境教育推進の大きな契機となったのは，1998年の中央教育審議会答申において，"社会の変化に主体的に対応できる資質や能力"の育成が新しい教育目標に掲げられたことと，新学習指導要領(小中学校は1998年度，高校は1999年度)において，"総合的な学習の時間"が新たに取り入れられたことによる．総合学習で扱うテーマの例として，国際理解や情報とともに"環境"があげられたことで，科目横断的，学年横断的な環境教育の試みや学校におけるビオトープづくりが広がっている．

また，環境省は，以前から地方公共団体と連携して"こどもエコクラブ事業"を実施してきた．こどもエコクラブは，数人から20人程度の小中学生と大人のサポーターで構成され，自主的な環境学習，環境活動を行うクラブである．2002年度には約4000のエコクラブが存在し，約7万7500人の子供たちがこれに参加している．また，国立公園などで自然保護活動を行う"子どもパークレンジャー"事業も実施されている．

また，国土交通省は"水辺の楽校プロジェクト"，農林水産省は"田んぼの学校プロジェクト"などをNPOと共同で実施している．そのほか，エコミュージアムなどの環境教育・環境学習施設の整備，"水環境フォーラム"などの各種イベントも行われている．

環境教育・学習の充実は国際的にも重要なテーマとなっており，2002年には，国連において"国連持続可能な開発のための教育10年"が採択された．

2003年には，環境保全活動と環境教育を各施策の中に適切に位置づけ，活動拠点の整備，人材育成の促進を図ることなどを内容とする

"環境の保全のための意欲の増進及び環境教育の推進に関する法律"が制定された．

⑤ 活動拠点の整備

環境NPO活動を支援するための活動拠点もしだいに整備されつつある．具体例としては，地球温暖化対策推進法に基づいて，各都道府県および国レベルに設置された"地球温暖化防止活動推進センター"，国連大学と環境省が共同設置した"地球環境パートナーシッププラザ"などがあり，各地方公共団体も独自の施設(板橋区のエコポリスセンターなど)を設けている．

また，NPO活動の一般的な広がりを背景として，この数年，各地にNPOセンターが設置されるようになった．これらのサポートセンターには民設民営形式のものもあるが，公設公営形式，公設民営形式のものも少なくない．その事業は，①情報や学習機会の提供，②会議室の貸出し，③印刷機などを備えたワーキングコーナーの設置，④NPOの運営などに関する相談事業などである．

⑥ 協議会などの設置

近年，行政，事業者，市民，NPOなど，関係主体の相互理解と協力を促進するため，自然再生，流域管理，鳥獣保護，動物愛護などさまざまな領域において協議会の設置が進んでいる．また，グリーン購入の促進に関しては，1996年2月に行政，事業者および消費者共同で"グリーン購入ネットワーク"が設立されている．

⑦ 公害防止・環境協定

公害防止・環境協定には，行政と私人の間で締結されるものと，私人間(住民と事業者，住民相互など)で締結されるものがある．協定方式は，もともと，環境法が未整備の時代に，工場の進出に際して法令の規制を補完するために，地方公共団体が活用したものであった(公害防止協定)．最近では，より良い環境を創造・再生するために用いられることも多く(環境協定)，その数は年間1,000件程度に達するとみられている．協定は，法律の明文の根拠がなくとも，法令に違反しない限り締結することができるものであるが，法律・条例により制度化され，特別の法的効果を認められている場合もある．たとえば，都市緑地保全法に基づき市町村長の認可を得た緑地協定は，後から協定区域内の土地所有者となった者に対しても効力を有する．また，国立・国定公園内の風景地について，公園管理団体としての指定を受けたNPO法人などが土地所有者と協定(風景地保護協定)を締結し，その管理を行う場合には，特別土地保有税を免除する制度も設けられている．

⑧ 環境カウンセラーなど

環境保全について啓発を行う人材を確保し，市民の自主的取組みを促す制度としては，1996年に始まった環境カウンセラーの登録制度がある．環境カウンセラーの登録は"事業者部門"と"市民部門"に分かれており，環境省が専門知識や経験に関する審査を実施して登録を行う．2003年7月末現在の登録者は3 095名であり，事業者，市民らへの助言，環境学習講座の講師，環境関連イベントの企画・運営などを行っている．

また，個別の法律に基づく各種推進員制度には，動物愛護推進員(動物愛護法第21条)，希少野生動植物保存推進員(希少種保存法第51条)などがある．

§2 自主的手法

自主的手法(voluntary approach)とは，企業が法規で定められた水準を超えて，あるいは法規で定められていないにもかかわらず自主的に行う環境改善の手法を意味する．

1990年代以降，地球環境問題への対応，持続可能な社会の実現が重要課題と認識されるにつれ，自主的手法の活用事例が増加し，自主的手法は環境政策の一つの政策手法として位置付けられるようになった．

たとえば，ヨーロッパ各国は廃棄物問題や気候変動問題に対処するための手法の一つとして自主的手法を用いており，またアメリカでもEPAがEnergy Star，Green Lightsなどの気候変動に関するプログラムを作成して，企業の参加を呼びかけている*．さらに日本でも日本経済団体連合会(経団連)が自主行動計画を作成して，廃棄物やCO_2に関する自主削減目標を定めている．

なぜ自主的手法は多用されるようになったのであろうか．

自主的手法は，①企業による自主的コミットメントであるため設定目標の野心性，環境改善効果に疑問がある，②制裁が用意されていないと履行確保が企業の誠意に依存することになり設定した目標達成の信頼性に欠ける，といった欠点が指摘されているものの，一方で，③企業自身が目標設定を行うため，その企業の事情に合わせて費用効率的な手段を選択することができる，④学習効果，情報共有，技術普及，意識向上などのソフト効果が大きいなど，制度としての柔軟性に優れている．

上記のように自主的手法は制度としての柔軟性に優れているため，⑤どの方法でどの程度の対策を施せばその環境問題を解決できるのか現段階では明らかでないが，今から対策を施さなければ手遅れになる可能性がある場合に有効策を模索しながらその過程でも何らかの対策を施していく必要がある場合，あるいは⑥税や規制の導入によって大きな影響が及ぶ場面で自主的手法を組み合わせることによって個別企業や個別産業セクターに特有の事情を考慮したい場合，すなわち気候変動問題や廃棄物問題のような現代の多くの環境問題の対策として用いるのに適しており，ここに自主的手法が多用されている所以があると考えられる．

自主的手法は1990年代以降政策手段の一つとして注目を集めるようになったが，実は，日本やフランスなどでは1960年代・1970年代にすでに公害対策において用いられていた．その代表的事例が日本の公害防止協定である．公害防止協定は自主的手法の柔軟性を利用して全国的法律を作成するのに時期尚早な場合や，ある特定地域の公害問題に対処するために効果を発揮した．

さらに，最近では，環境管理・監査システムの構築や環境に関する情報開示など，直接環境改善に関するものではないが，企業の体質を環境に配慮したものにするための取組みも行われており，これらも広い意味での自主的手法に含まれる．

このように，今日，自主的手法は多用されているが，冒頭の定義のように自主的手法とは，企業が法規以上の環境改善行動をコミットする場合をすべて含むため，さまざまなケースがある．そこで，以下では環境協定，公害防止協

---

* 米国では，気候変動対策についてのプログラムのほか，公害対策についても33/50，Green Chemistryなど多くのプログラムが用意されている．米国EPAの自主的プログラムについてはhttp://www.epa.gov/epahome/industry.htm に詳しい情報が記載されている．

定，ヨーロッパ環境管理・監査システム（EMAS）の三つの代表的な事例についてそれぞれの制度の概要，政府や企業にとっての自主的手法の利便性を概説する．

1 環境協定

環境協定は，業界団体または個々の企業が政府との間で環境行動の改善を約束する協定である．企業は環境改善目標の達成などを約束し，公権力側は企業が目標を達成すれば新たな税や規制を導入しないとの約束を行う．

ヨーロッパでは，とくに気候変動と廃棄物対策の分野で環境協定が多用されている（図3-1）．

とくに気候変動対策については，ヨーロッパ各国が環境税または規制に柔軟性を与え，個々のセクター・企業の実情を考慮した対策を行う手段として環境協定を用いている．以下では，デンマークとオランダの気候変動対策手段，そのなかで協定が果たしている役割について紹介する．

① デンマーク：環境税と自主的手法のミックス

デンマークでは，気候変動政策において環境税と自主的手法の組み合わせが用いられている．1993年に導入されたグリーン税パッケージの適用範囲が1996年に産業界にも拡張された際に，エネルギー集約産業へ与える悪影響に配慮して，重工程へ軽減税率の適用，デンマークエネルギー庁（DEA）との3年間の協定締結による税率軽減という制度が導入された*．

企業は，協定のなかでエネルギー効率性を改善するための投資の実施，エネルギー管理システムの導入などを約束する．そして毎年，エネルギー庁にエネルギー管理および協定の履行について進捗状況を報告する．仮に企業が協定上の義務を達成することができない場合には，エネルギー庁は協定を破棄することができ，その企業は税の還元を受けることができなくなる．ただし，エネルギー庁は企業が協定内容を遵守できそうにないときには，協定内容の見直しを行うなど柔軟に対処しており，減税分の払戻という制裁を受けた例はいままでに1件しかみられない．

このデンマークの事例では，環境協定がグリーン税の一律適用によるエネルギー集約産業への影響を緩和し，制度に柔軟性を付与するための手段として用いられている．また，協定で約束した内容を遵守できなければフル税率が適用

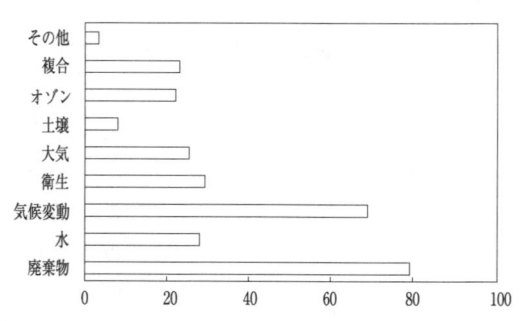

■図3-1 ヨーロッパ7か国における環境協定の使用数[1]

* 税率はエネルギー使用の三つの形態，重工程，軽工程，暖房用により異なる．重工程とは，セメント，コンデンスミルク，砂糖などの融解，濃縮，乾燥工程など35のエネルギー集約工程のことである．軽工程とは，照明，事務用機器その他の非集約型プロセスにおけるエネルギー消費を意味する．

Euro/t	協定締結	不締結
重工程	0.4	3.3
軽工程	9.1	12
暖房用	80	80

されるため，目標達成の確実性の欠如というしばしば指摘される自主的手法の欠点はカバーされている．

② オランダ：規制と自主的手法のポリシーミックス

オランダでは，企業のエネルギー効率性を改善するために，営業認可申請とエネルギー効率性向上のための長期協定(LTA)の組み合わせが用いられてきた．産業界はエネルギー効率性に関する目標を自主的に設定するかわりに，政府は産業分野のエネルギー効率性の改善のために新しい規制を導入しないことに合意した．

企業は長期協定を締結するために，省エネルギー計画(ECP)を提出し，NOVEMとよばれる機関による評価を受けなければならない．その代わりに，営業認可申請を行う際に通常であればエネルギー計画を提出しなければならないが，LTAに参加していればECPの要約の提出という簡易な方法で認可を受けることができる．認可書が発効されると各企業はECPを実行し，その結果を毎年産業セクターに報告する．その後NOVEMが個別企業の成果とセクターの成果を検証する．

各企業がECPや年間モニタリングレポートを提出しない場合や，産業セクターが署名した目標を達成できず，相当の理由を提示できなかった場合には，当該企業または産業セクターは通常規制，すなわち営業認可を得るために必要な通常の環境規制に服することになる．

この制度では，セクターがその企業の事情を考慮したエネルギー効率性改善手段を導入するために協定が用いられ，一方で協定内容を守らなければ企業は営業認可申請の際に通常規制に服するほか，新たな規制が導入される可能性も

あらかじめ示唆されており，目標達成の不確実性という自主的手法の欠点はカバーされている．

このように，自主的手法は税や規制と併用されることによって，一方で規制や税で目標達成を確保し，他方で自主的手法によって個々のセクターや企業の実情にそった対策を行い，対策の実施過程で問題の対処方法について学習していくことが可能となる．長期的な対応を要し，しかも対応のための技術が定まっていない環境問題への対策として参考となる．政府の側からすると，対策を施しながら，企業や産業セクターから情報を収集し，今後の適切な対策を検討することができ，企業の側からすると，自社の生産状況，いままでに講じた対策，今後の投資計画を考慮しながら環境改善行動を実施することができるため，どちらにとってもメリットが大きい*．

文　　献
1) New Instruments for Sustainability-The New Contribution of Voluntary Agreements to Environmental Policy. Oeko Institute, p.5 (1998)

2 公害防止協定

公害防止協定とは，地方公共団体と事業者が，相互の合意に基づいて公害防止のために事業者がとるべき措置について取り決める合意のことである．正式に協定とよぶもののほかに，覚書，念書，協議書，往復書簡，土地売買契約の条件などの形式をとるものなどその形態はさまざまである．

---

*　2003年7月22日にEU排出枠取引指令が閣僚理事会でも採択された．これにより，2005年1月1日からEUレベルで排出枠取引が開始される．現在の環境協定制度は，新しく導入される排出枠取引制度との調整を要する．この事例からすると，自主的手法は欧州の気候変動対策手段としては過渡的なものであり，前項で述べた自主的手法の有用性の⑥に該当するものと考えられる

1952年，島根県と山陽パルプ江津工場および大和紡績益田工場との間で取り交わされた公害防止の覚書が公害防止協定の発端といわれており，その後，1964年12月に横浜市と電源開発(株)および東京電力(株)で協定が締結されてから多用されるようになった．2001年3月末時点で有効な公害防止協定は約32 000件[1]存在し，その後も毎年1 000件以上の新協定が締結され続けている．

公害防止協定は，①法律や条例による規制が一律的，画一的であるのに対し，協定によるときは個々の事業者との協議によって，地域の状況に応じた個別的な内容を盛り込むことができる，②法律や条例のように制定までに時間がかからない，③公害防止技術の成果を取り入れて適宜協定に取り込みうる，④地方公共団体が住民を代表して公害防止の必要性を企業側に訴え，その協力を呼びかける手段として役立つ反面，企業側にとってもイメージアップをはかる効用をもつ，などの特徴を有し，深刻な公害問題への対処方法としてきわめて有効であった．

しかし，協定締結に至る過程が不透明で，法律さらには条例よりも厳しい改善行為を定めている場合に，企業側の協定締結が自由意思によるものなのか，協定のなかには協定を締結しなくても，いずれにせよ行政指導などで同様の対策を講じる結果となるというプレッシャーから締結を余儀なくされたものなのではないかとして，その法的正当性が議論されてきた．

このような議論を反映して，公害防止協定の法的拘束力についても争いがある．消極説は，協定はあくまでも紳士協定にすぎず，その履行は企業の社会的・道徳的責任によるものであり，法的拘束力はないとする説(紳士協定説)で，一方，積極説は，両当事者が任意の合意に基づいて締結したものである以上，法的拘束力を認めるとする説(契約説)とがある．現代では，法的拘束力を認める見解が有力であり，法的拘束力を肯定する判例もでている[*1]．

また，公害防止設備の普及，法律・条令の整備により公害問題がほぼ解決している現在，公害防止協定の有用性を疑問視する意見もある．

しかし，公害防止協定は，個別地域の工場密集度，地形，締結企業の業種，いままでの環境改善努力などを考慮したうえで適切な環境改善行動を盛り込むことができる柔軟かつ機動力に富んだ手法であり，実務上有用性が高い．新規協定締結数は漸減しているものの，1998年10月～1999年9月の1年間で1 000件近く締結されている[*2]．協定内容自体は，緑地化，温暖化対策など近年の環境問題への対処を取り込んでおり，名称も環境協定とするところが多いが，依然として，柔軟で機動的な手法として実務上の有用性は失われていないといえよう．

文　　献
1) 環境省：環境統計集(平成14年版, p. 208)

3 環境管理・監査システム

近年では，企業の体質を環境に配慮したものとするために，ISO 14001，EMAS(環境マネジメントシステム)などに基づいて環境管理・監査システムを自主的に構築する企業が増加している．

ISO 14001[*3] は，1996年9月に発効した環境管理・監査に関する国際標準規格である．全世

---

*1　名古屋地裁判決 1978年1月18日
*2　1994年10月～1995年9月は約2 200件，1995年10月～1996年9月は約1 900件，1996年10月～1997年9月は約1 200件，1997年10月～1998年9月は約1 200件，1998年10月～1999年9月は約1 000件の新規協定が締結されている．

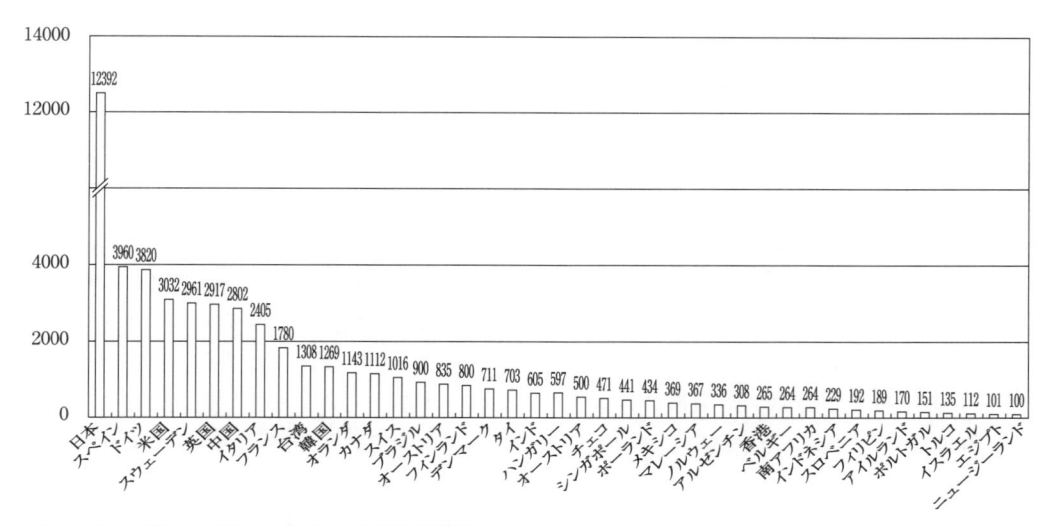

■図3-2 各国のISO 14001の取得状況[1]

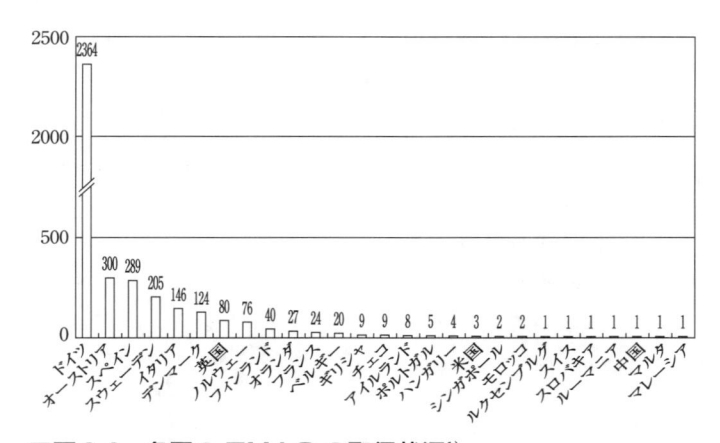

■図3-3 各国のEMASの取得状況[1]

界の組織がISO 14001の認証を取得することができる．2003年7月時点でISO 14001の認証企業は53 620件存在する（図3-2）．企業はISO 14001に基づく環境管理・監査システムを導入したことを自己宣言することもできるが，通常は各国の認定機関から認定を受けた審査登録機関の審査を受け，認証を取得する．ISO 14001取得のためには，一般要求事項，環境方針，計画，実施および運用，点検・是正措置，経営層による見直しの6項目を満たさなければならない．

EMASは1993年6月に採択され，1995年から適用されたEC環境管理・監査規則に基づいて実施されており，環境にやさしい企業行動を評価・促進し，その情報を一般に提供するための制度である．EMASにはEU域内の組織

---

*3（前頁） ISOは，1947年に設立された国際標準規格を定めるNGOであり，現在約140か国が加盟している．測量単位や紙の規格などさまざまな国際標準規格を定めており，そのなかでISO 14001は環境管理・監査についての国際標準規格である．詳しくは，http://www/iso/ch参照．

が参加することができる．2001年には，①非営利組織によるEMAS参加，②中小規模組織によるEMAS参加，③参加組織へ規制緩和などの便益付与などを目的として，EMAS規則が改正された．2003年7月時点でEMAS登録団体は3 744件である（図3-3）．企業は，EMASに登録するために，①企業の環境方針，環境計画，環境マネジメントシステムの確立，②当該施設での環境監査の実施およびその検証，③各施設ごとの環境声明書の作成と外部公証環境検証人による認定および結果の当局への届出，の3要件を満たさなければならない．すべての要件を満たし，登録が完了した施設について，企業はEMAS参加を示すロゴマークを使用することができる〔参照：資料22, 23〕．

EMAS規則は，加盟国に対しEMASをEUレベル・国レベル・地域地方レベルで促進することを呼びかけている（EMAS規則第10～12条）．たとえば，ドイツではEMAS参加事業所に既存規則の緩和を認める動きもみられる[*4]．さらに，企業のEMAS取得を促進するため，英国の環境省，ドイツのバイエルン州政府はEMAS取得に対し補助金をだしている．補助金の額は，英国がコンサルタント料の40～50％，バイエルン州政府が3日分のコンサルタント料の80％である[2]．

ISOとEMASの要件の違いは，EMASでは環境声明書の作成と外部公証環境検証人による認定を要するが，ISOではこのような情報公開が要件とされていない点である．

企業はISO取得またはEMAS参加によって，環境に配慮した企業というイメージを創出することができ，また企業体質を環境配慮型に変更することによって，結果として汚染物質の排出削減やエネルギー効率性の向上に貢献することになる．また，政府が物資調達企業をISOやEMASの取得企業に限定している国も多く，この点もISO，EMAS取得のインセンティブとなっている．

環境管理監査システムは，個別の環境問題の解決というよりは，企業体質を環境配慮型にし，経済成長と環境が両立する持続可能な社会を実現していくうえで効果的である．

文　献
1) ISO-World : http://www.ecology.or.jp/iso world/iso14000/registr4.htm
2) 品質保証総研レポート，日欧における地方自治体等のISO 14000への取り組みに関する調査（1996）

---

*4　2001年の法改正により，連邦イミシオン防止法，循環型経済・廃棄物法，水管理法に規制緩和の授権規定がおかれ，前二者に基づいて規制緩和を具体化する命令が施行されている．

第4部
主要国の環境政策と環境法体系

　主要国の環境政策について，その基本方針と特徴的な環境政策の解説および環境法の体系の概要を示す．
　経済・社会の国際化が進展した結果として，環境法および環境政策の国際化ないしは国際的動向への適合が必然化しつつある．この点は二つの側面を含む．第一は，諸外国の環境法政策は，大なり小なり，我が国の環境法政策に影響を及ぼすという側面である．商品，技術あるいはサービスの国際取引の増加に伴って相手方国の環境法政策と直接係わりをもつことが増えているという事情のほかに，自由貿易の枠組みの中では，環境法政策を国際的に統合しようとする力学が働き，我が国もこれに適合することを求められることは必然的な流れとみなければならない．第二に，このような環境法政策の国際的統合化の流れの中で，我が国もその方向づけへの参画が望まれるという側面である．将来における我が国の環境法政策の方向を模索するうえで，先進諸国の法政策の優れた制度や手法を理解することは，このような二つの側面から重要な意味をもつ．
　本章では対象としてはアメリカと，EU，イギリス，フランス，ドイツ，オランダ，中国の7か国をとりあげる．もとより，限られた紙面の中でこれらの全貌を詳細に示すことは不可能であるから，必要に応じて関連文献を参照して欲しい．アメリカが環境法政策の分野で先進的な役割を果たした事実は否定することができない．一方，中国は，急速な工業化の過程で環境法が整備されつつあるだけでなく，経済活動の領域で我が国と極めて密接な関係にある．我が国の企業が現地に事業所を設置する場合には，中国の環境法政策は直接事業活動に関連をもつことになる．
　EUは，近年，環境法の現代化を進めており，その環境政策・戦略は我が国にも大きな影響を現実に及ぼしている．最近では，化学物質戦略がその例であるが，単に，我が国のEUに製品を輸出しあるいは現地に工場を設置する場合の影響というにとどまらず，EUの戦略が我が国の環境政策・環境法に直接・間接に影響を与えつつある．EUと加盟国との関係は，一方で，EUが加盟国の環境法政策をリードする関係，他方で，特定の加盟国がEUの環境法政策をリードする関係の両面がある．たとえば，統合的環境管理制度，環境管理・監査制度をイギリスの法制度がリードし，あるいは物質循環分野でドイツがEUの法制度をリードする例等々である．EU諸国のうち，イギリスは，中央政府と地方政府との権限配分に固有の歴史があるが，環境法典化をめざすとともに，最初に統合的環境管理を制度化したこと，最近では，気候変動防止政策に環境協定と環境税，排出権取引をポリシーミックス(policy mix)として導入した点で先駆性がある．また，フランス環境法は，我が国では研究者が多いとはいえないが，水管理部門の法政策は参考とするに足る．オラ

ンダは，我が国とは国土も経済構造も異なるが，国家環境政策計画に基づく長期的政策目標を，施設の設置・操業の認可制を背景とする合意形成手法を活用して実現しようとする手法は特記に値する．とくに，ALARA原則(As Low As Reasonably Achievable Principle)によって，リスクベースの環境管理のほかに，最善技術ベースの環境管理手法を併用し，最善化原則によって最新技術の陳腐化を防止する仕組みはオランダ環境法政策の中核を構成するものであり，「交渉する環境省」の能動的取り組みによって支えられている．このほか，戦略的環境影響評価，立法アセス，環境報告書，環境情報管理制度などの分野でも参考に値する制度を先行させている．最後に，ドイツは，オランダと同様，環境保護を国家の責務として基本法に明記し，将来世代に対する責任として環境保全をはかろうとする．連邦制を採用する点で我が国と異なる事情はあるが，経済構造の点で我が国と近似し，近年における我が国の環境法の変革はドイツ法を参考とする例が少なくない．循環型社会形成推進基本法および物質循環関連の個別法，あるいは土壌汚染対策法などはこの例である．

とはいえ，これら各国の法政策は，それぞれの社会的・経済的諸元，たとえば，経済構造，資源，人口，国土などの特徴を背景とするものであるから，我が国におけるこれらの諸元との違いには十分注意する必要があることはいうまでもない．

§1 米国

1 環境政策

(1) 環境政策の基本的方針

米国は，従来のコマンド・アンド・コントロール型の直接規制に加え，近年では市場原理の活用，州や自治体，および産業界とのパートナーシップによる，自由度，柔軟性を生かした環境施策アプローチを重視している("Partners for the Environment")[1]．環境問題の複雑化に伴い，新たな環境施策・手法の開発に積極的に取り組んでいるが，その施策の採用，実施にあたっては費用対効果が意識されているのが特徴である．

●環境政策の主な執行機関

a．環境保護庁(EPA：Environmental Protection Agency[2])：1970年の大統領令によって創設された環境保護庁(EPA)は，米国におけるほとんどの環境保護法(大気・水質汚染規制，固形・有害廃棄物管理，汚染サイトの修復，殺虫剤・有害物質の規制)を実施する機関である．EPAは，およそ1万8000人の職員と76億ドル(2004年度)の予算を有する世界でも類をみない大規模な執行機関である．

b．環境の質に関する委員会(CEQ：Council on Environmental Quality)：CEQは1969年に制定された国家環境政策法(NEPA)に基づき創設された，大統領を補佐する機関である．以下のような事項を主な業務とする．

① 連邦政府のさまざまな計画や活動に対する環境面からの審査および評価
② 環境の質を向上させるために促進されるべき国家政策の開発および勧告
③ 天然資源の変化の文書化(毎年環境白書を発行)
④ 環境政策および立法の観点に立った研究，報告および勧告

CEQには，1992年6月の地球サミットにおいて採択された持続可能な開発の青写真である米国アジェンダ21を実現する戦

略を策定するために，特別諮問委員会もおかれている（次項参照）

●**大統領による持続可能な開発評議会**（PCSD：President's Council on Sustainable Development）

PCSDは，1993年の大統領令No.12852により，米国における持続可能な開発に向けた戦略を策定し，大統領に直接勧告を行う諮問委員会として設置された．PCSDには，①気候変動，②環境マネジメント，③国際戦略，④大都市圏および地方戦略の四つの作業部会がおかれている．1999年に大統領に提出された"Toward Sustainable America"では，持続可能な開発を具体化するための多くの政策提言が行われている．

●**EPAによる"戦略計画2000"**[3]

1993年に制定された"政府パフォーマンス成果法（GPRA）*1"に基づき，EPAは2000年9月に，2000年度から2005年度における"戦略計画（strategic plan）"を策定した．この戦略計画は，EPAがプログラムを策定し，優先順位づけを行い，資源を配分するための枠組みとして利用される．

a．EPAの使命：EPAはその使命として，"人の健康を守り，生命が依存する大気，水および土壌といった自然環境を保護すること"を掲げている

b．"戦略計画2000"における今後5年間に達成すべき10の目標
① 清浄な大気
② きれいで安全な水
③ 安全な食品
④ コミュニティー，家庭，職場，およびエコシステムにおける汚染防止とリスクの低減
⑤ 廃棄物管理の改善，汚染された廃棄物サイトの修復，緊急対処
⑥ 地球全体の，国境を越える環境リスクの低減
⑦ 環境の質に関する情報
⑧ 健全な科学，環境リスクに対する理解の向上，環境問題への新たな取組みの拡大
⑨ 汚染の確実な抑止，法の遵守の促進
⑩ 効果的なマネジメント

●**EPAの環境政策の新機軸**（environmental policy innovation）[4] **への取組み**

EPAは環境政策の新たな手法への取組みとして，以下七つの取組みを行っている．
① コミュニティーを基本とする環境保護
② EPA内部の顧客サービス向上に向けたキャンペーン
③ 環境上の許可手続に関する情報提供と手続の効率向上
④ EPAと州との革新的なプロジェクトの共同実施
⑤ 企業や自治体と共同して行うパイロットプログラム，"プロジェクトXL（eXcellence and Leadership）"．既存の規制に代わり環境保護目的を達成する革新的手法の試行
⑥ EPAにおける横断的かつ革新的な活動
⑦ 環境意思決定における利害関係者の関与

---

*1 政府パフォーマンス成果法（GPRA：Government Performance Result Act, 1993）：連邦政府機関の活動に対し，業績目標設定と実績評価を導入しようとするもの．連邦政府機関の使命，戦略，具体的な政策目標を体系的に結び付けるとともに，成果や顧客満足を意識した行政運営を目指す．さらに，政府機関の業績結果を予算配分に反映させようとする試みでもある．本法に基づき，各機関は長期計画である戦略計画と，毎年度，パフォーマンス計画およびその結果報告であるパフォーマンス報告を作成しなければならない．

② 特徴的な環境政策の解説

米国では環境影響評価制度や有害物質排出目録制度(TRI)にみるように，情報公開を通じた環境政策における住民参加，住民監視が伝統的であるといえる．EPAは，実質的に環境プログラムを実施する州や地方自治体とのパートナーシップ，柔軟性のある産業界による自主的取組みを重視している．施策実施においては費用対効果が考慮される．大気浄化法における排出権取引制度のような，市場原理に基づくもっとも低いコストでの政策目標達成を目指すアプローチは特徴的である．

●環境影響評価制度

1969年に制定された"国家環境政策法(NEPA)"は，すべての連邦行政機関に対し，環境に重大な影響を及ぼす可能性のある開発行為について環境影響評価(EIA：environmental impact assessment)を行うことを義務づけている．対象となる連邦行政機関の行為には，政策，計画，プログラム，特定事業の承認行為が含まれる．まずNEPAの対象となる行為が，環境に重大な影響を及ぼす行為に該当するか否かが判断され，環境影響評価を行う必要があるかどうかが判断される．環境影響評価を行う必要があると判断されれば環境影響評価書の作成が必要となるが，その評価書には，提案された行為によって生じる環境影響，提案が実施された場合に生じる避けることのできない環境に対する悪影響，提案に対する代替案などを含めなければならない．

●市場原理の活用：排出権取引制度

a．酸性雨プログラム：1990年改正大気浄化法(CAA)タイトルIVに基づき導入された．本プログラムでは電力会社からのSO_2の排出について強制的な全国排出上限を決め，過去の排出実績をもとに各電力会社に排出割当を配分する．年度末には，電力会社は排出したSO_2についてそれぞれ割当を保有していなければならない．割当以上に排出量を削減した場合は，その余剰割当を将来の利用のために貯めておくこともできるし，割当が不足している他の電力会社に取引市場を通じて売ることもできる(いわゆる"排出権の取引")．酸性雨プログラムのフェーズIでは，電力会社からのSO_2の排出量は1980年レベルから500万トン減り，これは当初求められていたレベルよりもおよそ30％以上の削減であった．懸念されていた実施コストについても，1990年の予測よりもおよそ半分ですむと予想されている．

b．NO_x排出権取引制度：酸性雨プログラムの成功を受けて，EPAは州と協力して新たな排出権取引プログラムに着手している．その一つが北東部州12州と取り組んでいるNO_x排出権取引プログラムである．2003年のはじめには，連邦レベルの酸性雨プログラムと合わせて，これら12州における年間排出量は1990年レベルから50％削減されると予想されている．

●有害物質排出目録(TRI：Toxic Release Inventory)[5]制度

有害物質排出目録(TRI)制度は，住民の知る権利に基づき，地域社会における化学物質について情報を提供するため，1986年に制定された"緊急対処計画および地域住民の知る権利法"第313条により創設された制度である．対象となる施設は毎年，大気・水・土壌への排出，処理，リサイクル，および省エネルギーのための廃棄物のサイト外への移動について報告を行う義務がある．収集された情報は，印刷物やインターネットなどさまざまなメディアを通じて公開される．

本制度はすでに実施から10年以上の経験を有し，当時としてはPRTR制度の先駆けとな

る画期的な取組みであった．TRI制度はこれまでに対象物質や対象施設の拡大など何度か大きな変更がなされ，いまなお発展している制度である．それゆえに，これまでの発展過程や収集されたデータの整理や公開の方法など，わが国にとっても参考になるところは多い．

●EPAと州・地方自治体とのパートナーシップ

EPAは，州や地方自治体と緊密なパートナーシップをとりつつ環境政策を推し進めている．たとえばその取組みの一つに，"全国環境パフォーマンス・パートナーシップ制度(NEPPS: National Environmental Performance Partnership System)"がある．本制度は，1995年に，EPAと州とのパートナーシップを向上させることにより，国の環境プログラムのマネジメント，効率，および有効性を強化することを目的に構築された．本制度のもと，EPAと州は共通する環境の諸問題に対して協力して取り組んでいる．

●EPAとのパートナーシップによる産業界の自主的取組み[6]

EPAは現在，以下のような産業界とのパートナーシッププログラムを展開している．EPAはこのようなプログラムを通じて，企業に対し，技術的アドバイスや環境パフォーマンス向上に向けた枠組みの提供，企業間の非公式なネットワークづくりなどを支援している．

a．環境配慮型設計：製品，加工処理，マネジメントシステムの設計に環境配慮を組み込むために企業の手助けをする自主的プログラム．

b．Energy Starプログラム：一定の基準を満たす製品に"Energy Star"ラベル（図4-1）を付与することで，エネルギー効率の向上，汚染の削減，コスト節約を促進することを目指す産業界と政府のパートナーシッププログラム．1992年に始まり，現在

■図4-1　Energy Starラベル

その対象範囲は，住宅，ビル，オフィス設備にまで拡大している．

c．環境会計：環境コストを把握し，意思決定にその環境コストを取り入れることを支援するプログラム．

d．持続可能な産業(sustainable industry)：産業部門を軸とする新たな環境保護アプローチの開発・立案を行うプログラム．現在，金属，食品，船舶など八つの部門で取組みが行われている．

e．Waste Wiseプログラム：企業を含む米国内にある団体は無料で任意に参加することができる，一般廃棄物の削減を目標とするプログラム．参加した団体は自分たちのニーズにあわせた自主的廃棄物削減プログラムを策定し，EPAはその支援を行う．

文　　献
1) http://www.epa.gov/partners/hi-energystar.htm
2) http://www.epa.gov/
3) http://www.epa.gov/ocfopage/plan/plan.htm
4) http://www.epa.gov/opei/byepi.htm
5) http://www.epa.gov/tri/
6) http://www.epa.gov/epahome/industry.htm

2 環境法の体系

① 環境法全体の体系図（図4-2）

●総　則
- 情報自由法（FOIA：Freedom of Information Act, 1946）
- 国家環境政策法（NEPA：National Environmental Policy Act, 1969）
- 政府パフォーマンス成果法（GPRA：Government Performance and Results Act, 1993）
- 国家環境教育法（NEEA：National Environmental Education Act, 1990）

●各　論

a．大　気
- 大気浄化法（CAA：Clean Air Act 1955）

b．水　質
- 水質汚濁防止法（CWA：Clean Water Act，正式にはFederal Water Pollution Control Act, 1948）
- 沿岸域管理法（Coastal Zone Management Act, 1972）
- 海洋保護，調査，保護区域法（Marine Protection, Research, and Sanctuaries Act, 1972）
- 安全飲料水法（Safe Drinking Water Act, 1974）
- 油濁法（Oil Pollution Act, 1990）

c．土壌（地下水）
- スーパーファンド法（包括的環境対策・補償・責任法，CERCLA：Comprehensive Environmental Response, Compensation, and Liability Act, 1980）
- スーパーファンド法修正・再授権法（SARA：Superfund Amendments and Reauthorization Act, 1986）
- 有害固形廃棄物修正法（1984年RCRA修正法，HSWA：Hazardous and Solid

総　則	
情報自由法（FOIA，1946） 国家環境政策法（NEPA，1969）	政府パフォーマンス成果法（GPRA，1993） 国家環境教育法（NEEA，1990）

各　論					
大気・騒音	水質	土壌	化学物質	廃棄物	エネルギー
大気浄化法 騒音規制法	水質汚濁防止法 沿岸域管理法 海洋保護、調査、保護区域法 安全飲料水法 油濁法	有害固形廃棄物修正法 スーパーファンド法修正・再授権法 スーパーファンド法	鉛汚染規制法 アスベスト危険緊急対処法 緊急対処計画及び地域住民の知る権利法 有害物質規制法	医療廃棄物追跡法 有害固形廃棄物修正法 核廃棄物政策法 資源保護回復法 有害物質輸送法 固形廃棄物処分法	一九七四年エネルギー供給及び環境調整法 一九七五年エネルギー政策・保全法 一九七八年エネルギー政策・保全法

注）本図は米国環境法すべてを網羅的に含むものではない。正式名称は本文参照。

■図4-2　環境法全体の体系図

Waste Amendments of 1984)
d．化学物質
　・有害物質規制法(Toxic Substances Control Act, 1976)
　・緊急対処計画及び地域住民の知る権利法(Emergency Planning and Community Right-to-Know Act, 1986)
　・アスベスト危険緊急対処法(Asbestos Hazard Emergency Response Act, 1986)
　・鉛汚染規制法(Lead Contamination Control Act, 1988)
e．廃棄物
　・固形廃棄物処分法(Solid Waste Disposal Act, 1965)
　・有害物質輸送法(Hazardous Materials Transportation Act, 1975)
　・資源保護回復法(RCRA：Resource Conservation and Recovery Act, 1976)
　・核廃棄物政策法(Nuclear Waste Policy Act, 1982)
　・有害固形廃棄物修正法(1984年RCRA修正法, Hazardous and Solid Waste Amendments of 1984)
　・医療廃棄物追跡法(Medical Waste Tracking Act, 1988)
f．騒音
　・騒音規制法(Noise Control Act, 1972)
g．エネルギー
　・1974年エネルギー供給及び環境調整法(Energy Supply and Environmental Coordination Act of 1974)
　・1975年エネルギー政策・保全法(Energy Policy and Conservation Act of 1975)
　・1978年エネルギー政策・保全法(Energy Policy and Conservation Act of 1978)

② 環境法体系の特徴

　米国にはすべての環境法の基本となる環境枠組法のようなものはない．米国の国家環境政策という観点にもっとも近いといえるのが，連邦レベルでの計画，措置，プログラム，および資源を環境と調和させることを目的とする"国家環境政策法(NEPA)"であるが，環境法の策定や実施に直接的な影響をもつものではない．

　米国における環境法，環境規制の遵守にあたっては州法の把握も重要である．各州は独自の環境法を有しており，州によっては連邦法よりも厳しい規制をおいているところもある点に注意を要する．

●情報自由法(FOIA)

　環境への取組みを進めるためには，環境情報へのアクセスが確保されていることが重要である．"情報自由法"は1966年，行政手続法第3条の改正として制定された．本法によりあらゆる行政機関が保有する記録について，利害関係者に限らず何人も(つまり外国人であっても)，理由を求められることなく記録の開示を請求することができる．

　行政機関が情報公開を拒否できるのは，国防・外交政策上の理由，営業秘密，個人のプライバシー侵害の侵害にあたる場合など九つの場合に限られ，拒否された場合には不服申立てを経て開示請求訴訟を起こすこともできる．情報の公開にあたっては，開示請求にかかる料金を必要最小限にすること，また請求を受けてから原則として20営業日以内に開示の可否について理由を付記して回答することを義務づけるなど，情報開示に対して積極的な配慮がなされている．

●連邦法と州法

　連邦環境法の中には全国レベルの最低基準だけを規定し，その基準を満たすための連邦プログラムの実質的な実施は州に委ねているものも

多い．たとえば大気浄化法のもとでは，各州は連邦大気環境基準(NAAQS：National Ambient Air Quality Standard)を達成するための実施プログラムを策定し，EPA の承認を得ることと規定されている．水質汚濁防止法では，全国汚染物質排出削減制度(NPDES：National Pollutant Discharge Elimination System)とよばれる EPA による排出許可制度が導入されているが，実際にはほとんどの州が EPA から許可権限を委譲され，州汚染物質排出削減制度を実施している．資源保護回復法でも，固形廃棄物管理については州におもな権限を委譲している．また，EPA の承認を得れば，州による独自の有害廃棄物管理プログラムの実施も認められている．

一方，カリフォルニア州の厳しい自動車排気ガス規制や不動産取引の条件として環境監査と浄化を義務づけるニュージャージー州の環境浄化責任法など，州によっては連邦と異なる独自の環境法制，環境プログラムを有している．

③ 特徴的な法制度の解説

ここでは現在もっとも関心をもたれている環境問題，土壌汚染と廃棄物分野における米国環境法を取り上げる．一つは 1980 年に制定された"スーパーファンド法(包括的環境対処・補償・責任法：CERCLA)"である．同法は，土壌汚染の浄化を第一目的として政府に強力な執行権限を与えるもので，スーパーファンドとよばれる政府独自の基金をもつことにより，裁判所による浄化責任者の決定を待たずに政府みずからが浄化措置を実施することを可能とした．また，同法が規定する潜在的責任当事者に該当すれば，過去の汚染に対しても汚染への関与の有無にかかわらず浄化責任が問われる可能性がある．"資源保護回復法(RCRA)"は，有害廃棄物が発生してから最終処分されるまでの有害廃棄物の管理について規定する．同法に基づき，EPA は特定施設の所有者および管理者に対して，有害物質による汚染の除去を命ずる是正措置命令を出すことができる．

●スーパーファンド法およびスーパーファンド修正・再授権法(SARA)*2

1980 年に制定された"スーパーファンド法"は，汚染された土地の浄化を進めることを目的に，命令または訴訟により責任当事者に浄化を実行させる包括的な権限を政府に与え，政府が汚染土地の指定，浄化優先順位づけ，および浄化の決定を行うことを可能にしたものである．政府みずからが浄化を実施する基金(スーパーファンド信託基金)を有していることから，"スーパーファンド法"とよばれている．その後 1986 年に修正が行われ，基金を制定当初の 16 億ドルから 85 億ドルに増額する"スーパーファンド法修正・再授権法"が制定されている．

a．スーパーファンド法の対象：スーパーファンド法は，次のような有害物質または汚染物質*3 による環境への影響に対応する権限を政府に与えている．

① "有害物質"の環境への放出または放出について相当なおそれがある場合
② 人々の健康や福祉に対して差し迫った相

---

*2 スーパーファンド法のもとでは"有害物質"を他の環境法により定義している．有害廃棄物：資源回収保護法(RCRA)，有害物質および有害汚染物質：水質汚濁防止法(CWA)，有害大気汚染物質：大気浄化法(CAA)，差し迫った有害性を有する化学物質：有害物質規制(TSCA)．ただし，石油および天然ガスは含まれない．

*3 スーパーファンド法における"汚染物質"：死，疾病，行動異常，がん，遺伝子突然変異，生理機能不全(生殖機能不全も含む)，または肉体的危険の原因になると相当な理由をもって予測できるあらゆる物質．ただし，石油および天然ガスは含まれない．

当の危険をもたらす可能性のある汚染物質の放出または放出について相当なおそれがある場合

b．浄化責任を負う者：土地の浄化をめぐる訴訟に費やされる時間をできるだけ短くし，土地の浄化にその分の精力を注ぐため，スーパーファンド法には強力な執行規定がおかれている．スーパーファンド法のもと，浄化責任を負う可能性のある潜在的責任当事者（PRP：potentially responsible parties）は以下のとおり規定されている．

① 汚染された施設の現在の所有者・管理者
② 有害物質が放出された時点での当該施設の所有者・管理者
③ 当該施設に持ち込まれた有害物質の発生者
④ 当該施設へ有害物質を輸送した輸送業者

これら PRP が負う責任には，次のような特徴がある．

・厳格責任：責任当事者は，過失の有無を問わない厳格責任を負う．原告は被告が上記に述べた4項目の主体に該当することを証明すればよい．
・遡及的責任：環境への放出を引き起こした責任当事者は，その行為がスーパーファンド法制定以前であっても責任を負う．
・連帯責任：潜在的責任当事者は連帯責任を負い，それぞれが単独で浄化の全責任を負う可能性がある．

c．浄化措置
① 除去措置（removal action）：一般的に，緊急事態に対処するため，放出のおそれを軽減するための短期的な対応措置をいう．流出した廃棄物の浄化や現場周囲のフェンス囲い込みなど．
② 修復措置（remedial action）：長期的で恒久的な浄化，たとえば廃棄物を処理して汚染物質を除去し覆土する，周囲を防護壁で囲むなどの措置である．修復措置には長期間を要し，膨大な費用がかかる．

●資源保護回収法（RCRA）

"資源保護回収法"は，有害廃棄物の発生者，輸送者，ならびに有害廃棄物の処理・貯蔵・処分施設（TSD 施設：treatment, storage, and disposal facilities とよばれる）の所有者および管理者に，有害廃棄物の取扱いや管理について遵守すべき要件を定めている．本法は 1976 年に制定され，1984 年に"1984 年有害固形廃棄物修正法（HSWA）"として大幅な修正が加えられている．

a．RCRA の対象となる廃棄物：RCRA ではまず"固形廃棄物"を定義し，そのうち一定の要件にあてはまるものを"有害廃棄物"として定義している．実務上は，これら定義を具体的に解釈している EPA 規則[2]を参照する必要がある．ある固形廃棄物が有害廃棄物か否かについては，EPA の有害廃棄物リストに該当するか，あるいは EPA が定める四つの特性，① 発火性・可燃性，② 腐食性，③ 反応性，④ 有毒性にあてはまる場合，最終的にその固形廃棄物は有害廃棄物とみなされる．

b．有害廃棄物発生者の義務：発生させている廃棄物が有害廃棄物に該当する場合，輸送，処理，貯蔵，または処分を行う前に EPA から識別番号を取得し，EPA に登録している輸送業者および TSD 施設にその処分を委託する．また発生者は，有害廃棄物が発生してから最終処分されるまでの経過を管理するため，"有害廃棄物統一マニフェスト"を作成し，少なくとも3年間これを保存しなければならない．

c．陸上処分規制（land disposal restrictions）：特定の廃棄物の陸上処分に先立

ち，その有害成分が適切に処理されるよう，処理基準の遵守を義務づけるものである．

d．是正措置：1984年RCRA修正法によって，過去の廃棄物処分による現在の汚染についても，特定施設の所有者または管理者は，施設から環境に放出されたすべての有害廃棄物および有害成分による汚染に対して，是正措置（汚染の浄化，封じ込めなど）をとることが求められる．

文　　献
1) http://www.epa.gov/superfund/index.htm
2) http://www.epa.gov/epahome/lawreg.htm

§2　EU

1　環境政策

(1) 環境政策の基本的方針

環境保護は，域内市場の運営と並ぶEU (European Union，欧州連合)[*1]の重要な目標の一つである．EUの環境政策は，①予防原則，②未然防止原則，③環境損害の発生源での防止優先の原則，④汚染者負担原則を軸に，高い水準の保護を目指すものであることが欧州共同体の設立条約であるローマ条約に定められている．上記の4原則に加えて，近年では，環境保護の要請をその他の共同体の政策分野に組み込むとする統合原則の具体化に力点がおかれている．また，環境政策の策定と実施は，経済的，社会的，生態学的に持続可能な開発を追求する戦略の環境の局面を扱うものと位置づけられている．EUは，1973年以降，5か年から10か年の環境行動計画を策定しており，2002年7月には，第六次行動計画（2002年7月～2012年7月）を策定した[*2]．

●EUの環境政策の基本原則

1972年の欧州理事会（首脳会議）で共同体の環境戦略の必要性が承認されて以降，環境保護は，域内市場の運営と並ぶ共同体の重要な目標の一つと位置づけられている．ローマ条約第174条2項（条数はアムステルダム条約による改正後のもの）は，共同体の環境政策は高い水準の保護を目指すとし，以下の四つの原則を基本原則として掲げている．

[*1] 本稿では，一般に呼ばれているように，経済統合を基本的目的とする欧州共同体（EC）と，共通外交・安全保障政策，司法・内務協力を内包する欧州諸国間の統合と協力の枠組みを「EU」と呼んでいる．法令中の「EEC」「EC」は，法令名のままとしている．
[*2] 第六次共同体環境行動計画を定める欧州議会・理事会決定 No 1600/2002/EC. OJ L 242, 10.9.2002.

a．予防原則(precautionary principle)：条約は明示には定義していない．国際環境法では，重大な損害または回復不可能な損害のおそれのある場合，完全な科学的確実性がないことを，環境の悪化を未然防止する措置を遅らせる理由としてはならないという原則．
b．未然防止原則(principle of preventive action)：発生した損害に対応するだけではなく，むしろ環境損害の未然防止に焦点をおく措置が，費用対効果が高く効率的な環境戦略を可能にするという原則
c．環境損害の発生源での防止優先の原則：環境損害を制限し，もっとも効果的に防止するために，発生源において汚染物質に対処する措置を講ずるという原則
d．汚染者負担原則(PPP：Polluter-Pays Principle)：汚染に責任を有する私人または主体が，汚染の除去と削減の費用，さらなる汚染の未然防止の費用を負担すべきであるという原則

これらの原則に加えて，共同体の環境政策に関連する原則として，統合原則と持続可能な開発原則がある．

●予防原則

欧州委員会(以下"委員会")から2000年2月2日にだされた予防原則に関するコミュニケーション[*3]では，委員会が予防原則を使用する場合のアプローチと指針を示している．コミュニケーションによれば，とりわけ，"環境や，人，動物または植物の健康"に与えるおそれがある危険な影響が，共同体について選択された高水準の保護と合致しない可能性があることについて合理的な理由があることを暫定的な客観的科学的評価が示している場合に，予防原則が適用される．予防原則に基づくアプローチの実施は，できるだけ完全な科学的評価を伴って，できるかぎり各段階で，科学的不確実性の程度を確認しながら始められるべきであり，その条件として，①保護の水準との均衡性，②原則適用の無差別性，③既存の同種の措置との一貫性，④潜在的な便益と費用の検討，⑤新しい科学的データに照らした再検討の必要性，⑥より包括的なリスクアセスメントに必要な科学的証拠を生みだす責任の六つをあげている．

●統合原則

その他の共同体政策の策定と実施に環境保護の要請を統合しなければならないという原則である．統合原則は，単一欧州議定書による改正(1986年)でローマ条約に挿入され，アムステルダム条約による改正(1997年，1999年5月1日発効)で，環境のセクションから共同体の目標や権限などを定める"原則"のセクション(6条)に移された．この改正で，環境保護の要請が統合されるべき"政策"は，共通通商政策，共通農業政策，共通輸送政策，共通開発協力政策に加えて，域内市場，競争，エネルギーや観光分野などにも拡大された．1998年6月に，英国カーディフで開催された欧州理事会は，農業，輸送，エネルギー，開発，域内市場，産業，財務などすべての関連する理事会が，それぞれが所管する政策分野で環境の統合と持続可能な開発を実現するための戦略を作成することを要請し，その進展を監視することとした(カーディフ・プロセス)．2002年には，輸送政策，エネルギー政策，域内市場政策における統合戦略について検討が行われた．2002年10月に開催された環境理事会は，各理事会に対して，資源利用と環境の悪化を伴わない経済成長を実践することを要請するとともに，統合措置とその成果について，2003年または2004年から2年ごとに春の欧州理事会に報告することを

[*3] COM(2000)1.

要請している．また，教育，健康，消費者問題，観光，研究，雇用，社会政策を所管する理事会に対して，既存の政策と措置に環境上の考慮を統合することにより持続可能な開発を促進する戦略を策定するよう要請している．

●**持続可能な開発**(sustainable development)**原則**

アムステルダム条約による改正で，"経済活動の調和的で，均衡のとれた，持続可能な開発"の促進は共同体の目的の一つとなった(第2条)．1997年に開催された国連特別総会"Rio＋5"[*4]において，各国が2002年開催予定の"持続可能な開発に関する世界サミット(WSSD：World Summit on Sustainable Development)"[*5]に向けて持続可能な開発戦略を作成することとなったのを受けて，委員会は，2001年6月の欧州理事会に向けて，欧州レベルの，経済的・社会的・生態学的に持続可能な開発のための政策を密接に連関させる長期戦略("よりよい世界のための持続可能な欧州——持続可能な開発のための欧州連合戦略")を提案した．提案は，持続可能性に関する優先課題として，①気候変動防止とクリーンエネルギー利用の拡大，②市民の健康への脅威に対する対処，③高齢化社会の経済的・社会的影響への対応，④貧困と社会的疎外への対処，⑤より責任のある天然資源の管理，⑥輸送システムと土地利用管理の改善の六つをあげた．

2001年6月の欧州理事会では，すべての政策の経済的，社会的影響および環境影響が調整かつ検討され，意思決定において考慮されるべきとの原則を確認したうえで，持続可能な開発国家戦略を作成し，あらゆる関係者と広範に協議できるよう国内の協議プロセスを設けることを構成国に要請している．委員会は，持続可能な開発に関する共同体の政策の一貫性を向上させるために委員長に報告と勧告を行う，"持続可能な開発円卓会議"の設置を決めた．

●**環境政策の策定機関**

a．委員会(European Commission)：20人の委員からなり，共同体の政策と法令の立案と実施の権限を担う．環境分野については，2003年6月末日現在，Wallström委員(スウェーデン)のもとに約550人の職員からなる環境総局が担当している．

b．理事会(Council of the European Union)：各構成国の閣僚級の代表により構成され，共同体の政策と法令の決定を行う．環境分野については，環境大臣からなる環境(閣僚)理事会が主として決定を行う．アムステルダム条約による改正により，もっぱら税務上の性質を有する規定などについて，例外的に欧州議会への諮問後理事会が全会一致で決定する場合(175条2項)を除き，環境保護分野の措置の決定は理事会と欧州議会による共同決定手続(251条)で行われる．

c．欧州議会(European Parliament)：共同決定手続のもとで採択される政策と法令の決定権限を理事会と共有する．環境保護分野の措置は，原則として欧州議会の同意なしには，採択されない．

[*4] 1992年，ブラジルのリオデジャネイロで開催された国連環境開発会議(地球サミット)では，リオ宣言，森林原則声明のほか，持続可能な開発の実現のための地球規模の行動計画"アジェンダ21"が採択された．これらの文書の実施状況を評価し，今後とるべき措置を検討する国連特別総会("Rio＋5")が，1997年，リオデジャネイロでの地球サミットから5年後に開催された．さらに，地球サミットから10年後にあたる2002年には，アジェンダ21実施のためのより具体的な計画の策定を目指して，持続可能な開発に関する世界サミット(WSSD)が南アフリカのヨハネスブルグで開催された．

[*5] COM(2000)264 final.

d．欧州環境機関(EEA：European Environmental Agency)：1990年6月に設置された共同体の機関．政策の決定や実施に直接権限を有しないが，共同体および構成国の適正で効果的な環境保護政策の策定や実施に必要な情報を政策決定者に提供することを中心的任務としている．目的を共有し活動に参加できる諸国にも開かれており，EFTA(欧州自由貿易連合)諸国であるアイスランド，リヒテンシュタイン，ノルウェーに加えて，ブルガリア，キプロス，チェコ，エストニア，ハンガリー，ラトヴィア，リトアニア，マルタ，ポーランド，ルーマニア，スロヴェニア，スロヴァキア，トルコも参加している[*6]．EEAは，とりわけ，欧州全体の環境の現状と将来の状態，環境への圧力を評価するのに資する情報の提供に焦点を置いている．EEAは，環境保護の最善の実行と技術を普及させ，委員会が環境研究の成果に関する情報を普及するのを支援する任務も負っている．さらに，EEAは，欧州全域の300以上の環境に関する機関，公立・私立の研究センターからなる欧州環境情報観測ネットワーク(EIONET：European environment information and observation network)の調整を行い，EIONETを通じてデータや情報を収集し，普及している．

(2) 特徴的な環境政策の解説

近年のEUの環境政策の特徴は，第六次環境行動計画によく現れている．まず，環境媒体ごと，政策部門ごとの政策アプローチから，環境の一体性と相互連関性を踏まえた全体的で包括的な政策アプローチへの移行が目指されている．前述の統合戦略をはじめ，統合的製品政策の枠内での製品のライフサイクル全体にわたる環境パフォーマンスの改善，環境影響評価指令と戦略的環境評価指令の完全実施による土地利用計画の実施への環境上の考慮の統合などがその一例である．第二の特徴は，企業による環境管理監査制度(EMAS)の利用の奨励，明確な目標，透明性，モニタリングに関する厳格な基準に合致した産業界との間の自主協定の利用促進などの方法により，環境保護のために市場を利用し奨励していることである．この方向性は，すでに第五次環境行動計画にもみられる．第三に，環境情報への市民のアクセスの改善や環境影響評価を含む政策決定への意見表明の機会の拡大などを通じて，より大きな権限を市民に付与することにより環境保護の促進をはかっている．

●第六次環境行動計画

第六次行動計画は，2002年7月～2012年7月の10年間のEUにおける環境戦略を方向づけ，EUが達成を目指す目標とその目標達成に必要とされる措置を定める．行動計画は，前述の統合戦略と密接な関係を有し，"持続可能な開発戦略"における環境関連の局面を扱う．1973年以降委員会が作成し理事会が承認する形で採択されてきたこれまでの行動計画と異なり，第六次行動計画は，共同決定手続のもとで，欧州議会と理事会による決定という形で採択された．

第六次行動計画は，次の五つの戦略的アプローチと四つの重点分野を掲げる．

a．五つの戦略的アプローチ
① 現行法令の履行の改善
・構成図に対する欧州裁判所への提訴を含む共同体法違反に対する手続きをとる
・IMPELネットワーク[*7]などを通じて，法の実施に関する最善の実行についての

[*6] スイスも参加にむけて交渉中である．

情報交換を促進する
② 他の政策への環境の考慮の統合
- 統合戦略の効果的な実施
- 各部門の戦略と計画の提案についての環境影響評価
- 戦略的環境評価を行う
- 委員会の政策イニシアティヴに環境の考慮が十分に反映されるよう，EU機関内に適切な内部メカニズムを設ける
- 共同体の資金供与計画に，環境上の規準をさらに統合する

③ 環境保護のために機能する市場の奨励
- 企業が共同体の環境管理監査制度（EMAS）を利用し，環境報告書を公表するのを奨励する
- 環境に相当な悪影響を及ぼす補助金の改革を奨励する．とりわけ，2005年の中間審査までに，段階的廃止をめざして，環境上問題のある補助金を記録する規準の一覧を作成する
- 構成国レベルまたはEUレベルでの環境税といった税制上の措置の利用を促進し，奨励する．
- 基準の標準化における環境保護条件の統合を促進する
- 製品のライフサイクルを通して環境上の条件を考慮し，環境上適正な生産過程と製品のより広範な適用を奨励する統合的製品政策アプローチを促進する
- 不遵守の場合の手続を定めるなど明確な環境目標を達成する自主的約束・協定を奨励する
- 消費者が，製品どうしの環境パフォーマンスを比較できるようなエコ・ラベルなどの環境ラベルの取り組みを奨励する
- グリーン調達政策を促進する
- 金融部門の投資活動をグリーン化する
- 共同体の環境に関する賠償責任（environmental liability）制度を設置する

④ 消費者団体とNGOとの協働・パートナーシップの強化と，環境問題への市民のよりよい理解と参加の促進
- EUと構成国によるオーフス条約の早期批准により，環境に関する情報へのアクセス，政策決定への市民参加，司法へのアクセス（裁判を受ける権利）を確保する
- 環境の状態と傾向に関する情報の市民への提供を支援する
- 対話プロセスにおける環境に関する良い統治のための一般的規則や原則を策定する

⑤ 環境問題を考慮した，土地と海洋の効果的で持続可能な利用・管理の奨励や促進
- 持続可能な土地利用計画に関する最良の実行を促進する．とりわけ，統合的沿岸地域管理計画に重点を置く．
- 環境保護の促進のための手法として地域計画を利用することを構成国に奨励する．とりわけ都市地域における持続可能な地域発展に関する経験交流を促進する．
- 共通農業政策の枠内での環境に優しい農業措置の利用を促進する

b．四つの重点分野
① 気候変動
　　［目　標］　長期的には，産業革命前の水

---

*7　（前頁）IMPELネットワークは，環境法の実施と履行強制に関連してEUの構成国，加盟候補国，ノルウェーの規制機関の代表と委員会からなる非公式のネットワークである．1991年の環境理事会での合意に基づいて設けられた．環境法のより効果的な適用を確保するのに必要な刺激となるように，環境法，とりわけEU環境法の実施，適用，履行強制について，情報と経験を交換し，より一貫したアプローチを発展させることを目的としている．

準に対して，全球気温上昇を最大で2℃，二酸化炭素濃度を550 ppm以下とすることを目標とする．この目標達成のためには，世界全体で，1990年比で70％の温室効果ガス削減が必要となる．短期的には，京都議定書のもとで，2008〜2012年でEU全体で8％の削減を達成する．

［予定される措置］
- EUレベルでの二酸化炭素の排出量取引制度を設置する
- エネルギーの効率的で持続可能な利用を阻害する補助金の目録を作成し，段階的に廃止する
- 再生可能エネルギー源の利用を奨励し，2010年までに全エネルギー利用の12％を占めることをめざす
- EU全体で，熱電併給（コジェネレーション）のシェアが，総発電量の18％を占めることをめざす
- エネルギー効率の向上
- 2002年までに国際民間航空機関（ICAO）がとるべき措置に合意しない場合，国際航空交通からの温室効果ガス削減のための措置をとる
- 2003年までに国際海事機関（IMO）がとるべき措置に合意しない場合，海上輸送からの温室効果ガス削減のための措置をとる
- より効率的で，環境上適正な輸送形態への転換を奨励する
- 自動車からの一酸化二窒素を含む温室効果ガスの排出を削減する
- ハイドロフルオロカーボン（HFCs），パーフルオロカーボン（PFCs），六フッ化硫黄（SF_6）について，適切で実行可能な場合，製造を段階的に廃止し，その産業利用を削減し，排出量の削減をめざして，代替の開発を奨励する
- 建造物設計におけるエネルギー効率を促進する（とりわけ，暖冷房と給湯）
- 共通農業政策とEUの廃棄物管理戦略において，温室効果ガス削減の必要性を考慮する
- より効率的なエネルギー利用などへの転換を奨励する税制上の措置の利用を促進する
- EUの資金供与決定において，温暖化の影響への適応が適切に取り扱われるよう，EUの政策を検討する

② 自然と生物多様性

［目　標］　自然システムの構造と機能を保護し，2010年までにEU域内および地球規模で生物多様性の損失をくいとめる．浸食や汚染から土壌を保護する．

［予定される措置］
- 侵入外来種の防止と規制のための措置を策定する．
- Natura 2000 ネットワークを設置する．ネットワーク地域の外側でも，生息地指令と野鳥指令のもとで保護されている種の保護に必要な措置をとる
- パイプライン，採鉱，有害物質の海上輸送に伴う事故の危険をとくに重視して，大規模事故の防止のための措置をとる
- 土壌の保護に関するテーマ別戦略を策定する
- 生物多様性への考慮を農業政策に統合し，持続可能な田園開発や多機能で持続可能な農業を奨励する
- 共通漁業政策における環境上の考慮のより一層の統合，海洋環境の保護と保全に関するテーマ別戦略の策定，沿岸地域の統合的管理の促進などを通じて，海洋の持続可能な利用と海洋生態系の保全を促進する
- 持続可能な森林管理の認証やそのような

製品の表示を奨励することで，持続可能な方法で生産された木材の市場シェアの増大を促進する
- 遺伝子改変生物のリスク評価，表示などの規定と方法を発展させる．バイオセイフティ議定書の迅速な批准と発効をめざす

③　環境と，健康および生活の質

［目　標］　汚染の水準が人の健康に悪影響を生じさせないような環境を確保し，都市の持続可能な開発を促進することで，高い水準の市民の生活の質と社会の福祉に貢献する．とりわけ，2020年までに，化学物質が健康と環境に重大な悪影響を生じさせない方法でのみ生産され，使用されるのを実現する．危険化学物質は，より安全な化学物質や，化学物質を使用しないより安全な代替技術に代替する．人の健康と環境に重大な影響や危険を生じさせない地下水と地表水の水質の水準，大気の質の水準を達成する．

［予定される措置］
- すべての化学物質について知見を生み出す責任を，製造者，輸入者，末端利用者に負わせ，化学物質の使用，再生利用，処分のリスクを評価する
- 新しい化学物質と既存の化学物質の試験やリスクアセスメントについて一貫性のある制度を設ける．懸念される化学物質は，より迅速なリスク管理手続の対象となることと，発ガン性，突然変異性，有毒性のある物質をはじめとする大変懸念される化学物質と残留性有機汚染物質は，正当と認められる限定された場合にのみ使用され，使用前に許可を得ることを条件とする
- 共同体化学物質登録簿(REACH登録簿)の情報への市民のアクセスを確保する
- 農薬の持続可能な使用に関するテーマ別戦略を作成する
- 生態学的，化学的，量的に水の良好な状態の実現と，一貫した持続可能な水管理をめざして，水枠組指令の完全な実施を確保する
- 大気汚染に関する一貫性のある統合的な政策を強化するためのテーマ別戦略を策定する
- 地表レベルオゾンと浮遊微粒子状物質に関する適切な措置をとる
- 都市環境の質を改善するテーマ別戦略を策定する

④　天然資源の持続可能な利用と廃棄物管理

［目　標］　より持続可能な生産パターンと消費パターンをもたらすよう資源効率と資源と廃棄物の管理を改善する．それによって，資源利用と廃棄物発生を伴わない経済成長を達成し，再生可能な資源と非再生可能な資源の消費が環境容量を超えないよう確保することをめざす．共同体において2010年までに再生可能エネルギーからの発電が22％に達することをめざす．廃棄物の発生量，処分向け廃棄物と有害廃棄物の発生量を相当に削減する．再利用を奨励し，発生する廃棄物の有害性を削減し，リスクを最小化する．再生利用，とりわけリサイクルを優先させ，処分向け廃棄物の量を最小にし，安全に処分する．処分向け廃棄物は，廃棄物処分作業の効率性を下げない範囲で，廃棄物の発生場所にできる限り近接した場所で処分する．

［予定される措置］
- 資源の持続可能な利用と管理に関するテーマ別戦略を作成する
- 2010年までに共同体レベルで達成すべき定量的・定性的削減目標を策定する．

生態学的に適正で持続可能な製品設計を奨励するなどにより，廃棄物の発生防止と管理に関する措置を策定し，実施する
・廃棄物法令の策定・改正(とりわけ，建設廃棄物，しゅんせつ汚泥，生物分解性廃棄物，包装，電池，廃棄物輸送，廃棄物と非廃棄物の区別など)
・廃棄物リサイクルに関するテーマ別戦略を策定する

●総合的製品政策(IPP：integrated product policy)

より環境にやさしい製品を基礎とする豊かさの創造と競争力の向上を通じて，新しい成長のパラダイムと生活の質の向上を目指す政策．製品の設計段階から，製品の全ライフサイクルを通じて，利用される資源，環境影響と環境へのリスクを少なくし，廃棄物の発生を抑制するアプローチをとる．環境上適正な製品の設計と，より環境に優しい製品が選択され利用されるような情報とインセンティブの付与に焦点をおく．委員会が，2001年に統合的製品政策についてのグリーンペーパーを発表し[8]，2003年6月には，委員会が統合的製品政策についてのコミュニケーションを発表した[9]．

●共通農業政策(CAP：common agricultural policy)改革("Agenda 2000")

1999年2～3月の欧州理事会において，"Agenda 2000"に関する合意が成立した．合意は，全欧州にわたる"多面的機能を有し，持続可能で，競争力のある農業(multifunctional, sustainable and competitive agriculture)"の確保をうたっている．大幅な価格引き下げによる国際競争力を確保すること，田園地域開発をCAPの第二の柱とすることと並んで，CAPへの環境目標の統合もその柱となっている．構成国は，①適切な環境保全型農業措置を田園地域開発計画のもとで行う，②一般的に適用される環境保護義務の遵守を条件に，市場機構のもとで直接支払を行う[10]，③特定の環境保護義務の遵守を条件に，市場機構のもとでの直接支払を付与する，のいずれかを選択しなければならない．第二，第三の選択肢を選択する場合，農業者が環境保護義務を遵守しないと直接支払の削減または取消しが行われる．

●共同体化学物質戦略

2001年2月，委員会は，化学物質に関する将来の共同体の政策のための戦略を定めるホワイト・ペーパーを採択した[11]．新しい化学物質戦略は，化学物質の登録・評価・許可(REACH)の制度を通じて，人の健康と環境の高い水準の保護を確保することとともに，域内市場の効率的運営を確保し，EUの化学産業の革新と競争力を刺激することを目的としている．加えて，域内市場の細分化の防止，透明性の向上，国際的努力との統合，動物を使用しない試験の促進，WTOのもとでのEUの国際的義務との適合性も，戦略の中核的要素として掲げている．指導原則は，予防原則と「代替」(適切な代替が利用可能な場合，より危険性の少ない物質に危険物質を代替すること)である．ホワイト・ペーパーの提案を実施する法令を策定するために，現在，利害関係者との協議や会合が重ねられている．

---

[8]　COM(2000)68 final.
[9]　COM(2003)302 final.
[10]　市場機構は，農業生産を規制し，市場を安定化し，また，農業者に安定的な収入，消費者に食糧供給を確保することを目的として設けられ，その任務の一環として農産品について共同体域内価格を設定し，それと市場価格との差額分を，構成国を通じて共同体財政から農業者に支払を行っている．
[11]　COM(2001)88 final.

2 環境法の体系

① 環境法全体の体系図

●**基幹法令・文書**
- ローマ条約〔単一欧州議定書(1986年)，マーストリヒト条約(1992年)，アムステルダム条約(1997年)により改正〕
- 第六次環境行動計画(2002年～2012年)

●**総　則**
- 環境情報へのアクセスの自由指令 2003/4/EC
- 環境影響評価指令 85/337/EEC(指令 2003/35/EC で改正)
- 戦略的環境評価指令 2001/42/EC
- 総合的汚染防止・規制(IPPC)指令 96/61/EC
- 共同体環境管理・監査制度(EMAS)への団体の自発的参加を認める規則(EC) No 761/2001
- 共同体エコ・ラベル付与制度に関する規則(EC) No 1980/2000
- 環境のための財政的手法(LIFE)に関する規則(EC) No 1655/2000

●**各論**(◎は，各分野の法令の枠組みを定める指令)

　a．廃棄物管理
　◎廃棄物理事会指令 75/442/EEC
- 有害廃棄物理事会指令 91/689/EEC
- 包装，包装廃棄物理事会指令 94/62/EC
- 電池，蓄電池理事会指令 91/157/EEC
- 廃車指令 2000/53/EC
- 電気電子機器における有害物質の使用制限(RoHS)指令 2002/95/EC
- 廃電気電子機器(WEEE)指令 2002/96/EC
- 廃棄物越境輸送理事会規則(EC) No 259/93
- 廃棄物の焼却に関する指令 2000/76/EC
- 有害廃棄物の焼却に関する理事会指令 94/67/EC[*12]
- 既存の一般廃棄物焼却施設からの汚染の削減に関する理事会指令 89/429/EEC[*11]
- 新規の一般廃棄物焼却施設からの大気汚染の防止に関する理事会指令 89/369/EEC[*11]
- 埋立理事会指令 99/31/EC

　b．騒　音
　◎環境上の騒音の評価と管理に関する指令 2002/49/EC

　c．大気汚染
　◎大気質の評価と管理に関する理事会指令 96/62/EC
- 大気中の二酸化硫黄，二酸化窒素および窒素酸化物，浮遊微粒子状物質ならびに鉛の限界値を定める理事会指令 1999/30/EC
- いくつかの大気汚染物質(二酸化硫黄，窒素酸化物，揮発性有機化合物，アンモニア)の排出の国内上限値に関する指令 2001/81/EC
- 大気中オゾンに関する指令 2002/3/EC
- オゾン層破壊物質に関する規則(EC) No 2037/2000
- 大規模燃焼施設からの大気中へのいくつかの汚染物質の排出の制限に関する指令 2001/80/EC
- 自動車からの排出による大気汚染に対してとられる措置に関する構成国の法の接近に関する理事会指令 70/220/EEC
- 石油およびディーゼル燃料の質に関する指令 98/70/EC

[*12] これらの指令は，2005年12月28日より失効し，廃棄物の焼却に関する指令 2000/76/EC が代わって適用される．

d．気候変動(地球温暖化)
- 二酸化炭素とその他の温室効果ガスの排出量の共同体モニタリング・メカニズムに関する理事会決定 1999/296/EC
- 共同体域内での温室効果ガス排出許可取引制度指令 2003/87/EC

e．水汚染
◎水政策の分野での共同体の行動のための枠組みを定める指令 2000/60/EC
- 人の消費に供される水の質に関する理事会指令 98/83/EC
- 水浴水の質に関する理事会指令 76/160/EEC
- 農業起源の硝酸塩により生じる汚染からの水の保護に関する理事会指令 91/676/EEC
- 都市廃水処理に関する理事会指令 91/271/EEC

f．自然と生物多様性の保護
◎天然の生息地と野生動植物の保全に関する理事会指令 92/43/EEC
◎野鳥の保全に関する理事会指令 79/409/EEC
- 取引規制による野生動植物種の保護に関する理事会規則(EC) No 338/97
- 共同体における森林のモニタリングおよび環境上の相互作用に関する規則案 COM (2002) 404 final
- 発展途上国における熱帯林およびその他の森林の保全と持続可能な管理を促進する措置に関する規則(EC) No 2494/2000
- 遺伝子改変微生物の封じ込め利用に関する理事会指令 90/219/EEC
- 遺伝子改変生物の環境中への故意の放出に関する指令 2001/18/EC
- 遺伝子改変生物の越境移動に関する規則 (EC) No 1946/2003

g．化学物質
- いくつかの危険な物質と調剤の販売と使用に関する制限に関わる構成国の法令の接近に関する理事会指令 76/769/EEC
- 危険物質の分類，包装，表示に関わる法令の接近に関する理事会指令 67/548/EEC
- 危険調剤の分類，包装，表示に関わる構成国の法令の接近に関する指令 1999/45/EC
- 殺生物剤の販売に関する指令 98/8/EC
- 肥料に関する規則案 COM (2001) 508 final
- 既存の物質のリスクの評価と規制に関する理事会規則(EEC) No 793/93
- 危険物質に関わる大規模事故の危険の管理に関する理事会指令 96/82/EC

(2) 環境法体系の特徴

EUの環境法は，発展度合いに分野ごとの差はあるものの，現在ではほぼすべての環境分野にわたり約300の法令が制定されている。EU構成国の環境法のうち，約80%がEUで合意されたものを基礎にしているともいわれる。さらに，将来EUへの参加を望む周辺の非構成国は，委員会の指定する環境指令や規則を国内法に組み入れ，実施していくことがEUへの参加の条件とされている。現在，将来の加盟を目指してEUとの間で提携協定を締結している国は，ブルガリア，キプロス，チェコ，エストニア，ハンガリー，ラトヴィア，リトアニア，マルタ，ポーランド，ルーマニア，スロヴァキア，スロヴェニア，トルコの13か国にのぼり[13]，EUの環境法がEU域内にとどまらず，欧州地域全体においてきわめて大きな役割を果たしていることがわかる。

環境保護の分野は，通常，"指令(directive)"という，条約に基づいて共同体の機関が発する第二次法規の一つである法形式により規

---

[13] このうちブルガリア，ルーマニア，トルコを除く10か国は，2004年にEUに加盟する予定である。

律されている．"指令"は，"達成すべき結果について，これがあてられたすべての構成国を拘束するが，方式および手段の選定については構成国の権限に任せ"(189条)るというものである．"指令"は，同じ第二次法規でも構成国市民に対して直接効を有する"規則(regulation)""決定(decision)"と異なり，一定の条件のもとでしか構成国の国民に対して直接の効力を有さず，原則として指令の名宛人である構成国によって国内法化されてはじめて，構成国において効力を有する．そのため，環境保護の分野の共同体法の実施のためには，構成国が，共同体法を国内法に組み入れるために必要な立法を行い，委員会に立法措置を通告し，それらの措置が適切に，かつ完全に実施されることを確保することが求められる．

共同体法の不履行に対しては，条約はいくつかの履行確保手続を定めている．もっとも重要なものは226条に基づく手続である．①不履行が疑われる構成国への公式の通告状の送付，②理由を付した意見の送付，③欧州裁判所(以下"裁判所")への提訴の三つの段階からなり，裁判所による裁定を最後の手段として位置づけつつ，委員会により開始され，進行される．さらに，委員会は228条に基づき，裁判所の判決を履行しない構成国に対して上記の手続をあらためて行い，最終的には，かかる判決不履行国に対して罰金を課することを求めて裁判所に提訴することができる．裁判所により罰金の判決を受けた構成国は，条約上，判決の履行，すなわち，問題とされる共同体法の完全実施まで罰金を支払う義務を負う．また，構成国による共同体法の違反について，市民が構成国の国内裁判所に訴訟を提起することにより，構成国に義務の履行を求めることも可能である．

(3) 特徴的な法制度の解説

EUの環境法は，ローマ条約174条2項の定める高い水準の環境の保護を目標とし，構成国が一定の条件のもとで共同体法よりも厳格な保護措置をとることを認めつつ，他方で，構成国間の環境基準の相違が単一市場の運営の障壁とならないことを目指している．

EUの環境法には，統合的汚染防止・規制指令や Natura 2000 ネットワークのように，環境の一体性と相互連関性を踏まえた全体的で包括的な政策アプローチがみられる．こうしたアプローチを，企業による自発的な環境パフォーマンス改善を推奨する EMAS や，構成国や EU に将来加盟することを望んでいる周辺国の環境保全努力を財政的に支援する LIFE といったしくみが補佐している．また，環境情報へのアクセスの自由に関する理事会指令，環境影響評価指令，戦略的環境評価指令の実施などを通じて，情報公開と市民参加による環境の保護を推進する法制度を備えている．

● **統合的汚染防止・規制(IPPC)指令**

IPPC 指令は，エネルギー産業，化学産業，廃棄物管理など環境に悪影響を与えるおそれのある活動から生じる汚染の統合的防止・規制の達成を目的とし，そのために，廃棄物に関する措置を含む大気，水および土壌への排出の防止・削減措置を定める．指令は，こうした活動を行う施設の操業を事前許可制のもとにおき，以下を許可条件として定めることを要求している．

a．3条(事業者の基本的義務)および10条(BATと環境基準)の要件の遵守に必要なすべての措置．

b．"利用可能な最善の技術(BAT：best available technology)"[*14]に基づく排出限界値．ただし，BATの使用により達成可能な条件よりも厳格な条件を環境基準が要求する場合には，さらに追加的措置を定める．

c．排出モニタリング条件(測定方法と測定

頻度，評価方法および許可の遵守を調査するために必要な情報を権限ある機関に提供する義務）．
　d．通常の操業条件以外の条件に関する措置（たとえば，操業の開始，施設閉鎖の条件など）．
　e．本指令の目的のために，構成国または権限ある機関が適当と考えるその他の特定の条件．

　指令は，単一の機関が一つの許可を発することを要求しておらず，複数の機関による許可発行を認めている．ただし，その場合には，許可条件および許可の付与手続を調整しなければならない（許可発行の統合的アプローチ）．本指令は，新規施設については 1999 年 10 月 30 日（構成国による国内法化完了）から，既存施設については，2007 年 10 月 30 日から適用される．IPCC 指令の対象となる新規施設の数は今のところあまり多くなく，指令の実施はなお初期の段階にある．

● Natura 2000

　共同体にとって重要な野生動植物と生息地の保全のための共通の枠組みを定めることにより，構成国における生物多様性の維持を促進することを目的とする，自然の生息地および野生動植物の保全に関する 1992 年 5 月 21 日の理事会指令 92/43/EEC（生息地指令）3 条により設けられた欧州生態ネットワーク．このネットワークには，生息地指令に従って構成国が指定する"特別保全地域（SAC：Special Areas of Conservation）"と，指令 79/409/EEC（野鳥指令）に従って分類される特別保護地域が含まれる．生息地指令の附属書ⅠおよびⅡはそれぞれ，その保全のために SAC の指定が要求される生息地および種を定めている．

　SAC は，構成国が作成する一覧表を基礎に，委員会が共同体にとって重要な場所の一覧表を作成する．共同体にとって重要な場所として選択されると，できるだけすみやかに，遅くとも 6 年以内に，構成国はそれを SAC として指定し，"良好な保全状態"の維持または復元のために必要な保全措置を実施しなければならない．"良好な保全状態"とは，自然の生息地についてはその範囲が安定または拡大しており，長期的維持に必要な特別の構造および機能が存在し，予想可能な将来存在し続ける可能性があり，典型的な種の保全状態が良好である場合をいう．種については，①関係種に関する個体数のデータが，その種が生息地の持続可能な構成要素として長期的に維持していることを示しており，②種の生息区域が縮小しておらず，予測可能な将来において縮小しそうになく，③長期的にその個体数を維持するうえで十分に広範な生息地がある場合をいう．

　さらに，その場所に重大な影響を生じさせる可能性のある計画または事業については，評価を行うこと，その計画または事業がその場所に悪影響を及ぼすけれども，その計画または事業を行う公共の利益を優先させる絶対不可欠な理由がある場合には，代償措置をとることを義務づけている．

＊14　何が BAT かを決定する際に考慮すべき事項については，廃棄物をできるだけ発生させない技術の利用，有害物質をできるだけ使用しないこと，BAT 導入に必要な時間など，指令の附属書Ⅳが定めている．さらに，BAT の決定に際しては，措置の費用と効果，予防原則と未然防止原則に留意しなければならない．指令に基づいて，セビリアにある欧州 IPPC 事務局を中心に行われる情報交換（セヴィリア・プロセス）の成果は，BREF 文書（BAT Reference 文書）にまとめられ，許可の申請と許可条件の設定に際して権限ある機関はこれらを考慮しなければならない．これまで，鉄鋼，パルプ・製紙，セメント，非鉄金属，ガラス，大規模養鶏・養豚など 15 の産業部門について BREF 文書が作成されている．

● EMAS（共同体環境管理・監査制度：Eco-Management and Audit Scheme）

EMASは，企業や自治体などの団体が，自発的に参加して，その環境パフォーマンスを評価し，報告し，継続的に改善する管理手段である。EMASは，1995年から利用されていたが，当初は産業部門の企業に限定されていた。しかし，規則(EC) No 761/2001に基づいて，2001年からは，地方自治体を含む，経済活動を行うすべてのセクターが参加できるようになった。さらに，ISO 14001を統合したり，EMASロゴを設けるなどして，その強化が図られた。現在では，EU構成国だけでなく，EFTA諸国であるアイスランド，リヒテンシュタイン，ノルウェーでも利用されており，EU加盟を望んでいる東欧・中欧諸国もEMASを実施している。

EMAS登録を受けるために，団体は，まず，その活動，製品，サービスのすべての環境の側面，それらを評価する方法，法令などを検討する環境審査を行う。次に，その審査結果に照らして，効果的な環境管理制度を設置する。環境管理制度は，責任，目標，手段，運営手続，モニタリングなどについて定めなければならない。さらに，設置された管理制度や関連環境法令上の義務の遵守を評価する環境監査を行う。そして，環境目標に照らした成果と今後とられるべき措置を記載した環境パフォーマンス評価書を提出する。環境審査，環境管理制度，監査手続，評価書は，認証を受けた独立のEMAS監査人により承認されなければならない。有効とされた評価書は，EMASについて権限を有する機関に送付され，登録され，一般に公開される。このように登録された団体は，その環境評価書，文書，広告にEMASロゴを使用することができる。ロゴは，製品や包装には使用できない。規則の定める条件を満たさない場合，団体のEMAS登録は抹消または拒否される。

● LIFE

共同体の環境政策と環境法の策定と実施，とりわけ，その他の政策への環境の考慮の統合に寄与するために，構成国および共同体への加盟を申請している諸国の環境活動に資金を供与する。1992年に始まったLIFEは，現在第三段階(2000年1月に開始し2004年末に終了。約6億4000万ユーロの資金供与を予定)にあり，第三段階における資金供与については，環境のための財政的手法に関する規則(EC) No 1655/2000が定めている。LIFEは，"LIFE-Nature""LIFE-Environment""LIFE-Third countries"の3種類がある。"LIFE-Nature"は，野鳥指令と生息地指令，とりわけ"Natura 2000"ネットワークの実施に貢献することを目的とし，自然保全事業に主に資金供与を行う。"LIFE-Environment"は，革新的技術の発展や共同体の環境政策のさらなる展開に資することを目的とし，環境に関する考慮を統合したり，経済活動の環境影響を最小にする実地試行事業などに資金供与を行う。"LIFE-Third countries"は，将来共同体への加盟を望む諸国が環境保全に必要とする能力と行政構造の確立や環境政策の策定に貢献することを目的とする。これらの諸国の企業やNGOの環境管理能力の向上に対しても資金供与が行われる。

● 戦略的環境評価指令

都市計画および国土計画と関連する計画やプログラムの影響評価を，計画の構想段階で評価できるようにすることにより，現行の事業の環境影響評価制度の限界を克服することを目的とする。指令は，法令上の規定に基づいて，権限ある機関により作成され，採択されるか，または，立法を目的として権限ある機関によって作成される計画・プログラムで，特定の事業を行う同意の枠組みを定める，都市計画，国土計画に関連する計画・プログラム，およびその重大な変更を対象とする。計画の採択または立法過

程への提出に先立って，構成国の権限ある機関は，環境影響評価の実施を求められ，環境担当機関と協議した後，環境影響評価書を作成しなければならない．また，環境担当機関および関係市民は，計画の採択または立法過程への提出に先立って，提案されている計画に意見を表明できる．権限ある機関は，計画採択前に，評価手続の結果（環境影響評価書および表明された意見）を，考慮しなければならない．

● 温室効果ガス排出許可取引制度設置指令

　費用対効果が高く，経済的に効率的な方法で温室効果ガスの削減を促進するために，2005年からの試行的実施（2007年末までの3年間），2008年からの本格的実施をめざして，市場メカニズムを利用したEU域内での温室効果ガス排出許可取引制度の設置が予定されている．指令の附属書Ⅰが定める一定規模を超えるエネルギー活動，鉄金属の製造・加工，鉱業，パルプ・製紙活動を行う施設は，排出許可なしで活動を行うことが禁止される．附属書Ⅰは，上記の活動からの二酸化炭素の排出のみを適用対象としているが，2008年からは，構成国は，京都議定書が対象とする一酸化二窒素，メタンなど二酸化炭素以外の四つのガスの排出や，附属書Ⅰに記載されていない施設・活動についても，この制度の適用対象とすることができる．他方で，構成国は，2007年末まで，一定の施設・活動を適用除外することもできる．ただし，指令の定める条件を満たしていると委員会が決定する場合に限られる．

　排出許可は，構成国が作成し委員会が認める割当計画に基づいて発行される．割当は，試行期間中は95％以上が無料で，2008年からの5年間は90％以上が無料で行われる．制度の対象となる施設は，毎年4月末までに前年の排出量に相当する許可を引き渡さなければならない．したがって，対象となる施設は，割り当てられた許可が認める範囲内に排出量を削減するか，取引きを通じて排出量に見合うだけの許可を購入しなければならない．保有する許可で認められている排出量を超えて排出した施設は，超過した二酸化炭素1トンにつき，試行期間中は40ユーロ，2008年以降は100ユーロの罰金を支払う．さらに，翌年の許可引渡の際に，前年超過した排出量分も引き渡さなければならない．許可は，共同体内の人，法人との間で取引きができる．さらに，許可の相互承認協定をEUとの間で締結した京都議定書の附属書B国（先進国と旧社会主義国）の人，法人とも取引きができる．

　これらの施設が，排出義務を達成するために，京都議定書のもとでの共同実施やクリーン開発メカニズムを通じて獲得した排出枠を一定の範囲で利用することを認めることも検討されている．

§3 英国

1 環境政策

(1) 環境政策の基本的方針

　環境問題が広範化・複雑化し，環境行政の重点が，単なる公害の未然防止・自然破壊の防止から持続可能な社会づくりへと変化したのに伴い，英国においては，より包括的に環境問題をとらえ，各般にわたる対策を総合的な観点から一元的に推進することができるよう，環境行政組織の統合・一元化が大きな流れとなっている。中央省庁レベルにおいては，交通政策と環境政策との統合の観点から環境省と運輸省が1997年6月に統合され，環境・運輸・地域省（DETR：Department of the Environment, Transport and the Regions）が設立されるとともに，規制実施当局（外庁，いわゆるエージェンシー）レベルにおいては，さまざまな規制実施当局が一元化され，1996年4月に環境庁が設立された。

　環境問題に係る主要な事務は，環境・運輸・地域省の所掌とされている。同省は，1997年6月に労働党のブレア新政権のもとで環境省と運輸省が統合された結果発足したものであり，その名称からもわかるように，交通政策に関する事務，地方分権および地域振興に関する事務も所掌している。第一に，英国の環境・運輸・地域省は，日本と異なりきわめて広範な権限を有している。その所掌範囲は，純然たる環境行政にとどまらず，都市計画，土地利用規制，地方自治，住宅，環境保護，運輸，地域開発，省エネルギーなどに関する広範な事務に及ぶ。英国においては組織統合による政策統合が志向されており，環境・運輸・地域省の広範な所掌事務への環境配慮の組込みが目指されている。他の省（貿易・産業省：Department of Trade and Industry，農業・漁業・食糧省：Ministry of Agriculture, Fisheries and Food，大蔵省：Treasurey など）も環境行政に関し大きなかかわりをもっているが，日本の環境省に比較すると，環境・運輸・地域省が政府部内でもつ相対的な力はきわめて大きい。第二に，日本の環境省と同様，英国環境・運輸・地域省は，規制実施の権限はほとんど有していない。英国においては日本と異なり，規制実施権限の主要な部分は地方公共団体ではなく，環境庁などの外庁にゆだねられている。環境・運輸・地域省の任務は政策立案が主であり，具体的な制度の実施は環境庁などの外庁にゆだねるとともに，これら外庁に対する強力な監督権を有している。英国においては地方分権が日本よりも進んでいるとの印象があるが，スコットランドおよびウェールズについてみればそのとおりであるが，イングランドだけをみれば，むしろ中央集権が進んでいるといえる。

　2001年6月，機構改革によって，環境・運輸・地域省は運輸に代えて農業省を吸収し，環境・食糧・農村地域省（DEFRA：Department for Environment, Food and Rural Affairs）となった。この新しい省庁は，口蹄疫や狂牛病などの問題で高まった批判のために，最終的に廃止に追い込まれた旧農業省を吸収する。新しい省庁や議会で環境保護の声がどれほど強く維持されるか，あるいは農業による汚染，そして遺伝子組換え作物をめぐる新たな利害の対立をどのように解決するかは，今後明らかになるところである。

　一方，環境庁（Environment Agency）は，環境・食糧・農村地域省などの中央省庁から独立して，同省など（注：環境庁は，農業・漁業・食糧省などの他の省の所管に係る事務も担っている）から与えられた一定の裁量の範囲内で，

環境保全に係る各種の規制事務の実施をつかさどるいわゆる外庁（エージェンシー）の一つであり，組織の長は閣僚ではない．環境庁の事務に係る国会に対する責任については，環境・運輸・地域大臣らが負うこととされており，国会での答弁も環境大臣らが行う．

英国の環境政策においては，以下の3点の基本方針を指摘することができる．

● 規制実施機関間の業務の重複・抵触による非効率・混乱の回避

環境庁設置以前においては，たとえば，1991年水資源法（Water Resource Act, 1991）に基づき国立河川局が汚水の排出を規制する権限を有しており，汚水の排出者は事前に国立河川局から許可を得ておく必要があった．しかし，当該事業者が1990年環境保護法（Environmental Protection Act, 1990）に基づく総合的汚染規制（IPC：integrated pollution control）の枠組みのもとで排出同意を王立汚染検査局から得ていた場合は，国立河川局の許可は不要とされていた．さらに，地方公共団体の廃棄物規制局から廃棄物の管理・処理に係る許可の一部として汚水の排出同意を得ていた場合は，国立河川局および王立汚染検査局のいずれの許可も不要であることとされていた．このように，各規制実施機関間の業務の重複・抵触がかなり複雑な形で存在していたのが実情である．このような状況は事業者に混乱をもたらすだけでなく，大気，水，廃棄物などの各メディアを通じた一体的な環境規制を推し進めるには不十分であり，さらに質の高い公共サービスを提供するうえできわめて問題であるとされ，環境庁設置の理由の一つとされている．

● 環境を一体としてとらえた対策の推進（クロスメディアの視点）

環境庁設置以前においては，王立汚染検査局，国立河川局および地方公共団体の廃棄物規制局のそれぞれが，それぞれの所掌の範囲での目的達成，すなわち，大気，水，廃棄物などの特定の環境媒体の環境汚染の防止のみを優先するあまり，環境全体を視野に入れた場合，かならずしも最適な対策が講じられているとはいえず，"大気，水，土壌等の環境を一体のものとしてとらえ，環境全体として最適な効果が得られる汚染防止措置を講ずる必要性"（同）も，環境庁設置の理由の一つとされている．

● 廃棄物規制の実施体制の強化

報告書"環境質の改善"では，廃棄物規制実施権限の地方公共団体から国への委譲（環境庁への統合）の理由の一つとして，"廃棄物の管理に関する手法・技術が一層複雑化する中で，各地方公共団体の廃棄物規制実施局が規制実施のために必要な専門性を確保し，広域的な廃棄物行政を一体的に推進することはますます困難になってきていること，各地方公共団体の廃棄物規制局の連合体の設立により，ある程度は対応は可能であるが，大気汚染や水質汚濁に係る規制事務が国の規制実施部局に委ねられている中で，廃棄物の規制事務のみを地方公共団体の事務とすることは，環境を一体的にとらえた総合的アプローチ（クロスメディアの視点）による廃棄物規制の推進を図る上で，十分とはいい難い"旨を指摘している．

② 特徴的な環境政策の解説

英国環境法制の主要な変化として，環境情報公開および住民参加の分野も見逃せないものがある．1947年の都市・地方計画法（The Town and Country Planning Act, 1947）の制定以来，ほとんどの土地開発は，同法のもと，開発許可を得ることを必要とされるとともに，住民参加の制度が整備されている．一方，環境汚染防止の分野においては，施設の設置の許可などに際してこうした住民参加の制度はなく，規制当局と事業者との間のみに係る問題として処理されており，情報の公開手続はもちろん，市民が意

見を言う機会（住民参加）の制度も設けられてはいなかった。しかし，いまや施設の設置の許可などの詳細な内容が公的登記簿（public register）に登記され，一般に公開されるとともに，施設の設置の許可などの申請にかかわる一般からの意見聴取に関するさまざまな規定が設けられている。さらに1992年には，環境情報公開に関するEU指令（Access to Environmental Information Directive, 90/313/EEC）の規定を受けて，1992年環境情報規則（Environmental information Regulations, 1992）が制定され，政府および他の公的団体が所有する環境情報に対する広範な請求権が規定された。

また，環境損害に係る無過失損害賠償法制は英国にはいまだ存在せず，その見込みもいまのところないが，なんらかの汚染が生じた際，環境庁などの行政機関が原因者に代わって汚染防除措置を講じた場合，当該措置にかかる費用を原因者から徴収するというスキームが，個別法において近年規定されるようになっており，この点は注目に値する。

さらに，新たな開発計画や使用される生産プロセスなどの初期の段階に環境配慮を促す仕組みとして，環境アセスメントや自主的な環境監査（environmental auditing scheme），また，埋立税のような経済的手法の活用にもみるべきものがある。以上のように英国環境法制は，過去10年間の間に大きな変貌を遂げつつあるといえる。

2 環境法の体系

① 環境法の体系図

1990年環境保護法は，英国環境法の基本法である。その特徴は，大気，水，廃棄物などのクロスメディアを視野に入れた総合的汚染規制（IPC: Integrated Pollution Control）の導入で，とくに，環境汚染防止のため"過度の費用負担を伴わない最善の利用可能な技術"（BAT-NEEC: Best Available Techniques not Entailing Excessive Cost）が事業者により講じられること，環境汚染が複数のメディア（大気，水，土壌など）にまたがる場合，環境を全体としてとらえて環境負荷を総体として減らすための"最善の実行可能な環境選択"（BPEO: Best Practicable Environment Option）が講じられること，というアプローチを採用している。さらに，総合的汚染規制の許可の審査に際し，一般からの意見聴取を義務づけるとともに，許可内容の詳細についての情報の公的記録簿への登載による情報公開を義務づけている。また，1995年環境法（Environment Act, 1995）が環境保護法に追加された。

② 環境法体系の特徴

英国環境法体系の特徴として，まず第一に，日本と同じく，英国においても環境法制は大気，水，土壌，廃棄物などといったメディア別に，かつそのときどきの問題に応じて受身の形でこれまで発展してきたことをあげることができる。このためさまざまな法律間の不整合も決して少なくなく，そうした不整合は歴史的沿革，汚染の性質の違いなどによって説明されてきた。しかし，こうした特徴はもはや過去のものとなりつつあり，1990年環境保護法の制定により，大気，水，廃棄物などのクロスメディアを視野に入れた総合的汚染規制が導入され，環境に与える負荷がとくに大きいと認められる一定の工場・事業場については，一元的な環境汚染規制が実施されている。さらに，1995年環境法の規定に基づき，各種の規制実施当局が統合され環境庁が新たに設立されるとともに，環境汚染に関するさまざまな規制権限の環境庁への一元化がはかられ，このように環境をメディア別ではなく全体としてとらえる傾向はます

ます強まりつつある．

第二に，法的拘束力のある全国一律の環境目標値および規制基準値の欠如が，長い間英国環境法制の特色であった．英国環境法制の伝統上，全国一律の環境目標値または規制基準といった考え方に対する抵抗感が根強く，当該規制対象工場などのある地域の自然的社会的条件を加味して，個々の地域の状況に即して規制の内容・程度は決定されるべきであるとの考え方が主流であった．つまり，規制の実質的な部分のほとんどが現場の検査官の裁量に大幅にゆだねられていたといえる．しかし，前述のEU環境法の発展のなかで，こうした特徴は大きな変更を余儀なくされている．

第三に，環境規制実施の地方分権路線が長い間英国の特徴であった．しかし，過去10年間の間にこれも大きく変わった．たとえば，EU環境法の規定により，海水浴場の水質環境基準や一定の業種に対するばい煙の排出基準が中央政府レベルで決定されるようになるとともに，規制の実施主体も中央集権化が進んでいる．その集大成ともいうべきものが，1995年環境法による環境庁の設置である．

③ 特徴的な法制度の解説

英国において大気汚染，水質汚濁および廃棄物などを一元的に規制する総合的汚染規制の考え方がはじめて提唱されたのは，1976年の王立環境汚染委員会(Royal Commission on Environmental Pollution)の報告書である．同報告書は，大気汚染，水質汚濁および土壌汚染の相互関係を強調し，各メディアにまたがる総合的かつ整合性のとれた環境汚染規制法なくして最適な規制は実施しえないと結論づけた．この報告書の14年後，1990年環境保護法パートⅠの規定により，総合的汚染規制の枠組みがはじめて英国環境法制に取り入れられた．同法の総合的汚染規制は，環境・運輸・地域大臣により指定された特定の産業工程(industrial processes)にのみ適用されており，ほとんどすべての重化学工業の産業工程が規制対象とされている．

総合的汚染規制の中核をなしているのは，特定工程の操業に係る環境庁の許可(authorization)であり，当該許可なくして，特定工程の操業をしてはならない．許可には，条件を付すことができる．また，1990年環境法は総合的汚染規制の目的として次の二つをあげており，明らかに従来とは異なる野心的なアプローチを採用していることがうかがわれる．

① 環境汚染防止のため"過度の費用負担を伴わない最善の利用可能な技術(BATNEEC)"が事業者により講じられること．② 環境汚染が複数のメディア(大気，水，土壌など)にまたがる場合，環境を全体としてとらえて環境負荷を総体として減らすための"最善の実行可能な環境選択(BPEO)"が講じられること．さらに重要な点として，1990年環境法においては，総合的汚染規制の許可の審査に際し，一般からの意見聴取を義務づけるとともに，許可内容の詳細についての情報の公的記録簿への登載による情報公開を義務づけている点をあげることができる．

一方，総合的汚染規制は，その斬新さから問題点も少なくない．とくに，BATNEECおよびBPEOについては法文上明確な定義規定がなく，かつ，複雑な経済的および技術的判断を要するため，これらの考え方を実際に適用するうえで環境庁は困難に直面している．まず，BATNEECについていえば，1990年環境保護法は，技術(techniques)はきわめて広い概念であり，工場のデザインや施設の配置そしてスタッフの質なども含まれるものであることを明確にしているが，肝心の"利用可能な(available)"および"過度の費用負担を伴わない(not entailing excessive cost)"についてはなんら定

義しておらず，その解釈をめぐってさまざまな問題が提起されている．たとえば，他の国で利用されている最新の公害防止技術が，果たしてどこまで利用可能ということができるかとか，巨大な多国籍企業にとっては導入するのにたいした費用はかからないといえる公害防止技術は，資金不足にあえぐ中小企業にとって過度の費用負担を伴わないとはいえないのではないか，という疑問について法文はかならずしも明確には答えていない．こうした疑問については，環境・運輸・地域省からだされているさまざまなガイダンスノートや環境庁による判断の積重ねである程度は今後明らかになるとは思われるが，この概念の解釈をめぐって今後さまざまな訴訟が提起されることとなると思われる．

次に，総合的汚染規制で規制されるべき指定施設および指定物質の決定に関し，国務大臣は中核的な役割を果たしているが，このほかにも，国務大臣は重要な役割を負っている．具体的には以下のとおりである．国務大臣が定める以下のいずれの事項も，1990年環境保護法第7条2項の規定に基づき，環境庁が個別の申請に係る許可内容の決定を行うにあたっての重要な判断要件として位置づけられている．

① 各種基準の設定(standard setting)：1990年環境保護法第3条に基づき，国務大臣は，排出基準，環境目標値などの各種の基準を設定する権限を有している．

② 基本計画(national plan)の作成：国務大臣は，1990年環境保護法第3条第5項の規定に基づき，英国の全部または一部の地域に関し，汚染物質の総排出量枠を決定する権限がある．

特定工程(特定物質を排出しない工程を除く)については，あらかじめ規制当局から許可を受けなければ操業してはならないこととされている(1990年環境保護法第6条)．特定施設は1990年環境保護法第2条に基づき，1991年環境保護規則[The Environmental Protection (Prescribed Process and Substances) Regulations, 1991]によって規定されている．これらの産業に属する一定の工程を有し，かつ同規則で定められた特定物質を排出する施設が，総合的汚染規制の規制対象となる．ただし，規制対象物質は，施行令で定められた特定物質に限られるものではなく，必要に応じて規制当局が規制対象物質を追加することができる．また，特定工程はさらにパートAとパートBとに区分され，パートAは総合的汚染規制のもと，環境庁により規制されるのに対し，パートBは地方公共団体により規制される(ただし，大気汚染関係のみ．制度の基本的仕組みは，パートAと同じ)．

なお，1990年環境保護法は，1991年4月1日以降設置されるすべての新設施設に対して適用されるとともに，既存施設についても順次適用され，1997年以降はすべての施設に適用されている．

§4 フランス

1 環境政策

① 環境政策の基本的方針

フランスでは1960年代末から1970年代ころにかけて環境問題が政策的課題として意識されるようになり，政府の策定する経済計画でも環境が考慮されるようになった．また，1971年に環境省が設置されるなど，環境行政を担当する機関が整備された．地方レベルでの環境政策の主な担当機関は，地方分権改革後も国の地方機関であった．

一方で，フランスの環境法制などの問題点も1990年代からバルニエ報告で指摘されるなどして，その整備が進められた．その結果，1995年にバルニエ法が制定され，環境政策の基本方針となる四つの環境法の基本原則が立法化された．これらの諸原則は，国際条約などにみられるものが多いが，フランス国内法としてははじめて立法されたものも含まれており，フランスの環境政策や立法および判例などの基本的な指針となるものである．また，同法は，フランスではじめて"正常な環境への権利"として環境権を保障し，また環境を"国民の共通の財産"としてその公益性を確認している．

●フランスの環境政策の沿革

フランスで，政策立案において環境が配慮されはじめたのはそれほど早くなく，たとえば，全国経済社会開発計画(le plan national de développement économique et social)で環境が考慮されるようになったのは，1965年の第5次計画からである．しかし，1970年代以降，環境意識の高まりとともに，たとえば，1978年"生活の質憲章(la charte de la qualité de la vie)"[*1]にみられるようにフランスにおいても環境が政策的な課題とされるようになった．その後，1990年の"緑の計画(le plan vert)"やバルニエ報告が環境政策の具体的な方向づけを行ってきた（バルニエ報告の内容やその具体化については後に述べる）．

また，フランスにおけるエコロジストの代表的な政党は，1984年結党の"緑の党(les Verts)"である．同党は，1997年の国民議会選挙での左翼の勝利により，党首ドミニク・ヴォワネを環境相としてジョスパン政権に送り込んだ．

●環境政策を担当する組織

環境行政を担当する政府機関も1970年代以降に整備された．当初，フランスでは環境行政は様々な機関によって担当されていたが，1971年に環境省が創設された．環境省は，名称や組織についてその後かなりの変遷をたどったが，すでに触れた1997年のヴォワネ環境相就任後，一部の権限が他省庁から移されるなどしてその地位が強化され，また名称も「国土整備環境省(ministère de l'aménagement du territoire et de l'environnement)」となった．その後，「エコロジー・持続的発展省(ministère de l'écologie et du développement durable)」と名称を変えているが，以下の説明では煩雑さを避けるため，名称については「環境省」で統一することとする．なお，同省の内部組織などについては，以下のサイト参照，http://www.environnement.gouv.fr/

[*1] 生活の質憲章：ジスカール・デスタン政権下で採用された，行政や政策の方向づけを行う環境政策に関するアクションプログラム．情報公開，団体の役割強化，啓発活動などさまざまな具体的な提言を含んでいた．

環境省の予算は1970年度で総予算の0.03%を占めるにすぎなかったが，2000年度で予算の0.3%と若干増加している．しかし，フランスでは環境省予算はかなり少ないと考えられており，この点が問題点の一つと考えられてきた．もっとも，環境省のもとには多くの審議会，公施設法人とよばれる独立した法人があり，他省庁（農務省や産業省），公施設法人や基金などによる支出もあるため，現実に環境にかかわって支出される予算はもっと大きいとされる[1]．

地方レベルでは，とくに環境に関する規制権限については知事（préfet）の権限がその主要なものであるといってよいであろう．フランスにおける知事とはわが国の知事とは異なり，地方における国の機関であるが，その権限は後に触れる特定施設，漁業，狩猟などにかかわる規制権限，ビオトープ，自然災害危険地域の指定などさまざまである．フランスは従来から中央集権的な傾向が強い国であるが，1980年代以降，たとえば市町村の都市計画権限などの分野で地方分権改革が進められてきた．しかし，環境政策の分野は，欧州法との関連もあり，現在も中央集権的な傾向が依然としてみられるとされる．フランスの地方公共団体は規模の順に，県の上位にある広域自治体である地域圏（région），県（départment），市町村（commune）がある．フランスの市町村は小規模なものが少なくなく，環境政策の分野では広域行政が必要となることから地域圏が適切な規模と考えられている．

● フランス環境政策とバルニエ法

1990年代以降のフランス環境政策を理解するうえで重要なものの一つは，すでに触れたが，1990年4月11日国民議会に提出されたミッシェル・バルニエ（後に環境相となった）の報告である．バルニエ報告には，具体的な提案が含まれていた．たとえば，環境法上の基本原則の作成や環境法典編纂，フランス憲法に"環境人権"を含めること，汚染罪を創設すること，環境省とそこに勤務する公務員の専門の職団（corps）をつくること，環境省予算の倍額化などで，ほぼその後のフランスでとられていく措置であった．

バルニエ報告は，1995年2月2日法（バルニエ法）によって一部立法化された．このとき具体化された点で，注目すべきなのは，環境政策の基本的な指針となる環境法の基本原則が立法化されたことである．

バルニエ法が定めていた環境法上の基本原則は，現在では環境法典（Code de l'environnement）[*2] L. 110-1条（法典中最もはじめにある条文．なお，Lは行政立法ではなく法律であることを示す）に整理されている．この規定が定める環境法上の基本原則は，予防原則（principe de précaution），防止活動原則（principe de l'action préventive），汚染者負担原則（principe pollueur-payeur），参加原則（principe de participation）の四つである．これらの多くは，マーストリヒト条約などすでにフランスが締結した国際条約や欧州連合などの国際的なレベルで認められてきたものでる．しかし，これらの国際的なルールとフランス環境法典の規定の具

---

*2　環境法典：フランス環境法はさまざまな法令の集合体で，一覧性・一貫性が欠けるとの批判が加えられてきた．そこで法典化が必要とされ，1992年に法典作成が閣議決定され，2000年9月18日のオルドナンス（行政立法の一種）によって環境法典が整理された．環境法典は，第1部に環境法総論にあたる規定，第2部以降に各論として自然保護や公害規制などの規定，第6部にフランス本土以外の地域への規定をおき，全6部からなり1000近い条文をもっている．条文については以下のサイト参照．http://www.legifrance.gouv.fr/

体的な内容については，若干ニュアンスの違いがあるとされている．第一の予防原則は，環境法典によると，たとえ科学的な確証がなくとも，"環境への重大で不可逆的な損害の危険を防止するための効果的で適切な措置の採用を遅らせてならない"原則であると定義されている．予防原則は，近年のフランスでは，消費者の健康への危険などにもその適用対象が拡大されてきており，たとえば，いわゆる"狂牛病"に関する食肉市場の規制においても援用されるなど重要性を増しつつある．予防原則と類似するのが第二の防止活動原則であるが，この原則によると，賠償措置よりも環境に有害な活動に対しては防止措置をとることが優先されなくてはならず，しかも，それは最良の技術によって行われなければならない．しかし，以上の2原則には，いずれについても"経済的に認められるコストで(à un coût économiquement acceptable)"という留保が付されている．第三の汚染者負担原則は，新しいものではないが，フランスではバルニエ法ではじめて一般的な規定として確立された．第四の参加原則については，フランス環境政策の特徴を示す原則であると考えられるので，具体例を含めて次項で詳述する．

その他，L. 110-1条は，環境が"国民共通の財産(patrimoine commun de la nation)"であると規定してその公益性を明示し，L. 110-2条が"正常な環境への権利"との表現で環境権を立法化するなど，フランスの政策決定や立法などで環境が有する地位を確認している．

② 特徴的な環境政策の解説

参加原則が，環境法の基本原則に含まれていることからも推察できるように，近年フランスでは環境に関する諸問題への参加やその前提となる情報公開が促進されてきた．

まず，情報公開は市民の参加の前提をなすものであるが，情報公開に関する一般的な法律と個別の分野において環境に関する情報公開請求権などを規定する法律がみられるのがフランスの特色であろう．

次に参加制度であるが，参加主体として環境保護団体が重視され，行政によって認可を受ける環境保護団体が存在しているのがフランスの特徴であろう．環境保護団体は諮問手続への参加などにとどまらず，行政訴訟の原告となるなどの活動を行っている．また，市民参加手続として環境に影響を与えるような事業や工場建設，土地収用に先立って行われる公的調査やあるいは大規模な事業に限定されるが公的議論とよばれる制度があり，これらの手続に市民が関与することができる．

また，市町村の政策決定には諮問としての住民投票が可能で，環境にかかわる問題にも利用されうる．

環境法典L. 110-2条は，"環境の保護に注意し環境の保護に貢献することは各人の責務である"との規定をおいている．環境への配慮が個人の責務でもあるとすれば，その前提として国民が環境に関する情報にアクセスすることができ，さらに行政の意思決定に参加できなくてはならない．また，フランスにおいてはとくにそうであろうが，環境政策のもつ中央集権的な性格とその高度の技術性により，一部の専門家集団が政策を決定することへの警戒感も情報公開や参加原理の必要性を示す考えに結び付いているといえるであろう．

以上のような点からも，フランス環境政策の特徴の一つと考えられるのは，前述のように環境法上の基本原則として参加原則が規定されている点である．参加原則は，「各人は，危険な物質(substances)及び活動に関するものを含め，環境に関する情報へのアクセスを有しなくてはならない．また，公衆は，環境あるいは国土整備に重要な影響を有する計画策定プロセスに参加する」(環境法典L. 110-1条)と規定してお

り，本規定は，公衆の参加の前提である情報公開と一定の場合の意思決定プロセスへの参加を基本的な原則として定めている．フランスでは，情報公開だけではなく，環境に影響するような大規模事業の実施などに際して，市民や環境保護団体の意思決定手続への参加を具体的な制度のレベルでも促進してきており，これらの動きは，フランス環境政策の今後の方向を示していると考えられる．そこで，本項目では，これらの参加手続およびその前提となる情報公開の具体化を示す例を紹介する．

●情報公開

情報公開については，フランスでは，行政文書のアクセスに関する1978年7月17日法が，一般的な情報公開制度を定めている．この法律に基づいて，環境や都市計画に関する情報の公開を請求することができる．もちろん，わが国と同じく非開示とされる領域もあり，準備中の文書の開示などは認められていないし，特定の領域，たとえば再処理工場に関する情報のように原子力に関する情報などの開示は制限を受ける．

一方で，フランス環境法は，個別の領域に関して，市民に対して情報公開請求する権利を定めている．以下にフランス環境法からいくつか例をあげる．

　a．環境や人間の健康に対する廃棄物の影響に関する情報(環境法典L. 125-1条)
　b．大規模な自然災害や産業災害についての情報(環境法典L. 125-2条)
　c．遺伝子組換え作物(OGM)についての情報(環境法典L. 125-3条)
　d．大気汚染とその健康や環境への影響についての情報(環境法典L. 125-4条，L. 221-6条)
　e．化学物質が人間の健康や環境に与える影響についての情報(環境法典L. 521-5条)

これらの環境法典が規定する分野以外にも，公衆衛生法典などにも環境にかかわる情報の公開を認める規定がみられる．

●環境政策と参加手続

　a．環境保護団体の役割：フランスの環境保護団体の数はほぼ15 000程度といわれており，環境にかかわる政策決定などに重要な地位を占めている．環境保護団体が果たしている役割は，市民への情報提供や啓発，各種審議会など諮問手続への参加，環境管理者としての役割，環境調査などの実行，行政訴訟の原告となるなどさまざまな役割があるとされる．環境保護団体には，行政により認可を受けた認可環境保護団体(associations agréées de protection de l'environnement)[3]と認可を受けていない環境保護団体があり，認可環境保護団体は，行政訴訟の訴訟要件の審理などの点である程度有利な立場にある(環境法典L. 142-1条)．また，認可環境保護団体は，以下でみる公的議論の開催を請求することもできる．

　b．事前手続への参加：以前から存在する制度として公的調査(enquête publique)がある．この制度により都市計画文書の作成，公共事業，土地収用などに先立って，市民は情報を提供されるなどして事前手続に参加することができる．

　　しかし，公的調査は従来からいくつかの問題点の存在が指摘されてきた．その一つ

---

　*3　認可環境保護団体：3年以上の活動期間や，主として環境保護に関する活動を行っていること，内部組織の運営などの一定の要件を満たすことによって，その団体の規模に応じて知事，地域圏知事，環境相など権限をもつ行政機関から認可(agrément)を受けた環境保護団体のこと(環境法典L. 141-1条など)．認可環境保護団体の数は1999年で1 833ある．

に，公的調査が行われる時期には公共事業などの計画がかなり進んでいる段階で，もはや計画の変更や放棄を行うには遅い時期である点である．そこで，この点を改善するために環境などに大きな影響をもつ大規模事業に対して公的調査よりも前に公衆の参加を行うために，バルニエ法によって公的議論(débat publique)という新たな手続が創設された．もっとも，公的議論の開催を請求できる資格は限定されており，その対象も，"社会経済的に強い課題を示しあるいは環境に対して大きな影響をもつ，国・地方公共団体・公施設法人および混合経済会社の全国的な利益の公的な大規模整備事業"(環境法典 L.121-1 条)と，公的調査に比して限定されている点には注意が必要である．これまで公的議論が組織された大規模事業の例としては，港湾の改築，地域圏自然公園内での高圧電線の設置，高速道路建設，新幹線(TGV)専用線の設置などがある．

c．その他の参加制度：特徴的な参加制度として市町村での住民投票(référendum)がある．地方公共団体一般法典(Code général des collectivités territoriales) L.2142-1 条に基づいて，結果に対して法的な拘束力がない，諮問のための住民投票を行うことが可能である．ただし，判例は住民投票の適用範囲を当該市町村に関連する事項に厳しく制限しているため，現実にはかならずしも期待されたほど環境保護の効果をあげているとはいえないと考えられる．

文　献
1) M. Prieur: Droit de l'environnement, pp. 32, 33, Dalloz (2001).

2　環境法の体系

① 環境法全体の体系図

図 4-3 の体系図は，条文については参照の便宜を考え，環境法典に整理された規定を中心に主要な法分野の法律を中心に紹介したものであり，網羅的なものではない．分類などについては，主に文献 1)によっている．

② 環境法体系の特徴

フランス環境法は，これまでは環境に関するさまざまな法令の集合体であったが，近年主要な法律に関しては法典化が行われ環境法典として整理され，フランス環境法の透明性はかなり高まったということができる．しかし，国際条約や欧州法は別にしても環境に関する法，とりわけ各論的な法はたとえ国内法に限定しても従来どおり多様であり，これら全体を環境法として把握する必要がある．

●フランス環境法概観

フランス環境法は，歴史的にも内容的にも多様な法令の集合体として存在しており，ある論者は"パッチワーク"という表現を用いていた[2]．このような状態に対しては，環境法としての一貫性の欠如などについて批判が行われ，すでにみたように(前項脚注＊参照)2000 年環境法の法典化(codification)が実現した．

法典化を経て，現在のフランス環境法はかなり明確になったということができるであろう．しかし，フランス国内の法令に限定しても，環境に関する法すべてが環境法典のみに整理されているわけではない点には注意が必要である．このことから，図 4-3 の体系図では環境法典を中心とはしているが，分類のしかたについては環境法典の編別ではなく，従来の学説の分類に基づく内容による分類で整理している．

```
総論（主として環境法典第1部）
　環境法上の基本原則（環境法典 L.110-1 条以下），
　公的議論・環境影響評価・公的調査など（環境法典
　L.121-1 条以下），環境保護組織（環境法典 L.131-
　1 条以下），環境保護団体の地位・認可手続（環境法
　典 L.141-1 条以下），財政規定（環境法典 L.151-1
　条以下）など
　その他，情報公開についての 1978 年 7 月 17 日法
　など

各　　論
　自然保護に関する法　主として環境法典第 2 部，第
　3 部，第 4 部
　　動植物の保護に関する法
　　ビオトープの指定［農村法典（Code rural）R.211-
　　12 条など］，狩猟法（環境法典 L.420-1 条以下），漁
　　業法（環境法典 L.430-1 条以下），OGM 規制（環境
　　法典 L.531-1 条以下）など
　　自然環境を保全するための法
　　国立公園，地域圏公園の設置（環境法典 L.331-1
　　条以下），自然保護地域（réserves naturelles）設定
　　（環境法典 L.332-1 条以下），森林保護［森林法典
　　（Code forestier）など］，山岳法（都市計画法典 L.
　　145-1 条以下など），海岸法（環境法典 L.321-1 条
　　以下），自然災害防止（環境法典 L.562-1 条以下）
　　など
　歴史的建造物，記念物，景観保護などに関する法
　　歴史的記念物と周辺保護　1913 年 12 月 31 日法，
　　1943 年 2 月 25 日法など
　公害規制に関する法　主として環境法典第 2 部，第
　5 部
　　特定施設の規制（環境法典 L.511-1 条以下），廃棄
　　物処理（環境法典 L.541-1 条以下），水質汚染防止
　　（環境法典 L.210-1 条以下），大気汚染防止（環境
　　法典 L.220-1 条以下），騒音防止（環境法典 L.
　　571-1 条以下）など
```

■図 4-3　フランスの環境法体系図

　また，現在の環境法典に対してもフランス国内法に限定していては不十分であり，今後は，国際条約や欧州法も環境法典に含めるべきとの指摘もみられる．

●**環境法総論**

　環境法総論に関する規定は主として，環境法全体に共通する規定（dispositions communes）として環境法典の第 1 部に整理されている．
　まず，前項で紹介したバルニエ法による環境法上の諸原則，環境権に関する規定などで，これらは，現在では環境法典に整理された．1976 年 7 月 10 日法によってフランスに導入された環境影響評価（étude d'impact）に関する規定も，環境法全体に共通する規定として環境法典第 1 部に整理されている（環境法典 L.122-1 条以下）．その他，環境法典に整理されている法律以外でも，すでに触れた情報公開を定めた 1978 年法のように環境法全体にかかわる重要な法律がある．

●**環境法各論**

　各論についても，主要な法律のかなりの規定が環境法典に整理されている．しかし，すでに指摘したように，とくに環境法各論にあたる法令は環境法典だけに整理されているわけではない．環境法典以外に環境法各論に関する法がみられるのは，公衆衛生法典（Code de la santé publique），農村法典，森林法典などさまざまである．とくに自然環境保全や景観保護との関連で重要なのは，都市計画法典による一般的な都市計画制度による各種の規制である．たとえば，森林保護などのためにある地域の開発制限を行うことは，一般的な都市計画文書による権利制限と密接な関連を有している．これらも環境法各論の一部をなすと考えるべきであろう．

③ 特徴的な法制度の解説

　フランスにおける公害規制法のうちでもっとも代表的であり，他の法制と比して特徴的とされている特定施設（installations classées）に対する規制を紹介する．特定施設とは，工場や作業場などのように周辺環境に有害な影響を及ぼ

しうる施設のことを指す．これらの施設への規制は，周辺環境に重大な影響を及ぼしうるため，行政機関から事前の許可を得なくては開設できないA施設と，周辺に対する影響がより少なく届出を行えば開設することができるD施設に分けられる．A施設はより慎重な手続で許可が下されるのであるが，いずれにしても，事業者は周辺への危険を防止するために行政機関の定めた技術的基準に従う義務がある．

行政機関はこれらの義務が事業者によって遵守されているかどうかを監督し，従わない事業者に対しては，行政上の制裁だけではなく刑事制裁が科せられることがありうる．また，特定施設は，その許可をめぐる行政訴訟において裁判官の権限が強化されるなど他のケースにみられない特徴を示している．

特定施設に対する規制とは，たとえば，採石場，化学物質を扱う施設，爆発物を扱う施設，養豚場など，周辺住民や周辺環境にとって危険で有害な施設に対して行われる特別な規制制度を指す．このような危険な施設を指定して特別に規制する制度は，フランスでは古い歴史をもっているが，現在の特定施設規制に関する法令は，1976年7月19日法と1977年9月21日のデクレ（行政立法の一種）が基本となっており，法律については環境法典のL. 511-1条以下に整理されている．

● 規制対象

規制対象となる特定施設は，環境法典L. 511-1条によると工場や作業場などが例示されている．これらの施設の管理者は，自然人であることもあれば法人であることもあり，また法人にも公法人と私法人があるが，これらすべてが規制の対象となりうる．規制の対象となる施設の一般的な定義は，近隣の快適さ，公衆衛生・公共の安全性・公共の静穏，自然保護，環境保護，地域や記念物の保全に対して害を及ぼしうる施設とされており，きわめて広い適用対象をもつ．具体的にどのような施設が，規制の対象となるかを定めたリスト（nomenclature）は，特定施設高等評議会（Conseil supérieur des installations clasées）[*4]などの意見を聞く手続を経て作成される．このリストには数百種の特定施設が定められている．

当然のことながら，特定施設のリストは制定以来頻繁に改正されている．たとえば，農業施設が現在ではリストに加えられているし，あるいはアスベストを利用する工場などが比較的最近になってリストに含められるなどのケースがみられる．現在，特定施設の総数は約55万とされている．

● 特定施設の設置手続

特定施設の設置手続は，特定施設のカテゴリーによって異なる．すなわち，許可が必要とされるA施設と届出を行わなければならないD施設という二つのカテゴリーである．まず，A施設は，周辺の安全などの利益に対して重大な危険を示すもので，これらの開設を行おうとする者は，知事に許可申請書を提出しなくてはならない（環境法典L. 512-1条）．申請書は，施設の場所・規模やそこでの製品や使用される原料だけではなく，申請者の経済的・財政的能力に関する情報をも含む．許可の申請に対しては，環境法典L. 122-1条による環境影響評価，事故などの危険調査などが行われる．さらに公的調査も行われることとされており，公衆への

---

*4　特定施設高等評議会：評議会は，法定されたメンバーである行政の代表と，環境相から任期3年で任命される構成員からなる．後者には，特定施設の専門家，特定施設事業者の利益代表，特定施設監察官，公衆衛生高等評議会のメンバー，環境保護団体などが任命される．諮問機関であり，特定施設のリストの作成以外の権限も有する．

特定施設設置に対する情報提供と手続参加が一定程度保障されている．

次に，D施設は，A施設ほどは周辺に対して重大な危険性を示さない施設を指し（環境法典L. 512-8条），知事に対する届出によって開業することができる．数的にはA施設よりもD施設が圧倒的に多い．

A施設は知事によって特定施設の許可が行われるが，通常周辺に危険を及ぼさないように一定の技術的な条件（prescriptions）が許可に付される．環境法典L. 512-1条によると，許可が行われるのは知事が許可に付した条件や措置によって危険などが防止されうるときのみであり，技術的・財政的理由によって特定施設の危険性や汚染などが防止されないときには，知事は拒否処分を行わなければならないと解されている．A施設もD施設も，事業者は大臣や知事が作成した技術的条件を遵守しなければならない．義務はいわば結果に対する義務であり，手段の選択に関しては事業者には一定の判断の自由があるとされる．

●特定施設の監督

特定施設への監督は特定施設監察官らによって行われるが，近年，環境省は一部で民営化による自己監督を導入し，D施設の一定のものについては，事業者の費用での認可法人による監督がみとめられるようになった（環境法典L. 512-11条）．これらの監督が不十分であるため周辺住民に損害が発生したときは，行政は規制権限の不作為を理由とした国家賠償責任を負うことがありうる．また，これらの監査報告書は情報公開の対象となる．

知事は，義務づけられた条件を尊重しない特定施設の事業者に対して制裁を行うことができる（環境法典L. 514-1条以下）．事業者が条件を遵守しないときはまず従うよう催告が行われ，それでも事業者が従わないときは職権での工事命令（費用は事業者負担），工事に必要な費用の供託，施設の一時的閉鎖，最終的な閉鎖などが課せられる．また，刑事罰も予定されており，知事の課した条件の不遵守に対しては罰金が（環境法典L. 514-10条），許可なし営業などに対してはより重い罰が科せられうる（環境法典L. 514-9条）．もっとも，後者の罰が科せられるのは稀とされている．

特定施設の閉鎖による問題として，特定施設によって汚染した土壌の原状回復という問題がある．原則として事業者はみずからが放棄した場所の回復義務を負う．知事は事業者に土壌を適正化するよう催告するなどできる．

●行政訴訟と特定施設

最後に，フランスで特定施設への規制が環境法体系で重要とされる主要な理由である行政訴訟での特殊性について指摘しておく．第一に，行政裁判官の権限が通常の処分に対する行政訴訟においてよりも強化されていることである．すなわち，フランスの行政裁判官の権限は通常違法な処分を取り消すことに限られているが，特定施設の許可については，行政裁判官は違法な許可を取り消すのみではなく，事業者に課せられた技術的な条件の変更，施設の改善の催告，事業の一時停止などを命じることができる．第二に，特定施設周辺の第三者にとっては通常の出訴期間2か月よりも長い出訴期間が認められるなど，周辺住民の保護が強化されている．

文　献

1) J. Morand-Deviller: Le droit de l'environnement, PUF (2000); le même auteur, L'environnement et le droit, LGDJ (2001); Code de l'environnement, Dalloz (2002)
2) R. Romi: Droit et administration de l'environnement, p. 5, Montchrestien (1999)

§5 ドイツ

1 環境政策

(1) 環境政策の基本方針

　ドイツ基本法(憲法)は環境保護を国家目的として規定している(20条a)．環境政策および環境法の基本原則として通常あげられるのは，予防原則(Vorsorgeprinzip)，汚染者負担原則(Verursacherprinzip)および協働原則(Kooperationsprinzip)である．この三原則は法律に定められているわけではないが，政策指針とされており，1998年の環境法典案においては明文化されている．

　環境政策の伝統的手法は直接規制的手法であるが，これに対してはいわゆる執行の欠缺(行政が法の執行責任を十分に果たしていない状態)が問題とされるようになった．そこで，近年では，直接規制的手法とともに，①数値目標およびその達成時期を設定したうえで各種措置を講じる計画的手法，②自主的取組み，③経済的手法が幅広く活用されるようになっている．自主的取組みには，事業者による自主規制，環境管理・監査(EMAS, ISO 14001)，エコラベル(ブルー・エンジェル)などがある．また，法的に制度化された仕組みとして，環境保全責任者制度がある．経済的手法に関しては，低公害車に対する税制上の優遇措置がとられてきたほか，1999年4月には，環境税制改革関連法が施行され，環境税が導入されている．

●予防原則

　予防原則とは，環境負荷の回避が，環境負荷の低減や環境負荷の事後的除去に優先すべきであるとする原則をいう．この原則により，環境に対する具体的な危険が生じていないリスク段階であっても，また科学的知見の不足により危険の存在が明確ではない場合であっても，対策を講じて環境負荷を回避することが要請される．このことと関連して，循環経済・廃棄物法は廃棄物の発生抑制がリサイクルや適正処分に優先することを明示し，また，連邦インミッション(Immission)防止法は，危険の除去と並び，インミッションの発生予防について定めている．なお，最近では，将来世代の人々も引き続き利用できるように国家が資源を管理することも，この原則の内容に含まれるとの主張がなされている．

●汚染者負担原則

　汚染者負担原則は，環境汚染の汚染者がその回避および除去に必要な経済的費用を負担すべきであるとする原則をいう．最近では，費用・課徴金の事後的な支払のみならず，ある行為の禁止や民事上の不作為請求権もこの原則に即した措置に含まれるとの解釈が広まりつつある．汚染者負担原則の例外をなすのが共同負担原則である．これは，汚染の除去費用が巨額で汚染者に対し費用負担を求めることが事実上不可能な場合や緊急を要する場合に，環境保護にかかわる国家責任を果すため，国または地方自治体が公費により対策を講じることを指す．

●協働原則

　協働原則とは，環境問題の解決のためには，あらゆる主体が環境政策の形成過程へ早い段階から参加することが必要であるとする原則をいう．このことは，環境保護が国家だけの任務ではないこと，同時に環境保護に関する国家の基本的責任は放棄し得ないことをも意味する．各主体の協働は，①環境問題の早期発見および実態の把握，②専門知識，ノウハウなどの活用，③環境規制の受容の向上，④法的不確実性の減少，⑤実際的な解決の促進，⑥柔軟性の確保，⑦合意形成による後の紛争回避，などの機能を有するとされている．環境パートナ

ーシップの重要性が強調されているのは日本と同様であるが，ドイツでは，インフォーマルな協働のみならず，法的にも手続的参加権（とくに環境NPOの参加権）が整備され，その侵害に対する司法的救済が認められていることが特徴である．

● 自主的取組み

ドイツでは，協働原則の一環として，自主規制が広く活用されている．近年では特定の環境問題が政治課題となった際，事業者が自主規制を行うならば，国家は新たな法規制を行わないという法規制回避の傾向が強まっている．その背景には，環境負荷の汚染者である事業者は，原材料や製品の使用者・製造者として環境負荷の低減に必要な専門知識，技術なども有しているから，その自己責任の履行方法に関しては事業者に自由な選択の余地を与えるべきであるとする考え方と，規制緩和の潮流がある．

自主規制には，①行政と事業者の間で協定が結ばれる場合のほか，②行政の影響力のもとで，事業者が特定の措置の実施を宣言する場合がある．具体例としては，二酸化炭素の排出抑制に関するドイツ産業界の自主規制や，廃棄物・リサイクル分野における廃棄物の種類ごとの自主規制（廃車，建設廃棄物など）が有名である．地球温暖化対策に関し，ドイツ産業界は1996年の自主規制を改訂し，2005年までに二酸化炭素の排出量を28％削減すること，および2012年までにガス排出量を35％削減することを宣言している（2000年）．

もっとも，自主規制は法的拘束力を有するわけではない．また，その内容および手続の公正性・透明性をいかに確保するか，アウトサイダーによる競争のゆがみをいかに是正するか，などの課題がある．それゆえ，自主規制の有効性を評価する基準・システムが確立されていない段階で，自主規制がなされた場合に既存の法規制を廃止することには慎重論が強く，自主規制と直接規制を組み合わせて用いることが有効であると考えられてきた．

このような状況のなか，2001年に，環境管理・監査システムを導入している企業について，行政庁に対する特定の申請書類の簡略化を認める法改正がなされたことが注目される．

また，環境保全責任者制度は，日本の公害防止管理者制度に類似の制度である．水管理法や連邦インミッション防止法は，一定規模以上の事業者に対し，企業内部で環境法規の遵守状況を監視し，従業員の環境教育などを行う水域保全責任者やインミッション防止責任者の配置を義務づけている．

● 環境NPOとの協働

事業者の自主規制とともに，環境NPOと行政の協働も協働原則の重要な一側面を形成している．環境NPOは，新たな立法に対する意見表明，審議会への代表派遣，各種環境関連事業（環境教育イベントなど）の共同実施などさまざまな形で環境政策に参画している．

そのなかでも重要性を有しているのが自然保護分野における承認団体の参加と団体訴訟制度である．すなわち，連邦自然保護法および各州の自然保護法は，団体の目的，活動範囲，活動内容，組織構造などに関し一定の要件を満たす環境NPOの承認制度を設け，承認団体に対し，行政立法，計画，許認可，計画確定手続などに関し，特別の参加権（意見表明権，専門家鑑定書の閲覧権など）を付与している．DNR，BUND，NABUなど，国際的にも有名な環境NPOをはじめ，連邦レベルでは約20，州レベルでは1団体から8団体が承認団体とされている．

また，従来多くの州で，承認団体に対し，公益的団体訴訟が認められてきた．公益的団体訴訟は，不特定多数の市民の環境利益を守り，違法な環境行政の是正を目的とする訴訟であり，自己の権利利益の侵害の有無にかかわらず提起

することができる．公益的団体訴訟の提起件数はそれほど多くないが，違法な行政決定の未然防止に有効であると評価されている．1998年の環境法典案においても，承認団体の参加制度を強化するとともに，これまで州レベルに限定されてきた公益的団体訴訟を連邦レベルでも導入することなどが提案されていた．2002年には，連邦自然保護法が改正され，連邦レベルおよびすべての州において公益的団体訴訟が可能となっている．

② 特徴的な環境政策の解説

ドイツの環境政策は，従来，法的規制の厳格さや高度な環境技術を背景として，健康被害にかかわる公害の防止に対し大きな成果をあげてきた．たとえば，1970～1996年までの間に，二酸化硫黄の排出量は65％，二酸化窒素の排出量は31％，そして粉じんの排出量は74％削減された．また，循環型経済システムの構築，気候変動防止，エネルギー政策などの比較的新しい環境問題に関しても，ドイツは，国際的に先駆的な役割を果たしている．

このような環境政策を支えているのは，第一に，マスコミ報道や環境教育を通じて醸成された国民全体の環境意識の高さである．第二は，エコビジネスの成長であり，目下，年に5～6％の成長率が見込まれている．エコビジネスの分野では，約100万人が直接または間接的に雇用の場を得ていると推測されている．第三に，事業者，環境NPO，労働組合など，かつては対立関係にあった社会的な諸勢力の間に，しだいに協力関係が構築されつつあることも見逃し得ない点である．

だが，ドイツにおいても，あらゆる分野で環境改善が達成されているわけではなく，たとえばトラック交通量の増大，地下水質の悪化，生物多様性の減少，都市化に伴う土地の人工的利用の増大などの大きな課題が残っている．

●規制的手法を柱とする環境政策の構築

ドイツの環境政策は長い伝統を有しているが，"環境政策"という概念が公式に登場したのは，1969年に社会民主党（SPD）と自由民主党（FDP）の連立政権が成立したときである．1970年に環境政策に関する"緊急プログラム"，1971年に"環境プログラム"が策定されて，現代的な環境政策の基礎が築かれた．基本法の改正(1972年)により，環境領域における連邦の立法権が強化され，1970年代には，有鉛ガソリン法(1971年)，旧廃棄物処理法(1972年)，連邦インミッション防止法(1974年)などの重要法律が相次いで成立した．だが，この時期には，環境問題に対する国民の意識がまだ低く，国家主導で"上からの"環境政策が推し進められた．また，その内容は，規制的手法による公害対策を中心とするものであった．

●緑の党の登場・躍進と環境政策の進展

1973/74年のオイルショックによる景気後退に伴い政府の環境政策が停滞し，また"森の枯死"をはじめとする環境被害が顕在化すると，環境問題に対する国民の関心が高まり，"下からの"環境保全を唱える環境運動が活発化した．これを受けて，1970年代後半には，自然保護の分野において，環境NPOの参加制度や団体訴訟制度が導入された．また，1982年には，緑の党が六つの州議会で議席を獲得している．

1986年にはチェルノブイリ事故を契機として，それまで環境政策を所管してきた連邦内務省の原発推進政策などに対する批判が高まり，"連邦環境・自然保護・放射線防護省（BMU）"が設置された．そして，クラウス・トプファー環境大臣（1987～1994年）の時代には，環境責任法の強化，廃棄物の海上焼却禁止，循環経済・廃棄物法や包装容器令の制定，脱フロン規制，低公害車の税制上の優遇措置などが導入・実施された．環境保護を国家目的とする基本法の改正がなされたのもこの時期である（1994

年）．だが，東西ドイツ統一後の大量失業問題などがクローズアップされるようになると，環境政策の位置づけも相対的に低下した．

● SPD-緑の党連立政権下の環境政策

1998年には，SPDと90年連合/緑の党からなる連立政権が成立し，90年連合/緑の党のユルゲン・トリッティンが環境大臣に就任した．これにより，環境法典の制定などの懸案課題が一気に進むものと思われたが，これまでのところ新政権は，脱原発，環境税の導入などのエネルギー政策に多くの時間を費やし，その他の分野では期待されたような効果をあげていない．

a．気候変動防止：ドイツは，温室効果ガスの25％削減を2005年までの政策目標としており，これまでに，二酸化炭素の排出量は1990年比で16％削減された（2002年末現在）．連邦政府は，2000年10月に新たな気候変動防止プログラムを決定しており，2008～2012年までの間に，少なくとも京都議定書の目標は達成される見通しである．旧東ドイツ地域において産業が停滞しているという事情があるとはいえ，国内措置による削減目標の達成を明確な基本方針としていることがドイツの特徴である．

気候変動防止に関する総合的な法律は存在しておらず，温室効果ガスの削減は，①個別の法令による規制，②環境税の導入，③再生可能エネルギーの利用促進，などを通じて推進されている．

温暖化対策に関する個別の法令には，たとえば，①省エネルギー法および同法に基づく省エネルギー令（2002年2月施行），②地区詳細計画の策定に際し，気候保全に配慮すべきことを求めた建設法典の規定，などがある．2002年4月には，新しいコージェネレーション法も施行された．

また，1999年には，電力，ガソリン，暖房用燃料などに関し従量制の環境税が導入された．税額は2003年まで段階的に引上げられ，2003年度の環境税収は172億ユーロ（約2兆円）に達する見込みであり，この税収は年金保険料の引下げに充てられる．燃料への課税だけでも，2002年には，700万トンの二酸化炭素の削減効果があったといわれている．だが，産業部門に対する税率が一般家計部門に対する税率よりも大幅に低く設定されていること（一定限度を超えた分については通常の税率の20％）に対しては，一般に批判が強い．

b．脱原発政策：1998年のSPDと90年連合/緑の党からなる連立政権成立後，脱原発に向けた原子力業界，経済界との厳しい交渉が開始された．1999年当時，ドイツ全体の発電量に占める原子力エネルギーの割合は約31％であったが，2000年6月には脱原発に関する"原子力合意"が成立した．これにより，原子力発電所の新設は法律により禁止され，既存の原発は2021年までにすべて停止される．また，プルトニウム生産のための放射性廃棄物の再処理は厳しく制限され，5年以内に全廃されることになっている．この政策を実施するため，2002年4月には，従来の原子力法に代わり，脱原発法が施行された．

c．再生可能エネルギーの利用促進：原発に代わるエネルギーの確保に関しては，2010年までに，総発電量に占める再生可能エネルギーの割合を10％に高めるという政策目標が設定されている．これまでにも，風力発電はすでに大きな実績をあげている．法的な措置としては，1990年の電力供給法において，電力事業者に対し再生可能エネルギーにより得られた電力の買取りを義務づける制度が導入された．なお，2000年には，同法に代わり，"再生可能エネルギー法"が制定・施行されている．

2 環境法の体系

1 環境法全体の体系図

環境法の立法権は,ドイツ基本法(憲法)によって連邦と州に分配されている.日本の環境基本法にあたるような総則的環境法典は存在せず,また包括的な環境基本計画も定められていない.現行の環境法体系は,各環境分野に横断的に適用される総則的な個別法と,分野別の法律から構成されているといえる.

分野別の法律は,①水循環関連法,②大気汚染・騒音防止関連法,③自然保護関連法,④物質循環関連法,⑤土壌汚染防止関連法,⑥原子力関連法,⑦危険物質関連法,⑧遺伝子工学関連法,⑨都市計画関連法,に分類される.

●総則的環境法

主な総則的環境法には,①環境情報公開法(UIG),②事業者に対し,環境汚染事故,環境保全投資などに関する情報を行政に提供することを義務づける環境統計法(UStatG),③環境影響評価法(UVPG),④環境監査法(UAG),⑤環境被害に関し一種の危険責任を導入し,因果関係の推定規定をおくなど,不法行為の特則を定める環境責任法(UHG),⑥刑法典における環境犯罪規定がある.

●水循環関連法

連邦法である水管理法(WHG)および各州の水法を柱とし,その他排水賦課金法(AbwAG),洗剤法(WRMG)などから構成される.排水賦課金法は,規制基準を遵守しているか否かにかかわらず,排水の汚染度に応じ賦課金を課することを定めた法律である.

●大気汚染・騒音防止関連法

連邦インミッション防止法(BImSchG)のほか,航空機騒音防止法や有鉛ガソリン法(BzBIG)などがある.

●自然保護関連法

連邦自然保護法(BNatSchG)および州の自然保護法を中心として構成されている.

●物質循環関連法

1996年に施行された循環経済・廃棄物法(Kr/AbfG)と廃棄物の種類ごとに制定された法規命令を中心として構成される.法規命令には,包装容器令,廃車令,バイオ廃棄物令,電池令,汚泥令,使用済ハロゲン溶剤令,FCKW・ハロン令などがあり,廃木材令,電気電子機器令案などが公表・審議されている.そのほかバーゼル条約の国内法として,廃棄物の越境移動規制法(AbVerbrG)も制定されている.

●土壌汚染防止関連法

1998年に制定された連邦土壌保全法(BBodSchG)のほか,州の土壌保全関連法や警察法規などがある.

●危険物質関連法・遺伝子工学関連法

化学物質法(ChemG)および遺伝子工学法(GenTG)を中心として構成されている.

2 環境法体系の特徴

ドイツは連邦国家であるため,環境法も連邦法と州法から構成されている.それゆえ,その法体系を理解するためには州法も参照する必要がある.また,最近のドイツ環境法は,他のEU諸国と同様にEU環境法の影響を強く受けつつあるため,その動向にも留意を要する.

なお,1998年には,環境省に設置された"環境法典に関する独立専門家委員会"が環境法典(Umweltgesetzbuch)案を公表するなど,総合的な法典づくりが目指されているが,いまだ成立には至っていない.

●環境法の法形式

連邦と州の権限分配については基本法が定めている(73条以下).それによれば,①航空運

輸などは連邦の専属的な立法権限事項，②廃棄物，大気汚染，騒音防止，原子力などは連邦と州の競合的立法権限事項，③水質汚濁防止や自然保護などについては連邦が大枠を定める枠組み立法権を有し，各州法がこれを具体化する，とされている．そのため，とくに水質汚濁防止や自然保護の分野では，州により具体的な仕組みにさまざまな違いがある．

　また，法律のみならず，法規命令や行政規則も重要な役割を果たしている．これらはいずれも行政機関が定める行政立法ではあるが，日本の政省令にあたる法規命令については，連邦参議院の同意や，連邦参議院および連邦議会の同意を要するものが多く，その制定に議会が関与していることに注意する必要がある．

●媒体ごとの直接規制を中心とする法体系

　従来のドイツ環境法は，汚染排出施設，環境に負荷を与える行為などに関し事前の許可制を採用し，環境媒体ごとの厳格な規制（排出基準など）の遵守を義務づけ，その違反に罰則を科する直接規制的手法を中核としてきた．このように実体的要件を厳格に定める方法は，公害対策に有効性を発揮してきたと同時に，監督官庁の権限行使をコントロールし，経済活動の自由を保障する観点からも，合理的なものであると考えられてきた．

●EU法の影響

　最近の環境立法や大規模な法改正には，環境情報公開法や環境アセスメント法など，EU指令を国内法化するためのものが多い．だが，EU法は情報公開と市民参加のもとに諸利害を調整する手続的規制を中心とし，さまざまな環境媒体への影響を総合的に評価することを重視する．これに対し，ドイツ環境法は媒体ごとに実体的な規制基準と許可要件を定め，客観的な基準の適合性を重視してきたため，そのハーモナイゼーションはかならずしも容易ではない．

　このことを反映し，1990年に制定された"環境アセスメント法"も，従来の個別許可手続に環境アセスメント手続を組み込む形となり，環境へのあらゆる影響を総合的に評価するというEU指令の本来の目的とは実体を異にしている．また，1996年には，環境全体を保護するための統合的防止策を加盟国に義務づける統合的環境規制指令が決定された．それゆえドイツ環境法は大規模な構造改革の必要性に直面し，2001年に同指令に対応するための法改正が行われた．

　さらに，2001年10月には，国連欧州経済委員会の枠組みにおいて，①環境情報へのアクセス権，②意思決定への市民の参加権，③裁判を受ける権利の保障を目的とするオーフス条約が発効した．この条約に対応するため，現在，PRTRの法制度化に向けた検討作業などが始まっている．

③ 特徴的な法制度の解説

●環境情報公開法

　環境情報公開法は，すべての市民に対する環境情報開示請求権の保障を定めたEU環境情報公開指令(1990年)を国内法化するため1994年に制定された．だが，伝統的なドイツの行政法システムは，関係人に対する文書閲覧権の保障を通じ行政の透明性を確保することを基本としてきたため，法律の成立は難航した．

　同法は，すべての市民に対し環境情報開示請求権を認めてはいるものの，①行政手続進行中の情報が公開の対象外と解されていたこと，②公開拒否決定がなされた場合であっても手数料を徴収され，しかもその額が高額であったことなどに対する批判が強かった．そこで，2001年に，不開示理由の限定，手数料の引下げなどを内容とする法改正がなされた．

●インミッシオン防止法

　インミッシオンは大変広い概念であり，人，動植物，土壌，水，大気，文化財その他財産に

影響を及ぼす大気汚染物質，騒音，振動，光，熱その他類似の環境影響を包括する概念である．インミッシオン防止法は，一般公衆または近隣の人に危険または重大な不利益をもたらすようなインミッシオンの防止を目的としており，その規制対象も本来，広範にわたる．だが，その中核領域は伝統的に大気汚染物質と騒音である．

その具体的な仕組みは施設の認可制を柱とするが，製品規制，交通規制などに関する定めもおかれている．交通規制に関しては，オゾン濃度が高い場合にスモッグを防止するため，法規命令により自動車の通行を禁止することが可能とされている．従来，この規定が実際に適用された例はなかったが，1998年にはじめて夏季スモッグ防止のための車両運行禁止令が発令されている．

● 物質循環法

循環経済・廃棄物法は，廃棄物処理・処分施設の不足に直面したドイツが，1994年に制定した法律である．同法は，従来の大量生産・大量消費・大量廃棄型の社会経済システムを循環型のシステムに根本的に変革することを打ち出した画期的な法律であり，日本の循環型社会形成推進基本法や各種リサイクル法制定の契機ともなった．ただし，日本の廃棄物・リサイクル法制は，廃棄物処理法とリサイクル関連法から構成されているのに対し，ドイツでは，リサイクルおよび廃棄物処理に関する規定がこの法律に統合されている．同法の特徴は，第一に，①廃棄物の発生抑制，②リサイクル，③適正処分という処理の優先順位を明確にし，廃棄物の発生抑制を最優先の政策措置として位置づけたことである．第二に，製品の製造者に対し，製品の設計・開発段階からリサイクルや環境適合的な処分に配慮し，使用済み製品を引き取り，リサイクルまたは適正処分する責任(拡大生産者責任)を負わせたことも重要である．

廃棄物の種類ごとの個別政令のうち，包装容器令の特徴は，それまで自治体が行ってきた包装容器廃棄物の回収を事業者の負担とし，かつ事業者による全国規模の共同回収システム(デュアル・システム)の構築を誘導したことにある．共同回収を行うために設立されたDSD (Duales System Deutschland)社のシステムでは，①参加事業者が自己の包装容器にグリューネ・プンクトとよばれるマークを付ける，②DSDがこのマークの付いた包装容器を回収分別する，③参加事業者が体積・面積により算出されるサイズ料金および素材別(紙，プラスチックなど)の重量料金を支払う，こととされている．

また，自主規制と法的規制を組み合わせたシステムを採用しているのが廃車リサイクルの分野である．すなわち，ドイツ自動車業界と政府の合意による自主規制(1996年)が廃車の無償引取り，廃車回収・リサイクルルートの構築などについて定めたのに対し，1997年の廃車令は，自動車登録を抹消するためのリサイクル証明制度や解体事業者の認定制度を設け，自主規制を補完し，その実効性を担保する仕組みを定めている(2002年改正)．

● 水循環関連法

日本の水法は"水質汚濁防止法"と"河川法"を柱とする二元的体系であるのに対し，ドイツの"水管理法"は，利水，治水および水質保全を目的としており，一元的な法体系となっている．しかも，地表水域(河川，湖沼など)のみならず，沿海水域および地下水をも対象とする．また，水域は公物であり，水利用は包括的な公法上の規制に服し，その所有権も社会的拘束を受ける．具体的には，取水，排水などのあらゆる水利用には原則として許可または特許を要する．許可は水利用の権限を与えるが，行政による一定の量・質の水供給を保障するものではなく，また，撤回が可能である．これに対し，特

許は利用者に水利用の権利を付与する行為であり，原則的に撤回が許されない．それゆえ，特許は例外的にしか付与できないとされ，その付与手続において，利害関係人や関係官庁の異議申立てが認められている．

水域の改修に関しては，自然状態または近自然状態にある水域は，そのままの状態で維持することが基本とされる．また，すでに改修された水域は，可能なかぎり近自然状態に戻す旨が定められていることが注目される．

このように，水管理法は，健全な水循環を確保するための包括的な法律であるといえる．なお，2002年にはEU水政策枠組み指令(2000年)に対応するための大改正がなされた．これにより，地表水域について管理目標を設定し，流域区ごとに管理計画が策定されることになった．

●土壌汚染防止法

ドイツでは，廃棄物処分場跡地やとくに旧東ドイツ地域における工場跡地の土壌汚染対策が懸案課題とされてきた．そこで，1998年に，土壌の諸機能(生命の基盤としての自然的機能，自然・文化遺産の保存場所としての機能，原料鉱床などとしての利用機能)を持続的に保全することにより人の健康および環境の質の向上をはかり，土地利用の持続性を高めることを目的として土壌汚染防止法が制定された．

同法は，個人・公共に対する危険や重大な負荷を引き起こすおそれのある土壌機能侵害(有害な土壌変更)のおそれがある場合に，土地所有者，占有者および土地利用者に予防義務を課するとともに，汚染された土壌の浄化措置などについても定めている．浄化義務を負う者は，①原因者およびその包括承継人，②土地所有者，③所有権を放棄した者または第三者に土地を譲渡した旧土地所有者，④汚染された土地の所有者に対する支配権限を有する者(汚染された土地を別会社に分離する場合の親会社など)とされており，その範囲が広く定められたことが特徴である．

●計画確定手続

ドイツでは，大規模公共施設の建設については，行政手続法に基づく統一的な計画確定手続がとられる．この手続の対象施設については，水管理法や連邦鉄道法などの個別法が定めており，たとえば，アウトバーン，鉄道，ごみ処分場，空港などがこれに含まれる．大規模公共施設の設置に関しては，本来，複数の許可が必要となるが，計画確定手続はこれを一つの行政手続に統合するものである(集中効)．この手続では，まず計画の公告・縦覧がなされ，利害関係者は縦覧期間終了後2週間，聴聞官庁または市町村に対し異議を申し立てることができる．この場合，聴聞官庁は異議申立人，関係官庁，計画者と討論し，その後，自己の意見を付して計画確定裁決を行う官庁に計画を送付する．計画確定裁決庁の決定に不服がある者は行政訴訟を提起することができるが，この手続以降の段階になって，当該計画を争うことはできない仕組みとなっている．

§6 オランダ

1 環境政策

① 環境政策の基本的方針

オランダでは，国家環境政策計画（NEPP：nationale milieubeleidsplan）を環境政策の基本として，環境保全に関する統合的かつ包括的な計画アプローチを展開する．この政策は持続可能な開発を主要な目的とするとともに，憲法21条を根拠としている．

NEPPの手法は以下のとおりである．第一に，環境政策の重点項目として環境テーマを設定する．NEPP-3で指定した環境テーマは酸性化，生活妨害，気候変動を除いてほぼ達成され，NEPP-4では生物多様性などの目標を追加した．第二に，環境テーマごとに定量的な数値目標とタイムテーブルを設定する．第三に，この目標をブレイクダウンするにあたって，ターゲット・グループ・アプローチを採用する．すなわち，環境政策の策定と実施に際して重要な役割を担うことが期待される行動主体を指定し，各行動主体について環境テーマと達成目標を示したうえで，その達成のために可能な措置を掲げるのである．これらは，政府と各行動主体の個別交渉を通して設定される．

さらに，NEPPの特徴としては，動的で斬新的な計画として4年ごとに見直しを行う点，環境政策を効果的かつ効率的なものにするために弾力性をもたせ，目標達成の具体的措置については，政府と各行動主体との間の合意に基づき，規制的手法，自主的手法またはその併用など，複合的な政策手法を用いる点，国際環境政策を強化する点があげられる．

● 全体像

オランダでは環境保全に関し，国家レベルにおける統合的かつ包括的な計画アプローチとして，国家環境政策計画（NEPP）を展開する（環境管理法4.3条）．この計画に基づく予算措置と実施状況報告の制度化として，国家環境行動計画をおく（同法4.7条）．上記環境政策計画は4年ごとに，環境行動計画は環境政策計画に配慮しながら毎年策定する．さらに，国家計画を地方レベルの計画と連動させる制度として，州環境政策計画（同法4.9条），地方環境政策計画（同法4.15条a），市町村環境政策計画（同法4.16条）とそれぞれの環境行動計画（同法4.14条，4.15条b，4.20条）が存在する．各環境計画は4年ごとに，各行動計画は毎年策定する．

NEPPの策定，実施および評価については，住宅・国土・環境省（VROM）が責任を有するが，関連するすべての省とあらゆるレベルの公的機関の参加をもってこれを行う．

● 環境政策の目標と根拠

環境政策の主要な目標は持続可能な開発であり，環境政策の根拠は，政府に良好な生の質の保障と生活環境の保全・増進を義務づける憲法21条にある．公共機関は現在および将来の全住民の福祉と生活環境の向上を託されており，持続可能な開発を追求するうえで環境に配慮することは，福祉と生活水準という，より広範な関心の一要素である．

● NEPPの経緯

環境保全政策の達成目標とそれが達成されるタイムテーブルを明確に設定することによって目標の達成をめざす計画手法の採用は，1982年，NEPPの前身である環境行動計画の策定に始まる．この行動計画は3年を期間とし，毎年更新するものであった．1989年に採択された第1期のNEPPでは，統合的な環境管理とその原則および行動計画を明らかにするとともに，目標達成のために政府が用いる戦略を示し

た．以後フォローアップを重ね，NEPP-plus(1990年)，NEPP-2(1993年)，NEPP-3(1998年)，NEPP-4(2002年)を策定し，以前の期におけるNEPPの実施過程を再検討したうえで目標達成のための措置の強化を行っている．

● NEPPの概要

a．目標達成年と期間：目標達成年については，当初は2000年としたが，NEPP-2以降は2010年とし，1世代(25年または30年)での環境の回復をめざす．NEPPでは，この年までに大部分の汚染物質につき80～90%の排出削減を定めるとともに，構造的な対策措置を最大限導入した．NEPP-4ではより長期的な課題を視野に入れ，2030年を目標年とする．

　　NEPPの特徴の一つは動的で漸進的な計画であるということである．そのため，4年ごとにNEPPの見直しを行う．NEPPの有効期間は，原則として4年間であるが，短縮，または一度にかぎり2年を限度として効力延長することができる．

b．環境テーマ：環境保全政策に関する主要なテーマのリストは，1980年代初頭より作成され練られてきた．NEPPでは，一般にも理解しやすい簡潔性を求めて，すべての環境効果をひとまとめにする階層づけのない重点事項の指定方法を導入する．

　　第1次NEPPで指定するテーマは，①気候変動，②酸性化，③富栄養化，④拡散防止，⑤廃棄物処理，⑥生活妨害，⑦脱水化，⑧資源浪費，NEPP-2では，①気候変動，②酸性化，③富栄養化，④廃棄物処理，⑤生活妨害，⑥資源浪費，⑦有害物質，⑧地下水枯渇，NEPP-3では，①気候変動，②酸性化，③富栄養化，④廃棄物処理，⑤生活妨害，⑥資源浪費，⑦有害物質，⑧土壌汚染，⑨地下水枯渇，NEPP-4では，①気候変動，②資源浪費，③生物多様性，④健康リスク，⑤屋外安全性，⑥生活の質(酸性化，生活妨害を含む)，⑦潜在的管理不能リスクである．

c．数値目標：明確かつ具体的で計量可能な達成目標を設定する実績主導型の戦略的管理アプローチとして，環境テーマごとに定量的な数値目標を設定する．

d．ターゲット・グループ・アプローチ：VROMは，達成目標につき定量的な目標を定めるにあたって，ターゲット・グループの概念を用いた．これは，環境汚染と環境劣化を引き起こす要因となっている経済・社会部門のうち，環境政策の策定と実施に際して重要な役割を担うことが期待される行動主体の類型を指す．NEPPでは，いくつかの行動主体を指定するとともに，各行動主体について関連する環境テーマとテーマごとの数値目標を設定し，その達成のために可能な措置を掲げる．VROMは，各行動主体との個別の交渉を通じて目標値と具体的措置を設定する．

　　指定された行動主体は当初は4者であったが，その後のNEPPの成功により，NEPP-3では以下の10者に拡大された．すなわち，①消費者，②農業，③工業，④精製業，⑤エネルギー供給業，⑥小売業，⑦運輸業，⑧土木建築業，⑨廃棄物処理業，⑩水循環関連事業である．

e．手法選択の弾力性：政府は，環境を各主体の日常的な意思決定に組み込むことによって，環境政策を効果的かつ効率的なものにするために各主体に選択余地を与える．このため，NEPPでは，目標達成に向けた特定の手法を示さない．目標を達成するための具体的措置は，政府と各行動主体との間の合意によって決定する．規制的手法，間接規制的手法，自主的手法ないし

協定手法，またはそれらの併用など，複合的な政策手法が用いられている．

　f．国際環境政策：NEPP-3では，国内政策上および国際政策上の問題点を可能なかぎり統合し，一定の分野で国内戦略と国際戦略を併せて扱った．国際政治における持続可能な開発と世界経済のグローバル化にかんがみ，オランダ独自の努力のみでは解決できない環境問題に関する国際的合意の形成，地球環境問題におけるオランダの影響の低減，EUの環境政策におけるイニシアチブの発揮などに重点をおく．この傾向は，NEPP-4において強化されている．

● 地理的スケールによる階層モデル

　国立公衆衛生環境研究所(RIVM)は，VROMの政策を支援する過程で，環境問題とその解決に関し五つの地理的スケールによる階層モデルを作成した(NEPP-3)．地理的規模が大きくなるほど，対策に時間を要する．大陸と地球全体については，国際的環境外交の強化が望まれる．

　　　地　　区：室内環境，土壌汚染，崩壊，有害物質
　　　地　　域：富栄養化，廃棄物処理，有害物質
　　　河川流域：富栄養化，森林減少，有害物質
　　　大　　陸：酸性化，降下物，光化学オキシダント，有害物質
　　　地球全体：オゾン層破壊，気候変動，有害物質

(2) 特徴的な環境政策の解説

　オランダの環境政策の特徴は，自主的手法の積極的な導入にある．国家レベルの環境政策目標を産業界に対してブレイクダウンするに際し，①ターゲット・グループごとの達成目標の設定とその実現手段としての自主的環境協定，②個別企業の企業環境計画の策定と政策媒体としての認可制度および環境報告書，の二つの手法がある．

　環境協定はオランダの環境政策において盛んに用いられている．産業界が環境協定に参加することは自由であるが，多くの事例ではいったん合意されれば法的拘束力を生じる．包装容器の例では，製造者または輸入者は，規制で定める義務を超える内容の協定に参加する場合に上記義務を免除される．環境協定の利点は，費用-効果的な手法を利用できること，業界内の同一歩調と公正を確保できること，調査研究などの分野に資金提供できること，産業界にとっても政府の環境政策の一貫性を保障されることなどである．手法選択については，廃棄物処理に関する製造者責任の例で，自主的方式，規制的方式，両者併用方式の採用がみられる．

　企業環境計画は環境管理・監査制度に組み込まれ，4年ごとに策定する．施設の建設，変更，操業に要する認可についての略式認可の場合，環境管理・監査制度の導入，環境報告書の提出，企業環境計画の作成を条件とする点で，企業環境計画と環境報告書は環境政策に組み込まれている．

● 自主的手法の導入

　NEPPでは，中央政府による国家レベルの環境政策目標を産業界に対してブレイクダウンするに際して，以下の2通りの手法を用いる．

　a．ターゲット・グループごとの統合的環境計画の策定とその実現手段としての自主的な環境協定(Milieuconvenant, overeenkomst)

　b．個別企業の企業環境計画の策定と政策媒体としての認可制度および環境報告書

　いずれも，政府と産業界団体との間の交渉と合意に基づいて自主的手法を導入する点で，オランダの環境政策上，重要な特徴をなす．

　オランダでは，1980年代後半以降，環境保全措置の設定について，行政，企業および市民

の間で合意形成を試みてきたが，これが自主的手法採用の土壌となった．自主的手法は，デンマーク，ドイツ，ベルギー，カナダなどにおいても重要な環境保全政策手法として利用されている．

● **環境協定**

a．利用状況：ターゲット・グループを戦略的な対象とする環境協定を通して，多国籍大企業を含む1万4000社以上(2001年時点)の企業が，オランダ産業・雇用者協会(VNO-NCW)の主導により直接NEPPに参加している．これまで100を超える環境協定の事例が報告されている．

b．規制的手法との関係：環境協定は，規制的手法と純自主的手法の間を埋める制度として，強制された自主規制の一形態と位置づけられる．その特徴は，政府の強い関与による合意形成を基礎とすること，国レベルの環境政策に組み込まれていること，産業界の自己責任による環境政策への参加を求めることである．

環境協定ガイドラインでは，環境協定当事者として署名した団体および個別企業との関係で，環境協定は原則として法的拘束力を有する(6項)と定めるほか，例外的に法的拘束力を有しないものとして合意する場合に，その旨を明記すること(14項)および紛争解決方法に関する規定をおくこと(15項)を求める．ガイドラインに一般的拘束力に関する規定がないことから，団体非加盟企業については原則として協定の拘束力は及ばない．ただし，環境管理法において，製品製造者らによる製品廃棄物回収拠出金に関する自主規定について，例外を認める規定がある(15.37条)．

c．利点と問題点：環境協定の利点は，規制的手法のみでは達成困難な目標に対応しうること，合意形成を通して費用-効果的な手法を利用できること，業界内の同一歩調をはかることにより公正を確保できること，調査研究などの分野に資金提供できることなどである．産業界にとっても，政府の環境政策の一貫性を保障される点で利点がある．

一方，問題点としては，フリーライダーによる競争関係の不公正の問題があげられるが，この点について克服が必要である．

d．廃棄物処理に関する製造者責任の例：廃棄物処理はNEPPの環境テーマの一つであるが，製造者責任の導入に関する自主的環境協定は，製品の設計・製造段階で廃棄物発生抑制とリサイクルへの配慮を組み込むことを可能にする点で，一定の効果を有する．対応可能な類型の廃棄物について約80％，家庭廃棄物について量ベースで約50％が製造者の責任で処理されている．

製造者責任の具体的内容としては，①製品設計段階での廃棄物発生抑制とリサイクルへの配慮，②リカバリーと再利用，③費用負担，④消費者・行政などその他の主体の共同責任などが指摘される．

なお，規制や自主的環境協定などの手法選択については，市場特性，製品特性，業界特性などに配慮して以下の例がある．

① 自主的方式：廃車，紙類，PVC合板，PVCパイプ，写真関連の有害廃棄物
② 規制的方式：廃タイヤ，電池，電気機器
③ 両者併用方式：包装容器，農業用ホイル

e．包装容器の例：1996年，EU指令の国内法化により包装容器規則を定めた．その内容は，①製造者・輸入者の物質循環責任(リサイクル率，包装容器全体のマテリアル・リサイクル率，材質ごとのマテリアル・リサイクル率)，②収集責任分担(家庭起因のガラス，紙・ボール紙は自治体，その他は合意を認める)，③材質表示義

務，④一定量を超える一定有害物質含有包装廃棄物の流通禁止，⑤収集，再利用，リサイクルにおける条件設定などである．

一方，産業界と政府の間での包装容器に関する協定は1991年にすでに存在したが，上記法的義務による時間と費用を回避するため，1997年に改訂された．1997年協定は，全体協定，製造者・輸入者協定，紙繊維協定，ガラス包装容器製造者協定，金属包装容器製造者協定，プラスチック包装容器製造者協定，木材包装容器製造者協定の7協定から構成される．主要な内容として，①埋立てないし焼却の最大許容量，②発生量増加率の上限値，③最低リサイクル率，④合理的に達成可能な最低限度の原則(ALARA：as low as reasonably achievable)の遵守義務と報告義務，⑤マテリアル・リサイクル率があげられる(その後2002年に最改正)．

規制的手法としての包装容器規則と自主的な包装容器協定との関係については，製造者または輸入者は，規制で定める義務を超える内容の協定に参加する場合に，上記義務を免除される(同規則第2条)．

● 企業環境計画と認可および環境報告書

a．企業環境計画：個別企業による企業環境計画には，ターゲット・グループによる環境協定上の義務または自主的措置として策定される場合のほか，略式認可の条件として策定される場合がある．企業環境計画は環境管理・監査制度に組み込まれ，4年ごとに策定する．

b．認可制度：施設の建設，変更，操業には原則として認可を要し(環境管理法第8.1条1項)，認可付与に際しNEPPその他の環境政策計画および法令上の基準との適合性につき審査を受ける(同法第8.8条)．

この点，通常認可においては，施設設置者が講ずべき措置を詳細かつ具体的に規定するのに対し，略式認可の場合には目標値を設定するのみであって，簡潔性と弾力性，費用節減を期待することができる．略式認可を受けるためには，①環境管理・監査制度の導入，②環境報告書の提出，③企業環境計画の作成が条件となる．

c．環境報告書：環境報告書は，環境管理法上の法的義務(第14.2条)として作成する場合，略式認可の条件として作成する場合，ターゲット・グループによる環境協定上の義務または自主的措置として作成される場合がある．透明性確保の機能を有する．

2 環境法の体系

① 環境法全体の体系図

環境管理法
 第1編 総則
 第2編 助言機関
 第3編 国際問題(未制定)
 第4編 計画
 第5編 環境質の要求事項
 第6編 環境地域指定(未制定)
 第7編 環境影響評価
 第8編 施設の認可及び一般原則
 第9編 物質，調合品及び製品(草案段階)
 第10編 廃棄物
 第11編 その他の活動(未制定)
 第12編 報告，記録保持及びモニタリング義務
 第13編 認可及び免除手続き
 第14編 調整
 第15編 財務規定

第16編　排出権取引き（草案段階）
　　　第17編　特殊な状況における措置
　　　第18編　執行
　　　第19編　市民のアクセスに関連する
　　　　　　　規定
　　　第20編　行政裁判所への不服申立
　　　第21編　補則
　　　第22編　最終事項
　　　別表
　　大気汚染防止法
　　水質汚濁防止法
　　地下水法
　　海洋汚染防止法
　　土壌保全法
　　環境に危険な物質に関する法律（化学物質）
　　騒音防止法

② 環境法体系の特徴

　オランダは，すべての環境的局面を関連的にとらえる統合的環境管理アプローチを採用してきた．統合的かつ包括的で理解しやすい環境法典をめざすものとして，環境管理法（Wet milieubeheer）が存在する．

●環境管理法
　a．統合的環境法体系としての環境管理法：環境管理法の前身は，1979年制定公衆衛生を目的とする法律にさかのぼる．その後，環境政策と環境法との外部統合化，すなわち環境政策計画との統合化の動向を背景に，1993年，同法は大幅に改正されるとともに適用対象を拡大し，統合的な環境法体系をめざした．ただし，同法では大気汚染，水質汚濁，地下水，海洋汚染，土壌汚染，化学物質，騒音について規定せず，別法をおく．また，同法は全22編と別表で構成されるが，未制定の編を含む．
　b．根　拠：本法は憲法第21条を根拠とする．

　c．枠組み規定：環境管理法は，主として枠組み規定である．多くの主題について本法そのもので規定するのではなく，実質的な部分を行政規則，州環境条例，地方環境条例などにゆだねる．
　d．構　成：本法は，第1編に定義規定と環境配慮原則，州環境条例制定権限，第2編に環境影響評価委員会，遺伝子組換え委員会，地方環境委員会などの助言機関，第4編に国家および地方レベルの環境政策計画と環境行動計画，第5編に環境質の要求事項，第7編に環境影響評価義務とその手続き，第8編に施設の認可と一般原則，第10編に廃棄物，第12編に環境に重大な悪影響を与えるおそれがある施設に関する報告，記録保持およびモニタリング義務，第13編に認可および免除手続き，第14編に複数の命令申請の調整と環境影響評価書作成の調整，第15編に補助金，大気汚染基金，監査，デポジット，廃棄物処分拠出金，廃棄物最終処分場基金などの財務規定，第17編に特殊な状況における措置，第18編に執行，第19編に市民のアクセスに関連する規定，第20編に行政裁判所への不服申立などを定める．

●環境法と環境政策の外部統合
　オランダでは，1988年以降，環境法と環境政策の外部統合をはかってきた．統合化の具体例として，環境協定あるいは施設認可手続きにおける認可条件設定（環境管理法第8編）を通して，環境管理法上の義務づけのない企業環境計画の導入を促進する点が指摘される．

●透明性と市民参加
　オランダ環境法は透明性と市民参加の制度的保障を特徴とする．
　NEPPの目標を達成するための政府とターゲット・グループの合意形成および産業界団体などによる自主的環境協定の積極的な利用は，

オランダの環境政策手法の重要な特色であるが，この場合，第三者機関の関与と公開性を保障する．その他，環境影響評価制度，法規命令制定あるいは環境協定策定，土壌浄化計画策定などにおける市民参加の保障，環境報告書制度などの例がある．

透明性の確保には，社会的監視を利用することによって，環境保全措置の履行の確保を促進する機能を期待することができる．

③ 特徴的な法制度の解説

オランダは先進的な環境法制度を有する．環境影響評価制度は，環境管理法第7編を根拠とする．スクリーニング，スコーピング，環境影響評価書の作成，受理，公開，事業決定という一連の手続きのほか，事後調査の制度がある．事業アセスのほか計画アセスを含む点，スコーピング段階での市民参加の保障，評価書公開段階での聴聞会の開催義務など，市民参加を確保する点，専門性と独立性を有する環境影響評価委員会により客観性を保障する点，情報公開を制度化する点で注目される．

廃棄物法制は同法第10編を根拠とする．発生抑制，再利用またはリサイクル，エネルギー回収，焼却，埋立てという優先順位を原則とする．製造者責任を明確化し，廃棄物量の増加や不法投棄の可能性がある場合にも，製造・輸入などを禁止するほか，製品供給者に回収を義務づける．その他，有害廃棄物の引渡し人と受領人の情報提供義務，排出者の情報提供義務と保管義務，処理業者の免許を定める．

土壌汚染は土壌保全法を根拠とする．土壌汚染の状況を把握するための汚染調査の制度，土地登記簿または市町村の汚染土壌簿など，汚染サイトの公開制度を有する．浄化義務者は汚染原因者のほか土地所有者らとするが，後者に関しては免責事由がある．

● 環境影響評価

a．位置づけ：環境影響評価制度は環境管理法第7編を根拠とする．すべての政府レベルの決定に対して一律の手続きを適用する点，環境影響評価制度が事業の許認可手続きに組み込まれる点に特徴がある．

b．手続き：第1段階として，事業者が事業の概要を記載した通知書をもって管轄官庁に事業を告知する．環境影響評価を義務づけられる事業は，指定類型の事業，および指定類型ではないが環境に重大な悪影響を及ぼすおそれがある事業である．第2段階はスコーピングである．この段階で，関係官庁と環境影響評価委員会の助言を求めるとともに，市民の意見提出を保障する．環境影響評価の範囲，方法，評価などは主務官庁が定め，個別の事業ごとに具体的にガイドラインを示す．第3段階は事業者による環境影響評価書の作成，提出である．立証責任は事業者にあるとされる点，代替案の提出を重視する点，公開のプロセスである点が注目される．第4段階として，主務官庁が評価書を受理し公開を行う．関係官庁と環境影響評価委員会の助言を求めるほか，市民による意見提出と聴聞会の開催を認める．第5段階は主務官庁による事業決定である．環境影響評価委員会による審査を経て，最終段階で環境影響評価委員会と主務官庁，事業者との意見交換を行う．

さらに，事後手続きとして，事業の建設中または完成後に予測した環境影響と実際が合致するかについて，主務官庁が事後調査を行う．この結果は公開される．

c．市民参加：参加を認める市民の範囲は限定しない．スコーピング段階での市民参加を保障する点は注目される．環境影響評価書公開段階での市民参加について，聴聞会の開催は義務である．

d．客観性の保障：専門性と独立性を有する環境影響評価委員会が客観的・科学的に助言する仕組みにより，客観性を保障する．最終的な事業決定に際しては，①判決理由，②環境影響に対する評価，③代替案に対する評価，④市民が書面または公聴会において述べた意見に対する評価などを付す．

e．透明性の保障：スコーピング，環境影響評価書審査の段階で事業者が提出した申請書などを，市民の閲覧に供し新聞・広報に公表するほか，環境影響評価委員会の意見，主務官庁の決定を公開する点で情報公開を制度化する．

● 廃棄物

a．位置づけ：廃棄物法制は環境管理法第10編を根拠とする．

b．廃棄物管理の優先順位：環境保護の観点から，廃棄物管理に優先順位を定める．①発生抑制，②再利用またはリサイクル，③エネルギー回収，④焼却，⑤埋立てという階層性は，オランダの廃棄物管理の重要な原則である．

c．製造者責任：製造者は，廃棄物発生抑制と製品由来の廃棄物の回収およびリサイクルに責任を有するとされる．

　発生抑制に関しては，①効果的な処分が著しく困難または不可能な場合，②リサイクルしにくい場合，③廃棄物量が著しく増す場合，④不法投棄されやすい場合に，製造，輸入，使用，供給，受領を禁止する．回収とリサイクルに関しては，製品供給者に対して使用後の回収を義務づけるほか，リサイクルなどの促進にかなう保管，処理，再処理，破壊の措置を講じ，指定業者に引き渡す義務を課す．

d．引渡し人および受領人の情報提供義務：有害廃棄物の引渡し人および受領人は政府に通知義務を負う．政府は引渡し人と受領人の両方向から情報を把握するのである．通知の内容は，①引渡しの日，②相手方の氏名および所在，③廃棄物の品名および量，④引渡しの場所および方法，⑤廃棄物処分方法，⑥引渡しを運送人に委託する場合の運送人の氏名および所在と廃棄物の仕向先の氏名および所在である．

　その他，引渡し人は，相手方に対し廃棄物の性状，特性，組成の明細書，運送人に対し政府への通知と同じ内容を記した添付文書を提供する．運送人は，添付文書携行義務を負うほか，明細書と添付文書のない受領は禁止される．

e．排出業者の義務：排出者は上記の情報提供義務を負うほか，①分別した保管，②分別した引渡し，③指定方法での処理，再処理，破壊，④指定期間に限った保管，⑤指定類型の相手方への引渡しと適当な場所への持参，⑥指定期間を超えて保管する場合の行政への通知をする義務を負う．

f．処理業者の義務：廃棄物の保管，処理，再処理，破壊は，知事の免許を要する．

● 土壌汚染

a．位置づけ：1994年制定の土壌保全法を根拠とする．同法は，土壌汚染の予防と浄化双方を目的とする点，調査と浄化に関する義務者の責任を明確化する点に特徴があるほか，地下水汚染も保護対象とする．

b．汚染調査：土壌汚染またはそのおそれがある場合には，浄化に先立ち，汚染状況を把握するために汚染調査を行う．調査には汚染の有無に関する予備調査と，汚染の程度に関する精密調査がある．前者は州が行い，後者は汚染義務者が行う．

c．浄化義務者：浄化義務者は，①汚染原因者，②土地所有者および長期貸借人と

される．前者は費用負担の公正に資するものであるが，後者に関しては浄化責任の免責規定がある．免責事由は，第一に，監視と測定措置を実施する場合または浄化済みの場合，第二に，汚染発生期間中に汚染者と継続的法律関係をもたず，汚染に直接または間接的に関与せず，所有権取得時点で汚染を認識せずまたは認識しうべき事情がなかった場合である．

d．汚染サイトの公開：汚染サイトは土地登記簿に記載するほか，市町村の汚染土壌簿に詳細な情報を公示する．

§7 中国

1 環境政策

① 環境政策の基本的方針

中国における環境政策は，1973年に開かれた第1回全国環境保護会議が起点となっている．国連人間環境会議に触発されて開かれたこの会議では，中国国内における深刻な環境汚染の実態が報告され，環境政策の基本方針や汚染防止措置などについて議論された．当時，中国では，"社会主義中国に公害はありえない"という政治的思想のもとに"総合利用"という省エネルギーとリサイクルに頼った環境対策がとられていたが，この会議をきっかけとして，環境政策の必要性が政府および共産党指導部によって認識されるようになった．しかし，環境汚染防止のために体系的な施策が実施されるようになったのは，文化大革命による政治的混乱が収束する1978年以降である．

1978年3月に改正された憲法では，"(国家が)公害を防止する"と規定される(第11条3項)．1982年の憲法改正では，環境関連の規定がさらに追加され(表4-1)，第26条1項では"国家は生活環境及び生態環境の保護と改善を行い，汚染とその他の公害を防止する"と規定された．中国における環境政策が，政府による環境管理を中心に考えられていることは，憲法におけるこのような規定からも明らかである．

中国の環境政策における基本的方針は，主に国務院(日本の内閣にあたる)に設置されている環境行政部門において協議されたのち，国務院全体で合意が得られた方針や具体的な施策について，"国務院決定"の形式で公布されてきた(表4-2)．また，環境政策の中長期的な目標に

■表 4-1　中華人民共和国憲法（1982年憲法）における環境関連規定

条　項	条文もしくは主な規定内容
第26条第1項	国家は生活環境及び生態環境の保護と改善を行い，汚染とその他の公害を防止する（筆者訳）
同条第2項	国家は植林と森林保護のための措置を講じ，これらの活動を奨励する（筆者訳）
第9条第2項	自然資源の合理的利用と希少動植物の保護について
第10条第5項	合理的な土地利用について
第22条第2項	名勝旧跡及び貴重な文物，歴史文化遺産の保護について

■表 4-2　中国環境政策の基本的方針を定めた主な公的文書

発布年月日	各公的文書の名称
1973.8.29	環境の保護改善にかかわる若干の規定
1978.12.31	環境保護工作彙報要点
1981.2.24	国務院国民経済調整期における環境保護活動の強化に関する決定
1984.5.8	国務院環境保護活動に関する決定
1990.12.5	国務院環境保護活動の強化に関する決定
1996.8.3	国務院環境保護の若干の問題に関する決定

ついては，5年ごとに全国人民代表大会（通常3月開会）で可決される"国家経済発展5か年計画"（"5か年計画"とよばれる）で定められる．この"5か年計画"で示された環境政策の目標は，環境政策の指針を定めるうえできわめて重要な意味をもつ．

● 環境政策の基本原則（経済建設と環境保護の協調発展原則）

経済建設と環境保護の協調発展原則とは，経済発展と環境保護とを調和させ両立させることを意味する．1973年の"全国環境保護会議状況報告"ではじめて登場した原則であり，1994年に発表された環境問題に関する中国版"21世紀アジェンダ"においても，中国が"協調発展原則を堅持する"ことが明記されている．また，法律上も，"環境保護法"（1989年施行）第4条において"（国家は）環境保護と経済建設と社会発展を協調させる"と規定されており，協調発展原則を実現することは国家の責務とされている．

最近では，国家環境保護総局が2001年3月に発表した"2001年環境保護活動要点"のなかで，"経済発展と環境保護のWin-Win原則を実現することが，2001年の環境保護活動における指導思想および総体的な要求"である，という説明もみられる．1992年の国連環境開発会議（地球サミット）以来，"持続可能な開発"（原語は"可持続発展"）という概念は，中国においても発展の基本原則として採用されているが，この"可持続発展"概念が協調発展原則やWin-Win原則と矛盾するとはみなされていない．

中国政府にとって，経済制度改革を進めつつ一定の経済成長を維持することは，改革開放後の政権の安定のために最優先すべき課題であり，環境政策においては，環境保護を経済発展と調和させることが強く意識されてきている．

● 環境政策の中長期目標

5年ごとに全国人民代表大会で可決される"5か年計画"では，総合的な経済・社会の中長期的な目標と発展計画が示される．環境保護に関する目標は，1982年11月の全人代で可決された"第6期5か年計画"（1981～1985年）以降のすべての"5か年計画"で掲げられている．

"第6期5か年計画"では，環境保護に関する目標と計画が全36章のうち第35章で規定され，"第7期5か年計画"では全56章のうち第52章に規定されていた．一方，2001年3月に可決された"第10期5か年計画"（2001～2005年）では，環境保護の目標と計画が全26章のうち第15章で規定されている．1980年代に比べると，環境政策が発展戦略のなかでより重要視されていることを示している．

"第10期5か年計画"の第15章は，第1節"生態建設の加速"と第2節"環境の保護と汚染処理"からなる．第1節の"生態建設"の内容には，天然林の保護，耕地の緑化，草原の退化・砂化・アルカリ化（"草原三化"とよばれる）の防止，土砂の流出防止，希少絶滅危惧種の保護などが含まれる．"生態建設"については，長江を中心に甚大な水害被害のあった1998年以降とくに重視されるようになった．同年11月には，国務院から"全国生態環境建設規画"が出されており，"第10期5か年計画"における規定はほぼこの内容にそったものとなっている．

第2節"環境の保護と汚染処理"では，"重点地域における汚染総合処理の強化"と"都市における環境改善"がとくに強調されている．具体的な目標として，2005年までに都市における汚水集中処理率を45％まで引き上げること，二酸化硫黄抑制区における二酸化硫黄の排出量を2000年比で20％減少させること，の2点があげられている．

● 環境行政組織の整備

中国における環境政策は，政府による環境と資源の管理を中心とする．そして，環境と資源を管理する主体が，中央および地方政府とそれぞれの政府内に設置された環境行政部門である．

国務院に最初に設立された環境行政組織は，国務院環境保護指導者小組である．この組織は，各行政機関における環境対策の統合と相互調整を目的とする行政横断型組織であり，1974年10月に国務院内に設置され，1982年11月にいったん廃止される．しかし，第2回全国環境保護会議の後，1984年5月に再度"国務院環境保護委員会"が同じく行政横断型組織として設立される（表4-3）．このときの初代委員会主任には当時国務院副主任であった李鵬氏が就任し，委員会メンバーには関係する部や委員会の部長・主任（日本の内閣閣僚）が多数参加してい

■表4-3 中国国務院における環境行政部門の設立経緯

設立年月	政策調整合議組織	環境行政実務担当組織
1974.10	国務院環境保護指導者小組	国務院環境保護指導者小組弁公室
1982.11	（小組廃止）	城郷建設環境保護部環境保護局
1984.5	国務院環境保護委員会	
1988.4		国家環境保護局（城郷建設環境保護部から独立）
1998.3	（委員会廃止）	国家環境保護総局

ることから，環境政策に対する政府の意気込みがうかがえる．

一方，環境行政の実務を担当する環境保護局は，1988年に城郷建設環境保護部の管轄下から独立し，国務院の直属機関として位置づけられた．さらに1998年3月の国務院機構改革により組織名称が国家環境保護局から国家環境保護総局へと改められており，これは実質的に"局"レベルから"部"レベルへの昇格（日本の庁から省へ）と説明されている．しかし，これと同時に国務院環境保護委員会は廃止されており，廃止された国務院環境保護委員会の主任が国務院の構成委員であったことを考慮すると，環境行政部門全体として国務院での発言力は低下していると懸念される．

(2) 特徴的な環境政策の解説

初期の中国環境政策は新規汚染源への対策が中心とされ，既存汚染源に対しては，汚染状況がとくに深刻な事件を引き起こした場合にのみ強制措置（操業停止，閉鎖など）がとられていた．排出基準に違反する汚染排出行為に対しては，"排汚費"という一種の課徴金（もしくは過料）の納付義務が課されるのみであり，排出基準遵守が強制される法システムはなかった．初

期環境政策におけるこのような特徴は，当時の中国企業の経済力，政府による企業運営への直接関与などの社会的背景と深くかかわっている．

1990年代にはいると環境悪化の傾向がさらに顕著になり，また企業経営の独立化が進められたため，既存汚染源に対してもより厳しい対策がとられるようになった．1996年8月に出された"国務院決定"では，"一控双達標"とよばれる総量規制の実施，"33211工程"とよばれる特定地域における重点的環境保護政策の実施が決定された．これらの環境政策の成果は地方人民政府幹部の職務評価に反映されており，これにより政策の実施の確保がはかられている．

● 一控双達標（総量規制と二つの基準遵守目標）

一控双達標の"一控"とは，"2000年末までに主要汚染物質の排出総量を国の計画値以内に抑制(原語は"控制")すること"を意味し，"双達標"とは2000年末までに二つの目標を達成すること，すなわち"すべての工業汚染源による排出基準遵守という目標"と，"重点都市における都市機能区別環境基準の遵守という目標"を達成することを意味する．

"一控"における総量規制の対象となる汚染物質および具体的な目標値は，表4-4に示すとおりである．この表から，総量規制の目標が，2000年末における主要な汚染物質の排出総量を1995年レベルに抑えることであると理解できる．2001年6月に公表された"中国環境状況公報2000"によると，2000年におけるばい煙の排出量は1165万トン，工業粉じんの排出量は1092万トン，二酸化硫黄(SO_2)は1995万トン，化学的酸素要求量(COD)は1445万トン，産業廃棄物は3186万トンであったとされる．これら5項目の指標については，実際の排出総量が"一控"の計画値をはるかに下回る結果となっている．

工業汚染源の排出基準遵守目標については，

■表4-4 主要汚染物質の排出総量規制計画[1]

汚染物質の名称	1995年実績値	2000年計画値
ばい煙(万トン)	1 744	1 750
鉱業ばいじん(万トン)	1 731	1 700
二酸化硫黄(万トン)	2 370	2 460
COD(万トン)	2 233	2 200
石油類(トン)	84 370	83 100
シアン化合物(トン)	3 495	3 263
ヒ素(トン)	1 446	1 376
水銀(トン)	27	26
鉛(トン)	1 700	1 670
カドミウム(トン)	285	270
六価クロム(トン)	670	618
産業廃棄物(トン)	6 170	5 995

■表4-5 全国工業汚染源における排出基準達成率(2000年12月現在)[2]

	企業数[万]	基準達成率[%]	閉鎖または生産停止企業
全汚染源	23.8	97.7	17.6%(約42 000企業)
重点汚染源	1.8	93.6	19.2%(約3 500企業)

全汚染源と重点汚染源に分けてその達成率が示されてきた．2000年末における全工業汚染源の排出基準達成率は97.7%，重点工業汚染源(企業数は全体の約7.6%だが，汚染負荷量は全体の約65%を占める)は93.6%とされる(表4-5)．汚染源のなかでは重点工業汚染源における遵守率が低く，とくに大型国有企業のなかには社会的理由から遵守を強制できない場合もあるとされる．そのため，国家環境保護総局と国家経済貿易委員会は，2001年1月に連名で通知を発布し，重点企業として指定した520の大型国有企業については，排出基準の達成期限を2000年末から2002年末まで延期することとした．

都市機能区別の環境基準遵守を目標とする重点都市としては，直轄市，省および自治区政府の所在都市，経済特区，沿海開放都市，および重点観光都市が指定された．2000年末時点で，

全46重点都市のうち34都市が水質環境基準を達成し，23都市が大気環境基準を達成したとされている[2]．

それぞれの地域における目標の達成は，地方政府指導者の重要な職務とされ，"双達標"に関する各地方政府や党幹部の活動記事は，2000年の環境専門誌に毎号のようにみられた．このような施策には，短期間のうちに企業の汚染排出削減努力が進むという長所がある一方，これらの企業努力が行政目標達成のための一時的なものとなりがちな側面も否定できない．"汚染反弾"とよばれる汚染の復活現象をどう抑えるかが，今後の課題となっている．

● 特定地域における重点的環境保護政策(33211工程)

中国環境政策における"33211工程"とは，3河(淮河・海河・遼河)，3湖(太湖・巣湖・滇池)，2抑制区(SO_2汚染抑制区・酸性雨抑制区)，1都市(北京市)，1海域(渤海)における重点的な環境改善措置を指す．1996年の"国務院決定"には3河3湖2抑制区のみが規定されていたが，その後北京市と渤海が特別重点地域として加えられた．

3河3湖については，各流域の汚染防止措置を具体的に規定した"流域水汚染防止規画と九五計画"が策定され(巣湖を除く)，それぞれの地方において実施されてきた．これらの"流域水汚染防止規画と九五計画"の内容は，流域となる省における汚染物質排出量の総量規制の目標値や実施方法が中心となっている．規制対象となる汚染物質については，淮河，海河・遼河についてはCODのみ，太湖と滇池についてはCODに加えて窒素，リンなども総量規制の対象とされている．

これらの取組みの結果，淮河流域に流れ込むCODは総量規制実施前の150万トンから2000年には48万トンに減り，太湖に流れ込むCODも28万トンから14万トンに，リンは5 660トンから3 780トンに減少したとされる．しかし，それでもなお，2000年末時点におけるこれらの河川・湖沼の水質改善は中国政府の期待どおりには進んでいない．一例をあげると，淮河流域の水質は環境基準の第5類(農業用水および一般景観に適するとされる水質，CODの場合25 mg/l以上)より劣る水質水域が36.3%もあったとされる[3]．

SO_2抑制区として指定されている地域には，合わせて27の省・自治区・直轄市が含まれる．これらの抑制区を指定し，抑制区内における汚染防止措置について具体的に規定しているのは，1998年に出された国務院による通知(原語は"批復")である．この通知によると，SO_2抑制区内では，硫黄含有量の多い石炭採掘の規制，火力発電所の新設の禁止(一部例外を除く)，既存の火力発電所に対する硫黄削減目標の設定，SO_2排汚費の徴収などの措置がとられることとなった．これらの規制により，SO_2の排出量は1年に27.5万トン減少し，SO_2濃度が環境基準を下回った都市は，1997年の81都市から1999年には102都市に増えたとされる．

文　　献

1) 中国環境年鑑編輯委員会編：中国環境年鑑1997, p. 13, 中国環境年鑑社 (1997)(筆者訳)
2) 環境工作通訊，第2期，第277号，p. 5 (2001)
3) 中国環境状況公報 2000

2 環境法の体系

環境に関する法律は憲法を頂点とし，基本法である環境保護法，大気汚染など個別の領域を専門的に扱う6部の環境単行法，さらに民法や刑法など他の法部門の法がある．また，このほかに環境に関連する法令として，国務院(内閣

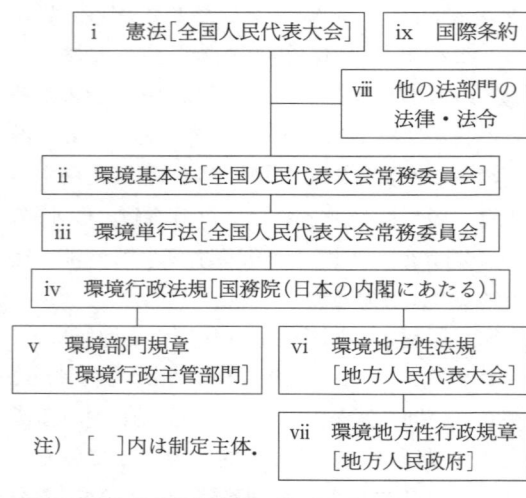

```
         ┌──────────────────────┐  ┌──────────────┐
         │ i  憲法[全国人民代表大会] │  │ ix 国際条約 │
         └──────────┬───────────┘  └──────────────┘
                    │              ┌──────────────────┐
                    │              │ viii 他の法部門の │
                    │              │      法律・法令   │
                    │              └──────────────────┘
         ┌──────────┴─────────────────────────────┐
         │ ii  環境基本法[全国人民代表大会常務委員会] │
         └──────────┬─────────────────────────────┘
         ┌──────────┴─────────────────────────────┐
         │ iii 環境単行法[全国人民代表大会常務委員会] │
         └──────────┬─────────────────────────────┘
         ┌──────────┴──────────────────────────────┐
         │ iv  環境行政法規[国務院(日本の内閣にあたる)] │
         └──────────┬──────────────────────────────┘
   ┌──────────────┐   ┌──────────────────┐
   │ v 環境部門規章 │   │ vi 環境地方性法規  │
   │ [環境行政主管部門]│ │ [地方人民代表大会] │
   └──────────────┘   └──────────────────┘
                      ┌──────────────────┐
   注)[ ]内は制定主体. │ vii 環境地方性行政規章│
                      │ [地方人民政府]     │
                      └──────────────────┘
```

■図 4-4　中国環境法の階層構造

■表 4-6　環境保護に関する主な法令の制定・改正状況

公布または人大通過	法律・行政法規・部門規章の名称
1979 年 9 月	環境保護法(暫定)
1982 年 2 月	排汚費徴収暫定弁法
8 月	海洋環境保護法
1984 年 5 月	水汚染防治法
1986 年 3 月	建設プロジェクト環境保護管理弁法
1987 年 9 月	大気汚染防治法
1989 年 9 月	環境騒音汚染防治条例
12 月	環境保護法
1995 年 8 月	大気汚染防治法改正(第1回)
10 月	固体廃棄物環境汚染防治法
1996 年 5 月	水汚染防治法改正
10 月	環境騒音汚染防治法
1998 年 11 月	建設プロジェクト環境保護管理条例
1999 年 12 月	海洋環境保護法改正
2000 年 4 月	大気汚染防治法改正(第2回)

にあたる)が制定する環境行政法規，国務院の環境行政部門が制定する環境部門規章，地方人民代表大会が制定する環境地方性法規，さらに地方人民政府が制定する環境地方性行政規章があり，これらの法令は図 4-4 に示す階層構造によって構成されている．

憲法上の規定についてはすでに 1．環境政策の項で解説しているので，ここでは憲法を除く環境法の各種法源について解説する．

① 環境法全体の体系図

●環境基本法

環境保護の基本法である"環境保護法"は，下位規範に対する一定の拘束力があるとされている．ただし，単行法である"水汚染防治法"の制定や"大気汚染防治法"の改正に伴い，"環境保護法"に規定されていない制度内容が単行法で新たに規定され実施されているという現状があり，同法の下位規範に対する拘束力も限定されていると理解される．

●環境単行法

単行法とは，特定の対象を専門的に扱う法律である．環境汚染の防止に関しては，海洋汚染，水質汚濁，大気汚染，廃棄物，騒音に関する五つの環境単行法が制定されている(表 4-6)．また，自然資源の保護に関する法律が環境単行法として分類される場合もある．これにあたるものとして，"森林法""草原法""漁業法""土地管理法""鉱山資源法""水法""野生動物保護法""水土保持法""石炭法"が制定されている．

●環境行政法規

行政法規は，憲法および法律の規定に基づき，国務院によって制定される．その名称には，"実施細則""条例""規定""弁法""決定""通知"の六つがある．中国の"条例"とは，行政法規の類型の一つであり，日本の地方自治体が制定する条例とは異なるので注意されたい．

●環境部門規章

部門規章は，国務院の各行政部門が単独でもしくは他の行政部門との連名で制定する規範性のある文書である．形式上は"規定"および"弁法"がこれにあたるとされるが，現実に環境行政部門はこの他にも"通知"や"意見""批復"という名称の文書を出しており，これらが部門規章と位置づけられる場合もある．また，環境基準や排出基準も環境部門規章として位置づけられ

ている．

● 環境地方性法規と環境地方性行政規章

地方性法規は，省，自治区，直轄市および指定都市の人民代表大会によって，地方性行政規章はそれらの人民政府によって制定される．ここでいう"指定都市"とは，省および自治区政府の所在する市，経済特区に指定された市，ならびに国務院によって指定された市である．

② 環境法体系の特徴

● 環境行政法規における特徴

憲法第89条第1号の規定によれば，行政法規は憲法と法律に基づき制定される．しかし，環境保護に関する行政法規には，①法律による授権のもとに制定されたもの，②法律に定められていない制度について一時的に法律に代替して制度内容を規定するもの，③具体的な政策実施の方法や方向性を定めたもの，以上三つの類型がある．②を代表するものとして，1982年に制定された"排汚費徴収暫定弁法"があげられる（表4-3）．また，③を代表するものには表4-2に掲げた国務院決定がある．

● 部門規章における特徴

部門規章は，法律と行政法規に基づいて制定される（憲法第90条）こととされている．しかし現実には，法律にも行政法規にも規定されていない制度が，環境部門規章の規定に基づいて実施されている．例として，国家環境保護総局などが発布した"抗州等3都市における総量排汚費徴収の試験的実施に関する通知"があげられる．

● 環境法における中央と地方の関係

まず行政法規と地方性法規の関係について，憲法第100条，第115条の規定によれば，地方性法規は行政法規に抵触してはならない．次に部門規章と地方性法規の関係について，同一事項について部門規章と地方性法規が異なった規定をする場合には，国務院へ意見を求め，国務院が地方性法規を適用すべきであると判断したものについては地方性法規を適用し，部門規章を適用すべきと判断したものについては，全人代の常務委員会に採決を求めることとされている（"立法法"第86条第1項第2号）．

なお，汚染物質の排出基準に関しては，省レベルの人民政府が国の排出基準よりも厳しい基準を制定でき，また国の排出基準では規定されていない汚染物質についても地方独自の基準を設けることができるとされている（"環境保護法"第10条第2項）．

● 民法における関連規定

1986年に制定された"民法通則"の第124条では，環境問題を引き起こした者の民事責任について規定されている．なお，中国で"環境保護法（暫定）"が最初に制定されたときには，民法通則も民事訴訟法も制定されていなかった．中国環境法の整備は，国家の基本法の整備と同時に進められてきた（表4-7）．

● 刑法における環境犯罪の規定

1997年に改正された刑法では，各則の第6章第6節に新しく環境資源破壊罪（原語は"破壊環境資源保護罪"）についての条文が追加された（第338条から第346条まで）．このうち環境汚染に関するものは第338条と第339条のみである．第338条は有害廃棄物を違法に処理して深刻な汚染を発生させた者に対して，第339条は国外の有害廃棄物を国内で処分した者に対して，それぞれの刑事責任を規定している．第340条から第345条までは，自然資源や希少な

■表4-7　現代中国法の主な法律成立時期

成立年月日	法　律　名
1979. 7. 1	刑法（1997.3.14改正） 刑事訴訟法（1996.3.17改正）
1986. 4. 12	民法通則
1989. 4. 4	行政訴訟法
1991. 4. 9	民事訴訟法

動植物に関して規定されている．また，第408条では環境保護監督管理者の職務違反に対する刑事責任についても規定されている．

③ 特徴的な法制度の解説

環境影響評価制度，三同時制度および排汚費制度は，1979年に制定された"環境保護法（試行）"において規定され，その後一貫して中国環境政策における中心的役割を担ってきた．

●**環境影響評価制度と三同時制度**

中国における環境影響評価制度は，事業の実施を前提としつつ，事業者に環境への配慮を促すための事業アセスメントである．対象となる事業には，道路建設や港湾整備など開発行為のほかに，一定規模以上の鉄鋼，紡績業などの工場立地も含まれる．環境影響評価手続においては，政府による事業活動の管理が重視されており，住民参加手続に関する詳細な規定はない．また，代替案についても規定されていない．

三同時制度とは，環境影響評価により定められた措置が事業者によって確実に実施されるための，環境影響評価後のフォローアップに関する制度である．"三同時"とは事業の設計，施工，設備使用開始のそれぞれの段階を指し，各段階で環境行政部門による審査を受ける．

　　a．根拠規範："環境保護法"の関連規定（第13条，第26条，第36条），環境保護単行法の関連規定，"建設項目環境保護管理条例"（以下，"条例"）など

　　b．要求される目標
　　　予定する新規事業若しくは設備更新における排出基準の遵守．但し，総量規制が実施されている地域においては，総量規制で定められた指標の遵守

　　c．対象とされる事業：環境に影響を与えるすべての事業（工場などの建設，設備更新も含まれる）

　　d．おもな手続きの流れ（①〜⑤は環境影響評価の手続，⑥〜⑧は三同時の手続）

　① 事業者が"建議書"を作成し，計画行政部門に提出する．

　② "建議書"承認の後，事業者は"建設項目環境影響評価分類管理リスト（暫定）"（分類リスト）を参照して，事業の内容および規模にもとづき"環境影響報告書"（報告書），"環境影響報告表"（報告表），"環境影響登録表"（登録表）のいずれか適切なものを作成し，事業を主管する行政部門の予備審査を受け，環境行政部門に提出する．従事する事業の事業内容が"分類リスト"に記載されていない場合，事業者は環境行政部門に意見を求める．

　③ "報告書"を作成する場合には，事前に，評価の対象とする範囲や評価を行う環境要素などに関する"環境影響評価大綱"を作成し，国家環境保護総局の意見を求める（スコーピング手続）．

　④ "報告書"と"報告表"については，資格を有する専門機関に作成を委託する．

　⑤ 環境行政部門は，"報告書""報告表""登録表"受理後，それぞれ60日，30日，15日以内に審査し，決定通知書を交付する．

　⑥ 決定通知書を受けた事業者は，主体設備の設計の際に，"報告書"または"報告表"と環境行政部門の意見をもとに"環境保護篇章"を作成する．

　⑦ 事業本体の施行時には環境行政部門が現場検査を行う．

　⑧ 事業者は，操業前の試運転時に汚染防止施設の稼働状況を記録し，"環境保護施設竣工検査報告"に添えて環境保護部門に提出し，竣工検査を受ける．

　　e．環境影響評価手続の履行確保手段

　① 環境行政部門による是正勧告，従わない場合，建設停止命令および10万元以下の過料（"条例"第24条）．

② 環境影響評価における適正手続の完了を，計画行政部門による事業設計承認の条件とする（"環境保護法"第13条）．
f．三同時手続の履行確保手段：環境保護部門による建設または生産停止命令および過料（"条例"第25条以下）
g．住民参加手続き

"条例"第15条では，「報告書」を作成する際に，事業施工地域の関係組織（原語は「単位」）および住民（原語は「居民」）の意見を集めることとされている．しかし，どのように住民の意見を集めるのか，それをどのように報告書に反映させるのかについて，"条例"では具体的に規定されていない．

一方，国際金融機関からの融資を必要とする事業については，住民参加（原語は「公衆参与」）を重視するよう，中央政府から指示が出されている（"国際金融機関による借款事業の環境影響評価管理を強化する事に関する通知"93年6月）．それによれば，「公衆参与」は次の二つのプロセスから成る．まず，事業者と環境保護部門が借款プロジェクト地域の人民代表大会代表（日本の地方議会議員）などに意見を求める．次に，人民代表大会代表などは，影響を受ける地域の公衆に意見を求める．影響を受ける地域の公衆の意見を求める方法としては，アンケート表の作成や座談会の開催，「報告書」審査会の開催が例示されている．

● 排汚費制度

排汚費制度は途上国の環境政策における経済的手法の一例として紹介されることが多く，一種の環境税として理解される傾向もある．しかし，排汚費制度は，そもそも排出基準を満たさない汚染物質の排出が禁止されていない中国環境法制のなかで，排出基準違反汚染源に対して一定の経済的負担を課すことを目的とており，制裁的性格を持つ制度である．また，徴収される排汚費額は最適汚染レベルの達成を目的として設定されているものではなく，汚染削減費用よりはるかに低く設定されている．排汚費徴収額の引き上げが一部の汚染物質で実施されてはいるが，むしろ経営状態の苦しい国有企業に対しては排汚費納付の減免措置が行われているのが現状であり，現在のところ排汚費によって最適汚染レベルの達成を期待することは現実的ではない．

徴収された排汚費は，おもに汚染源における汚染防止のための補助金として使用されると同時に環境行政費用の一部としても使用されている．汚染削減インセンティブだけでなくこれら環境行政の財源確保も排汚費制度の看過できない機能のひとつである．

a．根拠規範

"環境保護法"（第28条，第35条第1項(3)），各環境単行法の関係規定，"排汚費徴収使用管理条例"（行政法規，2002年1月制定），その他関連する部門規章，地方性法規，地方性行政規章．

b．法的性格

日本法の分類では，一種の課徴金として分類されよう．もともと基準違反に対する制裁的性格の強い制度であったが，1984年の"水汚染防治法"の改正および2000年の"大気汚染防治法"の改正により，法律上はそれぞれ排出基準を遵守している事業者も排汚費の徴収対象に含まれることとなり制裁的性格は薄れつつある．

ただし実態を見ると，2000年の排汚費徴収額は基準違反排汚費が28.9億元，排出基準にかかわらず徴収される排汚費が10.5億元となっており，制裁的性格はなお強く残っているといえる．また硫黄酸化物を除く大気汚染物質については，この法改正に対応するための国家レベルの徴収基

準が整備されていないのが現状である．

c．排汚費の徴収方法
① 大気汚染物質：排出された汚染物質の濃度と量に基づいて徴収．
② 水質汚濁物質：排出された汚濁物質の濃度と量に基づいて徴収．ただし，排出基準違反事業者からは超標排汚費が徴収される．
③ 廃棄物：事業者の敷地内に，環境基準に適合する処分場が設置されていない場合に限り廃棄物の量に基づいて徴収される．

d．排汚費の使用目的
　徴収された排汚費の用途は，現在のところ汚染源への補助金と環境行政費用に大別される（図4-5）．排汚費制度改革についての議論の中では，排汚費の用途を広げて汚染被害者への補償目的で利用すべきであるとする主張も見られたが，2002年に制定された"排汚費徴収使用管理条例"では排汚費の用途を以下のように規定しており，汚染被害者への補償は含まれていない．
① 主な汚染源における汚染防止．
② 広域汚染の処理．
③ 汚染防止技術の開発・普及．
④ その他国務院によって定められた項目．

e．制度改革
　中国国内において排汚費制度改革を主張する研究者は少なくない．なかでも排汚費と直接規制との関係について，汚染物質を排出する全ての汚染源を排汚費徴収対象とし，排出基準違反に対しては直接規制を適用すべきであるという議論は早く見られた．2000年の"大気汚染防治法"の改正はこの流れに沿った法改正であったといえるが，特に硫黄酸化物以外の汚染物質について排出基準遵守汚染源からの排汚費徴収は非常に困難な状況にある．法執行システムの改革など実効性確保のための措置が伴わない限り，制度改革の意義も限定されたものとならざるを得ないであろう．

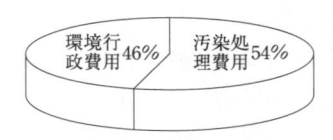

■図4-5　排汚費の使用状況（2001年）[1]

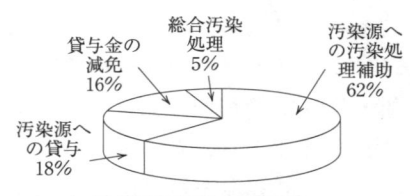

■図4-6　汚染処理費用の内訳[1]

文　　献
1) 中国環境年鑑編輯委員会編：中国環境年鑑2002, 中国環境年鑑社 (2002)

資 料 編

1	国際的取組み年表	218
2	環境関連主要国国際機関の見取り図	221
3	自動車 NOx・PM 法の概要	222
4	自動車 NOx・PM 法体系図	223
5	現行エネルギー対策及び今後の省エネルギー対策の概要	224
6	工場及び事業場から排出される大気汚染物質に対する規制方式とその概要	225
7	フロン回収破壊法のシステム	226
8	水環境の保全	227
9	土壌汚染対策法の概要	229
10	騒音規制法の体系	230
11	振動規制法の体系	231
12	悪臭防止法の体系	232
13	新たな化学物質の審査・規制制度の概要	233
14	個別法・個別施策の実行に向けたスケジュール	234
15	資源の有効利用に対する取組み進捗度の指標例	235
16	省エネ・リサイクル支援法のスキーム	236
17	使用済み自動車の再資源化等に関する法律の概念図	237
18	新・生物多様性国家戦略	238
19	グリーン購入法における特定調達品目毎の環境配慮の特性	240
20	自然再生推進法の概要	241
21	自然再生推進法の仕組み	242
22	ISO 14001 審査登録件数推移	243
23	ISO 14001 審査登録状況	243

1 国際的取組み年表

年	国際会議・委員会・条約など	採択事項など 「　　」は正式名称
1948	国際自然保護連合(IUCN)設立	自然保護および生物多様性に関する国レベルの戦略の準備・実行
1954	海洋油濁防止条約	違反の場所を問わず船舶の旗国が油排出基準違反の防止・処罰を行う旨規定
1959	南極条約	南極における科学的調査活動の国際的強力体制の維持発展
1961	世界自然保護基金(WWF) World Wild Fund for Nature	民間自然保護団体．1986年までは世界野生生物基金．遺伝子・種・生態系それぞれのレベルの多様性の保全，資源・エネルギーの浪費の防止など
1971	ラムサール条約(発効：1975年)	「特に水鳥の生息地として国際的に重要な湿地に関する条約」
1972	国連人間環境会議(ストックホルム会議)	スローガン：Only One Earth(かけがえのない地球) "人間環境宣言"，"国連国際行動計画"の採択，国連環境計画設立を決定
	ロンドン条約	「廃棄物その他の物の投棄による海洋汚染防止に関する条約」
	世界遺産条約	「世界の文化遺産および自然遺産の保護に関する条約」
1973	国連環境計画(UNEP)設立	事務局：ナイロビ
	ワシントン条約	「絶滅のおそれのある野生動植物の種の国際取引に関する条約」
	海洋汚染防止条約(マルポール条約)	「1973年の船舶による汚染の防止のための国際条約」(議定書採択：1978年)
1975	ロメ協定	ECとアフリカ・カリブ海・太平洋46か国が締結した開発協力の枠組み
1977	国連砂漠化防止会議	砂漠化防止行動計画を採択
1978	マルポール73/78条約	「1973年の船舶による汚染の防止のための国際条約に関する1978年の議定書」
1979	ボン条約 国連欧州経済委員会"長距離越境大気汚染条約"	「移動性野生生物の種の保全に関する条約」 硫黄などの排出防止技術の開発，酸性雨影響の研究の推進などを規定
1980	酸性降下物法	米国ではこの法律により，全国酸性降下物調査計画(NAPAP)を開始
1982	国連海洋法条約	「海洋法に関する国際連合条約」
1983	国際熱帯木材協定(ITTA)	熱帯木材に関する商品協定
1984	環境と開発に関する世界委員会(ブルントラント委員会)設立 WCED：World Commission on Environment and Development	
1985	ウィーン条約	オゾン層の保護
	国際連合食糧農業機関(FAO)	熱帯林行動計画
	ヘルシンキ議定書(発効：1987年9月)	越境大気汚染条約に基づくSO_x排出量の30%削減

出典：(社)産業環境管理協会「環境ハンドブック」

国際的取組み年表-2

年	国際会議・委員会・条約など	採択事項など 「　」は正式名称
1987	ブルントラント委員会"われら共通の未来(Our Common Future)"を発表	"Sustainable Development〔持続可能な開発(発展)〕"の考え方を展開——→その後世界的に定着
	モントリオール議定書	「オゾン層を破壊する物質に関するモントリオール議定書」
1988	気候変動に関する政府間パネル(IPCC)活動開始	IPCC：Intergovernmental Panel on Climate Change
	ソフィア議定書(発効：1991年2月)	窒素酸化物排出または越境移流の抑制
1989	バーゼル条約(発効：1992年5月5日)	「有害廃棄物の越境移動およびその処分の規制に関するバーゼル条約」
	アルシュサミット	初の環境サミット
1990	持続可能な開発のための経済人会議(BCSD)設立	1995年BCSDと環境のための世界産業会議(WICE)が併合して持続可能な開発のための世界経済人会議(WBCSD)設立
	OPRC条約	石油汚染に対する準備・対応・強力に関する国際条約
	IPCC：「第一次評価報告書」	
1991	第1回気候変動に関する枠組条約交渉会議	
	南極環境保護議定書	50年間の鉱物資源開発の禁止
	バマコ条約	有害廃棄物の越境移動に関する条約
1992	環境と開発に関する国連会議(地球サミット)通称：国連環境開発会議(UNECD：United Nations Conference on Environment and Development)(リオデジャネイロ：6/3〜6/14)	1) "環境と開発に関するリオデジャネイロ宣言"の採択 2) "アジェンダ21"の採択 3) "森林原則声明"の採択 4) "気候変動枠組条約"の署名 5) "生物多様性条約"の署名(発効：1993年12月) 6) "砂漠化防止条約交渉開始"の合意
1993	持続可能な開発委員会(CSD)の設立(CSD：Commission on Sustainable Development)	国連経済社会理事会(ECOSC)の下部組織として設立(アジェンダ21のフォロー)
1994	オスロ議定書	SO_2排出量の国別削減目標設定
	気候変動に関する国際連合枠組条約の発効	
1995	気候変動枠組条約第1回締約国会議(COP 1，ベルリン：3月)	ベルリン・マンデート(先進国の条約への取組み強化に向けた詳細な政策・措置の決定ほか)
	バーゼル条約改正	OECD加盟国から非OECD諸国への有害廃棄物の輸出の禁止
	IPCC：「第二次評価報告書」	
1996	砂漠化防止条約	「深刻な干ばつ又は砂漠化に直面している国(特にアフリカの国)における砂漠化の防止のための国際連合条約」
	気候変動枠組条約第2回締約国会議(COP 2，ジュネーブ：7/8〜19)	IPCC：「第二次評価報告書」の評価など
	ロンドン海洋投棄条約の1996年議定書	海洋投棄または洋上焼却を目的とする廃棄物輸出の禁止

出典：(社)産業環境管理協会「環境ハンドブック」

国際的取組み年表-3

年	国際会議・委員会・条約など	採択事項など 「　　」は正式名称
1997	国連環境特別総会(リオ＋5)	"アジェンダ21の実施のための計画"を採択
	気候変動枠組条約第3回締約国会議(COP 3, 京都：12/1〜11)	京都議定書の採択：先進国および市場経済移行国に対する温室効果ガス削減目標の決定 排出権取引，共同実施，クリーン開発メカニズム(CDM)制度の具体化
1998	東アジア酸性雨モニタリングネットワーク(EANET)第1回政府間会合	東アジア地域の酸性雨の状況に関する共通理解の形成
	ロッテルダム条約(PIC条約)	特定の有害化学物質および農薬の輸出についての輸入国の同意義務
	気候変動枠組条約第4回締約国会議(COP 4, ブエノスアイレス：11/2〜13)	COP 6に最終決定を行うことを目的とした作業計画の決定
1999	気候変動枠組条約第5回締約国会議(COP 5, ボン：10/25〜11/5)	ブエノスアイレス行動計画の実施についての閣僚レベルでの再確認
2000	カルタヘナ議定書	生物安全(バイオセイフティ)に関する議定書
	バイーア宣言	化学物質の安全性に関する優先課題を示した化学物質安全性政府間フォーラム(IFCS)
	気候変動枠組条約第6回締約国会議(COP 6, ハーグ：11/13〜24)	京都議定書の評価ルールならびに途上国支援問題について討議．最終合意に至らず
	ゴールデンブルグ議定書	硫黄酸化物，窒素酸化物，アンモニア，揮発性有機物質の統合的規制
2001	ストックホルム条約(POPs条約) (Persistent Organic Pollutants)	「残留性有機汚染物質の製造・使用の廃絶，削減等に関する条約」
	気候変動枠組条約第6回締約国会議再開会合(COP 6再開会合，ボン：7/16〜27)	途上国支援については京都議定書適応基金を設置したほか，京都メカニズム，吸収源などについて討議
	気候変動枠組条約第7回締約国会議(COP 7, マラケッシュ：10/29〜11/9) IPCC：「第三次評価報告書」	京都メカニズムに関するルールの策定
2002	持続可能な開発に関する世界首脳会議(環境開発サミット) (8/26〜9/4：ヨハネスブルグ)	清浄な水，衛生，エネルギー，食料安全保障等へのアクセス改善，国際的に合意されたレベルのODA達成に向けた努力などヨハネスブルグ宣言を採択
	気候変動枠組条約第8回締約国会議(COP 8, デリー10/23〜11/1予定)	クリーン開発メカニズム(CDM)の手続き整備，登録簿の技術基準などに関し合意
2003	気候変動枠組条約第9回締約国会議(COP9, ミラノ12/1〜12)	吸収源CDM細則確定

出典：(社)産業環境管理協会「環境ハンドブック」

2 環境関連主要国際機関の見取り図

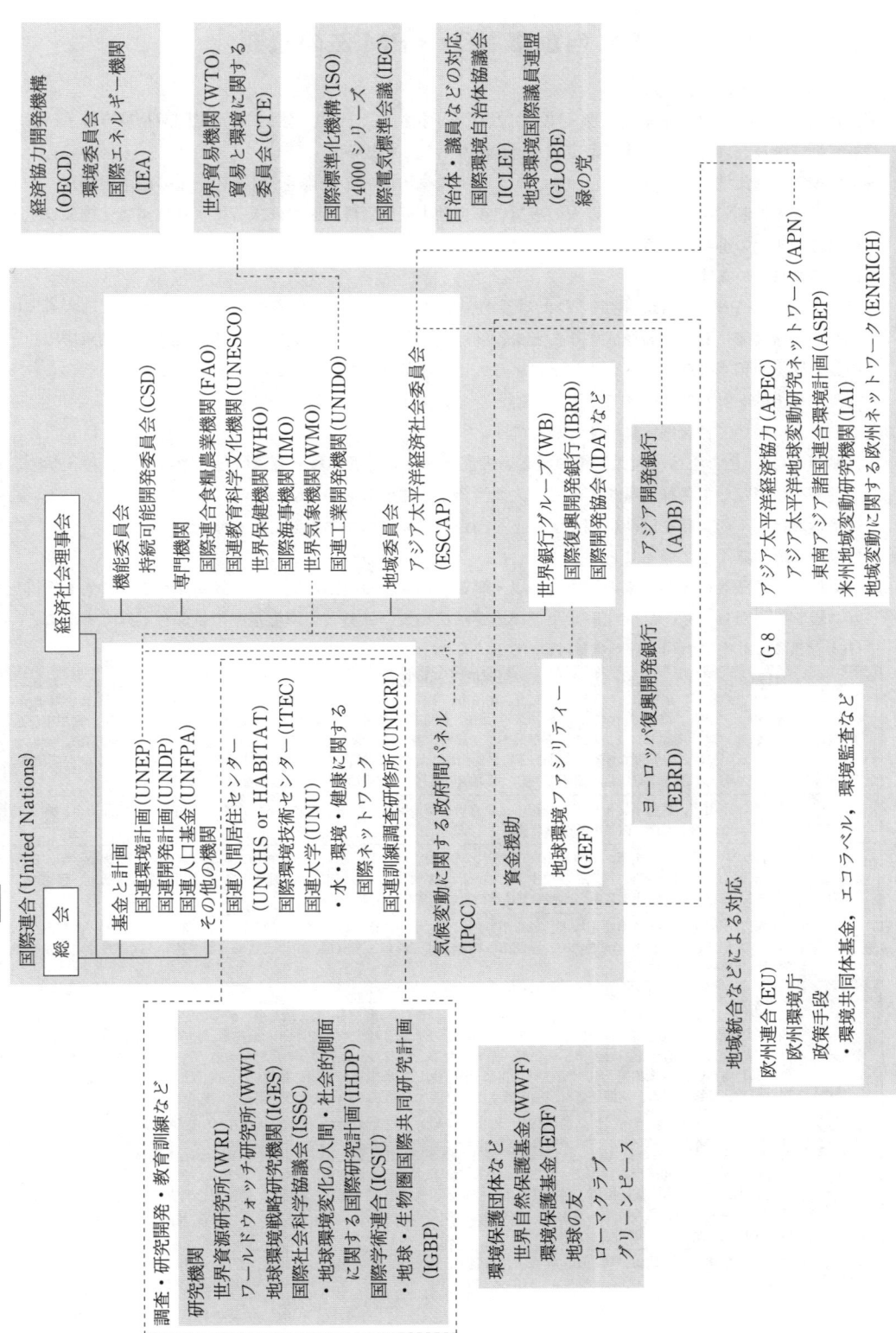

国際連合 (United Nations)

総会

- 基金と計画
  - 国連環境計画 (UNEP)
  - 国連開発計画 (UNDP)
  - 国連人口基金 (UNFPA)
- その他の機関
  - 国連人間居住センター (UNCHS or HABITAT)
  - 国際環境技術センター (ITEC)
  - 国連大学 (UNU)
  - 水・環境・健康に関する国際ネットワーク
  - 国連犯罪調査研修所 (UNICRI)

気候変動に関する政府間パネル (IPCC)

経済社会理事会

- 機能委員会
  - 持続可能開発委員会 (CSD)
- 専門機関
  - 国連食糧農業機関 (FAO)
  - 国連教育科学文化機関 (UNESCO)
  - 世界保健機関 (WHO)
  - 国際海事機関 (IMO)
  - 世界気象機関 (WMO)
  - 国連工業開発機関 (UNIDO)
- 地域委員会
  - アジア太平洋経済社会委員会 (ESCAP)

経済協力開発機構 (OECD)
- 環境委員会
- 国際エネルギー機関 (IEA)

世界貿易機関 (WTO)
- 貿易と環境に関する委員会 (CTE)

国際標準化機構 (ISO)
- 14000 シリーズ
- 国際電気標準会議 (IEC)

自治体・議員などの対応
- 国際環境自治体協議会 (ICLEI)
- 地球環境国際議員連盟 (GLOBE)
- 緑の党

世界銀行グループ (WB)
- 国際復興開発銀行 (IBRD)
- 国際開発協会 (IDA) など

アジア開発銀行 (ADB)

資金援助
- 地球環境ファシリティー (GEF)

ヨーロッパ復興開発銀行 (EBRD)

G8

地域統合などによる対応
- 欧州連合 (EU)
- 欧州環境庁
- 政策手段
  - 環境共同体基金、エコラベル、環境監査など

- アジア太平洋経済協力 (APEC)
- アジア太平洋地球変動研究ネットワーク (APN)
- 東南アジア諸国連合環境計画 (ASEP)
- 米州地域変動研究機関 (IAI)
- 地域変動に関する欧州ネットワーク (ENRICH)

調査・研究開発・教育訓練など

研究機関
- 世界資源研究所 (WRI)
- ワールドウォッチ研究所 (WWI)
- 地球環境戦略研究機関 (IGES)
- 国際社会科学協議会 (ISSC)
- 地球環境変化の人間・社会的側面に関する国際研究計画 (IHDP)
- 国際学術連合 (ICSU)
- 地球・生物圏国際共同研究計画 (IGBP)

環境保護団体など
- 世界自然保護基金 (WWF)
- 環境保護基金 (EDF)
- 地球の友
- ローマクラブ
- グリーンピース

出典：（社）産業環境管理協会「環境ハンドブック」

3 自動車NOx・PM法の概要

「自動車NOx・PM法」には、
①自動車から排出される窒素酸化物（NOx）及び粒子状物質（PM）に関する総量削減基本方針・総量削減計画（国及び地方公共団体で策定する総合的な対策の枠組み）
②車種規制（対策地域のトラック、バス、ディーゼル乗用車などに適用される自動車の使用規制）
③事業者排出抑制対策（一定規模以上の事業者の自動車使用管理計画の作成等により窒素酸化物及び粒子状物質の排出の抑制を行う仕組み）
などが含まれています。

自動車NOx・PM法では、指定された対策地域において、①二酸化窒素（NO_2）については大気環境基準を2010年までにおおむね達成することを、②浮遊粒子状物質については2010年までに自動車排出粒子状物質の総量が相当程度削減されることにより大気環境基準をおおむね達成することを目標とし、これらの対策を総合的・計画的に講ずることを目的としています。

その体系については資料4に示すとおりです。

自動車NOx・PM法は、大気汚染の激しい大都市地域を対策地域（窒素酸化物対策地域、粒子状物質対策地域）に指定して各種施策を実施し、大気汚染を改善するものです。

対策地域は以下の要件を同時に満たすことを指定の考え方の基本としています。
①自動車交通が集中していること
②大気汚染防止法等による従来の措置（工場・事業場に対する排出規制及び自動車1台ごとに対する排出ガス規制等）だけでは、二酸化窒素及び浮遊粒子状物質に係る大気環境基準の確保が困難であること
（注）窒素酸化物対策地域と粒子状物質対策地域とは同一のものとなっています。

	対策地域（首都圏）
埼玉県	川越市、熊谷市、川口市、行田市、所沢市、加須市、本庄市、東松山市、岩槻市、春日部市、狭山市、羽生市、鴻巣市、深谷市、上尾市、草加市、越谷市、蕨市、戸田市、入間市、鳩ヶ谷市、朝霞市、志木市、和光市、新座市、桶川市、久喜市、北本市、八潮市、富士見市、上福岡市、三郷市、蓮田市、坂戸市、幸手市、鶴ヶ島市、日高市、吉川市、さいたま市、北足立郡、入間郡大井町、同郡三芳町、比企郡川島町、児玉郡上里町、大里郡大里町、同郡岡部町、同郡川本町、同郡花園町、北埼玉郡騎西町、同郡南河原村、同郡川里町、南埼玉郡及び北葛飾郡
千葉県	千葉市、市川市、船橋市、松戸市、野田市、佐倉市、習志野市、柏市、市原市、流山市、八千代市、我孫子市、鎌ヶ谷市、浦安市、四街道市、白井市及び東葛飾郡
東京都	特別区、八王子市、立川市、武蔵野市、三鷹市、青梅市、府中市、昭島市、調布市、町田市、小金井市、小平市、日野市、東村山市、国分寺市、国立市、福生市、狛江市、東大和市、清瀬市、東久留米市、武蔵村山市、多摩市、稲城市、羽村市、あきる野市、西東京市、西多摩郡瑞穂町及び同郡日の出町
神奈川県	横浜市、川崎市、横須賀市、平塚市、鎌倉市、藤沢市、小田原市、茅ヶ崎市、逗子市、相模原市、三浦市、秦野市、厚木市、大和市、伊勢原市、海老名市、座間市、綾瀬市、三浦郡、高座郡、中郡、足柄上郡中井町、同郡大井町、愛甲郡愛川町及び津久井郡城山町
	対策地域（愛知・三重圏）
愛知県	名古屋市、豊橋市、岡崎市、一宮市、瀬戸市、半田市、春日井市、豊川市、津島市、碧南市、刈谷市、豊田市、安城市、西尾市、蒲郡市、犬山市、常滑市、江南市、尾西市、小牧市、稲沢市、東海市、大府市、知多市、知立市、尾張旭市、高浜市、岩倉市、豊明市、日進市、愛知郡、西春日井郡、丹羽郡、葉栗郡、中島郡平和町、海部郡七宝町、同郡美和町、同郡甚目寺町、同郡大治町、同郡蟹江町、同郡十四山村、同郡飛島村、同郡弥富町、同郡佐屋町、同郡佐織町、知多郡阿久比町、同郡東浦町、同郡武豊町、額田郡幸田町、西加茂郡三好町、宝飯郡音羽町、同郡小坂井町及び同郡御津町
三重県	四日市市、桑名市、鈴鹿市、桑名郡長島町、同郡木曽岬町、三重郡楠町、同郡朝日町及び同郡川越町
	対策地域（大阪・兵庫圏）
大阪府	大阪市、堺市、岸和田市、豊中市、池田市、吹田市、泉大津市、高槻市、貝塚市、守口市、枚方市、茨木市、八尾市、泉佐野市、富田林市、寝屋川市、河内長野市、松原市、大東市、和泉市、箕面市、柏原市、羽曳野市、門真市、摂津市、高石市、藤井寺市、東大阪市、泉南市、四条畷市、交野市、大阪狭山市、阪南市、三島郡、泉北郡、泉南郡熊取町、同郡田尻町及び南河内郡美原町
兵庫県	神戸市、姫路市、尼崎市、明石市、西宮市、芦屋市、伊丹市、加古川市、宝塚市、高砂市、川西市、加古郡播磨町及び揖保郡太子町

出典；http://www.env.go.jp/air/car/pamph2/04.pdf

4 自動車 NOx・PM 法体系図

窒素酸化物対策地域、粒子状物質対策地域の選定
（第6条、第8条、政令で選定）
　　（選定要件）
　　　　・自動車交通の集中している地域
　　　　・大気汚染防止法等の既存の対策のみでは環境基準の確保が困難な地域

⬇

総量削減のための枠組みの設定（第6条～第10条）

窒素酸化物総量削減基本方針、粒子状物質総量削減基本方針
（第6条、第8条、環境大臣が案を作成し、閣議決定）
　　（施策の大枠）
　　　　①総量削減に関する目標
　　　　②総量削減計画の策定、事業者の判断基準となるべき事項の策定
　　　　　その他の総量削減のための施策に関する基本的事項
　　　　③その他総量削減に関する重要な事項

⬇

窒素酸化物総量削減計画、粒子状物質総量削減計画
（第7条、第9条　知事が策定）
　　（実施すべき施策に関する計画）
　　　　①削減目標量
　　　　②計画の達成の期間及び方途（2011年3月まで）

⬇

総量削減のための具体的対策の実施

窒素酸化物排出基準、粒子状物質排出基準の適用（車種規制）
（第12条～第14条）
　　○対策地域内に使用の本拠の位置を有する自動車で、窒素酸化物（NOx）
　　　排出基準又は粒子状物質排出基準に適合しないものは、使用できない。
　　○使用過程車には、適用猶予期間が設定されている。
　　○車種規制は、道路運送車両法により担保されている。

事業者に対する措置の実施
（第15条～第23条、第27条～第30条）

| 事業者の判断の基準となるべき事項（事業所管大臣が策定） |

⬇

| 都 道 府 県 知 事 |
| （自動車運送事業者等については国土交通大臣） |

　　指導・助言 ↓　↑ 自動車使用管理計画の作成、提出等

| 事　業　者 |

※取組みが著しく不十分な事業者には、勧告及び命令をすることができる。

出典；http://www.env.go.jp/air/car/pamph2/04.pdf

5 現行省エネルギー対策及び今後の省エネルギー対策の概要

部門	対策名	省エネ量(原油換算)	対策名内訳	省エネ量(原油換算)
産業	現行対策	2,010万kℓ	○経団連環境自主行動計画等に基づく措置 ○中堅工場等における省エネルギー対策	(両方の対策で) 2,010万kℓ
産業	新規対策	40万kℓ	◎高性能工業炉(中小企業分)	40万kℓ
産業	小計			2,050万kℓ
民生	現行対策	1,400万kℓ	○トップランナー規制による機器効率の改善 ○住宅・建築物の省エネ性能の向上	540万kℓ 860万kℓ
民生	新規対策	460万kℓ	◎トップランナー機器の拡大 ◎高効率機器の加速的普及 ◎待機時消費電力の削減 ◎家庭用ホームエネルギーマネジメントシステム(HEMS)の普及 ◎業務用需要におけるエネルギーマネジメントの推進	120万kℓ 50万kℓ 40万kℓ 90万kℓ 160万kℓ
民生	小計			1,860万kℓ
運輸	現行対策	1,590万kℓ	○トップランナー規制による機器効率の改善 ○クリーンエネルギー自動車の普及促進 ○交通システムにかかる省エネ対策(注)	540万kℓ 80万kℓ 970万kℓ
運輸	新規対策	100万kℓ	◎トップランナー基準適合車の加速的導入 ◎ハイブリッド自動車等車種の多様化等の推進	50万kℓ 50万kℓ
運輸	小計			1,690万kℓ
分野横断	◎技術開発	100万kℓ	・高性能ボイラー　　　　　(産業関連技術) ・高性能レーザー　　　　　(産業関連技術) ・高効率照明　　　　　　　(民生関連技術) ・クリーンエネルギー自動車の高性能化(運輸関連技術) (注)ハイブリッド自動車等車種の多様化等の推進の内数	40万kℓ 　 10万kℓ 　 50万kℓ
分野横断	小計			100万kℓ
計	現行対策 新規対策			5,000万kℓ 700万kℓ
計	合計			5,700万kℓ

※ なお、新エネルギーの目標ケースにおける家庭用燃料電池コージェネレーションの増分の省エネ効果を評価すれば約20万kℓ（参考値）

(注)これらの省エネルギー対策については、省エネルギー部会報告書のほか、運輸政策審議会答申「21世紀初頭における総合的な交通政策の基本的報告について（平成12年10月19日）」等を参照。

出典；http://www.enecho.meti.go.jp/policy/energy/enesan1.htm

6 工場及び事業場から排出される大気汚染物質に対する規制方式とその概要

物質名			主な発生の形態等	規制の方式と概要
ば い 煙	硫黄酸化物（SOx）		ボイラー、廃棄物焼却炉等における燃料や鉱石等の燃焼	(1)排出口の高さ（He）及び地域ごとに定める定数Kの値に応じて規制値（量）を設定 許容排出量$(Nm^3/h)=K\times10^{-3}\times He^2$ 　一般排出基準：K＝3.0〜17.5 　特別排出基準：K＝1.17〜2.34 (2)季節による燃料使用基準 　燃料中の硫黄分を地域ごとに設定。 　硫黄含有率：0.5〜1.2％以下 (3)総量規制 　総量削減計画に基づき地域・工場ごとに設置
	*ば い じ ん		同上及び電気炉の使用	施設・規模ごとの排出基準（濃度） 　一般排出基準：0.04〜0.7 g/Nm³ 　特別排出基準：0.03〜0.2 g/Nm³
	*有害物質	カドミウム（Cd）カドミウム化合物	銅、亜鉛、鉛の精練施設における燃焼、化学的処理	施設ごとの排出基準 　1.0mg/Nm³
		塩素（Cl_2）、塩化水素（HCl）	化学製品反応施設や廃棄物焼却炉等における燃焼、化学的処理	施設ごとの排出基準 　塩素：30mg/Nm³ 　塩化水素：80,700mg/Nm³
		フッ素（F）、フッ化水素（HF）等	アルミニウム精練用電解炉やガラス製造用溶解炉等における燃焼、化学的処理	施設ごとの排出基準 　1.0〜20mg/Nm³
		鉛（Pb）、鉛化合物	銅、亜鉛、鉛の精練施設等における燃焼、化学的処理	施設ごとの排出基準 　10〜30mg/Nm³
		窒素酸化物（NOx）	ボイラーや廃棄物焼却炉等における燃焼、合成、分解等	(1)施設・規模ごとの排出基準 　新設：60〜400ppm　既設：130〜600ppm (2)総量規制 　総量削減計画に基づき地域・工場ごとに設定
粉じん	一般粉じん		ふるいや堆積場等における鉱石、土砂等の粉砕・選別、機械的処理、堆積	施設の構造、使用、管理に関する基準 　集じん機、防塵カバー、フードの設置、散水等
	特定粉じん（石綿）		切断機等における石綿の粉砕、混合その他の機械的処理	事業場の敷地境界基準 　濃度10本/リットル
			吹き付け石綿使用建築物の解体・改造・補修作業	建築物解体時等の除去、囲い込み、封じ込め作業に関する基準
特定物質（アンモニア、一酸化炭素、メタノール等28物質）			特定施設において故障、破損等の事故時に発生	事故時における措置を規定 　事業者の復旧義務、都道府県知事への通報
**有害大気汚染物質			234物質（群） このうち「優先取組物質」として22物質	知見の集積等、各主体の責務を規定 　事業者及び国民の排出抑制等自主的取組、国の科学的知見の充実、自治体の汚染状況把握等
	指定物質	ベンゼン	ベンゼン乾燥施設等	施設・規模ごとに抑制基準 　新設：50〜600mg/Nm³ 　既設：100〜1500mg/Nm³
		トリクロロエチレン	トリクロロエチレンによる洗浄施設等	施設・規模ごとに抑制基準 　新設：150〜300mg/Nm³ 　既設：300〜500mg/Nm³
		テトラクロロエチレン	テトラクロロエチレンによるドライクリーニング機等	施設・規模ごとに抑制基準 　新設：150〜300mg/Nm³ 　既設：300〜500mg/Nm³

*　ばいじん及び有害物質については、都道府県は条例で国の基準より厳しい上乗せ基準を設定することができる。
**　低濃度でも継続的な摂取により健康影響が懸念される物質
──上記基準については、大気汚染状況の変化、対策の効果、産業構造や大気汚染源の変化、対策技術の開発普及状況等を踏まえ、随時見直しを行っていく必要がある──

出典；http://www.mizu-shori.com/closed/news/pdf/d-2.pdf

7 フロン回収破壊法のシステム

対象：冷媒用CFC・HCFC・HFC

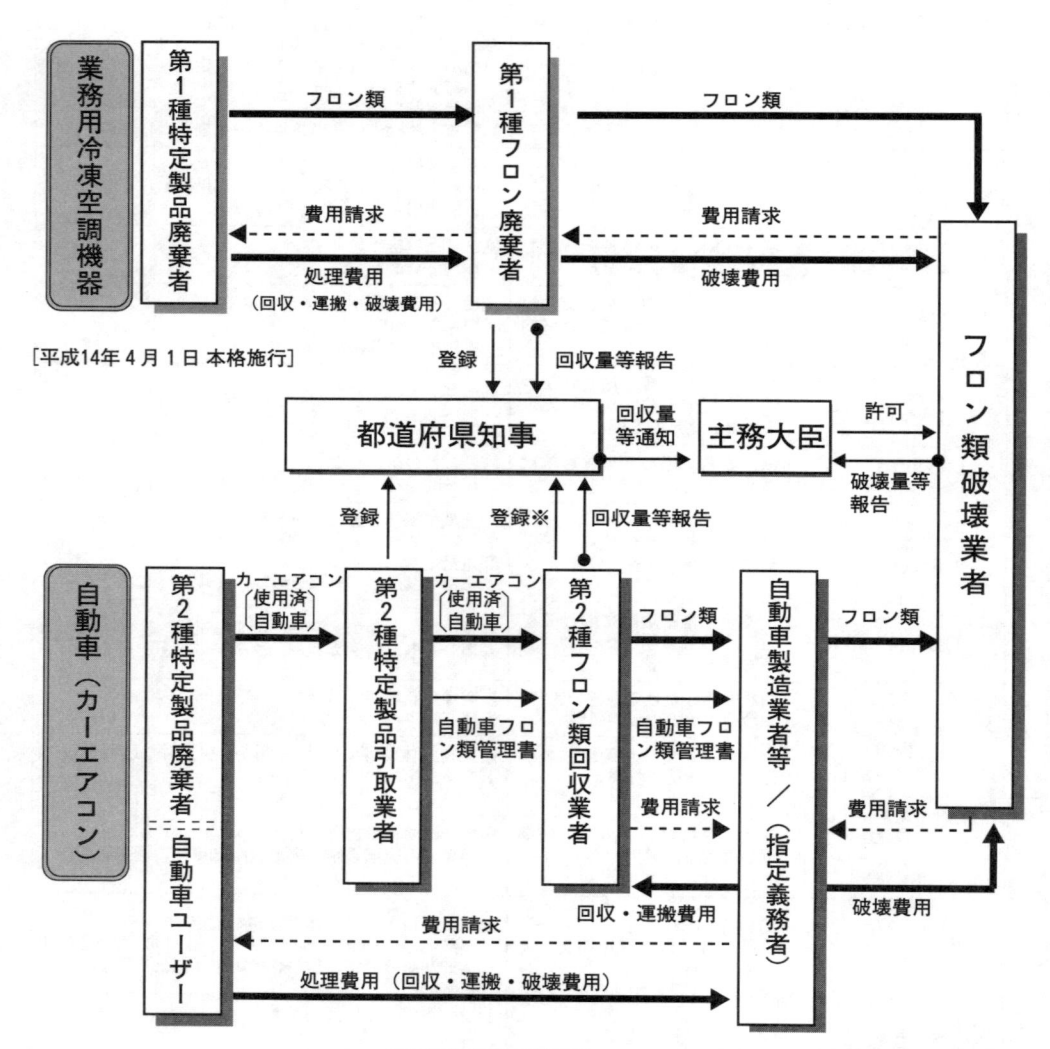

[平成14年4月1日 本格施行]

※自動車分解整備事業者については、国土交通大臣の通知に基づき登録

出典；http://www.env.go.jp/earth/ozone/cfc/law/frow.pdf

8　水環境の保全

　水環境部は、流域全体を視野に入れた水環境の保全に向けた総合的な施策に取り組むとともに、化学物質に汚染された土壌という負の遺産を将来世代に残さないため、土壌汚染の防止や、農業の安全性評価、土壌・地盤環境の再生に取り組んでいる。

水質の保全

- **公共用水域の水質の保全**
  - **共通の対策**
    - 環境基本法（1993年11月制定）
      - 目標：水質環境基準（健康項目＋生活環境項目）
      - （要監視項目についても監視）
    - 水質汚濁防止法（1970年12月制定）
      - 工場排水規制、特定施設設置届出制、変更命令、常時監視
      - 生活排水対策
        - 下水道、農業集落排水施設、浄化槽等の整備事業
        - （浄化槽法：廃棄物・リサイクル対策部）
  - **閉鎖性水域等における特別の対策**
    - **湖沼**
      - 湖沼水質保全特別措置法（1984年7月制定）
        - 湖沼水質保全計画の策定、特別の規制
    - **閉鎖性海域**
      - 水質汚濁防止法
        - 総量規制制度、富栄養化対策
      - **瀬戸内海**
        - 瀬戸内海環境保全特別措置法（1973年10月制定）
          - 特別施設整備許可制、自然海浜の保全、埋立抑制等
      - **有明海・八代海**
        - 有明海及び八代海を再生するための特別措置に関する法律（2002年11月制定）
          - 基本方針の策定、調査の実施、
          - 有明海・八代海総合調査評価委員会による評価等
    - **水道水源域**
      - 特定水道利水障害の防止のための水道水源の水質の保全に関する特別措置法（1994年3月制定）
        - 計画の策定、特別の規制（2003年6月現在、特定の水域などの指定はなされていない。）
- **地下水の水質の保全**
  - 目標：地下水の水質汚濁に係る環境基準（健康項目）
  - 水質汚濁防止法
    - 工場・事業場からの有害物質の地下浸透規制、汚染された地下水の浄化措置命令、常時監視

土 壌 環 境 の 保 全

目標：土壌の汚染に係る環境基準
- (市街地等) 土地汚染対策法（2002年5月制定）
  - 土壌汚染の状況の把握、人の健康被害の防止措置
- (農 用 地) 農用地の土壌の汚染防止等に関する法律（1970年12月制定、農林水産省共管）
  - 対策地域の指定、回復事業の実施

地 盤 環 境 の 保 全

- (地盤沈下の防止)
  - 建築物用地下水の採取の規制に関する法律（1962年5月制定）
  - 工業用水法（1956年6月制定、経済産業省共管）
    - 地下水の汲み上げ規制
  - 地盤沈下防止等対策要綱
    - 濃尾平野、筑後・佐賀平野及び関東平野北部の3地域について
    - 自主対策等を推進

農 業 に よ る 環 境 汚 染 の 防 止

農薬取締法（1948年7月制定、農林水産省共管）
- 環境保全の観点からの農薬登録保障基準の設定等

ダ イ オ キ シ ン 類 対 策

ダイオキシン類対策特別措置法（1999年7月制定）
- 水質及び土壌の汚染に係る環境基準の設定
- 工場排水規制
- 土壌汚染対策の推進
- 水質（水底の底質を含む）と土壌の常時監視

出典；http://www.env.go.jp/water/water_pamph/index.html

9 土壌汚染対策法の概要

○対象物質（特定有害物質）：
　a．汚染された土壌の直接摂取による健康影響の場合は
　　→　表層土壌中に高濃度の状態で長期間蓄積し得ると考えられる重金属等
　b．地下水等の汚染を経由して生ずる健康影響の場合は
　　→　地下水等の摂取の観点から設定された土壌環境基準の溶出基準項目

○仕組み

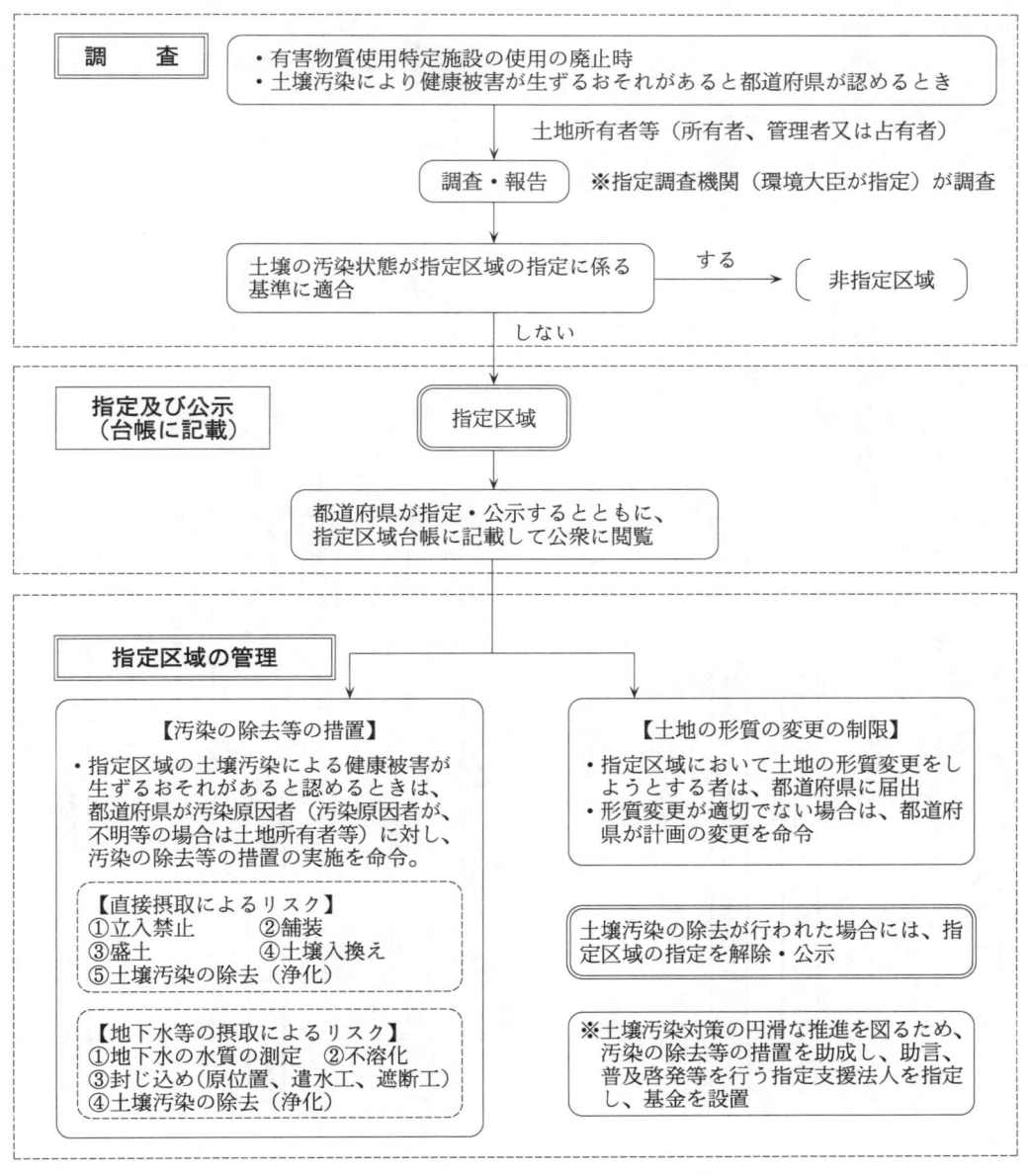

調査
- 有害物質使用特定施設の使用の廃止時
- 土壌汚染により健康被害が生ずるおそれがあると都道府県が認めるとき

土地所有者等（所有者、管理者又は占有者）

調査・報告　※指定調査機関（環境大臣が指定）が調査

土壌の汚染状態が指定区域の指定に係る基準に適合　する　→　非指定区域
　　　しない
　　　↓

指定及び公示（台帳に記載）

指定区域
↓
都道府県が指定・公示するとともに、指定区域台帳に記載して公衆に閲覧

指定区域の管理

【汚染の除去等の措置】
- 指定区域の土壌汚染による健康被害が生ずるおそれがあると認めるときは、都道府県が汚染原因者（汚染原因者が、不明等の場合は土地所有者等）に対し、汚染の除去等の措置の実施を命令。

【直接摂取によるリスク】
①立入禁止　　②舗装
③盛土　　　　④土壌入換え
⑤土壌汚染の除去（浄化）

【地下水等の摂取によるリスク】
①地下水の水質の測定　②不溶化
③封じ込め（原位置、遣水工、遮断工）
④土壌汚染の除去（浄化）

【土地の形質の変更の制限】
- 指定区域において土地の形質変更をしようとする者は、都道府県に届出
- 形質変更が適切でない場合は、都道府県が計画の変更を命令

土壌汚染の除去が行われた場合には、指定区域の指定を解除・公示

※土壌汚染対策の円滑な推進を図るため、汚染の除去等の措置を助成し、助言、普及啓発等を行う指定支援法人を指定し、基金を設置

出典；http://www.city.hiratsuka.kanagawa.jp/kankyo_s/dojyou/pdf/gaiyou.pdf

10 騒音規制法の体系

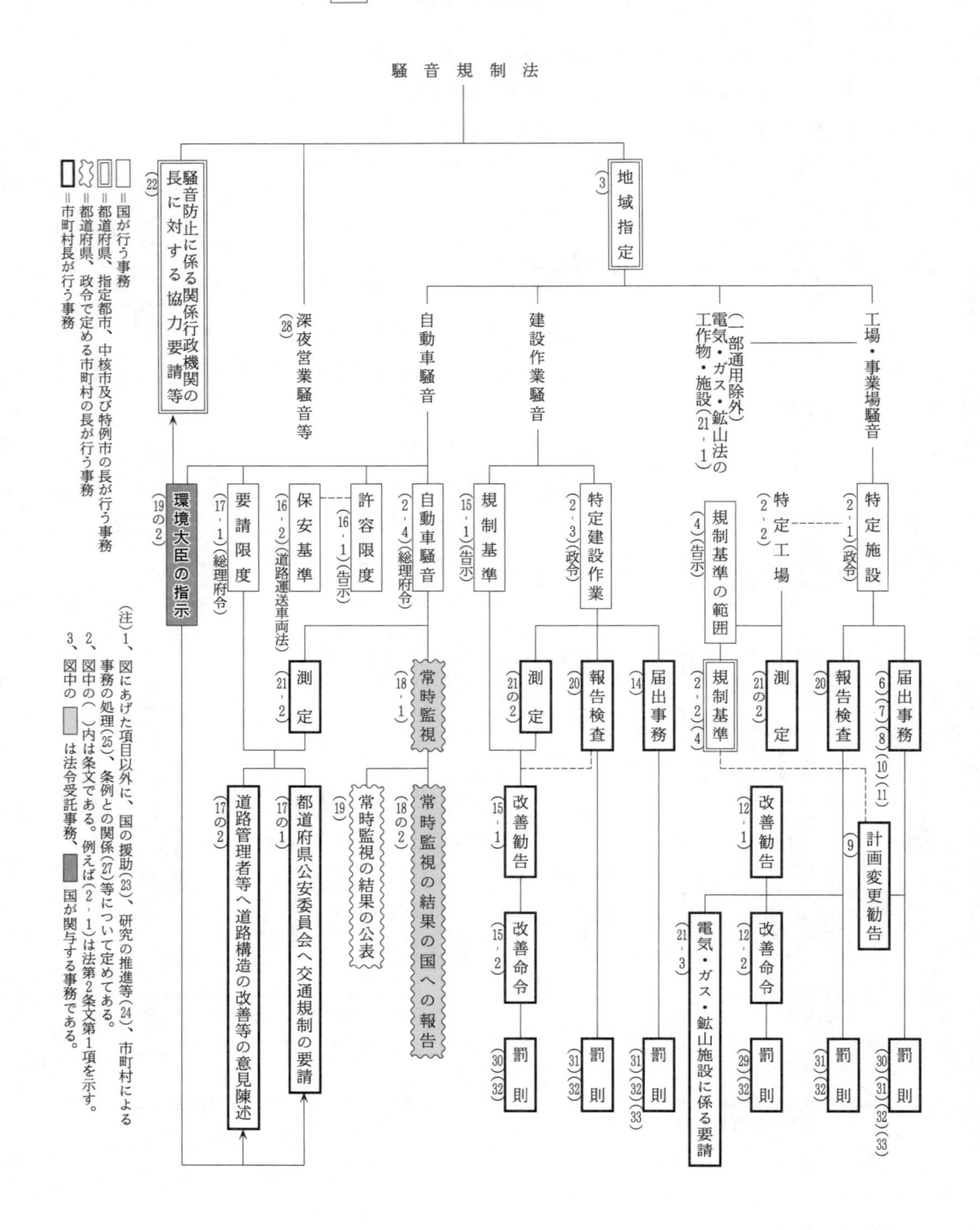

図：騒音規制法の体系図

騒音規制法
├─ 地域指定 (3)
│ ├─ 工場・事業場騒音 → 特定施設 (2-1)(政令) → 届出事務 (6)(7)(8)(10)(11) → 計画変更勧告 (9) → 改善勧告 (12-2) → 改善命令 (12-1) → 罰則 (30)(31)(32)(33)
│ │ └─ 報告検査 (20) → 罰則 (31)(32)
│ ├─ 電気・ガス・鉱山法の工作物・施設 (21-1)（一部適用除外）
│ │ ├─ 特定工場 (2-2) → 測定 (21の2)
│ │ └─ 規制基準の範囲 (4)(告示) → 規制基準 (2-2)(4) → 電気・ガス・鉱山施設に係る要請 (21-3)
│ ├─ 建設作業騒音 → 特定建設作業 (2-3)(政令) → 届出事務 (14) → 改善勧告 (15-1) → 改善命令 (15-2) → 罰則 (30)(32)
│ │ └─ 規制基準 (15-1)(告示) → 報告検査 (20) → 罰則 (31)(32)
│ │   └─ 測定 (21の2)
│ └─ 自動車騒音 → 自動車騒音 (2-4)(総理府令)
│   ├─ 許容限度 (16-1)(告示) → 保安基準 (16-2)(道路運送車両法)
│   ├─ 要請限度 (17-1)(総理府令) → 測定 (21-2)
│   │ ├─ 道路管理者等へ道路構造の改善等の意見陳述 (17の2)
│   │ └─ 都道府県公安委員会へ交通規制の要請 (17の1)
│   └─ 常時監視 (18-1) → 常時監視の結果の国への報告 (18-2)
│   └─ 常時監視の結果の公表 (19)
├─ 深夜営業騒音等 (28)
└─ 騒音防止に係る関係行政機関の長に対する協力要請等 (22) → 環境大臣の指示 (19の2)

凡例：
□ ＝ 国が行う事務
※ ＝ 都道府県、指定都市、中核市及び特例市の長が行う事務
▨ ＝ 都道府県、政令で定める市町村の長が行う事務
■ ＝ 市町村長が行う事務

（注）1、図にあげた項目以外に、国の援助(23)、研究の推進等(24)、市町村による事務の処理(25)、条例との関係(27)等について定めてある。
2、図中の（ ）内は条文である。例えば(2-1)は法第2条第1項を示す。
3、図中の □ は法令受託事務、■ は国が関与する事務である。

出典；http://www.env.go.jp/air/noise/low-g.gif

11 振動規制法の体系

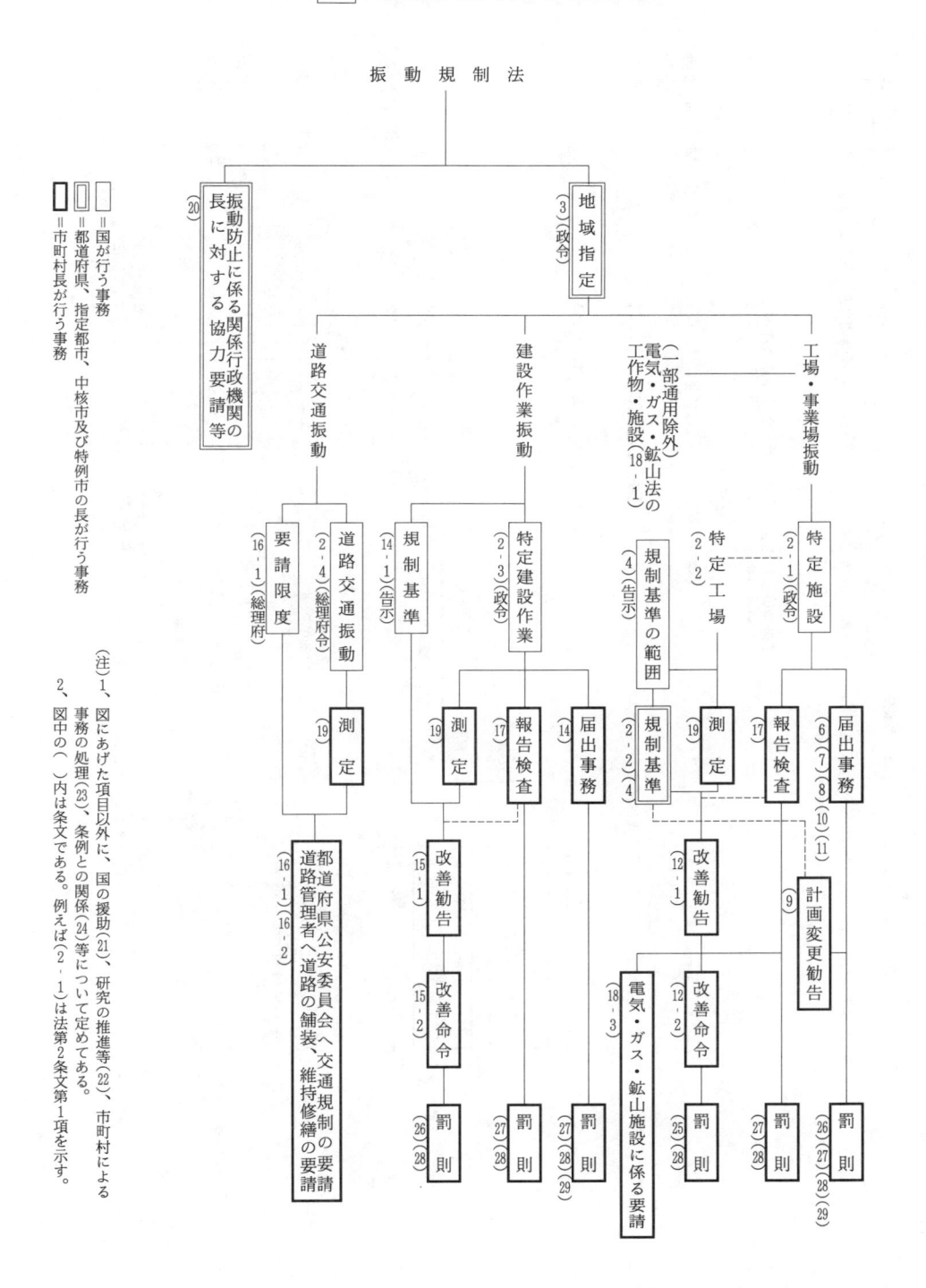

振動規制法

- 地域指定 (3)(政令)
- 振動防止に係る関係行政機関の長に対する協力要請等 (20)

道路交通振動
- 要請限度 (16-1)(総理府)
- 道路交通振動 (2-4)(総理府令)
  - 測定 (19)
  - 都道府県公安委員会へ交通規制の要請、道路管理者へ道路の舗装、維持修繕の要請 (16-1)(16-2)

建設作業振動
- 規制基準 (14-1)(告示)
- 特定建設作業 (2-3)(政令)
  - 測定 (19)
  - 報告検査 (17)
  - 届出事務 (14)
    - 改善勧告 (15-1)
    - 改善命令 (15-2)
      - 罰則 (26)(28)
      - 罰則 (27)(28)

電気・ガス・鉱山法の工作物・施設 (18-1)（一部適用除外）
- 特定工場 (2-2)
- 規制基準の範囲 (4)(告示)
- 規制基準 (2-2)(4)
  - 測定 (19)
  - 改善勧告 (12-1)
  - 改善命令 (12-2)
    - 電気・ガス・鉱山施設に係る要請 (18-3)
    - 罰則 (27)(28)(29)
    - 罰則 (25)(28)

工場・事業場振動
- 特定施設 (2-1)(政令)
  - 報告検査 (17)
  - 届出事務 (6)(7)(8)(10)(11)
    - 計画変更勧告 (9)
    - 罰則 (27)(28)
    - 罰則 (26)(27)(28)(29)

出典；http://www.env.go.jp/air/sindo/low-g.gif

凡例：
- □＝国が行う事務
- □＝都道府県、指定都市、中核市及び特例市の長が行う事務
- □＝市町村長が行う事務

（注）
1、図にあげた項目以外に、国の援助(21)、研究の推進等(22)、市町村による事務の処理(23)、条例との関係(24)等について定めてある。
2、図中の（ ）内は条文である。例えば(2-1)は法第2条文第1項を示す。

231

12 悪臭防止法の体系

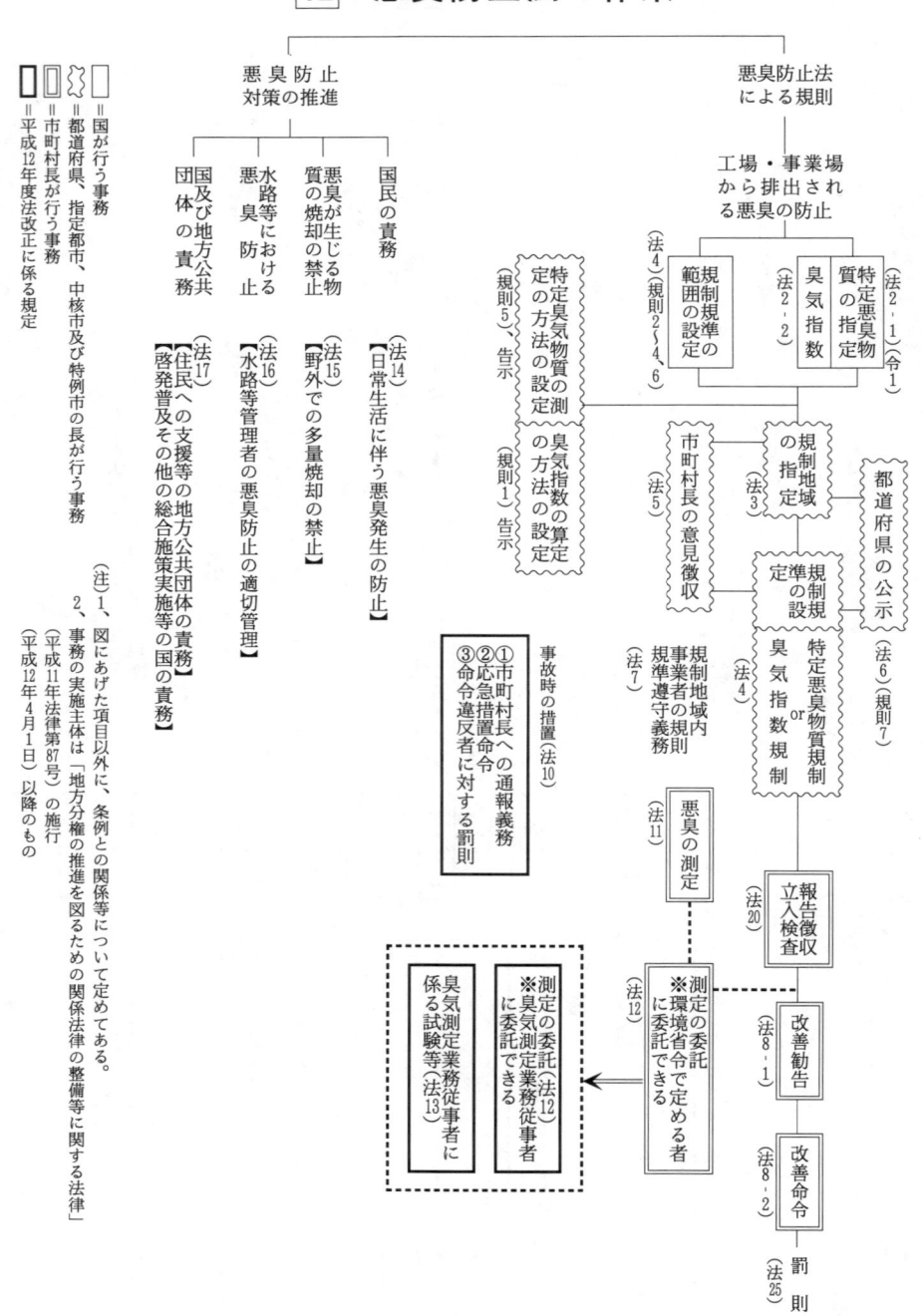

悪臭防止対策の推進

国民の責務
- 日常生活に伴う悪臭発生の防止（法14）

国及び地方公共団体の責務
- 野外での多量焼却の禁止（法15）
- 水路等管理者の悪臭防止の適切管理（法16）
- 啓発普及その他の総合施策実施等の国の責務（法17）

悪臭防止法による規則

工場・事業場から排出される悪臭の防止

- 特定悪臭物質の指定（法2-1）（令1）
- 臭気指数（法2-2）
- 特定悪臭物質の測定の方法の設定（規則5）告示
- 規制基準の範囲の設定（法4）（規則2〜4、6）
- 臭気指数の算定の方法の設定（規則1）告示
- 規制地域の指定（法3）
- 市町村長の意見徴収（法5）
- 都道府県の公示（法6）（規則7）
- 規制基準の設定　特定悪臭物質規制　or　臭気指数規制（法4）
- 規制地域内事業者の規制基準遵守義務（法7）

事故時の措置（法10）
① 市町村長への通報義務
② 応急措置命令
③ 命令違反者に対する罰則

- 悪臭の測定（法11）
- 測定の委託（法12）
  - ※測定環境省令で定める者に委託できる
  - ※測定臭気測定業務従事者に委託できる
- 臭気測定業務従事者に係る試験等（法13）
- 報告徴収 立入検査（法20）
- 改善勧告（法8-1）
- 改善命令（法8-2）
- 罰則（法25）

■＝国が行う事務
▨＝都道府県、指定都市、中核市及び特例市の長が行う事務
▭＝市町村長が行う事務
▱＝平成12年度法改正に係る規定

（注）1、図にあげた項目以外に、条例との関係等について定めてある。
2、事務の実施主体は「地方分権の推進を図るための関係法律の整備等に関する法律（平成11年法律第87号）の施行（平成12年4月1日）以降のもの

出典：http://www.env.go.jp/air/akushu/low-g.gif

13 新たな化学物質の審査・規制制度の概要

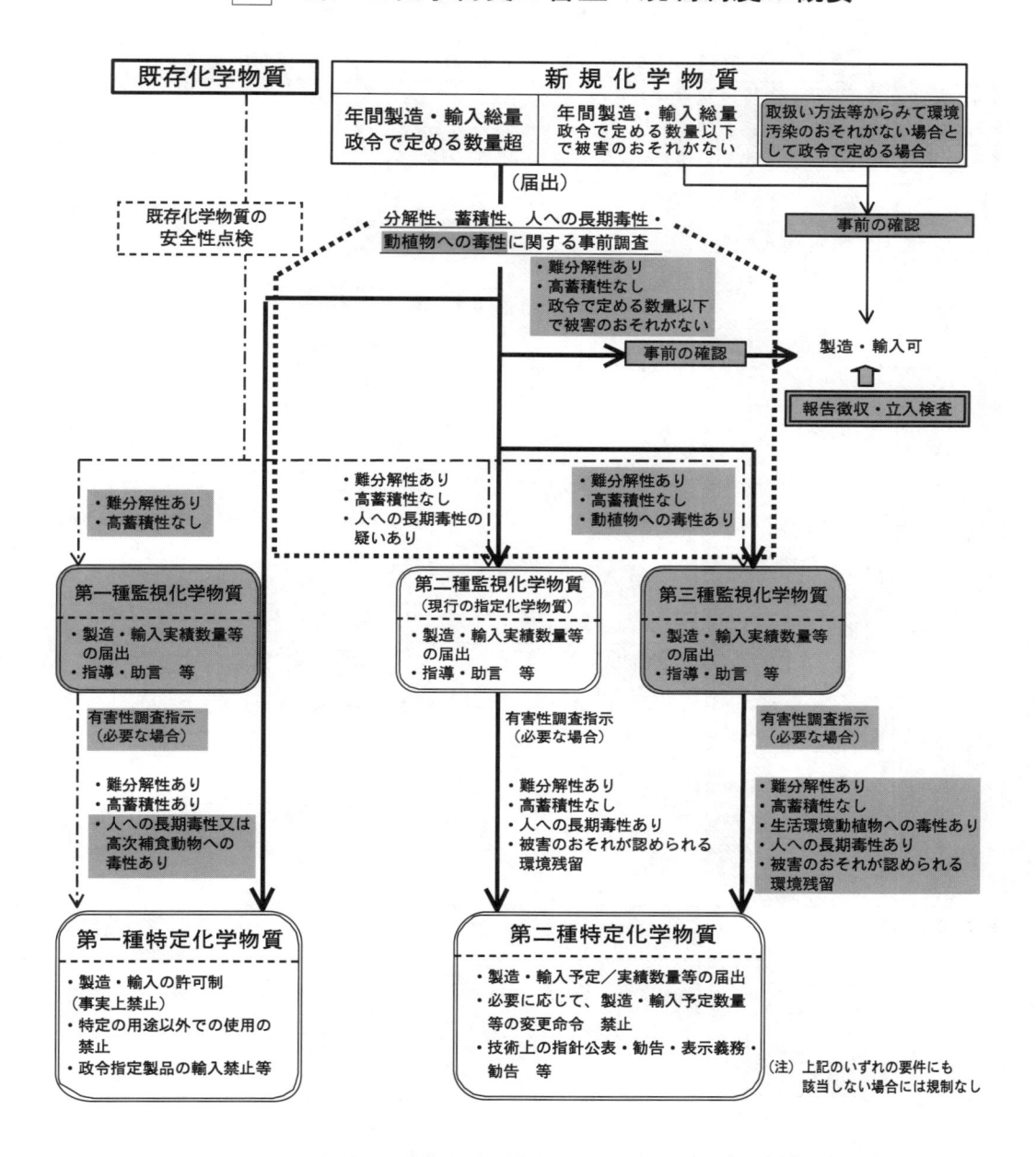

既存化学物質	新規化学物質		
	年間製造・輸入総量 政令で定める数量超	年間製造・輸入総量 政令で定める数量以下 で被害のおそれがない	取扱い方法等からみて環境 汚染のおそれがない場合と して政令で定める場合

既存化学物質の安全性点検

（届出）

分解性、蓄積性、人への長期毒性・動植物への毒性に関する事前調査

- 難分解性あり
- 高蓄積性なし
- 政令で定める数量以下で被害のおそれがない

→ 事前の確認 → 製造・輸入可

事前の確認 → 製造・輸入可

報告徴収・立入検査

【第一種監視化学物質へ】
- 難分解性あり
- 高蓄積性なし

【第二種監視化学物質へ】
- 難分解性あり
- 高蓄積性なし
- 人への長期毒性の疑いあり

【第三種監視化学物質へ】
- 難分解性あり
- 高蓄積性なし
- 動植物への毒性あり

第一種監視化学物質
- 製造・輸入実績数量等の届出
- 指導・助言 等

第二種監視化学物質（現行の指定化学物質）
- 製造・輸入実績数量等の届出
- 指導・助言 等

第三種監視化学物質
- 製造・輸入実績数量等の届出
- 指導・助言 等

有害性調査指示（必要な場合）

【第一種特定化学物質へ】
- 難分解性あり
- 高蓄積性あり
- 人への長期毒性又は高次捕食動物への毒性あり

【第二種特定化学物質へ】
- 難分解性あり
- 高蓄積性なし
- 人への長期毒性あり
- 被害のおそれが認められる環境残留

【第二種特定化学物質へ】
- 難分解性あり
- 高蓄積性なし
- 生活環境動植物への毒性あり
- 人への長期毒性あり
- 被害のおそれが認められる環境残留

第一種特定化学物質
- 製造・輸入の許可制（事実上禁止）
- 特定の用途以外での使用の禁止
- 政令指定製品の輸入禁止等

第二種特定化学物質
- 製造・輸入予定／実績数量等の届出
- 必要に応じて、製造・輸入予定数量等の変更命令 禁止
- 技術上の指針公表・勧告・表示義務・勧告 等

（注）上記のいずれの要件にも該当しない場合には規制なし

○製造・輸入業者が自ら取り扱う化学物質に関し把握した有害性情報の報告を義務付け

2003年6月18日施行

出典；http://www.env.go.jp/chemi/kagaku/mat04.pdf

14 個別法・個別施策の実行に向けたスケジュール

年度		2001〜2002	2003	2004	2005	2006	2007	2008
循環型社会形成推進基本法		循環基本計画の策定	循環基本計画に基づく施策の進捗状況の点検				循環基本計画の見直し	
		年次報告（循環型社会白書）の国会提出・公表						
		ライフスタイルや事業活動の変革（リ・スタイル：Re-Style）に向けたモデル事業、環境教育・普及啓発（政府公報、パンフレット、インターネットによる情報提供など）の実施など循環型社会の形成に向けた取組の推進						
廃棄物処理・リサイクル法		法律の着実な施行を図るとともに、施行の状況について検討を加え、その結果に基づいて必要な措置を講じること						
	廃棄物処理法	リサイクルなど適正な処理の推進と不適正処理の防止を一層図るための法律の見直し・法改正（2002年度〜）				廃棄物の減量化の目標量の見直し		法律の評価・検討
	資源有効利用促進法	法律の施行（2001年4月）						法律の評価・検討（2008年度末頃まで）
	容器包装リサイクル法				法律の評価・検討			
	家電リサイクル法	法律の施行（2001年4月）				法律の評価・検討		
	食品リサイクル法	法律の施行（2001年5月）				法律の評価・検討		
	建設リサイクル法	法律の施行（2002年5月）					法律の評価・検討	
	自動車リサイクル法			法律の施行（2004年末頃）				法律の評価・検討（2019年度末頃まで）
	POB廃棄物処理促進特別措置法	法律の施行（2001年7月）				PCB廃棄物の全国的な処理体制の整備（2006年度頃）		法律の評価・検討（2021年度末頃まで）PCB廃棄物の処理の完了（2016年度）
グリーン購入法		法律の施行（2001年4月）						
		法律の着実な施行を図るとともに、グリーン製品・サービスの開発・普及の状況、科学的知見の充実等に応じ、国等が重点的にその調達を推進すべき特定調達品目やその規準等の見直し						
		グリーン製品・サービスに関する情報の内容及び提供の方法、適切な情報の提供を確保するための方策等情報提供体制の在り方について検討を加え、その結果に基づいて必要な措置を講じること（2007年度末頃まで）						
主な個別物品の廃棄物・リサイクル対策		食品廃棄物等からのバイオディーゼル燃料等の品質評価、安全・環境影響評価、自動車走行実験等の実施（2002年度〜）						
		FRP船のリサイクルに向けた対策の検討（2002年度〜）						
		「建設リサイクル推進計画2002」（2002年5月）の策定						
		計画に基づく建設廃棄物の3Rの推進			目標年次			
不法投棄・原状回復対策		不法投棄地の原状回復に向けた対策の法制化に向けて、「特定産業廃棄物に起因する支障の除去等に関する特別措置法案」を閣議決定（2003年2月）						1997年度以前までの不法投棄を一掃し、原状回復を実施（2012年度）
産業廃棄物の最終処分場の整備								要最終処分量の5年程度の確保（2010年度）
技術開発		ゴミゼロ型・資源循環型技術研究イニシャティブの実施（2002年度〜）						
その他		廃棄物系バイオマスの炭素量換算での80％以上の利活用等を目的とする「バイオマス・ニッポン総合戦略」（2002年12月閣議決定）の実現（2010年度）						
		新エネルギーの普及促進に向けた「電気事業者による新エネルギー等の利用に関する特別措置法」の完全施行（2003年4月）						
		フロン回収破壊法の施行（2002年4月）					法律の評価・検討	
		静脈物流システムの構築（「新総合物流施策大綱（2001年7月閣議決定）」の実現）リサイクル拠点や輸送の実態把握、効率的な静脈物流システムの検討及びその具体化						
		京都議定書の6％削減約束の達成に向けた地球温暖化対策の実行（第1ステップ）			京都議定書の6％削減約束の達成に向けた地球温暖化対策の実行（第2ステップ）			京都議定書の第1約束期間（2012年度）

出典；http://www.env.go.jp/recycle/circul/keikaku/07.pdf

15 資源の有効利用に対する取組み進捗度の指標例

品目別の目標

○品目別の目標値

品目		設定項目	率 等	目標年	実績（2000年度）
容器包装	ガラスびん	カレット利用率	80%*	2005年度	77.8%
	スチール缶	リサイクル率	85%		84.2%
	アルミ缶	再生資源の利用率	80%	2002年度	80.6%
		缶材への使用割合	80%	2002年度	74.5%
	プラスチック	PETボトル（飲料用、しょう油用）のリサイクル率	50%	2004年度	34.5%
		発泡スチロール製魚箱及び同家電製品梱包材のリサイクル率	40%	2005年度	34.9%
		農業用塩化ビニルフィルムのリサイクル率	60%	2001年以降	51%（1999年）
		塩ビ製の管・継手のマテリアルリサイクル率	80%	2005年度	―
家電製品		エアコンの再商品化率	60%以上*	2001年度	78%（2001年度）
		テレビの再商品化率	55%以上*	2001年度	73%（2001年度）
		冷蔵庫の再商品化率	50%以上*	2001年度	59%（2001年度）
		洗濯機の再商品化率	50%以上*	2001年度	56%（2001年度）
自動車		新型車のリサイクル可能率	90%以上	2002年度以降	
		新型車の鉛使用量（バッテリーを除く）	1996年の概ね1/3	2005年末	
		使用済自動車のリサイクル率	85%以上	2002年以降	
			95%以上	2015年以降	
パーソナルコンピュータ及びその周辺機器		デスクトップ型パソコン本体の再資源化率	50%*	2003年度	78.5%（2001年度）
		ノートブック型パソコンの再資源化率	20%*	2003年度	60.2%（2001年度）
		CRTディスプレイ装置の再資源化率	55%*	2003年度	72.4%（2001年度）
		LCDディスプレイ装置の再資源化率	55%*	2003年度	74.0%（2001年度）
		ディスクトップ型パソコン（CRTを含む）の資源再利用率	60%	2005年度	75.0%（2001年度）
紙		古紙利用率（紙・パルプ製造業）	60%*	2005年度	57.8%
オートバイ		新型車のリサイクル可能率	90%以上	2002年以降	
		新型車の鉛使用量（バッテリーを除く）	1996年使用量を増加させない	2002年以降	
		使用済オートバイのリサイクル率	85%以上	2002年以降	
			95%以上	2015年以降	
タイヤ		リサイクル率	90%	2005年	88%（2000年）
小型二次電池		小型シール鉛電池の再資源化率	50%*	2001年度	50%（2001年度）
		ニッケル水素電池の再資源化率	55%*	2001年度	69%（2001年度）
		リチウム二次電池の再資源化率	30%*	2001年度	39%（2001年度）
		ニカド電池の再資源化率	60%*	2001年度	71%（2001年度）
		ニカド電池の回収率	45%以上	2005年度	26.7%
消火器		回収率	85%	2001年	85%
ぱちんこ遊技機		マテリアルサイクル率	35%	2001年度	―
			55%	2005年度	

出典：産構審品目別・業種別廃棄物処理・リサイクルガイドライン（1990年度策定、2001年7月改定）抜粋

特定家庭用機器廃棄物商品化をするべき量に関する基準

種類	率 等	実績（2001年度）
エアコン	60%以上	78%
テレビ	55%以上	73%
冷蔵庫	50%以上	59%
洗濯機	50%以上	56%

＊再商品化を実施すべき量（総重量に対する割合）

出典：特定家庭用機器再商品化法施行令第4条

＊は法定目標。上記の表中の実績値は、産構審品目別・業種別廃棄物処理・リサイクルガイドラインの他、産構審資料（品目別・業種別廃棄物処理・リサイクルガイドラインの進捗状況及び今後講じる措置）より。

出典：http://www.env.go.jp/recle/circul/keikaku/ref.pdf

16 省エネ・リサイクル支援法のスキーム

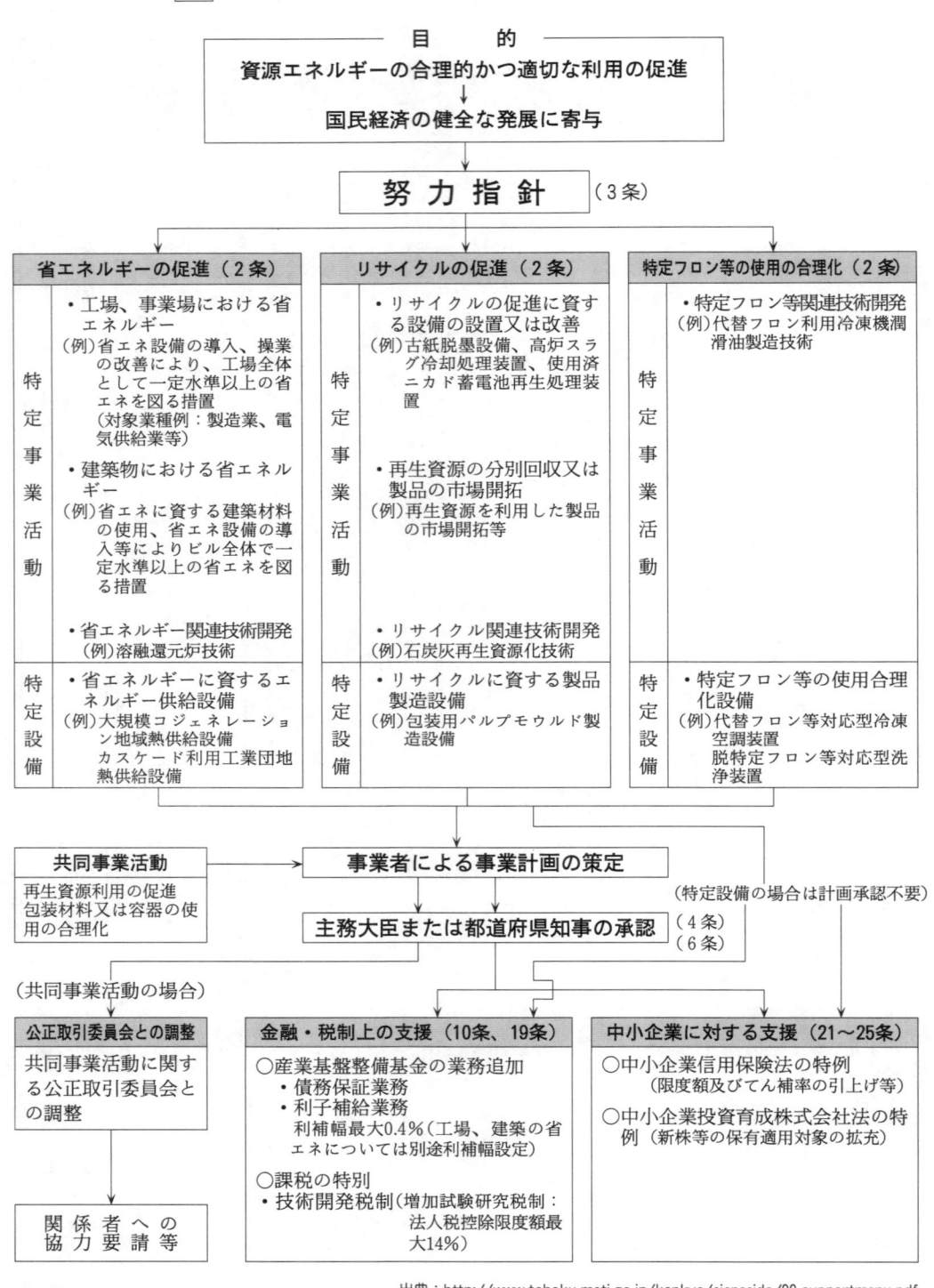

目的
資源エネルギーの合理的かつ適切な利用の促進
↓
国民経済の健全な発展に寄与

努力指針（3条）

省エネルギーの促進（2条）

特定事業活動
- 工場、事業場における省エネルギー
  （例）省エネ設備の導入、操業の改善により、工場全体として一定水準以上の省エネを図る措置
  （対象業種例：製造業、電気供給業等）
- 建築物における省エネルギー
  （例）省エネに資する建築材料の使用、省エネ設備の導入等によりビル全体で一定水準以上の省エネを図る措置
- 省エネルギー関連技術開発
  （例）溶融還元炉技術

特定設備
- 省エネルギーに資するエネルギー供給設備
  （例）大規模コジェネレーション
  地域熱供給設備
  カスケード利用工業団地熱供給設備

リサイクルの促進（2条）

特定事業活動
- リサイクルの促進に資する設備の設置又は改善
  （例）古紙脱墨設備、高炉スラグ冷却処理装置、使用済ニカド蓄電池再生処理装置
- 再生資源の分別回収又は製品の市場開拓
  （例）再生資源を利用した製品の市場開拓等
- リサイクル関連技術開発
  （例）石炭灰再生資源化技術

特定設備
- リサイクルに資する製品製造設備
  （例）包装用パルプモウルド製造設備

特定フロン等の使用の合理化（2条）

特定事業活動
- 特定フロン等関連技術開発
  （例）代替フロン利用冷凍機潤滑油製造技術

特定設備
- 特定フロン等の使用合理化設備
  （例）代替フロン等対応型冷凍空調装置
  脱特定フロン等対応型洗浄装置

共同事業活動
再生資源利用の促進
包装材料又は容器の使用の合理化

→ **事業者による事業計画の策定**

↓

主務大臣または都道府県知事の承認（4条）（6条）

（特定設備の場合は計画承認不要）

（共同事業活動の場合）

公正取引委員会との調整
共同事業活動に関する公正取引委員会との調整

↓

関係者への協力要請等

金融・税制上の支援（10条、19条）
○産業基盤整備基金の業務追加
・債務保証業務
・利子補給業務
　利補幅最大0.4％（工場、建築の省エネについては別途利補幅設定）
○課税の特別
・技術開発税制（増加試験研究税制：法人税控除限度額最大14％）

中小企業に対する支援（21～25条）
○中小企業信用保険法の特例
　（限度額及びてん補率の引上げ等）
○中小企業投資育成株式会社法の特例（新株等の保有適用対象の拡充）

出典：http://www.tohoku.meti.go.jp/kankyo/sienseido/00-supportmenu.pdf

17 使用済自動車の再資源化等に関する法律の概念図

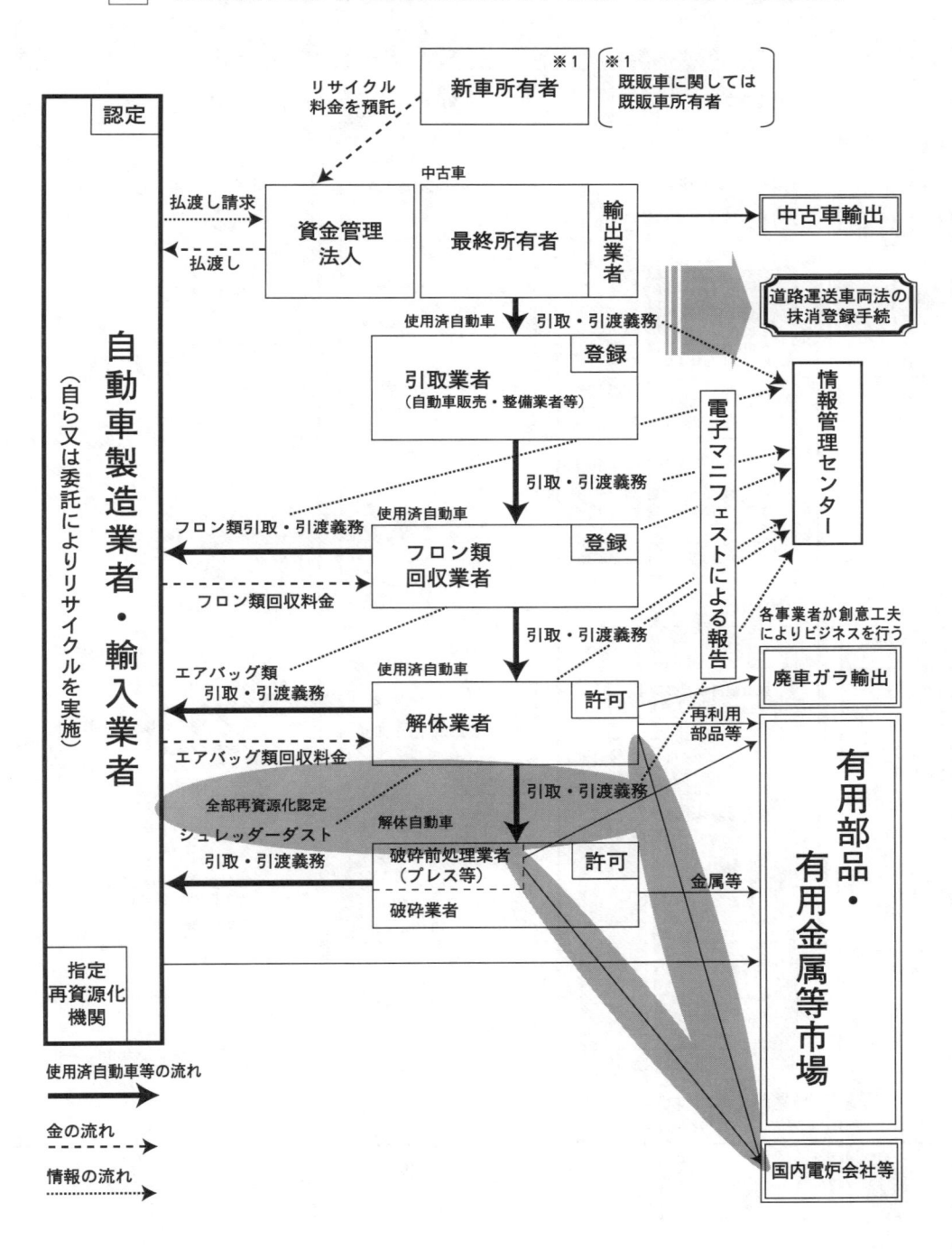

出典；http://www.meti.go.jp/policy/automobile/recycle/Rejigyousyamuke.pdf

18 新・生物多様性国家戦略

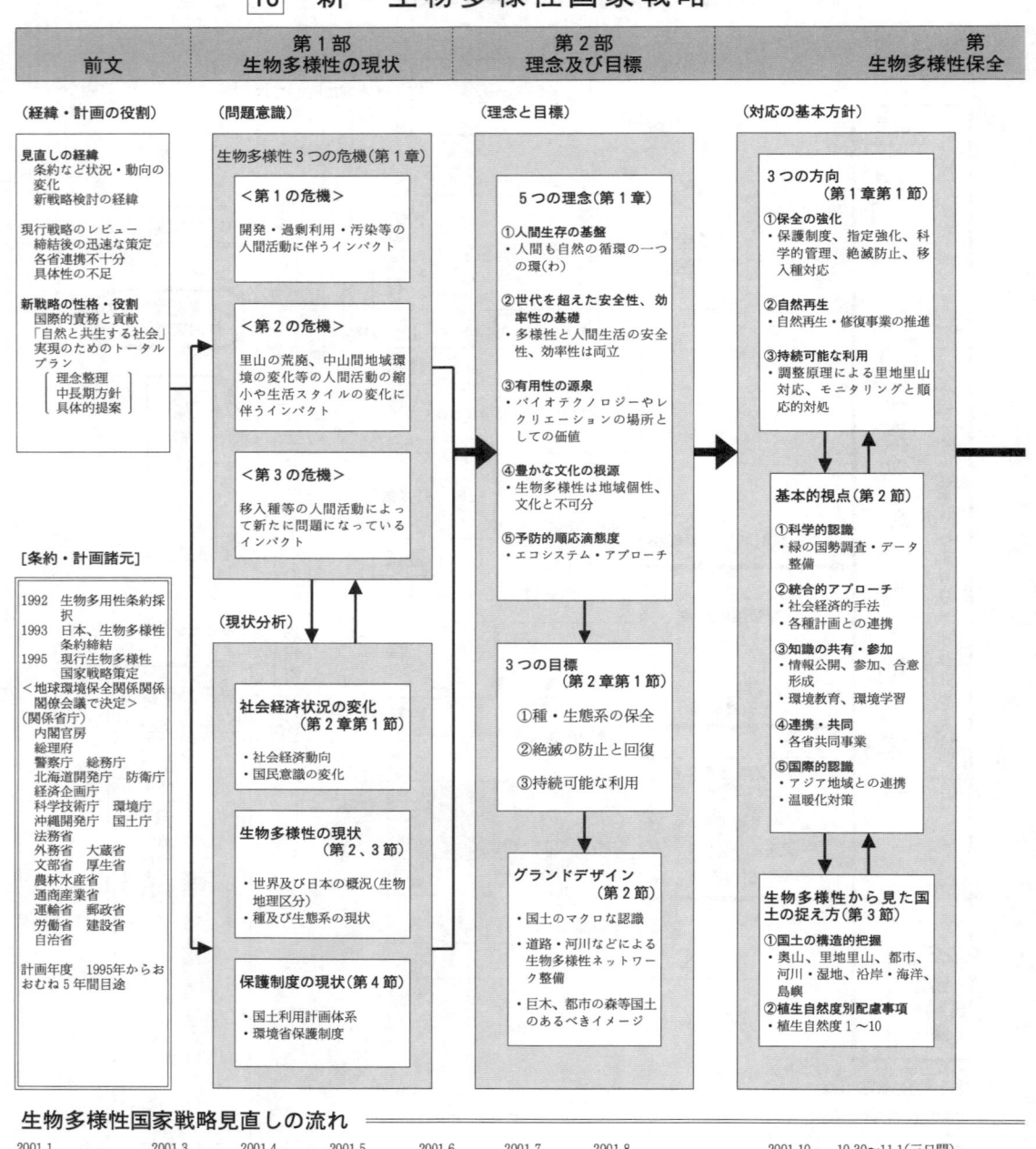

前文	第1部 生物多様性の現状	第2部 理念及び目標	第　 生物多様性保全
（経緯・計画の役割）	（問題意識）	（理念と目標）	（対応の基本方針）

前文（経緯・計画の役割）

見直しの経緯
　条約など状況・動向の変化
　新戦略検討の経緯

現行戦略のレビュー
　締結後の迅速な策定
　各省連携不十分
　具体性の不足

新戦略の性格・役割
　国際的責務と貢献
　「自然と共生する社会」実現のためのトータルプラン
　　理念整理
　　中長期的方針
　　具体的提案

[条約・計画諸元]

1992　生物多用性条約採択
1993　日本、生物多様性条約締結
1995　現行生物多様性国家戦略策定
＜地球環境保全関係関係閣僚会議で決定＞
（関係省庁）
　内閣官房
　総理府
　警察庁　総務庁
　北海道開発庁　防衛庁
　経済企画庁
　科学技術庁　環境庁
　沖縄開発庁　国土庁
　法務省
　外務省　大蔵省
　文部省　厚生省
　農林水産省
　通商産業省
　運輸省　郵政省
　労働省　建設省
　自治省

計画年度　1995年からおおむね5年間目途

第1部 生物多様性の現状（問題意識）

生物多様性3つの危機（第1章）

＜第1の危機＞
開発・過剰利用・汚染等の人間活動に伴うインパクト

＜第2の危機＞
里山の荒廃、中山間地域環境の変化等の人間活動の縮小や生活スタイルの変化に伴うインパクト

＜第3の危機＞
移入種等の人間活動によって新たに問題になっているインパクト

（現状分析）

社会経済状況の変化（第2章第1節）
・社会経済動向
・国民意識の変化

生物多様性の現状（第2、3節）
・世界及び日本の概況（生物地理区分）
・種及び生態系の現状

保護制度の現状（第4節）
・国土利用計画体系
・環境省保護制度

第2部 理念及び目標（理念と目標）

5つの理念（第1章）
①人間生存の基盤
・人間も自然の循環の一つの環（わ）

②世代を超えた安全性、効率性の基礎
・多様性と人間生活の安全性、効率性は両立

③有用性の源泉
・バイオテクノロジーやレクリエーションの場所としての価値

④豊かな文化の根源
・生物多様性は地域個性、文化と不可分

⑤予防的順応態度
・エコシステム・アプローチ

3つの目標（第2章第1節）
①種・生態系の保全
②絶滅の防止と回復
③持続可能な利用

グランドデザイン（第2節）
・国土のマクロな認識
・道路・河川などによる生物多様性ネットワーク整備
・巨木、都市の森等国土のあるべきイメージ

第　生物多様性保全（対応の基本方針）

3つの方向（第1章第1節）
①保全の強化
・保護制度、指定強化、科学的管理、絶滅防止、移入種対応

②自然再生
・自然再生・修復事業の推進

③持続可能な利用
・調整原理による里地里山対応、モニタリングと順応的対処

基本的視点（第2節）
①科学的認識
・緑の国勢調査・データ整備

②統合的アプローチ
・社会経済的手法
・各種計画との連携

③知識の共有・参加
・情報公開、参加、合意形成
・環境教育、環境学習

④連携・共同
・各省共同事業

⑤国際的認識
・アジア地域との連携
・温暖化対策

生物多様性から見た国土の捉え方（第3節）
①国土の構造的把握
・奥山、里地里山、都市、河川・湿地、沿岸・海洋、島嶼

②植生自然度別配慮事項
・植生自然度1～10

生物多様性国家戦略見直しの流れ

2001.1	2001.3	2001.4	2001.5	2001.6	2001.7	2001.8	2001.10	10.30～11.1（三日間）
作業開始 国家戦略改定	戦略懇談会開始 生物多様性国家	第1回懇談会（10年史）	第2回（保護地域）	第3回（里山分析）・自然環境調査	第4回（NGOヒア）	第5回（野生生物）	第6回懇談会（国際・まとめ）	諮問開始 中央環境審議会	第1回合同部会　第1回国家戦略小委員会（各省ヒア）・第1回生物多様性

3 部 及び持続可能な利用	第4部 具体的施策の展開	第5部 戦略の効果的実施

（個別施策・各省施策）

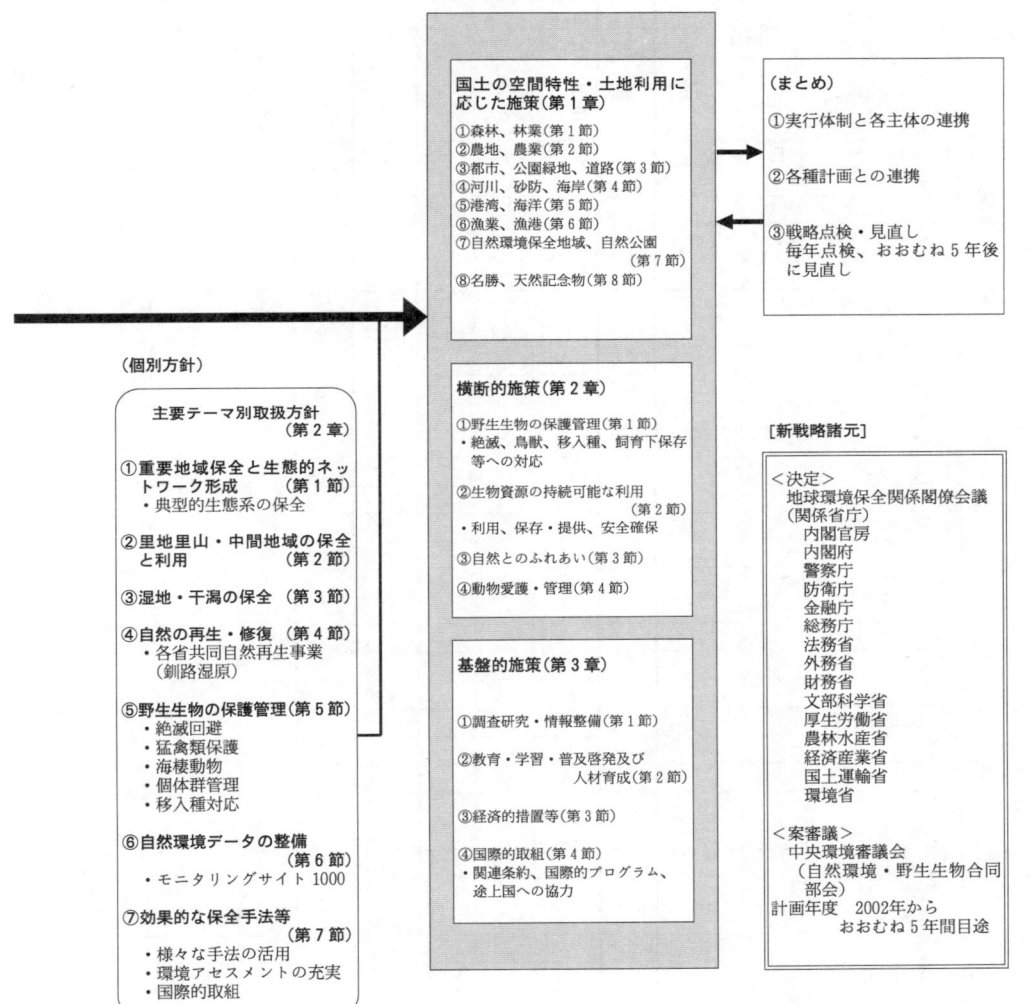

国土の空間特性・土地利用に応じた施策（第1章）
① 森林、林業（第1節）
② 農地、農業（第2節）
③ 都市、公園緑地、道路（第3節）
④ 河川、砂防、海岸（第4節）
⑤ 港湾、海洋（第5節）
⑥ 漁業、漁港（第6節）
⑦ 自然環境保全地域、自然公園 （第7節）
⑧ 名勝、天然記念物（第8節）

（まとめ）
① 実行体制と各主体の連携
② 各種計画との連携
③ 戦略点検・見直し 毎年点検、おおむね5年後に見直し

（個別方針）

主要テーマ別取扱方針（第2章）
① 重要地域保全と生態的ネットワーク形成 （第1節）
・典型的生態系の保全
② 里地里山・中間地域の保全と利用 （第2節）
③ 湿地・干潟の保全 （第3節）
④ 自然の再生・修復 （第4節）
・各省共同自然再生事業（釧路湿原）
⑤ 野生生物の保護管理（第5節）
・絶滅回避
・猛禽類保護
・海棲動物
・個体群管理
・移入種対応
⑥ 自然環境データの整備 （第6節）
・モニタリングサイト1000
⑦ 効果的な保全手法等 （第7節）
・様々な手法の活用
・環境アセスメントの充実
・国際的取組

横断的施策（第2章）
① 野生生物の保護管理（第1節）
・絶滅、鳥獣、移入種、飼育下保存等への対応
② 生物資源の持続可能な利用 （第2節）
・利用・保存・提供、安全確保
③ 自然とのふれあい（第3節）
④ 動物愛護・管理（第4節）

基盤的施策（第3章）
① 調査研究・情報整備（第1節）
② 教育・学習・普及啓発及び人材育成（第2節）
③ 経済的措置等（第3節）
④ 国際的取組（第4節）
・関連条約、国際的プログラム、途上国への協力

[新戦略諸元]

＜決定＞
地球環境保全関係閣僚会議
（関係省庁）
内閣官房
内閣府
警察庁
防衛庁
金融庁
総務省
法務省
外務省
財務省
文部科学省
厚生労働省
農林水産省
経済産業省
国土交通省
環境省

＜案審議＞
中央環境審議会
（自然環境・野生生物合同部会）
計画年度 2002年からおおむね5年間目途

タイムライン：
- 11.13 第2回小委員会（環境省説明）
- 11.20 第3回小委員会（NGOヒアリング）
- 12.10 第4回小委員会（骨子案審議）
- 2001.1.28 第5回小委員会（案審議）
- 2.15 第6回小委員会（小委員会案決定）
- パブリックコメント（3週間）
  総延人・団体数：1029
  総延意見数：約2000
- 3.18 第2回合同部会（答申案検討）
- 3.25 第3回合同部会（答申）
- 3.27 関係閣僚会議
- → 新・生物多様性国家戦略

出典；http://www.biodic.go.jp/cbd/outline/flow_chart.pdf

19 グリーン購入法における特定調達品目毎の環境配慮の特性（物品）

分類		品目	地球温暖化	廃棄物 イ製品リサクル	廃棄物 の設計時配慮等	廃棄物 再生素材利用	生態系	有害物質	資源の消費	オゾン層	大気汚染	水質汚濁	その他
紙類	情報用紙	コピー用紙				○		○					
		フォーム用紙			○、△	○		○					
		インクジェットカラープリンター用塗工紙			○、△	○		○					
		OCR用紙			○、△	○		○					
		ジアゾ感光紙			○、△	○		○					
	印刷用紙	印刷用紙（カラー用紙を除く）			○、△	○		○					
		印刷用紙（カラー用紙）			○、△	○		○					
	衛生用紙	トイレットペーパー				○		○					
		ティッシュペーパー				△		○					
文具類		シャープペンシル、ボールペン、マーキングペン等66品目			△ (一部○)	○		(一部○)	○				
機器類		いす、机、棚等10品目			△	○		○	○				
OA機器		コピー機（3種）	○	△	△	○、△		△	○				
		電子計算機	○	△	△								
		プリンタ	○	△	△	○、△		△	△				
		ファクシミリ	○	△	△			△					
		スキャナ	○	△	△								
		磁気ディスク装置	○	△	△								
		ディスプレイ	○	△	△								
家電製品		電気冷蔵庫等	○、△		△					○			
		エアコンディショナー	○		△					○			
		テレビジョン受信機	○		△								
		ビデオテープレコーダー	○		△	△							
照明		蛍光灯照明器具	○		△								
		蛍光管	○		○			○	○				○
自動車		自動車	○		△	△		△			○		
		ITS対応車載器	○										
制服・作業服					△	△	△						
インテリア・寝装寝具		カーテン				△	○						
		カーペット		△	△	○							
	毛布等	毛布				△	○						
		ふとん				△	○						
	ベッド	ベッドフレーム				△	○		○	○			
		マットレス				△	○		○		○		
作業手袋							○						
設備		太陽光発電システム	○		△								
		太陽熱利用システム	○		△								
		燃料電池	○		△								
		生ゴミ処理機	△		○								

○：判断基準、△：配慮事項※

※ 判断基準とは、本規準をみたすものが「国等による環境物品等の調達の推進等に関する法律」第6条第2項第2号に規定する特定調達物品等として、毎年度の調達目標の設定の対象となる。配慮事項とは、特定調達物品等であるための要件ではないが、特定調達物品等を調達するに当って、さらに配慮することが望ましい。

出典；産業構造審議会環境部会産業と環境小委員会中間報告書（環境立国宣言）

20 自然再生推進法の概要

1 制定の趣旨
　○自然再生を総合的に推進し、生物多様性の確保を通じて自然と共生する社会の実現を図り、あわせて地球環境の保全に寄与することを目的とするもの。
　○自然再生事業を、ＮＰＯや専門家を始めとする地域の多様な主体の参画と創意により、地域主導のボトムアップ型で進める新たな事業として位置付け、その基本理念、具体的手順等を明らかにするもの。

2 制定の経緯（議員立法）
　2002年5月28日：政策責任者会議において与党案了承。
　2002年7月24日：与党及び民主党関係議員により154回国会提出（継続審議）。
　2002年11月19日：衆議院環境委員会で一部修正の上可決。同日、衆・本会議で成立。
　2002年12月3日：参議院環境委員会で可決（付帯決議あり）。
　　　　　　4日：参議院本会議で成立。

3 法律の概要
　【定義】

　　自然再生：過去に損なわれた自然環境を取り戻すため、関係行政機関、関係地方公共団体、地域住民、ＮＰＯ、専門家等の地域の多様な主体が参加して、自然環境の保全、再生、創出等を行うこと。

　【基本理念】

　　・地域における自然環境の特性、自然の復元力及び生態系の微妙な均衡を踏まえて、科学的知見に基づいて実施。
　　・事業の着手後においても自然再生の状況を監視し、その結果に科学的な評価を加え、これを事業に反映。

　○地域の多様な主体の参加
　　・政府は、自然再生に関する施策を総合的に推進するための基本方針を閣議決定。基本方針の案は、環境大臣が農林水産大臣、国土交通大臣と協議して作成。
　　・自然再生事業の実施者が、地域住民、ＮＰＯ、専門家、関係行政機関等とともに協議会を組織。
　　・実施者は、自然再生基本方針及び協議会での協議結果に基づき、自然再生事業実施計画を作成。

　○ＮＰＯ等への支援
　　・主務大臣は、実施者の相談に応じる体制を整備。
　　・国及び地方公共団体は、自然再生を推進するために必要な財政上の措置その他の措置に努力。

　○関係省庁の連携
　　・環境省、国土交通省、農林水産省その他の関係行政機関で構成する自然再生推進会議を設置。
　　・3省は自然再生専門家会議を設置し、意見聴取。

4 その他
　○施行期日は、2003年1月1日。自然再生基本方針の策定は年度内を目途として行うため、本格運用は2003年4月以降の予定。
　○施行5年後に見直しを予定。

出典；http://www.env.go.jp/nature/saisei/law-saisei/gaiyo.html

21 自然再生推進法の仕組み

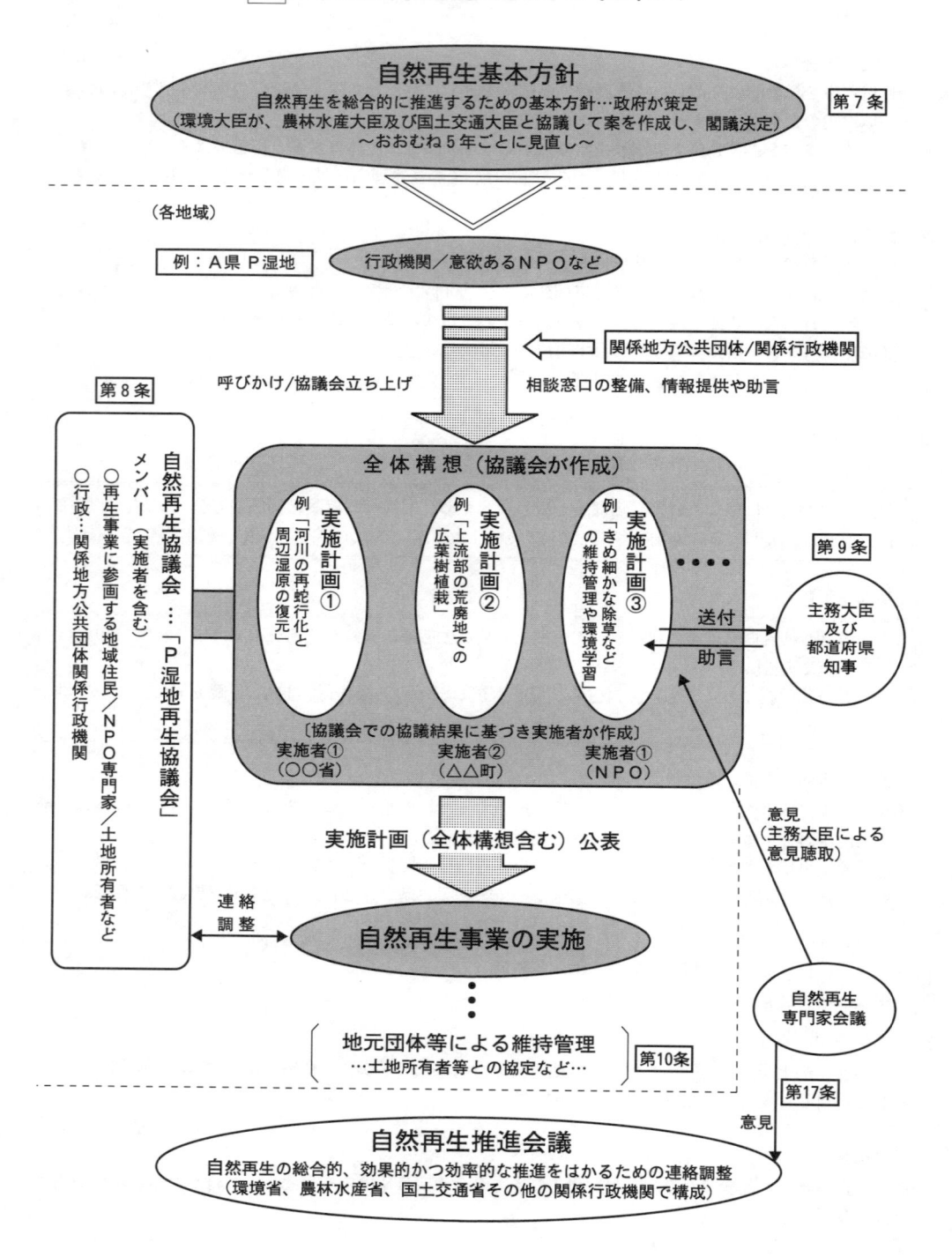

自然再生基本方針
自然再生を総合的に推進するための基本方針…政府が策定
（環境大臣が、農林水産大臣及び国土交通大臣と協議して案を作成し、閣議決定）
〜おおむね5年ごとに見直し〜

第7条

（各地域）

例：A県 P湿地　　行政機関／意欲あるNPOなど

関係地方公共団体／関係行政機関

呼びかけ／協議会立ち上げ　　相談窓口の整備、情報提供や助言

第8条

自然再生協議会 …「P湿地再生協議会」
メンバー（実施者を含む）
○再生事業に参画する地域住民／NPO専門家／土地所有者など
○行政…関係地方公共団体関係行政機関

全体構想（協議会が作成）

実施計画①　例「河川の再蛇行化と周辺湿原の復元」
実施計画②　例「上流部の荒廃地での広葉樹植栽」
実施計画③　例「きめ細かな除草などの維持管理や環境学習」
‥‥

〔協議会での協議結果に基づき実施者が作成〕
実施者①（○○省）　実施者②（△△町）　実施者①（NPO）

第9条
送付／助言　　**主務大臣及び都道府県知事**

意見（主務大臣による意見聴取）

自然再生専門家会議

実施計画（全体構想含む）公表

連絡調整　　**自然再生事業の実施**

地元団体等による維持管理
…土地所有者等との協定など…

第10条

第17条　意見

自然再生推進会議
自然再生の総合的、効果的かつ効率的な推進をはかるための連絡調整
（環境省、農林水産省、国土交通省その他の関係行政機関で構成）

出典；http://www.env.go.jp/nature/saisei/law-saisei/shikumi.html

22 ISO 14001 審査登録件数推移

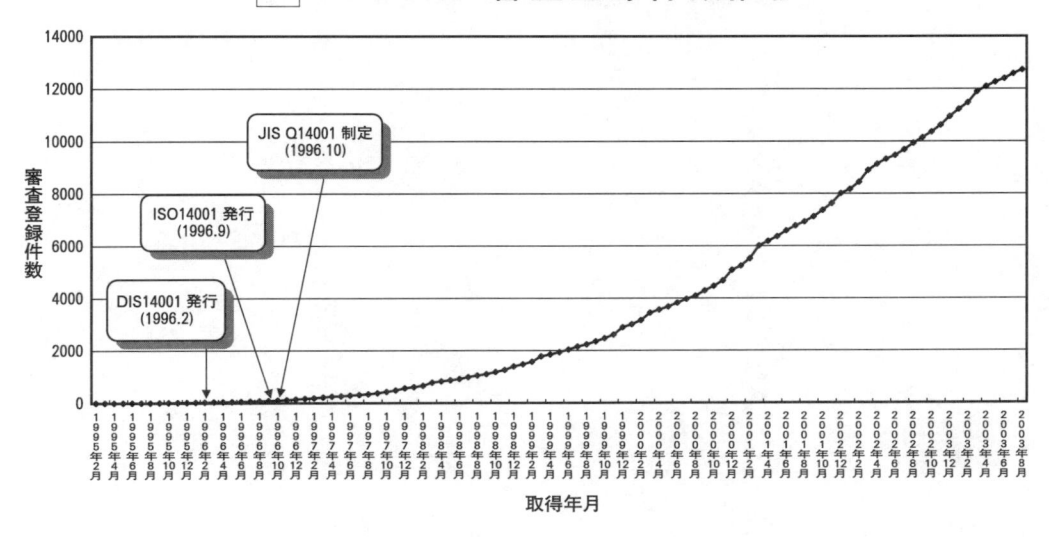

審査登録件数

DIS14001 発行
(1996.2)

ISO14001 発行
(1996.9)

JIS Q14001 制定
(1996.10)

取得年月

出典；(財) 日本規格協会（環境管理規格審議委員会事務局）調べ，http://www.jsa.or.jp/iso/graph/graph1.pdf

23 ISO 14001 審査登録状況

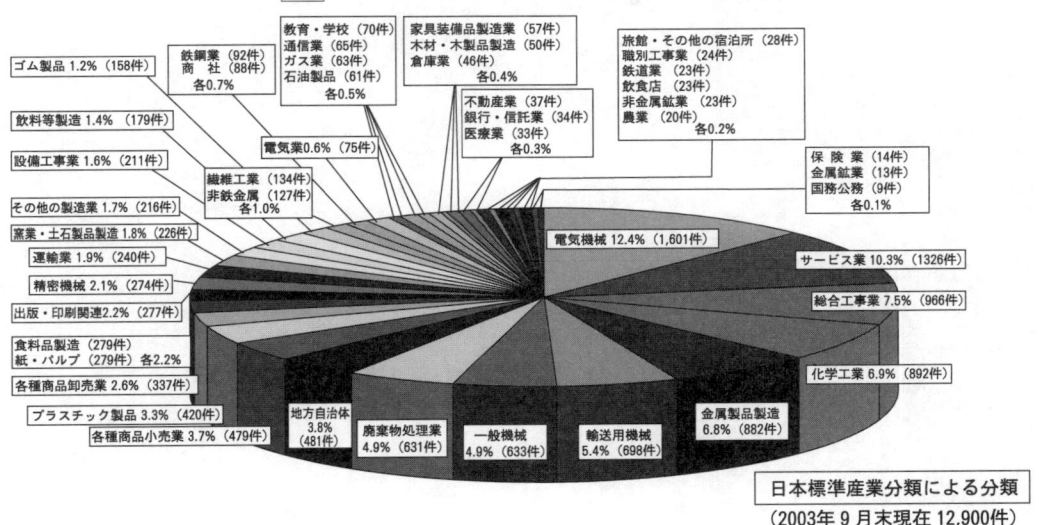

ゴム製品 1.2%（158件）
飲料等製造 1.4%（179件）
設備工事業 1.6%（211件）
その他の製造業 1.7%（216件）
窯業・土石製品製造 1.8%（226件）
運輸業 1.9%（240件）
精密機械 2.1%（274件）
出版・印刷関連 2.2%（277件）
食料品製造（279件）
紙・パルプ（279件）各2.2%
各種商品卸売業 2.6%（337件）
プラスチック製品 3.3%（420件）
各種商品小売業 3.7%（479件）

鉄鋼業（92件）
商　社（88件）各0.7%

教育・学校（70件）
通信業（65件）
ガス業（63件）
石油製品（61件）各0.5%

家具装備品製造業（57件）
木材・木製品製造（50件）
倉庫業（46件）各0.4%

旅館・その他の宿泊所（28件）
職別工事業（24件）
鉄道業（23件）
飲食店（23件）
不動産業（23件）
農業（20件）各0.2%

電気業 0.6%（75件）

繊維工業（134件）
非鉄金属（127件）各1.0%

不動産業（37件）
銀行・信託業（34件）
医療業（33件）各0.3%

保険業（14件）
金属鉱業（13件）
国務公務（9件）各0.1%

電気機械 12.4%（1,601件）
サービス業 10.3%（1326件）
総合工事業 7.5%（966件）
化学工業 6.9%（892件）
金属製品製造 6.8%（882件）
輸送用機械 5.4%（698件）
一般機械 4.9%（633件）
廃棄物処理業 4.9%（631件）
地方自治体 3.8%（481件）

日本標準産業分類による分類
（2003年9月末現在 12,900件）

出典；(財) 日本規格協会（環境管理規格審議委員会事務局）調べ，http://www.jsa.or.jp/iso/graph/graph2.pdf

243

略 語 表

索 引

略　語　表

略　語	正　式　名	日　本　語
ＡＬＡＲＡ原則	As Low As Reasonably Achievable Principle	合理的に達成可能な最低限度の原則
BAT	Best Available Technology	利用可能な最善の技術
BATNEEC	Best Available Techniques Not Entailing Excessive Cost	著しく過大な費用を負担しない利用可能な最善の技術
BOD	Biochemical Oxygen Demand	生物化学的酸素要求量
BPEO	Best Practicable Environment Option	最善の実行可能な環境選択
BREF	Best Available Technology Reference	BATReference
BT	Bio Technology	バイオテクノロジー（生命技術）
CAA	Clean Air Act	米国：大気浄化法
CAP	Community Agricultural Policy	米国：共通農業政策
CEQ	Council on Environmental Quality	米国：環境の質に関する委員会
CERCLA	Comprehensive Environmental Response, Compensation, and Liability Act	米国：包括的環境対処補償責任法（スーパーファンド法）
CFC	Chlorofluorocarbon	クロロフルオロカーボン
CITES	Convention on International Trade in Endangered Species of Wild Fauna and Flora	絶滅のおそれのある野生動植物の種の国際取引に関する条約
COD	Chemical Oxygen Demand	化学的酸素要求量
COP 3	Conference of the Parties 3	第3回気候変動枠組み条約締約国会議
COP 7	Conference of the Parties 7	第7回気候変動枠組み条約締約国会議
CWA	Clean Water Act	米国：水質汚濁防止法
DEFRA	Department for Environment, Food and Rural Affairs	英国：環境・食糧・農村地域省
DETR	Department of the Environment, Ttransport and the Regions	英国：環境・運輸・地域省
DSD	Duals System Deutschland	ドイツ連邦：共同回収会社
EC	European Community	欧州共同体
EEA	European Environmental Agency	欧州環境機関
EEC	European Economic Community	欧州経済共同体
EIA	Environment Impact Assessment	環境影響評価，環境アセスメント
EIONET	European Environment Informaition and Observation Network	欧州環境情報観測ネットワーク
EFTA	European Free Trade Association	欧州自由貿易連合諸国
EMAS	Eco-Management and Audit Scheme	環境管理・監査要綱
EPA	Environmental Protection Agency	米国：環境保護庁

略　語	正　式　名	日　本　語
EPR	Extended Producer Responsibility	拡大生産者責任
ESA	Endangered Species Act	米国：絶滅の危機に瀕する動植物保護法
EU	Europian Union	欧州連合
FOIA	Freedom of Information Act	米国：情報自由法
GPRA	Government Performance and Results Act	米国：政府パフォーマンス成果法
HCFC	Hydrochlorofluorocarbon	ハイドロクロロフルオロカーボン
HFC	Hydrofluorocarbon	ハイドロフルオロカーボン
HSWA	Hazardous and Solid Waste Amendment of 1984	米国：有害固形廃棄物修正法
IPC	Integrated Pollution Control	総合的汚染規制
IPCC	Intergovernmental Panel on Climate Change	気候変動に関する政府間パネル
IPP	Integrated Product Policy	総合的製品政策
ISO	International Standardization Organization	国際標準化機構
ISO 14001	International Standardization Organization 14001	国際標準化機構 14001
IUCN	International Union for the Conservation of Nature and Natural Resources	国際自然保護連合
JEITA	Japan Electoronics and Information Technology Industries Association	(社)電子・情報技術産業協会
MSDS	Material Safety Data Sheet	化学物質安全性データシート
NAAQS	National Ambient Air Quality Standerd	米国：連邦大気環境基準
NEEA	National Environmental Education Act	米国：国家環境教育法
NEPA	National Environmental Policy Act	米国：国家環境政策法
NEPP	Nationale Milieubeleidsplan	オランダ：国家環境政策計画
NEPPS	National Environmental Performance Partnership System	米国：全国環境パフォーマンス・パートナーシップ制度
NGO	Non-Governmental Organization	非政府組織
NOx	Nytrogen Oxydes	窒素化合物
NPO	Non-Profit Organization	非営利活動を目的とする民間組織
OECD	Organization for Economic Cooperation and Development	経済協力開発機構
PCB	Polychlorinated Biphenyl	ポリ塩化ビフェニル

略　語	正　式　名	日　本　語
PCSD	President's Council on Sustainable Development	米国：大統領による持続可能な発展評議会
PFCs	Perfluorocarbons	パーフルオロカーボン
pH	potential of Hydrogen	水素イオン濃度
PM	Particulate Matter	粒子状物質
PPP	Polluter Pays Pinciple	汚染者負担の原則
PRPs	Potentially Responsible Parties	米国：潜在的汚染責任当事者
PRTR	Pollutant Release and Transfer Register	環境汚染物質排出・移動登録
RCRA	Resource Conservation and Recovery Act	米国：資源保存回収法
REACH	Registration, Evaluation, Authorization of Chemicals	共同体化学物質登録簿
RPS法	Renewable Portfolio Standard	電気事業者による新エネルギー等の利用に関する特別措置法
SAC	Special Areas of Conservation	特別保全地域
SARA	Superfund Amendments and Reauthorization Act	米国：スーパーファンド法修正・再受権法
SPM	Suspended Particulate Matter	浮遊粒子状物質
TRI	Toxic Release Inventory	米国：有害物質排出目録
TSCA	Toxic Substances Control Act	米国：有害物質規制法
TSD施設	Treatment, Storage, and Disposal Facilities	有害廃棄物の処理・貯蔵・処分施設
UNCED	United Nations Conference on Environment and Development	国連環境開発会議(地球サミット)
UNEP	United Nations Conference on Environment Programme	国連環境計画
WMO	World Meteorological Organization	世界気象機関
WSSD	World Summit on Sustainable Development	持続可能な開発に関する世界サミット(環境開発サミット)
WTO	World Trade Organization	世界貿易機構

索　引

A

à un coût économiquement acceptable　185
AbwAG　195
Access to Environmental Information Directive, 90/313/EEC　180
accountability　67
Agenda 2000　171
ALARA原則（As Low As Reasonably Achievable Principle）　4,156,203
amenity　127
authorization　181

B

BAT　4,175
BATNEEC　4,180
BAT Reference 文書　174
Best Available Techniques not Entailing Excessive Cost　180
best available technology　175
Best Practicable Environment Option　180
biotope　129
BOD（生物化学的酸素要求量）　37,56
BPEO　180
BREF 文書　174
BT 戦略会議　130,134

C

CAA　34,158
CAP　171
CERCLA　162
CEQ　156
CFC　83,85
CITES　17
Clean Air Act　34
COD（化学的酸素消費量）　37,38
Code de la santé publique　188
Code de l'environnement　184
common agricultural policy　171
COP（Conference of the Parties）　3　21,31,81
COP 7　32,81
Council on Environmental Quality　156

D

débat publique　187
DEFRA（Department for Environment, Food and Rural Affairs）　178
Department of Trade and Industry　178
DETR（Department of the Environment, Transport and the Regions）　178
directive　173
Due process　6

E

EC 環境管理・監査規則　153
Eco-Management and Audit Scheme　6,176
ECP　151
EEA　167
EFTA（欧州自由貿易連合）諸国　167
EIA　158
EIONET　167
EMAS　6,150,152,167,168,174,176,191
EMAS 監査人　176
EMAS 規則　154
EMAS 参加事業所　154
EMAS 取得　154
EMAS 登録団体　154
EMAS ロゴ　176
Endangered Species Act　124
Energy Star プログラム　159
enquête publique　186
Environment Act, 1995　180
Environment Agency　178
environmental auditing scheme　180
environmental impact assessment　158
Environmental information Regulations, 1992　180
environmental liability　168
Environmental Protection Act, 1990　179
Environmental Protection Agency　156
EPA　156,157
EPA 規則　163
EPR　45,103
ESA　124
étude d'impact　188
EU　2,164,171
European Commission　166
European environment information and observation network　167
European Environmental Agency　167
European Union　164
EU 環境法　181

EU 計画アセス指令　6
EU 水政策枠組み指令　198
eXcellence and Leadership　157
extended producer responsibility　45

G

GPRA　157

H

HBFC　85
HCFC　85
HSWA　163

I

ICAO　169
Immission 防止法　191
IMO　169
installations classées　188
Integrated Pollution Control　179, 180
integrated product policy　171
Intergovernmental Panel on Climate Change　29
International Union for the Conservation of Nature and Natural Resources　129
IPC　179, 180
IPCC　18, 29
IPCC 指令　175
IPP　171
ISO 14001　152, 176, 191
ISO（国際標準化機構）　18
IUCN　129

J

JEITA　112

K

K 値規制　13, 16

L

land disposal restrictions　163
le plan vert　183
LIFE　172, 174, 176
LIFE-Environment　176
LIFE-Nature　176
LIFE-Third countries　176
LPG　34
LTA　151

M

MARPOL 73/78 条約　87
MARPOL 73 条約　87
Material Safety Data Sheet　43, 100, 136
Milieuconvenant, overeenkomst　201
ministère de l'aménagement du territoire et de l'environnement　183
Ministry of Agriculture, Fisheries and Food　178
MSDS　43, 100, 136

N

NAAQS　162
National Ambient Air Quality Standard　162
National Environmental Performance Partnership System　159
National Environmental Policy Act　62
nationale milieubeleidsplan　199
National trust　125
Natura 2000　174, 175
Natura 2000 ネットワーク　169
NEPA　62, 66, 156, 158, 161
NEPP　199
NEPPS　159
NGO　168, 176
NGO 事業補助金　147
Nitrogen Oxyde　33
NOVEM　151
NO_x　33, 34
NO_x 排出基準　35
NO_x 排出権取引制度　158
NPO　141
NPO センター　148

O

OECD（経済協力開発機構）　19, 43, 58, 98, 136
OECD 勧告　47
OECD 対日環境保全成果　142
Organization for the Prohibition of Chemical Weapons　137

P

Particul Matter　34
patrimoine commun de la nation　185
PCB　26, 42, 43, 98, 117
PCB 汚染　16
PCSD　157
pH　37, 56
PIC 条約　115
PM　34
PM 排出基準　35
policy mix　155
Pollutant Release and Transfer

Register 6, 43, 99
polluter pays principle 58, 103, 165
POPs条約 98
potentially responsible parties 42, 163
PPP 58, 103, 165
precautionary principle 57
President's Council on Sustainable Development 157
principe de l'action préventive 184
principe de participation 184
principe de précaution 184
principle of preventive action 165
principe pollueur-payeur 184
PRP 163
PRPs 42
PRTR 6, 18, 43, 99, 136, 196
PRTR制度 158
PRTRデータ 44
PRTR法 20, 47, 51, 99
public register 180

R

1 R 104
3 R 105
RCRA 162, 163
removal action 163
Rio+5 166
RIVM 201
Royal Commission on Environmental Pollution 181
RPS法 77

S

SAC 175
SARA 162
SO_2 158
SPD-緑の党連立政権 194
Special Areas of Conservation 175
SPM 33
Stand der Technik 4
strategic plan 157
Suspended Particulate Matter 33
sustainable development 166
sustainable industry 159

T

The Town and Country Planning Act, 1947 179
The United Nations Conference on Environment and Development 57
tiering 66
Toxic Release Inventory制度 158
Treasurey 178
treatment, storage, and disposal facilities 163
TRI 158
TSD施設 163

U

Umweltgesetzbuch 195
UNCED 18, 57, 59, 60
UNEP 18

V

VNO-NCW 202
voluntary approach 149

W

Waste Wiseプログラム 159
Water Resource Act, 1991 179
Win-Win原則 208
WMO(世界気象機関) 18
World Summit on Sustainable Development 166
World Trade Organization 113
WRMG 195
WTO 3, 171
WTO協定 113

その他

1,1,1-トリクロロエタン 85
33211工程 210

あ

赤潮　38
悪臭防止法　95
浅野セメント降灰事件　9
亜酸化炭素　82
亜酸化窒素　81
アジェンダ21　2,18,99,166
足尾鉱毒事件　42
足尾銅山　9,89
亜硝酸性窒素　38
アスファルト　89
アスベスト　20
アセス逃れ　63
アセス法　62
アセスメント制度　125
アセトアルデヒド　11
新しい全国総合水資源計画　28
斡旋　72
アムステルダム条約　165,166,172
アメニティ　127
荒田川廃水事件　9
亜硫酸ガス　16
アルミ箔　117
安定型　113
アンモニア　172

い

硫黄酸化物　15,56
硫黄酸化物対策　15,16
硫黄酸化物排出権　141
イタイイタイ病　11,15,38,42,74,89
一控双達標　210
一酸化炭素　34,56
一酸化窒素　32
一酸化二窒素　131,177
一般廃棄物　14,113
一般廃棄物埋立税　145
遺伝子改変生物　134,170,173
遺伝子改変微生物　173
遺伝子組換え作物　186
遺伝子組換え生物　134
遺伝子組換え農産物　58
遺伝子工学法（GenTG）　195
遺伝子操作生物　2,7
インミッション防止法　196

う

ウィーン条約　83
ウィングスプレッド宣言　58
ウォータープラン21　28
雨水浸透施設　37
奪われし未来　20
埋立税　180
上乗せ規制　37
上乗せ条例　51,85

え

エアバック類　110
影響評価　176
英国の環境政策　179
エコクラブ事業　147
エコシティー　27
エコタウン事業　27
エコビジネス　193
エコポリスセンター　148
エコマーク　141,147
エコミュージアム　147
エコリーフ　147
越境汚染　80
エネルギー起源二酸化炭素　32,81
エネルギー需要対策　31
エネルギー政策　193
エネルギー政策基本法　132
エネルギー対策基本法　130
沿海水域　197
エンド・オブ・パイプ　16
エンドクリン　20

お

欧州委員会　165
欧州環境機関　167
欧州環境情報観測ネットワーク　167
欧州裁判所　174
欧州法　184
欧州連合　164
横断条項　62
王立環境汚染委員会　181
大蔵省　178
オーフス条約　168,196
汚染原因者　41,42
汚染サイト　207
汚染サイトの修復　156
汚染者　140
汚染者負担原則　55,58,71,103,140,143,164,184,185,191
汚染調査　206
汚染土壌　92
汚染排出施設　196
汚染負荷賦課金　74
汚染物質　162
汚染物質の排出許容量　141
汚染防除措置　180
オゾン層　17
オゾン層の破壊　55
オゾン層破壊　49
オゾン層破壊物質　83,172
オゾン層保護法　18,43,47,82,83
オゾン濃度　197
汚濁負荷量　38
オランダ産業・雇用者協会　202
オランダ電気機器令　139
オランダ排出登録制度　5
温室効果ガス　20,30,47,82,131,

254

173, 194
温室効果ガス削減　169
温室効果ガスの排出　82
温室効果ガスの排出抑制対策　131
温室効果ガス排出許可取引制度指令　173
温室効果ガス排出許可取引制度設置指令　177
温泉法　96
温暖化対策推進法　82
温暖化防止　47

か

カーエアコン　110
カーディフ・プロセス　165
外因性内分泌かく乱化学物質　42
開示請求権　67, 100, 136
開示請求権者　67
開示請求訴訟　161
回収業者　84
改正浄化槽法　38
改正大気浄化法　141, 158
改正廃掃法　114
改善勧告　93
改善命令　93
ガイダンスノート　182
海洋汚染　38
海洋汚染防止設備　89
海洋汚染防止法　13
海洋施設　89
海洋自由の原則　87
科学技術創造立国　24
化学的酸素要求量（COD）　210
化学物質　42, 98, 186
化学物質安全性データシート　43, 136
化学物質安全データシート　100
化学物質審査規制法　43, 136
化学物質戦略　4, 155

化学物質対策　55
化学物質の審査及び製造業の規制に関する法律　16
化学物質法（ChemG）　195
閣議アセス　62
拡散防止　200
拡散防止措置　135
拡声器騒音　94
拡大生産者責任　45, 103, 197
確定判決　72
過剰利用　120
化審法　16, 47, 97, 98
下水道整備　57
下水道法　86
化石燃料　132, 142
河川法　37, 86
学校環境整備　57
合併処理浄化槽　38
家電リサイクル法　19, 20, 26, 33, 102
過度の費用負担を伴わない最善の利用可能な技術　180
カドミウム　18, 37, 56, 87, 91
金山町公文書公開条例　67
火薬類取締法　43
カルタヘナ議定書　130, 134
環境　147
環境NPO　192, 193
環境NPO活動　145
環境アセスメント　53, 62, 180
環境アセスメント法　19, 196
環境・運輸・地域省　178
環境影響　197
環境影響調査　127
環境影響評価　53, 57, 62, 158, 188, 205
環境影響評価準備書　65
環境影響評価書　177, 205
環境影響評価指令　167, 172, 174
環境影響評価制度　6, 17, 158, 205, 214

環境影響評価法　19, 47, 62, 125, 195
環境汚染　43, 52
環境汚染物質排出移動登録　6, 43
環境汚染防止　179, 207
環境汚染予防機能　2
環境会計　159
環境改善目標　150
環境回復事業　72
環境カウンセラー　148
環境学習　55, 141, 147
環境確保条例　41
環境監査法（UAG）　195
環境管理・監査システム　152
環境管理監査制度　155, 167, 168
環境管理制度　176
環境管理法（Wet milieubeheer）　204
環境基準　12, 37, 39, 41, 53, 56, 79, 80, 86
環境基準健康項目　18, 37, 86
環境基準生活環境項目　18, 37, 86
環境規制　179
環境基本計画　30, 53, 103, 125, 130
環境基本条例　28
環境基本法　17, 18, 19, 21, 39, 47, 49, 52, 58, 79, 119, 125, 130, 133, 212
環境基本法第22条　140
環境教育　24, 55, 60, 141, 147
環境教育イベント　192
環境共生都市　27
環境行政法規　212
環境協定　3, 51, 139, 149, 155, 201, 202
環境権　188
環境行動計画　199
環境効率性　55
環境事業団　146
環境事業団法　39, 72

255

環境施策アプローチ 156	環境物品 101,112,141,147	危険物質 173
環境施設面積 76	環境物品調達 113	気候変動 19,59,150,157,173, 200
環境省 21,25,119	環境部門規章 212	
環境浄化責任法 162	環境プログラム 158	気候変動に関する政府間パネル 18,29
環境情報 25	環境法 47,48,49,180,191	
環境情報管理制度 156	環境報告書 156,168,201	気候変動防止 7,29,166,193,194
環境情報規則 180	環境法政策 155	気候変動防止政策 155
環境情報公開に関するEU指令 180	環境法典 184,187,195	気候変動問題 149
	環境法典編纂 184	気候変動枠組み条約 81
環境情報公開法 195,196	環境保護 191	気候変動枠組み条約第3回締約国会議 21,29,31
環境・食糧・農村地域省 178	環境保護義務 171	
環境審査 176	環境保護庁 156	気候変動枠組み条約締約国会議 81
環境税 140,142,150,155,168, 194	環境保護法 156,179,180,208, 212	
		希少野生動植物 17
環境政策 156,178,183,191,199, 207	環境保全意欲増進・環境教育推進法 60	希少野生動植物種 128
		希少野生動植物保存推進員 148
環境税(炭素税) 31	環境保全活動 141,143,147	規制基準 56
環境責任法(UHG) 195	環境保全手法 50	規制権限 184
環境戦略 165	環境保全措置指針 65	規制的手法 17,50,139,200
環境損害 164	環境保全対策 62	揮発油 89
環境損害修復費用 5	環境ホルモン 19,20,26,42	揮発性有機化合物 172
環境対策室 27	環境マネジメント 157	基本的責任 191
環境単行法 212	環境マネジメントシステム 6	客観性の保障 206
環境庁 15,119,178	環境目標値 182	旧公害対策基本法 57
環境統計法(UStatG) 195	環境問題 48	救済法 12
環境と開発に関する国連会議 57	環境容量 170	旧大綱 30,131
環境と開発に関するリオ宣言 140	環境ラベル 147	共生 54,55,60
	環境ラベル制度 141	行政機関情報公開法 67
環境の質に関する委員会 156	環境リスク 42,44,55	行政文書 68
環境の世紀への道しるべ 60	監査手続 176	協調原則 1,3,47,59
環境のための財政的手法 172	監視地区 124	協調発展原則 208
環境媒体 196	緩衝緑地 57	共通農業政策改革 171
環境配慮 48,55,63	間接規制手法 139	協定手法 201
環境配慮型 154	間接規制的手法 5,200	共同回収システム 197
環境配慮型設計 159	管理型 113	協働原則 191
環境パフォーマンス 168	管理地区 124	共同体エコ・ラベル付与制度に関する規則 172
環境犯罪規定 195		
環境負荷 53,140	**き**	共同体化学物質戦略 171
環境負荷活動 141		共同体化学物質登録簿(REACH登録簿) 170
環境負荷項目 112	企業環境計画 201,204	
環境負荷低減 139	危険化学物質 170	共同体環境管理・監査制度 172,

256

176
共同体法 174
協働取組み 61
共同負担原則 191
京都会議 29,30
京都議定書 19,21,29,30,81,131,169,177
京都議定書の附属書B国 177
京都議定書目標達成計画案 82
郷土の森 122
京都メカニズム 33,82,131
許可 181
許容限度 79
霧多布湿原 126
緊急指定種 124

く

草の根無償資金協力 147
釧路湿原 126
熊本水俣病 15
クリーンエネルギー 166
グリーン化 28
クリーン開発メカニズム 177
グリーン化税制 139
グリーン購入 28,141
グリーン購入ネットワーク 148
グリーン購入法 29,101,112,141,147
グリーン・コリドー 128
グリーン調達 29
グリーンツーリズム 27
グリーンペーパー 171
グリューネ・プンクト 197
クロスメディア 179
クロロホルム 37

け

計画確定手続 198
計画的手法 139

計画変更勧告 93
経済建設と環境保護の協調発展原則 208
経済産業省 26
経済的手法 50,140,191
経済的助成措置 140,141,145
経済的措置 56
経済的に認められるコスト 185
経済的負担措置 140
経団連環境自主行動計画 31
啓発的手法 145
契約手法 50
契約説 152
軽油 89
下水道法 10
原因裁定 73
原因者負担原則 1,47,59
厳格責任 163
健康被害 41,92,193
健康被害予防事業 73,74
健康リスク 200
原状回復基金制度 113
建設資材廃棄物 108
建設振動 94
建設騒音 93
建設廃棄物 171
建設リサイクル法 101,108
建築基準法 86
建築物用地下水採取規制法 96
原油 89

こ

コアエリア 122
広域再生指定制度 111
広域認定制度 111
合意形成手法 156
合意形成誘導 139
公益の団体訴訟 192
公園管理団体制度 121
公園緑地 37,118

公害健康被害救済制度 73
公害健康被害補償法 73
公害国会 13
公害罪法 14
公害対策基本法 11,12,18,52
公害等調整委員会 24,72,73
公害発生施設 70
公害紛争処理法 72
公害防止管理者 70
公害防止技術 152
公害防止協定 3,29,139,149,151,152
公害防止計画 53,56
公害防止事業 71
公害防止事業費事業者負担法 13,41,47,71
公害防止主任管理者 71
公害防止条例 28
公害防止組織 70
公害防止対策 8
公害防止統括者 70,71
公害保健福祉事業 74
鉱害問題 9
光化学オキシダント 16
光化学スモッグ事件 13
降下ばいじん 7
公共用水域 87
工業用水法 96
航空機騒音 12,93
航空機騒音防止法 195
鉱山保安法 91
高次補食動物 98
公衆衛生法典 188
工場振動 94
工場騒音 93
工場立地調査簿 76
工場立地法 75
高蓄積性 98
公的議論 187
公的調査 186
公的登記簿 180

公的負担原則　1
行動計画　29
公有水面埋立法　62
合理的に達成可能な最低限度の原則　203
国家環境政策計画　156
国家環境政策法　62,158
国際海事機関　169
国際海事機関条約　87
国際環境政策　199,201
国際希少野生動植物種　124,133
国際自然保護連合　129
国際戦略　157
国際的取組み　54,55,60,130
国際的連携　132
国際標準規格　153
国際民間航空機関　169
国際連合枠組み条約　19
国土整備環境省　183
国土保全　121
国内希少野生動植物種　124,133
国内処理原則　113
国内取引　141
国民共通の財産　185
国有林野管理経営法　121
国有林野の保護・保存林　121
国立・国定公園　15
国立公園制度　118
国立公園法　9,118,120
国立公衆衛生環境研究所　201
国連環境開発会議　17,18,29,166
国連環境計画　18
国連砂漠化防止会議　137
国連特別総会("Rio+5")　166
固形廃棄物　163
固形廃棄物管理　162
固形・有害廃棄物管理　156
小坂鉱山　9
湖沼水質保全特別措置法　38,85,86
個体数調整捕獲制度　128

国家環境教育法　160
国家環境行動計画　199
国家環境政策計画(NEPP)　199
国家環境政策法　156,160,161
国家環境保護総局　210
子どもパークレンジャー　147
コプラナーポリ塩化ビフェニル　92
コマンド・アンド・コントロール型　156
ごみアセスメント　118
ごみアセスメント評価適合製品　117
コンポスト　145

さ

サーマル・リサイクル　45
再資源化　108
再資源化実施義務　108
最終処分基準　45
最終処分場　113
最終廃棄物　45
再使用　45
再商品化義務　105
再商品化義務量　106,117
再処理工場　186
最新化原則　4
再生可能エネルギー　194
再生可能エネルギー源　169
再生資源　101
再生資源利用促進法　101,104
再生処理事業者　105
再生品　147
再生利用　45
再生利用事業計画　109
最善技術適用原則　4
最善の実行可能な環境選択　180
裁定　73
(財)日本自然保護協会　143
裁量的開示　69

削減数値目標　30
差止め請求　49
殺生物剤　173
殺虫剤・有害物質の規制　156
砂漠化防止行動計画　137
砂漠化防止能力形成　137
参加　54,55,60
参加原則　184
三ガス　81
産業検証制度　137
産業公害対策特別委員会　12
産業廃棄物　14
産業廃棄物処理業　112
産業廃棄物税　145
産業廃棄物適正処理推進センター　114,117
酸性雨　58,80,130
酸性雨プログラム　158
酸性化　200
三同時制度　214
残留性有機汚染物質　170

し

シアン　56
四塩化炭素　85
市街地土壌汚染　38
事業者責任　113
資源循環型社会システム　44
資源保護回収法　163
資源保護回復法　162
資源有効利用促進法　26,101,104,106
自己責任原則　3
自主回収ルート　105
自主規制　192,197
自主的環境保全措置　139
自主的手法　5,139,149,200,201
自主的手法のポリシーミックス　151
自主的取組み　50,159,191

自主的な環境監査　180
史跡名勝天然記念物保存法　118
施設認可制度　139
自然遺産地域　126
自然環境　62
自然環境保護条例　28
自然環境保全　16
自然環境保全基礎調査　120
自然環境保全法　16,18,52,119,
　　120,125
自然公園制度　127
自然公園法　16,118
自然災害危険地域　184
自然再生推進法　119,125
自然保護　52
自然保護活動　147
自然保護関連法　118
自然保護局　14
持続可能な開発　165,199,208
持続可能な開発原則　165,166
持続可能な開発戦略　167
持続可能な開発に関する世界サミット　166
持続可能な産業　159
持続可能な社会　44,54
持続可能な農業　169
持続可能な利用　120
持続性原則　3
持続的な発展　52
自治事務　52
シックハウス　27
指定化学物質　43
指定湖沼　38
指定疾病　74
指定都市　213
指定副産物　101
自動車NO_x・PM法　34
自動車NO_x法　34
自動車製造業者　84
自動車税のグリーン化　142,143
自動車騒音　93

自動車排ガス規制法　79
自動車排ガス対策　36
自動車排気ガス規制　162
自動車排出ガス　79,80
自動車リサイクル法　45,110
児童補償手当　74
地盤沈下　96
市民参加　204,205
車体規制　33
遮断型　113
臭化メチル　85
臭気指数　95
臭気指数規制　20
臭気判定士　95
重金属　39
重工程　150
住宅・国土・環境省(VROM)
　　199
重点的環境保護政策　210
修復措置　163
住民監視　158
住民参加　158,179
住民投票　187
重油　89
受益者負担　1
受忍限度　56
種の保存法　119,133
狩猟法　118
樹林帯制度　37
シュレッダーダスト　110
潤滑油　89
循環　54,55,60
循環型　48
循環型経済システム　193
循環型社会　19,20,44
循環型社会形成推進基本法　19,
　　20,26,44,101,156
循環型社会推進関連法　26
循環基本計画　103
循環基本法　44,101,115
循環経済・廃棄物法　197

循環経済・廃棄物法(Kr/AbfG)
　　195
循環資源　44,102
循環的利用　55
循環配慮　48
しゅんせつ　57
しゅんせつ汚泥　171
省エネ法　47
省エネルギー基準　75
省エネルギー計画　151
省エネルギー支援策　75
省エネルギー法　74,130,132
浄化義務者　206
浄化責任　42
浄化槽法　86
硝酸　38
硝酸塩　173
硝酸性窒素　36
使用済自動車の再資源化等に関する法律　110
消費者団体　168
情報開示請求権　99
情報管理システム　1
情報公開　186
情報公開条例　67
情報公開審査会　69
情報公開請求権　185
情報公開制度　67
情報公開訴訟　69
情報公開法　47
情報自由法　160,161
情報提供義務　206
情報的手法　5,51
除去措置　163
食品衛生法　43
食品関連事業者　109
食品循環資源　101,109
食品廃棄物　101,109
食品リサイクル法　101,109
植物群落保護林　122
処分向け廃棄物　170

所有者負担　1
処理困難性物質　44
白神山地　126
指令　173
知床100平米運動　126
新エネルギー　31,77,131
新エネルギー等電気　77
新学習指導要領　147
新環境基本計画　36,54,60
新幹線騒音　93
紳士協定説　152
新大綱　30
振動規制法　94
侵入外来種　169
深夜騒音　94
新リサイクル法　111
森林原則声明　18
森林生態系保護地域　122
森林生態系保護地域制度　119,121
森林整備　147
森林生物遺伝資源保存林　122
森林のモニタリング　173
人類の共同財産　87

す

水域保全責任者　192
水銀　16
水源涵養　121
水質汚濁　49
水質汚濁防止法　13,15,18,37,39,40,43,85,89,90,91,160
水質環境基準　39,181
水質関連法　47
水質規制基準　15
水質浄化　39
水質二法　13
水質保全事業促進法　87
水質保全法　10
推進大綱　77

推進法　30
水道原水水質保全　19
水道水源水域　19
水道水源法　87
数値目標　200
スーパーファンド修正・再授権法　162
スーパーファンド信託基金　162
スーパーファンド法　42,160,162
スクリーニング　65,205
スクリーニング手続　62
スコーピング　66,205
スコーピング手続　62
ステークホルダー　26
ステップ・バイ・ステップ　81,132
ステップ・バイ・ステップ・アプローチ　30,32
ストックホルム条約　98
ストレーナー　97
スパイクタイヤ　79
スパイクタイヤ粉じん防止法　79
スモッグ　197

せ

生活環境影響調査　113
生活の質憲章　183
生活排水　17,37
生活排水対策　86
生活妨害　200
清浄大気法　34
製造者責任　206
生息地指令　175
生息地指令の附属書　175
生息地等保護区　124
生息地保護区　134
生態建設　209
製品アセスメント　118
生物多様性　55,169,200
生物多様性影響評価書　135

生物多様性国家戦略　54,119,120,125,130,133
生物多様性条約　48,119,127,133
生物の多様性の確保　123
生物分解性廃棄物　171
政府パフォーマンス成果法　157,160
世界遺産条約　48,126,130
責任裁定　73
是正措置　164
説明責任　67
瀬戸内法　38
瀬戸内海環境保全特別措置法　85,86
瀬戸内海環境保全臨時措置法　62,85
ゼロエミッション　27
全国環境パフォーマンス・パートナーシップ制度　159
潜在的汚染者　42
潜在的管理不能リスク　200
潜在的責任当事者　163
洗剤法　195
仙台湾地域　57
全窒素　37
船舶　89
戦略計画　157
戦略計画2000　157
戦略的アプローチ　167
戦略的環境影響評価　156
戦略的環境評価　168
戦略的環境評価指令　167,172,174,176
戦略的プログラム　55
全リン　37

そ

騒音規制　15
騒音規制法　11,93
騒音・振動等規制関連法　47

草原三化　209
総合学習　147
走行規制　36
総合的アプローチ　179
総合的汚染規制　179,180,181
総合的汚染防止・規制(IPPC)指令　172
総合的製品政策　171
相互承認協定　177
総排出量　82
総排出量枠　182
総量規制　15,16,38,87,90,210
総量削減　35,79
造林政策　9
総論的環境法　47
遡及的責任　163
措置命令　91
率先実行計画　28
ソフトロー(soft law)　49
損害賠償制度　49
損害賠償責任　73

た

ターゲット・グループ　200,203
ターゲット・グループ・アプローチ　200
第1約束期間　30,31
第7回締約国会議　29
第一種エネルギー指定工場　75
第一種監視化学物質　97
第一種事業　63
第一種指定化学物質　43
第一種指定製品　101
第一種使用　134
第一種地域　73
第一種特定化学物質　97
第一種特定製品　84
ダイオキシン　37,113
ダイオキシン汚染　20
ダイオキシン法　39,43

ダイオキシン類　26,42,56,92
ダイオキシン類対策特別措置法　20,39,41,89,90,91
大気汚染　47,49,186
大気汚染原因物質排出　79
大気汚染・騒音防止関連法　195
大気汚染防止関連法　79
大気汚染防止法　11,13,15,20,43,79,90,91
大気汚染防治法　216
大気浄化法　160,162
大気・水質汚染規制　156
大規模燃焼施設　172
第三種監視化学物質　97
代替フロン　33,81
代替フロン等三ガス　82
代替フロン類　21
大統領による持続可能な開発評議会　157
第二種エネルギー指定工場　75
第二種監視化学物質　97
第二種事業　63
第二種指定製品　101
第二種使用　135
第二種地域　73
第二種特定化学物質　43,97
第二種特定製品　84
第六次(環境)行動計画　164,167,172
高岡地域　57
脱原発政策　194
脱フロン規制　193
単一欧州議定書　165,172
段階的規制強化　34
炭化水素　34
炭素税　142
団体訴訟制度　192

ち

地域環境行政支援情報システム

28
地域環境総合計画　28
地域住民参加型対策事業　137
知恵の環　28
地下浸透禁止　36
地下水　39,197
地下水汚染　20
地下水涵養　37
地下水涵養機能　39
地下水規制二法　96
地下水枯渇　200
地下水採取規制条例　38
地下水対策　86
地球温暖化　17,49,55,58,82,112
地球温暖化対策　20,54,82,142,192
地球温暖化対策推進大綱　30,77,81,130,131
地球温暖化対策推進法　29,30,148
地球温暖化防止活動推進センター　82,148
地球温暖化防止行動計画　29,81,130,131
地球環境基金　145
地球(環境)サミット　17,18,57,59,60,81
地球環境パートナーシッププラザ　148
地球環境保全　53,131
地球環境問題　17,18,130
治山治水政策　9
窒素酸化物　18,33,79,172
窒素酸化物汚染　16
窒素酸化物対策　15
地表水域　197
地表レベルオゾン　170
地方分権一括法　52
中央環境審議会　53,103,142
仲裁　72
仲裁契約　72

261

仲裁判断 72
長期協定 151
長期的政策目標 156
長期毒性 43,98
鳥獣の保護及び狩猟の適正化に関する法律 118
鳥獣保護区 123
鳥獣保護法 127
調達推進措置 147
調達推進の基本方針 112
調停 72
調和条項 11,12,13
直接規制 156
直接規制的手法 140,196
直罰制 13
貯留・涵養機能 37

つ

ツール 62

て

ティアリング 66
ディーゼル車 34
適正処分 45
適正処理困難物 117
手続的参加権 192
デポジット・リファンド・システム 140
デュアル・システム 197
電気事業法 77
典型七公害 49,89,93
電子情報技術産業協会 112
電子ファイル化 100
天神崎買取り運動 126
天然ガス自動車 113,143
天然記念物 15
天然記念物制度 9,124
天然資源 166,170
天然保護区域 124

と

ドイツ環境統計法 5
ドイツ気候変動防止協定 139
ドイツ基本法(憲法) 191,195
銅 91
東京都公害防止条例 9
統合原則 164,165
統合性原則 3
統合戦略 165
統合的アプローチ 55
統合的汚染防止・規制指令 174
統合的環境管理制度 155
統合的環境規制指令 196
統合的製品政策 167,171
統合的製品政策アプローチ 168
統合的防止策 196
動物愛護推進員 148
灯油 89
道路運送車両法 35
道路交通振動 94
特異的疾患 74
特殊鳥類 127
特殊法人 69
特定悪臭物質 95
特定遺伝子組換え生物等 134
特定家庭用機器 102,106
特定家庭用機器廃棄物 102,106
特定規模電気事業者 77
特定建設資材 101,108
特定公益増進法人制度 143
特定工場 70,76
特定工程 181
特定国内希少野生動植物種 124
特定産業廃棄物 114
特定事業者 106
特定資材建設廃棄物 108
特定施設 87,94,182,188
特定施設監察官 190
特定施設高等評議会 189

特定飼肥料 109
特定水道利水障害 19
特定地下浸透水 91
特定鳥獣 128
特定鳥獣保護管理計画制度 127
特定地理等保護林 122
特定動植物 15
特定動物生息地保護林 122
特定非営利活動法人 143
特定賦課金 74
特定物質 85,182
特定物質の製造等 83
特定分別基準適合物 117
特定有害廃棄物 113,115
特定容器製造等事業者 117
特定容器利用事業者 117
毒物・劇物取締法 43
特別管理産業廃棄物 113
特別天然記念物 125
特別保護地区 15
特別保全地域 175
独立行政法人環境再生保全機構 146
独立行政法人等情報公開法 67
都市型環境問題 58
都市計画法 86
都市・生活型公害 17,18
都市・地方計画法 179
土壌汚染 20,89,90,91,200,206
土壌汚染環境基準 39
土壌汚染規制 41
土壌汚染対策法 41,47,90,156
土壌汚染防止法 198
土壌機能侵害 198
土壌保全 38
土壌保全法 4
都市緑地保全法 16,119,122
突然変異性 170
トップランナー方式 31,75,132
届出義務 79
都民の健康と安全を確保する環境

に関する条例　41
留木・留山　118
トリクロロエチレン　37,42,43,86,92
トリハロメタン対策　87

な

内分泌かく乱物質　26
内分泌系かく乱物質　20
ナショナル・トラスト制度　119,125
鉛　39,92
南極　19
南極条約　137
南極条約議定書　130,137
南極地域　137
難分解性　43,98
難分解性有害物質　55

に

新潟水俣病　15
二国間渡り鳥条約　126
二酸化硫黄　18,172,193,209,210
二酸化硫黄抑制区　209
二酸化炭素　31,81,131,173,177,194
二酸化炭素換算　77
二酸化炭素吸収源　30
二酸化炭素濃度　169
二酸化炭素の吸収源対策　131
二酸化炭素排出　30
二酸化炭素排出総量　131
二酸化炭素排出抑制施策　30
二酸化炭素排出抑制対策　131
二酸化窒素　16,17,18,56,172,193
ニッソー事件　117
認可環境保護団体　186
認可制度　201

認可法人　69
認証　176
認定NPO法人制度　143

ね

熱回収　45
熱電併給(コジェネレーション)　169
燃料規制　56
燃料電池自動車　143

の

農業・漁業・食糧省　178
能動的取り組み　156
農薬取締法　43
農用地土壌汚染対策地域　91
農林水産省　27
ノンポイントソース　36,38

は

バーゼル条約　113,115,117,130,195
バーゼル法　115
パートナーシップ　158
パートナーシップの原則　59
パーフルオロカーボン　82,169
ばい煙　79,80
ばい煙規制　79
ばい煙等規制法　13
ばい煙の排出基準　181
バイオセイフティ議定書　170
バイオセーフティ　134
バイオテクノロジー戦略大綱　130,134
排汚費　209,215
排汚費制度　214
排汚費徴収使用管理条例　216
バイオマス　33,81

排ガス規制　15,33,47
廃棄物　89,206
廃棄物管理　157,170
廃棄物管理の優先順位　206
廃棄物規制局　179
廃棄物減量化　18
廃棄物サイト　157
廃棄物処理　200
廃棄物処理基準　40
廃棄物処理施設　143
廃棄物処理施設整備　57
廃棄物処理法　40,43,90,92,113
廃棄物対策　150
廃棄物等　44,102
廃棄物の海上焼却禁止　193
廃棄物問題　149
廃棄物輸送　171
廃棄物理事会指令　172
廃車指令　172
廃車令　197
排出基準　33,182
排出規制　79
排出業者の義務　206
排出限界値　175
排出権取引　140,155
排出権取引制度　158
排出削減割り当て　131
排出者責任　45,103
排出同意　179
排出モニタリング条件　175
排出量取引制度　169
排出枠　177
排出枠取引　31
賠償措置　185
ばいじん処理基準　41
排水基準　86
排水規制　15,36,37
排水賦課金法　195
廃掃法　101
ハイドロフルオロカーボン　82,169

ハイブリッド自動車　113
破壊業者　84
暴露経路　39,43
ハザード　43
パソコンリサイクル省令　111
発ガン性　170
発生抑制　45
バッファーゾーン　122
バルニエ法　183
バルニエ報告　184
ハロン　83
判定基準　63
販売禁止鳥獣　123

ひ

非エネルギー起源二酸化炭素　32,81
ビオトープ　129,147,184
東アジア酸性雨モニタリングネットワーク　130,131
砒素　39,91,92
非特異的疾患　73
非特定汚染源　38
評価書　176
費用負担計画　72
漂流　38
肥料安全法　109
肥料取締法　109
ビル用水法　96
琵琶湖　37,126

ふ

風景地保護協定　143
風景地保護協定制度　121
風致地区　118
富栄養化　200
富栄養化防止条例　38
フォローアップ手続　62
不開示情報　68

賦課金　140,142
負荷低減総合対策計画　38
藤前干潟　126
附属書　85,127
附属書 I　177
負担原則　42
物質循環　45
物質循環関連　156
物質循環関連法　195
物質循環の確保　55
負の遺産　55
不法行為　73
不法投棄　114
浮遊(微)粒子状物質　33,56,170,172
浮遊物質量　37
フランス環境法　187
フリーライダー　202
フリーライダー対策　139
ブルー・エンジェル　191
フロン　33,83
フロン(類)回収・破壊法　33,45,81,83,84,110
フロン類　85,110
文化財保護法　118,119
粉じん　79,80,193
粉じん規制　79
紛争処理制度　49
分別解体　108
分別基準適合物　117

へ

米国国家環境政策法　66
閉鎖性水域　18,36,38,85
ベンゼン　20

ほ

貿易・産業省　178
包括的環境対策・補償・責任法　160
包括的環境対処・補償・責任法　162
防止活動原則　184,185
放射線物質　101
包装容器令　197
法定外環境税　143
法定外普通税　143
法定外目的税　143,145
法定受託事務　52
法定税のグリーン化　143
法律的判断(裁定)　73
ポートステートコントロール　38
保健環境部　25
保護増殖事業　134
保護鳥獣　118
保護法益　5
補償給付制度　74
補償制度　49
保全利用地区　122
保存地区　122
北海の汚染　58
ポリ塩化ジベンゾ-パラ-ジオキシン　92
ポリ塩化ジベンゾフラン　92
ポリ塩化ビフェニル　43,117
ポリシー・ミックス　5,33,155

ま

マーストリヒト条約　172,184
マスキー法　16,34
マテリアル・フロー　44
マテリアル・リサイクル　45
マニフェスト制度　107,113
マラケシュ　29
マラケシュ合意　32
マルポール条約　86

み

未査定液体物質　89
水環境政策　36
水環境部　26
水環境フォーラム　147
水管理部門の法政策　155
水管理法　197
水資源開発基本計画　28
水資源法　179
水循環計画　37
水枠組指令　170
未然防止機能　49
未然防止原則　3,164
緑の回廊　128
緑の基本計画　33
緑の計画　183
緑の国勢調査　120,128
緑の政策大綱　33
水俣病　10,11,42,74

む

無過失責任　40
無過失損害賠償責任　14,15,79
無過失損害賠償法制　180
無過失賠償責任　86

め

メタノール自動車　143
メタン　30,32,81,131,177
メチル水銀　11

も

目標値　21
モニタリング　173
モニタリングレポート　151
モントリオール議定書　17,83,85

や

屋外安全性　200
屋久島　126
野生動植物　133
野生動植物種　173
野鳥指令　175
谷津干潟　126

ゆ

有鉛ガソリン法(BzBIG)　195
有害液体汚染防止管理者　88
有害液体物質　88,89
有害固形廃棄物修正法　160,163
有害大気汚染物質　20,79,80
有害鳥獣駆除　129
有害廃棄物　163
有害廃棄物越境移動　5
有害廃棄物管理プログラム　162
有害廃棄物理事会指令　172
有害物質　42,162,200
有害物質含有家庭用品規制法　43
有害物質使用特定事業場　91
有害物質排出目録制度　158
有機塩素系化合物　39
遊漁税　145
湧水枯渇　36
誘導的手法　139,140
有毒性　170
輸出入移動書類　115
輸出の確認制度　113
油性混合物　89
油濁防止管理者　88
油濁防止緊急措置手引書　88
輸入生物　135
輸入の許可制度　113

よ

要監視項目　37
容器包装廃棄物　105,117
容器包装リサイクル法　19,20,26,102
ヨーロッパ環境管理・監査システム　150
横出し規制　37
横出し条例　51,85
預託金払戻制度　140
四日市公害　15
四日市公害訴訟　11
四日市石油化学コンビナート　10
四日市喘息　10,11
ヨハネスブルグ・サミット　32
予防原則　1,42,47,57,164,165,184,191
予防的な方策　55
四大公害訴訟　11,14,15

ら

ライフサイクル　168
ラムサール条約　125,126

り

リオ原則　59
リオ宣言　60,166
リオデジャネイロ　29
リオデジャネイロ宣言　18
利害関係者　26
陸上処分規制　163
履行確保対策　139
リサイクル　20,101,105
リサイクル個別法　45
リサイクルの促進　18
リサイクル法　101,104,197
リスクアセスメント　170

リスク管理　41, 134
リスクコミュニケーション　6, 44
リスク低減措置　41
リスク評価　47, 134, 170
リスク評価情報　48
リスクベースの環境管理　156
立地規制　56
立地指導　57
立法アセス　156
リデュース　45, 105
粒子状物質　79
リユース　25, 45, 105
利用可能な最善の技術　175
利用調整地区　121
リン　38
林木遺伝資源保存林　122

れ

レッドデータブック　129
連帯責任　163
連邦インミッション防止法　191, 193, 195
連邦環境法　161
連邦自然保護法(BNatSchG)　195
連邦大気環境基準　162
連邦土壌保全法(BBodSchG)　195

ろ

労働安全衛生法　43
ローマ条約　164, 165, 172, 174
六価クロム化合物　91
六フッ化硫黄　82, 169
六価クロム問題　113
ロッテルダム条約　115
ロンドン条約　86, 87

わ

ワーキングコーナー　148
ワシントン条約　17, 125, 126
渡良瀬川流域　89

〈教養講座〉	
環境政策と環境法体系	© 2004　（社）産業環境管理協会

2004年1月25日　発行	監　修　松村　弓彦

発行所　社団法人　産業環境管理協会
　　　　✆ 110-8535　東京都台東区上野 1-17-6
　　　　　　　　　　　　　　　　広小路ビル
　　　　　　　　　　　電話　03(3832)7084

印刷所　三 美 印 刷 株 式 会 社
発売所　丸 善 株 式 会 社 出 版 事 業 部
　　　　電話 03(3272)0521　FAX 03(3272)0693

ISBN 4-914953-84-6　　　　　　　　　Printed in Japan